Arbeitsanhang:

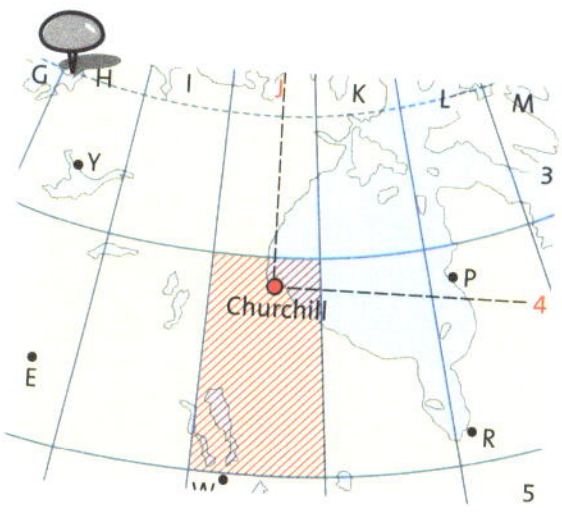

Mit dem Atlas arbeiten
(Band 1, Seiten 34/35)

Geographische Namen finden
1. Schritt: Kartenseite und Gradnetzfeld ermitteln
– Namen im Register suchen und angegebene Seite aufschlagen
2. Schritt: Lage auf der Karte bestimmen

Methodenübersicht
Alle Methoden aus Band 5/6 noch einmal im Überblick.

Sachverzeichnis
Die dort **fett** gedruckten Begriffe werden im Anhang als „Wichtige Begriffe" genau erläutert.

Zusatzangebot im Internet:

Weitere Lernangebote zu den Themen dieses Buches findest du im Internet mithilfe von Online-Links.
Die Online-Links, z. B. 104311-0504, stehen immer oben auf den Buchseiten.

Material
Entdecker in der Antarktis
104311-0504

Öffne die Internetseite www.klett.de/online und gib den Online-Link im Suchfenster ein ...

... und du gelangst zum passenden Material für das jeweilige Thema.

1. Auflage 1 8 7 6 5 4 | 15 14 13 12 11

Herausgeber und Autoren: Dr. Michael Geiger, Landau; Rüdiger Klein, Koblenz; Herbert Paul, Asperg
Redaktion: Andrea John
Herstellung: Anja Kaschubowski

Umschlaggestaltung: Nathanaël Gourdin & Katy Müller GbR, Leipzig
Layoutkonzeption: Nathanaël Gourdin & Katy Müller GbR, Leipzig
Karten: Klett-Perthes Gotha, Dr. Henry Waldenburger
Illustrationen: Steffen Butz, Karlsruhe; Klaus Feske, Ammerbuch; Ulf S. Graupner, Berlin; Rudolf Hungreder, Leinfelden-Echterdingen; Diana Jäckel, Erfurt; Wolfgang Schaar, Grafing; Ursula Wedde, Göppingen
Titelbild: Corbis, Düsseldorf (Psihoyos)
Satz: Druckmedienzentrum Gotha GmbH, Gotha
Reproduktion: Druckmedienzentrum Gotha GmbH, Gotha
Druck: Stürtz GmbH, Würzburg

Printed in Germany
ISBN: 978-3-12-104311-8

9 783121 043118

Erdkunde 2

Schulen mit mehreren Bildungsgängen
Rheinland-Pfalz und Saarland

TERRA

Dr. Michael Geiger
Rüdiger Klein
Herbert Paul

Ernst Klett Verlag
Stuttgart · Leipzig

Inhalt

Farblegende:
TERRA **METHODE**
TERRA **ORIENTIERUNG**
TERRA **TRAINING**

1 

2 

3 

4 

5

Nutzung und Gefährdung: Kalte Zone 78

6

Unruhige Erde 98

7

Naturkräfte am Werk 118

8

Umwelt schützen 138

9

Arbeitsanhang 158

1

Planet Erde

Es ist ein uralter Traum der Menschheit, mehr über den „Standort“ Erde im Kosmos zu erfahren. Erste Erkenntnisse wurden schon im Altertum durch einfaches Beobachten des Himmels gewonnen. Dann waren Fernrohre und Teleskope die besseren „Augen“ der Astronomen, um den Weltraum von der Erde aus zu studieren. In jüngster Zeit sind Satelliten, Sonden und Roboter zur Erforschung im Weltraum unterwegs. Dadurch wurde das Wissen um den Planeten Erde erheblich erweitert.

Der Lernweg durch das Kapitel:

Wie sich das Weltbild der Menschen geändert hat, ist eine spannende Geschichte.

↓

Unser Planet Erde ist ein „Gefangener“ im Sonnensystem. Welche Folgen hat dies?

↓

Auf der Erde gelten 24 verschiedene Uhrzeiten. Findest du dich damit zurecht?

↓

Die Längen von Tag und Nacht sind das Jahr über unterschiedlich. Weshalb ist dies so?

↓

Die Sonne spendet der Erde Licht und Wärme. Aber nicht alle Gebiete der Erde profitieren davon in gleicher Weise.

Hubble-Weltraumteleskop über dem „blauen Planeten" Erde

Roboter auf dem Mars

Andromeda-Galaxie

Astrolabium aus dem Jahre 1554, Instrument zur lagemäßigen Bestimmung der Gestirne

Planetarium aus dem 18. Jah hundert, stellt das damals bekannte Sonnensystem dar

Vom Astrolabium zu New Horizons

Vom Augenschein geleitet

Über lange Zeiten in der Geschichte der Menschheit glaubte man, die Erde sei eine flache Scheibe, die vom Himmelsgewölbe überspannt ist. Das Weltbild des antiken Griechenlands beschrieb Ptolemäus um 150 n. Chr. Er dachte sich die Erde bereits als Kugel, die im Mittelpunkt des Universums stehe. Die Sonne, der Mond, die Planeten und die Sterne würden die fest ruhende Erde umkreisen. Die damals bekannten Planeten, die durch ihre besondere Helligkeit am Nachthimmel auffielen, benannte man nach den Göttern der Antike: Merkur, Venus, Mars, Jupiter und Saturn. Bis zum 16. Jahrhundert galt dieses **geozentrische Weltbild**.

Mit Instrumenten die Welt entdecken

An diesem Weltbild rüttelte Nikolaus Kopernikus, indem er 1543 behauptete, die Erde drehe sich um die Sonne und nicht umgekehrt.

Die Astronomen nutzten für ihre Beobachtungen am Himmel Instrumente. Mit dem Astrolabium konnte man den Lauf der Gestirne vorhersagen, die Tages- und Nachtzeit sowie die genauen Zeitpunkte des Sonnenauf- und Sonnenunterganges berechnen.

Johannes Kepler gelang es 1608, die Bewegungen der Planeten um die Sonne mithilfe von mathematischen Gesetzen zu beschreiben. Galileo Galilei nutzte als erster selbstgebaute Fernrohre zur Himmelsbeobachtung und entdeckte 1610, dass der Planet Jupiter von vier Monden umkreist wird. Schließlich erklärte Isaac Newton 1687 die physikalischen Kräfte, die Gravitations- und die Fliehkraft, die die Planeten auf ihre Umlaufbahn um die Sonne zwingen. Damit war das **heliozentrische Weltbild** begründet. Das Planetarium stellte dieses dar. Ein Uhrwerk ließ die Planeten um die Sonne kreisen.

Mit Teleskopen ins Universum sehen

Friedrich Wilhelm Herschel leitete die nächste Etappe in der Erforschung des Sonnensystems ein: Er verwendete das bereits von Newton erfundene Spiegel-Teleskop, mit dem der Weltraum viel weiter und genauer beobachtet werden konnte als vorher mit Fernrohren. Am Observatorium in Greenwich entdeckte er 1781 mit Uranus einen

weiteren Planeten im Sonnensystem. Er erkannte auch die Gestalt der Milchstraße. Das ist das Sternensystem, zu dem unsere Sonne gehört. Mit größeren Teleskopen gelang es, bis zum Rand des Sonnensystems zu sehen. Die sonnenfernsten Planeten wurden entdeckt: 1846 Neptun und 1930 Pluto. Dieser ist so klein, dass seine Zugehörigkeit zu den Planeten umstritten ist.
Seit Ende der 1930er-Jahre beobachten Astronomen mit Radioteleskopen den Himmel. Diese Instrumente empfangen Radiowellen, die von Sternen außerhalb der Milchstraße ausgehen. Damit konnten weit entfernte Galaxien des Universums erforscht werden. Zum Beispiel die der Milchstraße am nächsten gelegene, spiralförmige Galaxie Andromeda, die über 300 Milliarden Sterne enthält.

Mit Raumkapseln und -sonden ins All

Mit der Entwicklung elektronischer Messgeräte und der Raketentechnik gelang der Vorstoß in den Weltraum. Sputnik war 1957 der erste Satellit und 1969 landeten Menschen in einer Raumkapsel erstmals auf dem Mond. Seit 1990 kreist das Hubble-Weltraumteleskop in 590 km Höhe um die Erde und sendet, von der irdischen Atmosphäre ungestört, faszinierende Bilder aus dem Universum zu uns.
Raumsonden erkunden die Planeten des Sonnensystems und funken Bilder zur Erde. 2004 landeten die Roboter-Fahrzeuge Spirit und Opportunity auf dem Mars und untersuchen seine Oberfläche. Seit Januar 2006 ist die Raumsonde New Horizons unterwegs zu Pluto. Über seine 2,1 Meter große Parabolantenne erfolgt der Funkkontakt zur Erde. Sie kreuzte bereits die Umlaufbahnen von Mars, Jupiter und Saturn. Im Juli 2015 wird sie dann Pluto erreichen.
2009 begann die Simulation des 520 Tage dauernden bemannten Fluges zum Mars.

New Horizons zu Pluto unterwegs

19.01.2006: Start in den USA
Daten des Erreichens der Umlaufbahnen:
07.04.2006: Mars
28.02.2007: Jupiter
08.06.2008: Saturn
18.03.2011: Uranus
24.08.2014: Neptun
14.07.2015: Pluto

1. Notiere dir unbekannte Begriffe des Textes. Erkläre sie mithilfe eines Lexikons.
2. Fertige eine Aufstellung mit den wichtigsten Schritten der Erforschung des Sonnensystems an.
3. Bestimme die Flugzeit der Raumsonde New Horizons zwischen den Umlaufbahnen der Planeten.

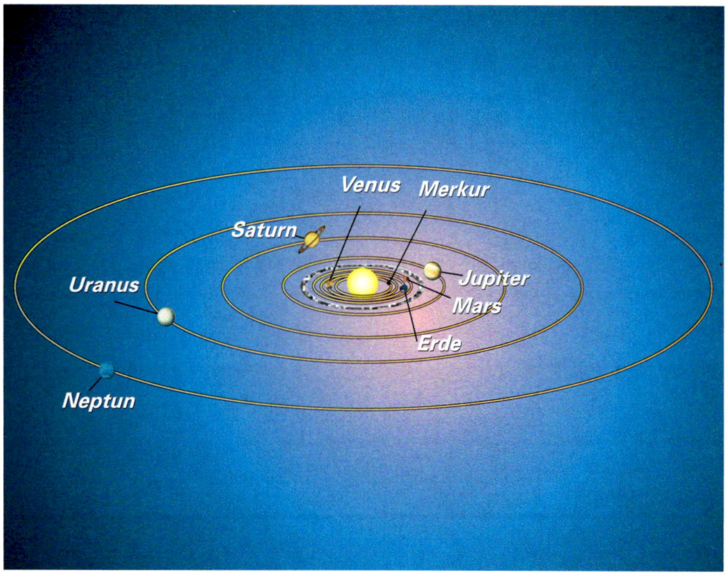

1 **Das Sonnensystem:** Wie die anderen Planeten unseres Sonnensystems kreist die Erde auf einer Bahn um die Sonne.

2 **Größenverhältnisse der Planeten zur Sonne**

?!

Kaum zu glauben
Die Erde bewegt sich auf ihrer Umlaufbahn um die Sonne mit einer Geschwindigkeit von etwa 30 Kilometern pro Sekunde.

Die Erde im Sonnensystem

Das Weltall besteht aus unzähligen verschiedenen Sternensystemen, den Galaxien. Eine dieser Galaxien mit Milliarden von selbst leuchtenden Sternen ist die Milchstraße, zu der auch unsere Sonne gehört. Ihre Sterne sind so weit von uns und voneinander entfernt, dass sie uns nur wie ein milchiger Schleier aus schwachen Lichtpunkten erscheinen.

Alles dreht sich um die Sonne
Am Rand der Milchstraße liegt unser **Sonnensystem**. Acht Planeten umkreisen die Sonne, die mit ihrer ungeheuren Anziehungskraft alle Körper an sich bindet. Die entgegen wirkende Fliehkraft verhindert, dass die Planeten in die Sonne stürzen. Die Sonne selbst ist wie alle Sterne ein glühender Gasball. Sie liefert nicht nur Licht, sondern auch Wärme, ohne die das Leben auf unserem Planeten nicht möglich wäre.
Einer der acht Planeten ist unsere Erde. Für einen Umlauf um die Sonne benötigt sie 365 Tage und fast sechs Stunden – diese Zeitspanne nennen wir ein Jahr. Je nach Abstand von der Sonne ist die Umlaufbahn bei den anderen Planeten länger oder kürzer als bei der Erde. So hat auch jeder Planet sein eigenes längeres oder kürzeres Jahr.

Der Mond
Um die Erde wiederum rotiert der Mond. Er benötigt für eine Erdumkreisung etwa 28 Tage. Wie die Erde selbst wird auch der Mond von der Sonne beleuchtet. Allerdings sehen wir je nach Stellung des Mondes zu Erde und Sonne nur einen Teil der beleuchteten Oberfläche, der Rest bleibt für uns dunkel. Bei Neumond ist der Mond nur als schwarze Scheibe zu sehen, bei Vollmond hingegen erscheint er uns kreisrund. Die Zeitspanne von Vollmond zu Vollmond bezeichnen wir als Monat. Auch andere Planeten haben eigene Monde, bisher wurden in unserem Sonnensystem über 165 entdeckt.

Lernen im Netz
Animation Planetensystem
104311-0101

Lernen im Netz
Planetenquiz
104311-0102

Das Weltall hat sein eigenes Maß

Weil die Entfernungen im Weltall so unvorstellbar groß sind, gibt es dafür ein besonderes Maß: das **Lichtjahr**. Ein Lichtjahr ist die Strecke, die das Licht in einem Jahr zurücklegt. Das ist unglaublich viel, denn Licht schafft 300 000 km in jeder Sekunde! Unser Mond, den Raumschiffe bereits erreicht haben, ist von der Erde eine gute Lichtsekunde entfernt, bis zur Sonne sind es acht Lichtminuten. Der hellste Stern an unserem Himmel ist der Sirius. Sein Licht ist bis zu uns 8,8 Jahre unterwegs.

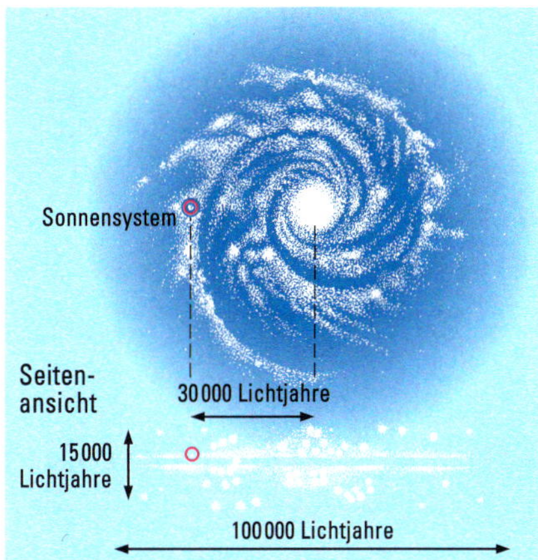

3 **Milchstraße mit Sonnensystem**

Eine gute Eselsbrücke, um sich die Namen der Planeten von der Sonne aus zu merken:
„**M**ein **V**ater **er**klärt **m**ir **j**eden **S**onntag **u**nseren **N**achthimmel.“

Phasen des Mondes:
- Vollmond
- abnehmender Mond
- Neumond
- zunehmender Mond
- Vollmond

1 Ordne die Planeten den Anfangsbuchstaben der Eselsbrücke zu.

2 Wieso bleiben die Planeten auf ihrer Umlaufbahn um die Sonne?

3 In Grafik 1 sind die Entfernungen der Planeten von der Sonne vergleichsweise richtig gezeichnet, in Grafik 2 stimmen dagegen nur die Größen der Sonne und der Planeten zueinander. Welche Probleme gäbe es, wenn man beides in einer Zeichnung darstellen wollte?

Zur Vertiefung

4 Beschreibe anhand der Grafik 3 die Form der Milchstraße und den Standort des Sonnensystems.

5 Führe einen Modellversuch durch mit Sonne (= Orange), Erde (= Nuss) und Mond (= Erbse). Wie stehen diese zueinander
a) bei einer Sonnenfinsternis,
b) bei Vollmond,
c) bei Neumond?
Fertige jeweils eine Skizze dazu an.

Du richtest dich nach deiner Uhr, wenn du pünktlich in der Schule, im Kino oder bei Freunden sein willst. Aber wenn du zur Schule gehst, liegen Schüler in den USA noch im Bett und in Japan ist die Schule bereits zu Ende, denn auf der Erde herrschen ganz unterschiedliche Uhrzeiten. Auch bei Reisen mit dem Flugzeug musst du unterschiedliche Uhrzeiten berücksichtigen.

Im Zeitalter der Postkutsche:
Die Uhren wurden nach dem Stand der Sonne gestellt. Stand die Sonne am höchsten, war es 12.00 Uhr mittags. Kirchturmuhr oder Rathausuhr zeigten die gültige **Ortszeit** an. Weil die Sonne über München ihren Höchststand früher als über Stuttgart erreicht, unterschied sich die Ortszeit zwischen diesen Städten um zehn Minuten. Jeder Ort hatte also seine eigene Zeit.

Im Zeitalter der Eisenbahn:
Beim Neubau der Eisenbahn führten die Strecken durch Orte mit unterschiedlicher Ortszeit. Damit einheitliche Fahrpläne für ein größeres Gebiet gelten konnten, wurde die **Zonenzeit** eingeführt. 1884 einigten sich 27 Staaten auf die heute gültigen Zeitzonen. 1893 wurde in Deutschland die MEZ als Zonenzeit eingeführt. Die Menschen richteten sich nun nach der Bahnhofsuhr.

Im Zeitalter des Düsenflugzeugs:
Für Flugverkehr und Nachrichtenaustausch der Medien ist eine weltweit gültige, einheitliche Zeit notwendig. Hierzu dient die international gültige **Weltzeit**.

1

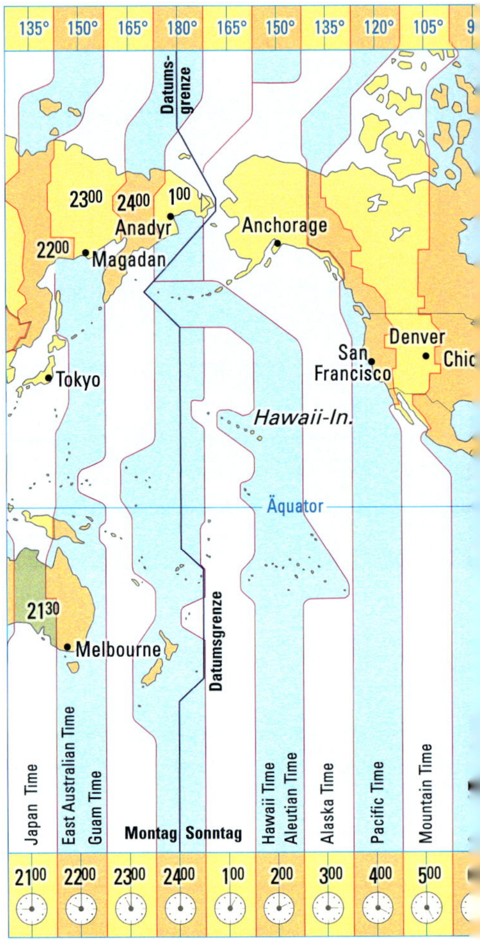

3 **Die Zeitzonen der Erde**

Uhrzeiten auf der Erde

Nimm einen Globus und an Stelle der Sonne eine starke Lichtquelle: Damit kannst du dir einiges erklären. Die Sonne beleuchtet immer nur eine Hälfte der Erde. Dort herrscht Tag, auf der gegenüberliegenden Seite Nacht. Da sich die Erde um ihre Achse dreht, wird ständig ein anderer Teil des Planeten Erde direkt von der Sonne beleuchtet. Dort herrscht dann gerade Mittag, an den Rändern des Lichtscheins entweder Morgen oder Abend. Tag und Nacht sind also eine Folge der **Erdrotation**.

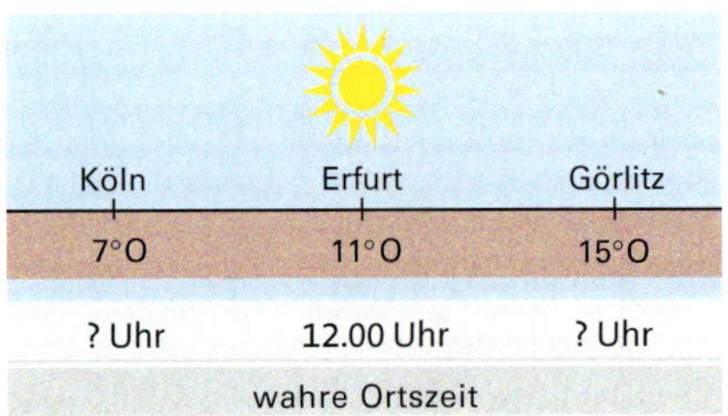

2 **Höchststand der Sonne und wahre Ortszeit**

Viele Uhrzeiten auf der Erde
International hat man sich darauf geeinigt, die Erde in 24 **Zeitzonen** einzuteilen. Von einer Zeitzone zur nächsten unterscheidet sich die Uhrzeit um eine Stunde. Innerhalb einer Zeitzone gilt allerorts dieselbe **Zonenzeit**.
In Deutschland gilt seit 1. April 1893 die Mitteleuropäische Zeit, kurz MEZ. Am

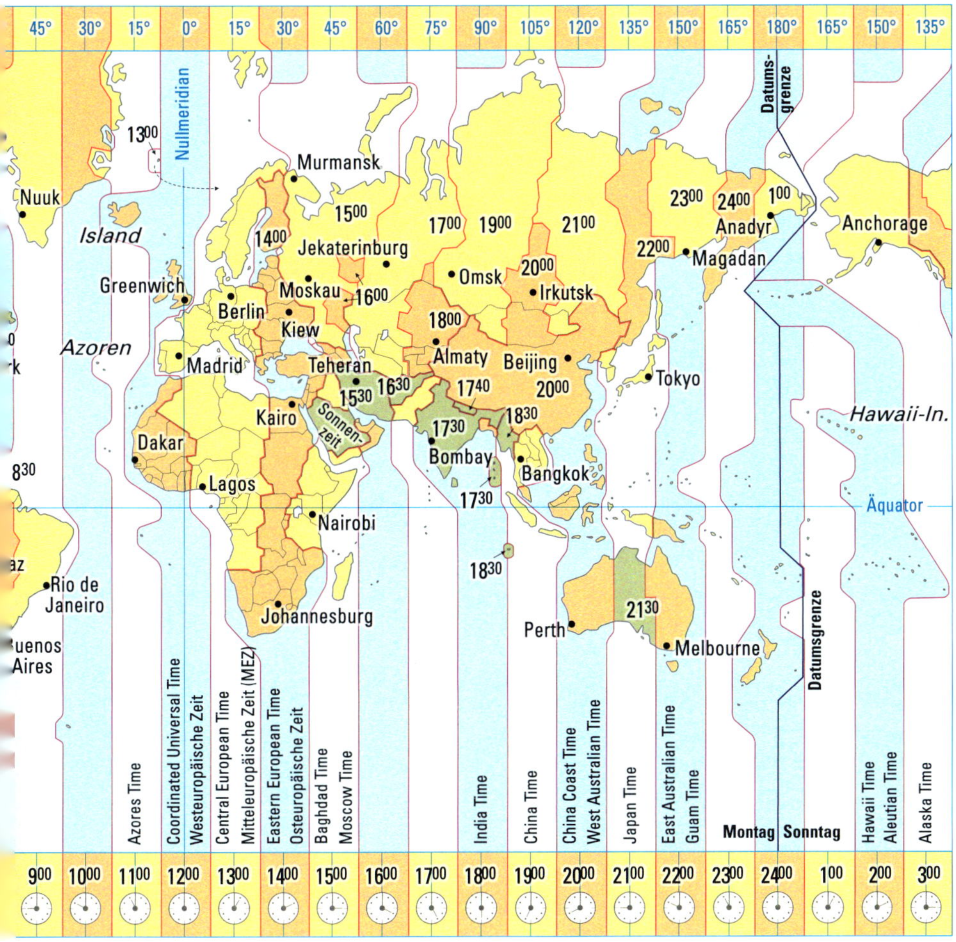

Nullmeridian, der durch Greenwich in England verläuft, gilt die Weltzeit oder die Universal Time Coordinated, kurz UTC genannt.

Im Bereich des 180. Meridians verläuft die Datumsgrenze. Überquert man diese, so ändert sich neben der Uhrzeit auch das Datum.

1 Erkläre, warum es 24 Zeitzonen gibt.

2 Die Orientierung mithilfe der Zeitzonen der Erde ist für dich bedeutsam. Begründe.

3 Arbeite mit Karte 3.

a) Bestimme die Anzahl der Zeitzonen in Europa, den USA, China und Russland.

b) Nenne drei Zeitzonen, die in mehr als einem Kontinent gelten.

Zur Vertiefung

4 Demonstriere mit einem Globus und einer Lichtquelle die Entstehung von Tag und Nacht. Wie musst du die Erde richtigerweise drehen?

5 Kirchturmuhr, Bahnhofsuhr und Flughafenuhr stehen für Epochen. Begründe.

6 Grafik 2 zeigt die wahre Ortszeit für Erfurt. Berechne für diesen Zeitpunkt die wahre Ortszeit von Köln und Görlitz.

7 Wahr oder unwahr?
Abflug in Los Angeles am 3. Januar – Flugzeit 14 Stunden – Ankunft in Sydney am 5. Januar? Begründe deine Entscheidung.

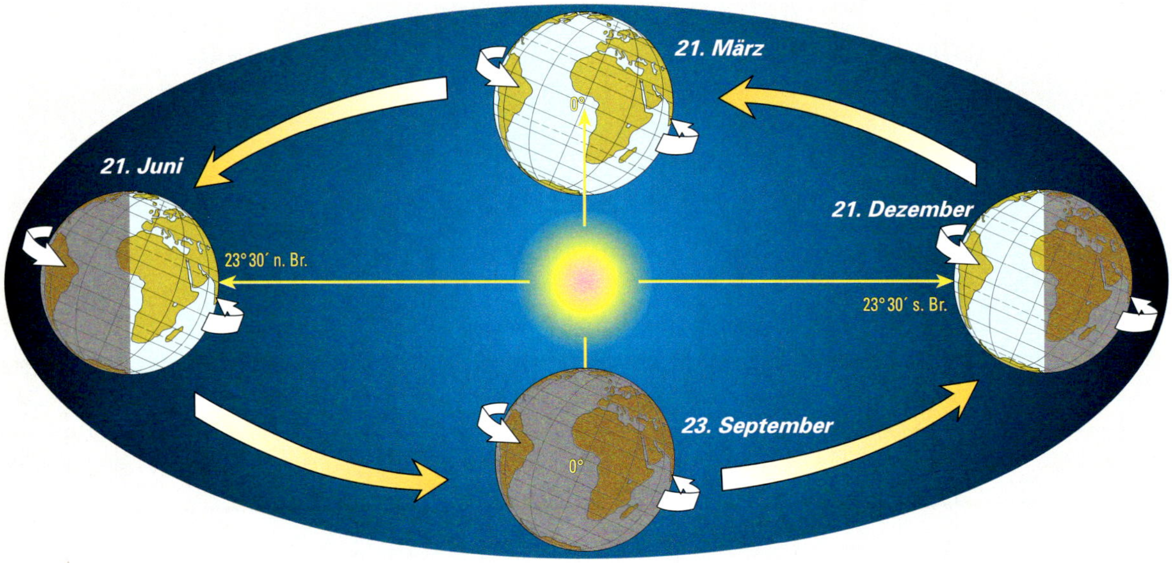

1 Umlaufbahn der Erde um die Sonne

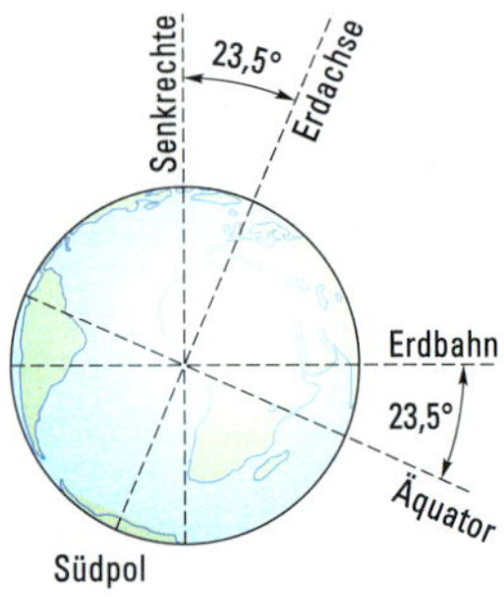

2 Neigung der Erdachse

Tageslängen und Jahreszeiten

Im Winter ist es noch dunkel, wenn du zur Schule gehst, und im Sommer gehst du ins Bett, wenn es noch hell ist. Tag und Nacht sind bei uns verschieden lang, je nach Jahreszeit, besser gesagt: je nach Sonnenstand. Zu Sommeranfang am 21. Juni, wenn bei uns der Tag am längsten ist, steht die Sonne am höchsten. Zu Winteranfang am 21. Dezember steht sie am tiefsten und der Tag ist am kürzesten. Weshalb ist das so?

Jeder Globus zeigt die Ursache: Die Erdachse steht schräg zur Ebene, auf der die Erde um die Sonne kreist, **Umlaufbahn** genannt. Diese Schrägstellung führt dazu, dass in der einen Jahreshälfte die Nordhalbkugel, in der anderen die Südhalbkugel stärker beschienen wird. So „pendelt" für uns die Sonne scheinbar zwischen Nord- und Südhalbkugel. Am 21. Juni hat sie ihren nördlichsten Punkt erreicht: Sie steht dann über dem Breitenkreis 23,5° N im Zenit, dem Punkt des Himmels senkrecht über dem Beobachter (von arabisch = Scheitelpunkt). Weil die Sonne ihren Lauf nun scheinbar wieder nach Süden wendet, nennt man diesen Breitenkreis „Nördlicher **Wendekreis**". Dem scheinbaren Wandern des Sonnenstandes zwischen Nördlichem und Südlichem Wendekreis verdanken wir die Entstehung der **Jahreszeiten**.

Alle Orte im Bereich zwischen den Wendekreisen, den Tropen, erleben jährlich zwei Zenitstände. Deshalb gibt es hier keine temperaturbedingten Jahreszeiten. Jenseits der Wendekreise zu den Polen hin gibt es keine Zenitstände der Sonne mehr. Zwischen den Wendekreisen und den **Polarkreisen** bestimmen vier Jahreszeiten mit ganz unterschiedlichen Tageslängen den Lebensrhythmus. In den Polarzonen zwischen Polarkreis und Pol treten Polartag und Polarnacht auf. An den Polarkreisen dauert der Polartag 24 Stunden, an diesem Tag scheint die Sonne auch zur Mitternacht. An den Polen selbst dauern der Polartag und die Polarnacht jeweils genau ein halbes Jahr.

Lernen im Netz
Animation „Lauf der Erde“
104311-0103

Lernen im Netz
Quiz Jahreszeiten
104311-0104

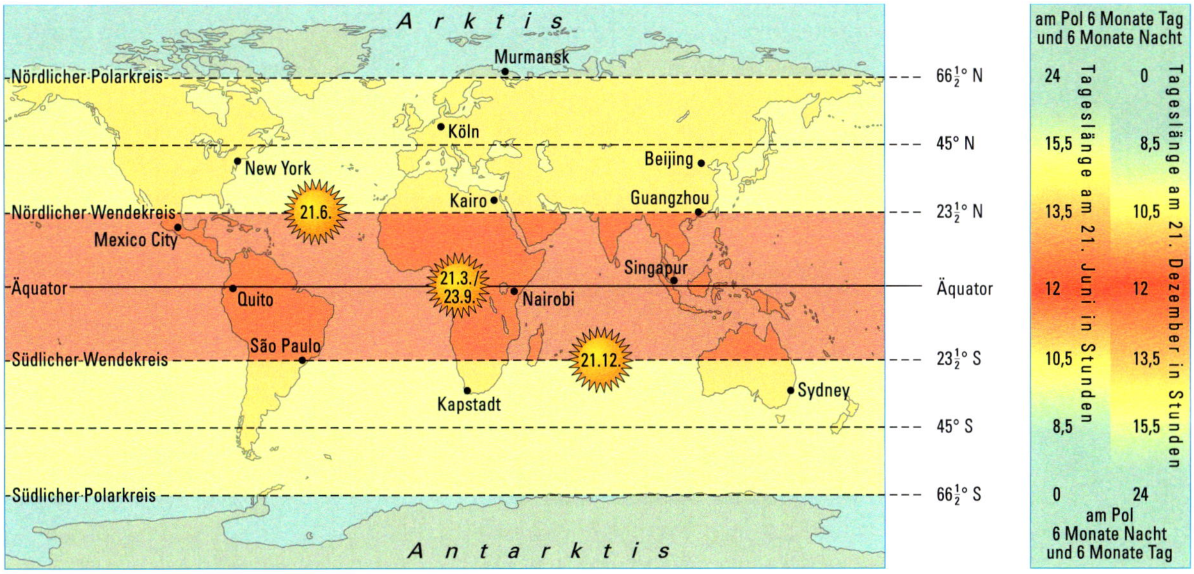

3 **Tageslängen auf der Erde und Zenitstände der Sonne**

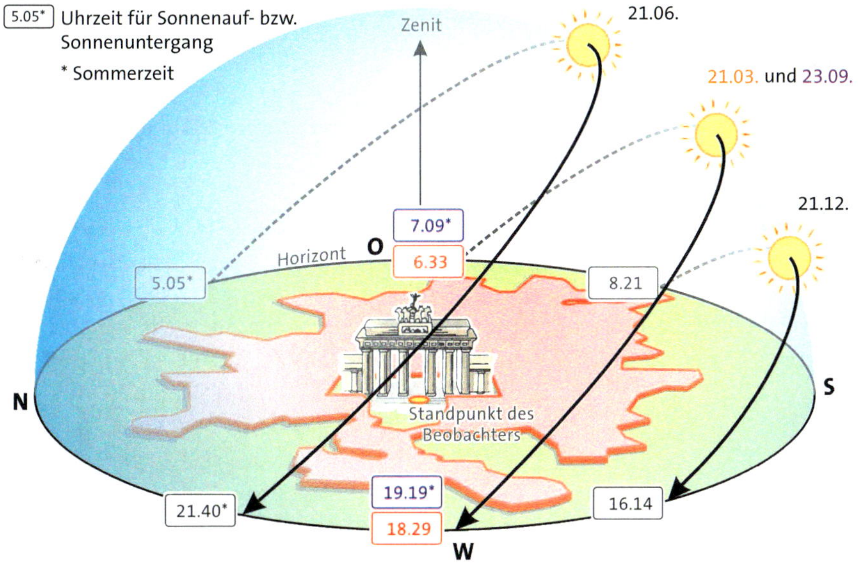

4 **Der „Sonnenbogen“ (scheinbarer Sonnenlauf) zu verschiedenen Jahreszeiten**

1 Grafik 4: Bestimme die Tages- und Nachtlänge für Berlin an den vier genannten Zeitpunkten.

2 Grafik 1 und 2: Beschreibe die unterschiedliche Beleuchtung der Erde im Jahreslauf.

3 Erkläre, warum es bei uns Jahreszeiten gibt.

4 Erstelle eine Tabelle zu den Jahreszeiten auf der Erde:

Datum	Nordhalbkugel	Südhalbkugel
21. März	Frühjahr	...
21. Juni	...	...
23. September	...	...
21. Dezember	...	...

Zur Vertiefung

5 Was wäre anders, wenn die Erdachse nicht geneigt wäre?

1

2

Material: Globus, 2 baugleiche Taschenlampen, Maßband
Durchführung: Richtet das Strahlenbündel einer Taschenlampe senkrecht auf den Äquator, das der zweiten auf den Breitenkreis 66,5° N. Haltet beide Lampen parallel und gleich weit vom Globus weg.

Auswertung: Messt mit dem Maßband die Ausdehnung der beleuchteten Flächen und notiert eure Beobachtung.
Erklärt den Zusammenhang zwischen Sonneneinstrahlung und Verteilung des Lichts auf der Erde.

4 **Experiment zur Sonneneinstrahlung**

Material: Globus, Rotlichtlampe, gebogene Metallplatte, Lineal
Durchführung: Stellt die Rotlichtlampe genau so auf, dass sie die Außenseite der Metallplatte beleuchtet. Haltet einen Abstand von 40 cm ein. Schaltet die Lampe für 1–2 Minuten ein und erfühlt nach dem Ausschalten mit den Händen die Platte.

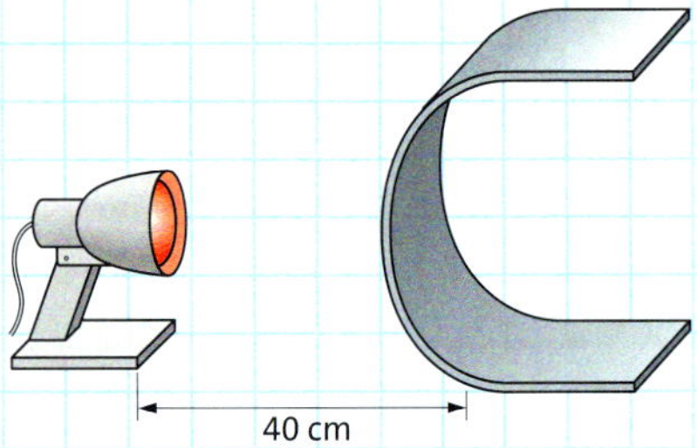

Auswertung: Notiert eure Beobachtungen im Heft. Leitet eine Erklärung für die unterschiedliche Verteilung der Wärme auf der Erde ab.

5 **Experiment zur Wärmeverteilung**

Licht und Wärme – ungleich verteilt

Ohne das Licht und die Wärme der Sonne gäbe es kein Leben auf unserer Erde. Doch sind Licht und Wärme ungleich verteilt.

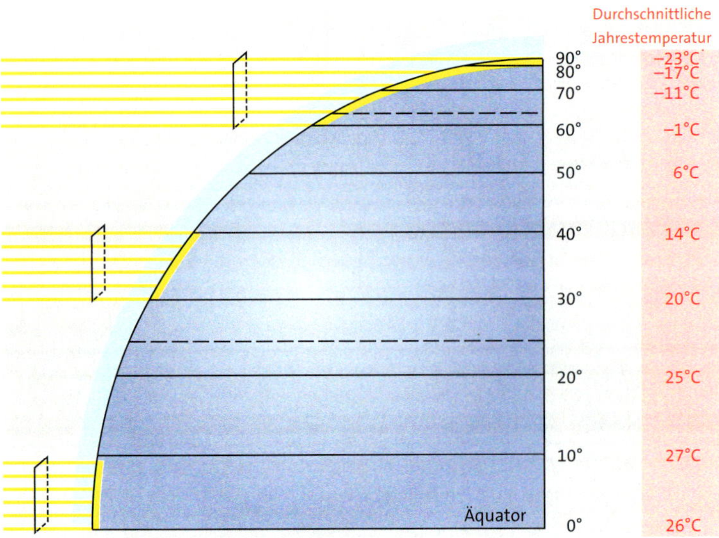

3 **Sonneneinstrahlung auf der Erde**

Zu den Polen nimmt die eingestrahlte Energiemenge ab, weil sie sich auf eine größere Fläche verteilt. Außerdem müssen die Lichtstrahlen an den Polen einen viel längeren Weg durch die Atmosphäre, die Lufthülle der Erde, zurücklegen und werden dabei abgeschwächt. Treffen die Lichtstrahlen die Erdoberfläche, erwärmt sie sich: je steiler der Einfall der Sonnenstrahlen, desto mehr.

Daher lässt sich die Erde grob in vier **Temperaturzonen** einteilen. Die Grenzlinien dieser Zonen müssten eigentlich fast parallel zu den Breitenkreisen verlaufen. Doch die Verteilung von Land und Meer, die Auswirkungen von Meeresströmungen und die Höhenlage führen zu Abweichungen. Sonst würde es zum Beispiel in den Tropen keine schneebedeckten Berge geben.

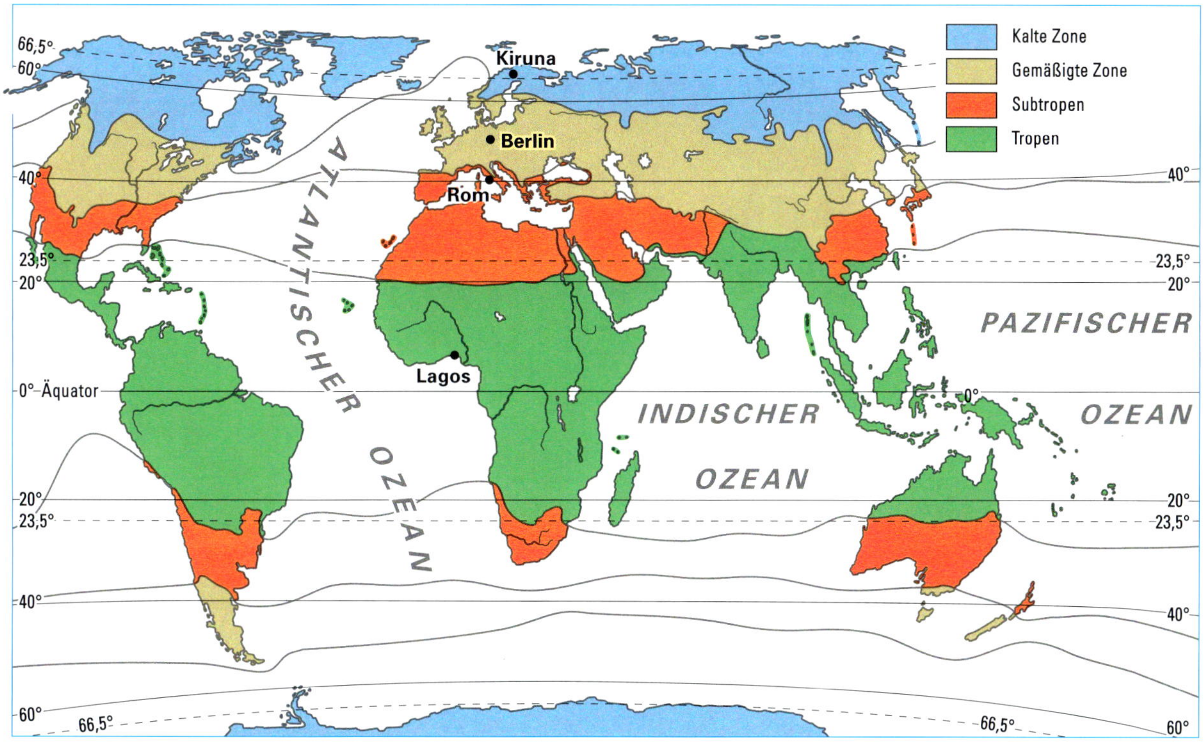

6 **Die vier großen Temperaturzonen der Erde**

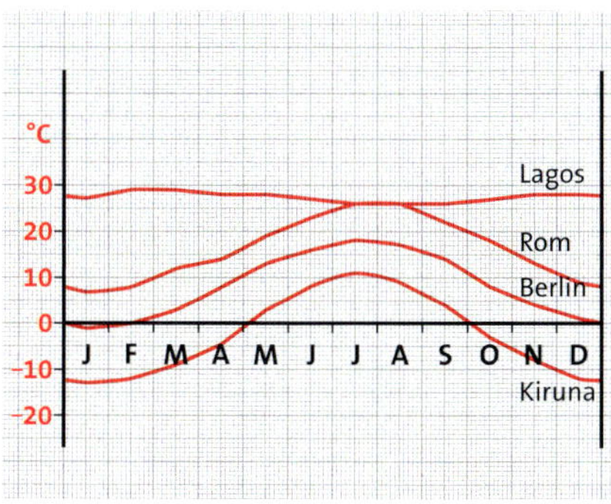

7 **Temperaturen im Vergleich**

Temperaturzonen der Erde (auch Hauptklimazonen genannt)

	Kalte Zone	Gemäßigte Zone	Suptropische Zone	Tropische Zone
Jahresdurchschnittstemperatur	um oder unter 0°C	etwa 8°C	etwa 18°C	etwa 25°C
Gekennzeichnet durch	kalte, schneereiche Winter	gemäßigte Winter und Sommer	milde Winter und heiße Sommer	immer heiß, niemals Frost

8

1 Führt die Experimente durch.

2 Foto 1: Wo bekommst du im Gesicht zuerst Sonnenbrand? Erkläre, warum.

3 Beschreibe und erkläre Foto 2.

4 Begründe mithilfe der Grafik 3 die Entstehung der Temperaturzonen.

Zur Vertiefung

5 Karte 6 und Atlas: Begründe, weshalb die Temperaturzonen nicht parallel zu den Breitenkreisen verlaufen (drei Beispiele).

6 Grafik 7: Ermittle die ungefähre Jahresmitteltemperatur der vier Stationen.

1

TERRA **TRAINING**

Wichtige Begriffe
Erdrotation
Gemäßigte Zone
Geozentrisches Weltbild
Heliozentrisches Weltbild
Jahreszeit
Kalte Zone
Lichtjahr
Polarkreis
Sonnensystem
Subtropische Zone
Temperaturzone
Tropische Zone
Umlaufbahn
Wendekreis
Zeitzone
Zonenzeit

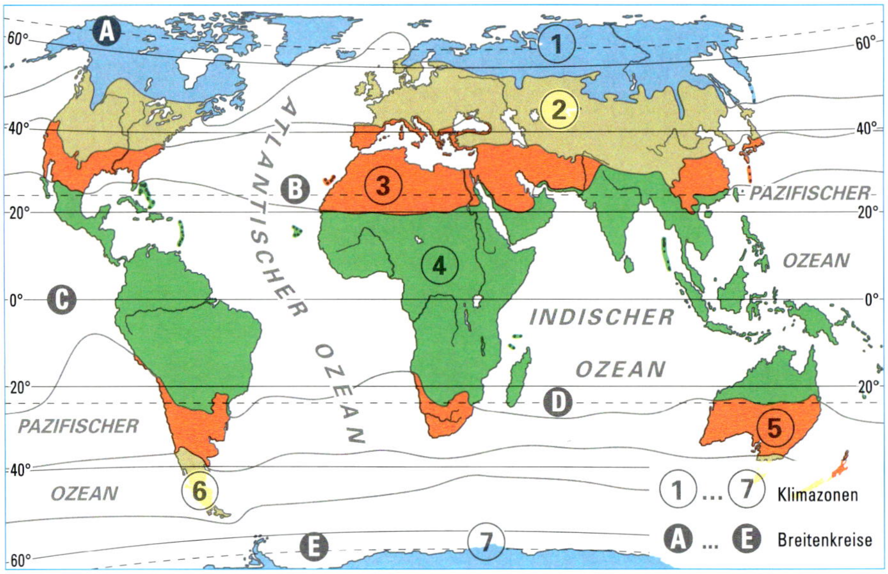

1

Orientieren

1 Karte 1

a) Benenne die Temperaturzonen 1–7.

b) Benenne die Breitenkreise A–E.

Kennen und Verstehen

2 Richtig oder falsch?

Verbessere die falschen Aussagen und schreibe sie richtig auf.

- Um die Erde drehen sich der Mond und die Sonne.
- Im Weltall gibt es zahlreiche Galaxien mit Milliarden von Sonnen.
- Temperaturzonen und Vegetationszonen entsprechen sich.
- Überall auf der Erde gibt es vier Jahreszeiten.
- Auf der Erde finden wir vier Temperaturzonen: Kalte Zone, Gemäßigte Zone, Subtropische Zone, Tropische Zone.
- Im Sommer steht bei uns die Sonne im Zenit.

3 Findest du die Begriffe?

- Temperaturzone, in der es ganzjährig gleichmäßig warm ist
- ein Längenmaß, um die Entfernungen im Weltall anzugeben
- anderes Wort für Sternensystem
- hier steht die Sonne am 21. Dezember im Zenit
- Himmelskörper, die um eine Sonne kreisen

4 Silbenrätsel

a) Setze die Silben so zu Wörtern zusammen, dass keine Silbe übrig bleibt. Die Anfangsbuchstaben der Wörter sind dick gedruckt. Du erhältst Begriffe zum Thema „Erde im Weltall“.
DE–DE–**ER**–**G**A–JAHR–KREIS–LA–**L**ICHT–NE–NE–NE–NIT–**PLA**–**SON**–**S**TER–TEN–**W**EN–XIE–**Z**E

b) Bilde einige Sätze, in denen jeweils zwei der Begriffe vorkommen.

Anwenden

5 Ein seltsames Bild?

a) Zu welchem Datum passt das Bild 2: 21.03. – 21.06. – 23.09. – 21.12.? Entscheide und begründe.

b) Beschreibe und erkläre die unterschiedliche Beleuchtung der Erde.

6 Beleuchtungsverhältnisse

Grafik 3 stellt vier Positionen dar, die die Erde beim Umlauf um die Sonne in einem Jahr einnimmt. Die Sonne ist in der Zeichnung viel zu klein dargestellt.

Material
Bogen zur Selbsteinschätzung
104311-0105

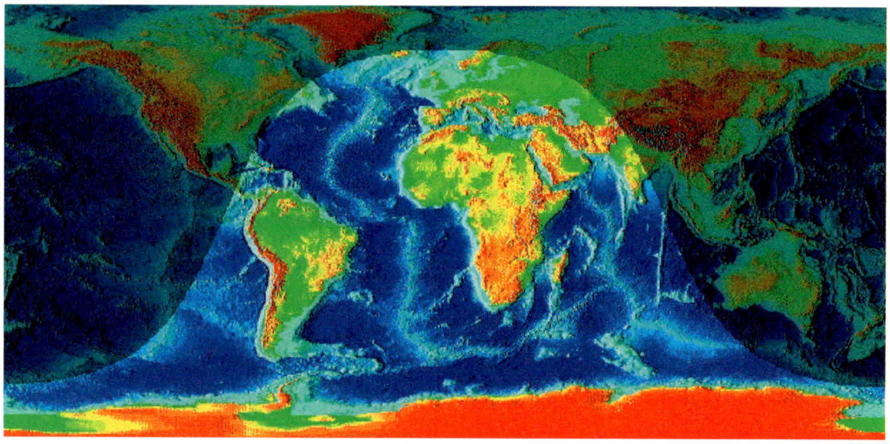

2 **Beleuchtung der Erde um 12.00 Uhr**

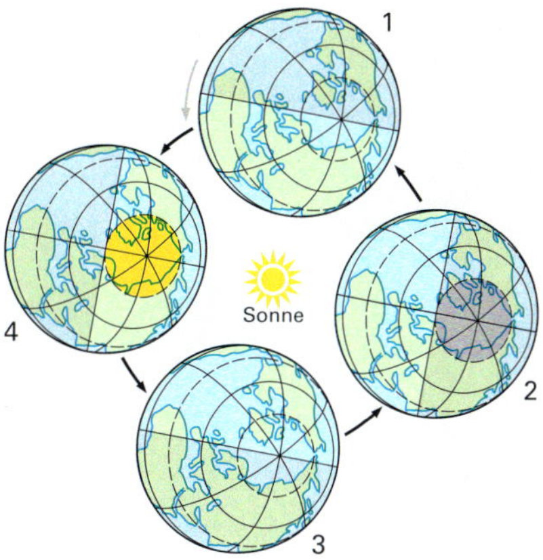

3 **Beleuchtung der Erde** (Ansicht von senkrecht oben)

a) Ordne den Positionen 1 und 3 ein Datum und eine Bezeichnung zu.
b) Welches Datum gilt für die Position 2?
c) Beschreibe jeweils einen Tag am nördlichen Polarkreis in den Positionen 1 bis 4.

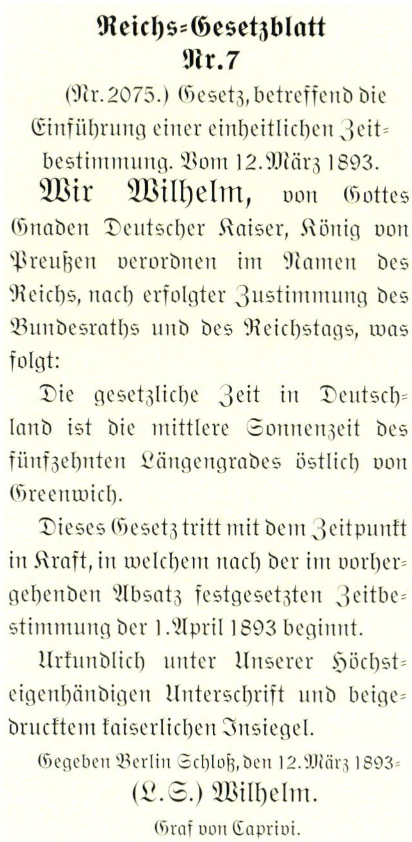

Reichs-Gesetzblatt
Nr. 7

(Nr. 2075.) Gesetz, betreffend die Einführung einer einheitlichen Zeitbestimmung. Vom 12. März 1893.

Wir Wilhelm, von Gottes Gnaden Deutscher Kaiser, König von Preußen verordnen im Namen des Reichs, nach erfolgter Zustimmung des Bundesraths und des Reichstags, was folgt:

Die gesetzliche Zeit in Deutschland ist die mittlere Sonnenzeit des fünfzehnten Längengrades östlich von Greenwich.

Dieses Gesetz tritt mit dem Zeitpunkt in Kraft, in welchem nach der im vorhergehenden Absatz festgesetzten Zeitbestimmung der 1. April 1893 beginnt.

Urkundlich unter Unserer Höchsteigenhändigen Unterschrift und beigedrucktem kaiserlichen Insiegel.

Gegeben Berlin Schloß, den 12. März 1893.

(L. S.) Wilhelm.

Graf von Caprivi.

4

Teste dich selbst
mit den Aufgaben 1, 2 und 3.

Beurteilen und Bewerten

7 Knifflige Fragen
a) Wer dreht an den Wendekreisen um?
b) Begründe, warum die Wendekreise bei 23,5° N und S liegen.
c) Warum liegt die Kalte Zone im Bereich der Pole und nicht am Äquator?
d) Wo befindet sich die Sonne zwischen Sonnenuntergang und Sonnenaufgang?

8 Text 4
a) Erkläre den Sinn des Gesetzes vom 12. März 1893.
b) Bewerte Vorteile und Nachteile, die aus dem Gesetz folgen.

2

Nutzung und Gefährdung: Tropische Zone

Die Tropische Zone ist die wärmste Klimazone der Erde. Doch die Niederschläge sind in dieser Zone sehr unterschiedlich, sodass sich ganz verschiedene Vegetationszonen herausgebildet haben. Jede hat ihr eigenes Gepräge und ihre spezifischen Nutzungsmöglichkeiten.

Der Lernweg durch das Kapitel:

Was für ein Wald!
Großflächig, üppig, tier- und pflanzenreich und noch viel mehr – der Tropische Regenwald!

↓

Heute nutzt der Mensch den Regenwald in zunehmendem Maße und gefährdet damit die „grüne Lunge" der Erde.

↓

Besonders zerstörerisch wirken der Rohstoffhunger und die Essgewohnheiten der Menschen in den Wohlstandsländern auf dieses Naturreservat.

↓

Am Beispiel der Savannen erfährst du, wie stark Vegetation und Lebensbedingungen von den Niederschlagsmengen abhängig sind.

↓

Am Beispiel der Sahelzone erkennst du, wie verheerend sich die Übernutzung eines sensiblen Naturraumes auswirken kann.

①

②

3

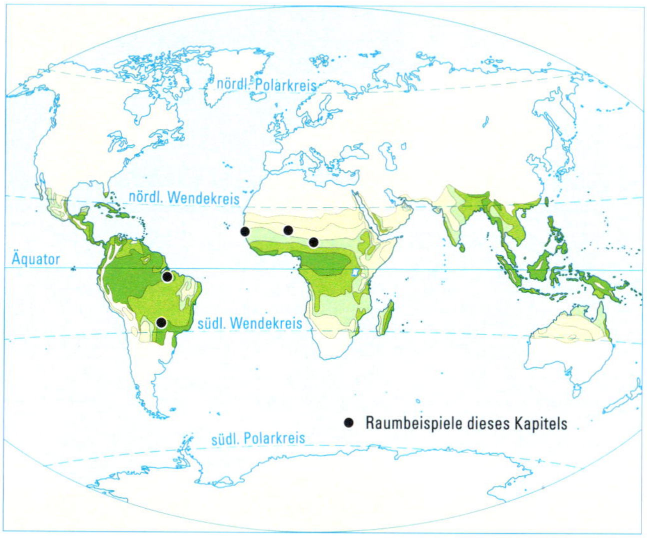

nördl. Polarkreis
nördl. Wendekreis
Äquator
südl. Wendekreis
südl. Polarkreis
● Raumbeispiele dieses Kapitels

4

5

6

1 Ara

2 Aufsitzerpflanze Orchidee

Erlebnis Regenwald
„Wie eine undurchdringliche Mauer steigt der Wald am Flussufer empor. Je weiter wir ins Innere vordringen, desto düsterer wird es: grüne Nacht am hellen Tag. Kein Luftzug regt sich. Überall tropft es von den Bäumen. Es ist stickig und schwül und riecht nach moderndem Holz und faulenden Blättern. Der Unterwuchs ist spärlich: nur wenige Sträucher; dafür aber unzählige Pilze, Moose und Farne. Auffallend sind die armdicken Lianen, die nach oben zum Licht streben – und Würgerpflanzen, die mit ihren Ästen dicke Stämme ersticken, sowie die mächtigen Brett- und Stelzwurzeln der Baumriesen. Größere Tiere sehen wir nicht. Sie sind selten und scheu. Umso zahlreicher begegnen uns Kleintiere und Insekten. Es wimmelt von Fröschen, Ameisen, Spinnen und Tausendfüßlern. Wir sehen riesige Schmetterlinge. Besonders lästig sind die vielen Stechmücken."

3

4

?!
Kaum zu glauben
In Amazonien gibt es mindestens 50 000 verschiedene Blütenpflanzen; in ganz Westeuropa dagegen nur etwa 3 000.

Die Blätter der Königsseerose im Amazonasgebiet haben einen Durchmesser von 2 m und können ein Gewicht von 75 kg tragen.

Faszination Tropischer Regenwald

Mehr als ein Drittel aller bekannten Pflanzenarten der Erde gehört zur Flora der Tropischen Regenwälder. Während in einem Wald in Deutschland pro Hektar im Durchschnitt fünf verschiedene Baumarten wachsen, sind es im **Tropischen Regenwald** über einhundert. Auf nur zehn Bäumen registrierten Forscher mehr als 3 000 Insektenarten. Und ständig werden neue Pflanzen- und Tierarten entdeckt. Schon wegen dieser **Artenvielfalt** ist es wichtig, die Regenwälder zu erhalten.

Klima der immerfeuchten Tropen
Wenn wir vom Tropischen Regenwald sprechen, meinen wir in der Regel die Wälder im Tiefland der inneren, d. h. der äquatornahen, Tropen. Vom Wetter her gesehen gleicht dort nahezu ein Tag dem anderen.

Die Durchschnittstemperaturen liegen das ganze Jahr zwischen 25 und 27 °C. Der durchschnittliche Jahresniederschlag beträgt mindestens 1 500 mm. Dieses feucht-warme Klima ermöglicht ein ganzjähriges üppiges Wachstum. Der Tropische Regenwald kennt also keine Jahreszeiten. Ein Baum erneuert sein Laub nach und nach, indem er ständig einzelne Blätter abwirft. Er kann gleichzeitig blühen und Früchte tragen.
Gleichwohl können die Temperaturen am Tag um bis zu 10 °C schwanken. Deshalb wird das Regenwaldklima auch als **Tageszeitenklima** bezeichnet.

Genreservoir und grüne Lunge
Wegen seiner Vielfalt an Tier- und Pflanzenarten wird der Tropische Regenwald auch als „Genreservoir der

Lernen im Netz
Tageszeitenklima
104311-0201

Lernen im Netz
Animation Nährstoffkreislauf
104311-0202

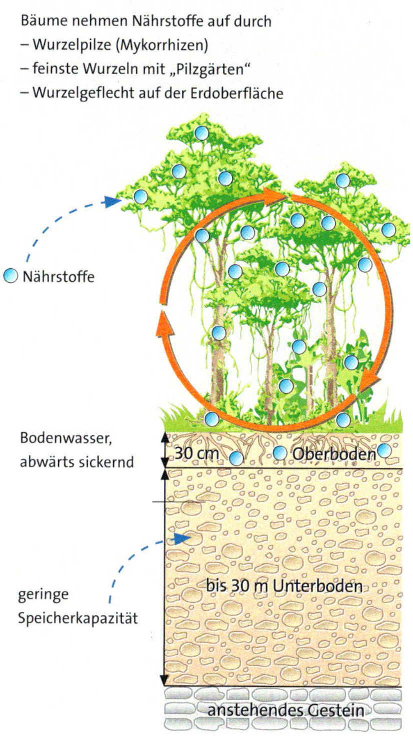

5 **Nährstoffkreislauf**

6 **Der Regenwald bei uns – im Tropenhaus, Supermarkt oder Wohnzimmer!**

7

Erde“ bezeichnet. Für die medizinische Forschung ist dies äußerst wichtig, denn immer wieder werden neue Wirkstoffe entdeckt. Man spricht auch von der „größten Apotheke der Welt“.
Mit ihren Blättern und Nadeln wirken Bäume wie riesige Filter. Ein Hektar Laubwald filtert jährlich etwa 70 Tonnen Staub aus der Luft heraus. Außerdem produzieren Bäume, wie alle grünen Pflanzen, Sauerstoff. Die Funktion des Regenwaldes als „grüne Lunge“ ist deshalb von großer Bedeutung.

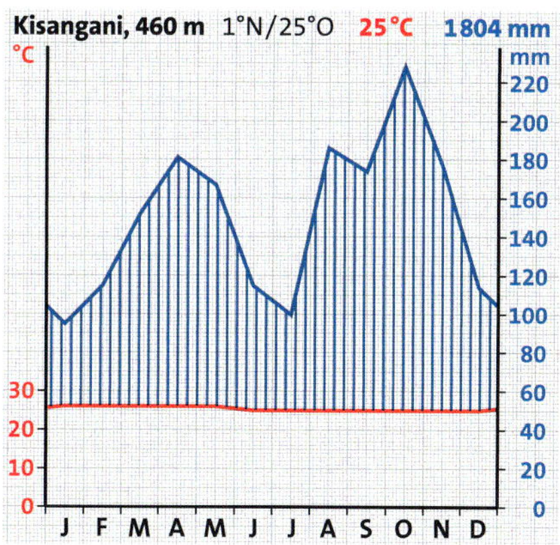

8

1 Tropischer Regenwald:
a) Erstelle eine Liste mit Merkmalen.
b) Erkläre den Begriff.

2 Innertropisches Klima:
a) Diagramm 8: Nenne die Merkmale des innertropischen Klimas.
b) Wie wirkt sich dieses auf das Pflanzenwachstum aus?

3 Erläutere die Begriffe „Genreservoir“ und „grüne Lunge“.

Zur Vertiefung

4 Grafik 5: Erkläre den Nährstoffkreislauf im Regenwald.

5 Verbreitung des Regenwaldes: Nenne Kontinente und je fünf Staaten.

1

4 Straßenbau

6 Kleinbauern folgen den Schneisen des Straßenbaus

Einwohnerzahl Rondônias

1950	37 000
1980	500 000
1991	1 130 000
2000	1 380 000
2005	1 540 000

2

Einwohnerzahl Brasiliens

1950	50 Mio.
1980	118 Mio.
1991	144 Mio.
2000	170 Mio.
2008	191 Mio.

3

Operation Amazonien
„Brasilien ist das fünftgrößte Land der Erde. Unsere Bevölkerung wächst unaufhörlich. Wir müssen unser Land erobern, dem Meer den Rücken kehren. Es gilt, die großen und menschenleeren Urwaldgebiete Amazoniens zu erschließen."
Mit diesen Worten hatte der brasilianische Staatspräsident Kubitschek 1957 das Signal für den Aufbruch ins Landesinnere gegeben. Dort soll die neue Hauptstadt Brasilia gebaut und danach Amazonien systematisch besiedelt und genutzt werden. Mit dem flächengrößten und teuersten Kolonisationsprojekt der Welt versprach die Regierung Landarbeitern und Kleinbauern „Land für Menschen ohne Land, in einem Land ohne Menschen".

5

Amazonien: Von der Erschließung zum Raubbau

Wo sich bis 1970 unberührter Regenwald ausdehnte, der nur über Wasserwege zu erreichen war, leben heute eineinhalb Millionen Menschen. Der Bundesstaat Rondônia ist ein Beispiel für die **Erschließung** und Gefährdung des Tropischen Regenwaldes in Brasilien. Es begann mit der Ansiedlung von Kleinbauern.

Agrarkolonisation

Zuerst die Straßen, dann die Siedler! Per Flugzeug wurden zahlreiche Vermessungstrupps abgesetzt, die die Trassen für die Verkehrserschließung absteckten: 70 m breite Schneisen wurden in den Regenwald gebrannt: Die bekannteste ist die 5 600 km lange Transamazònica, die vom Atlantik fast bis zu den Anden reicht. Eine andere Fernstraße verbindet die Hauptstadt Brasilia mit dem Bundesstaat Rondônia, dem Zentrum der **Agrarkolonisation**.
Als Starthilfe bekam jeder Kolonist 100 ha Land, einen Geldkredit und kostenlose Beratung. Doch nicht alle

Lernen im Netz
Animation Regenwaldzerstörung
104311-0203

7 Rinderfarm im gerodeten Regenwald

8 Sojaernte

9 Rondônia 1975

10 Rondônia 2005

Neusiedler blieben. Vielen machten die Malaria, die nährstoffarmen Böden, die fehlenden öffentlichen Einrichtungen zu schaffen, sodass sie entmutigt aufgaben.

Von der Erschließung zum Raubbau
Die brasilianische Regierung vergab an in- und ausländische Investoren Land zur Anlage von Rinderweiden. Die Großgrundbesitzer brannten riesige Flächen des Waldes ab, säten – oft vom Flugzeug aus – Gras. So entstanden Rinderfarmen mit bis zu 100 000 ha Fläche. Später kam der Ackerbau hinzu, vor allem Sojaanbau. Es entstanden ausgedehnte Monokulturen. Der Flächenbedarf und die Macht der „neuen Herren im Regenwald" wurden immer größer – zu Lasten von Indianern und Kleinbauern, die sie oft durch den Einsatz von „Pistoleiros" vertrieben.

Stirbt der Amazonas-Regenwald?
Der **Raubbau** am Regenwald schreitet in atemberaubender Geschwindigkeit voran. Die Ausdehnung der Weideflächen für die Rindfleischerzeugung und der Sojafelder für den Futtermittelexport, Holzeinschlag und Bergbau sind die Hauptzerstörungsursachen – fast alles für das Begehr der Menschen in den Wohlstandsländern!

1 Pilotkarte und Atlas:
a) Beschreibe die Lage und die Größe Amazoniens.
b) Welche Nutzungen weist die Karte Seite 27 für den Bundesstaat Rondônia aus?

2 Agrarkolonisation in Rondônia:
a) Welche Gründe führten dazu?
b) Welche Probleme traten auf?

3 Fertige mithilfe der Fotos und des Textes eine Übersicht an zum Thema „Von der Erschließung zum Raubbau".

Zur Vertiefung

4 Vergleiche die Entwicklung der Einwohnerzahlen von Rondônia und Brasilien.

5 Vergleiche die Satellitenbilder 9 und 10. Formuliere dein Ergebnis schriftlich.

6 Sind die Verursacher der Regenwaldzerstörung die Großgrundbesitzer, die brasilianische Regierung oder die Menschen in den Wohlstandsländern? Diskutiert darüber!

7 Bewerte die Aussage, „es gelte, einen menschenleeren Raum zu erschließen".

1 Ein Baumriese wird gerodet

4 Eukalyptus-Plantage

2 Selektiver Holzeinschlag

Ein Baum fällt selten allein
Neben Rinderfarmen und Plantagen sind die großen nationalen und internationalen Unternehmen auch am kommerziellen Holzeinschlag beteiligt. Da einzelne tropische Hölzer wie z.B. Mahagoni, Teak und Palisander aufgrund ihrer Färbung, Härte und Beständigkeit weltweit sehr begehrt sind und auf dem Weltmarkt hohe Preise erzielen, haben sich einzelne Großfirmen auf den Handel mit Tropenhölzern spezialisiert. An der Spitze der Exportländer stehen Malaysia, Indonesien und Gabun. Wenngleich pro Hektar oft nur vier bis fünf Bäume für die Holzindustrie von Interesse sind, ist der **selektive Holzeinschlag** nicht unproblematisch. Für den Abtransport der Bäume müssen vielfach breite Schneisen in den Wald geschlagen werden. Zudem wird der stark durchwurzelte Boden durch die schweren Maschinen oft so verdichtet, d.h. zusammengepresst, dass die jungen Bäume kaum nachwachsen können.

3

Vom Wald zu Baumplantagen

Unser Papierverbrauch ist enorm: 240 kg pro Kopf und Jahr. Nach den USA gehören wir zu den größten Papierverbrauchern der Welt. Jeder fünfte Baum wird für Papier gefällt. Hinzu kommen Holz-Bedarfsbereiche wie z.B. die Verpackungs-, Bau- und Möbelindustrie.
Um diesen Massenbedarf zu decken, ist großflächiger Holzeinschlag, also Kahlschlag, angesagt. Hierfür werden in den Tropischen Regenwäldern immer mehr **Baumplantagen** angelegt. Der ursprüngliche Wald wird abgebrannt, auf der Rodungsfläche werden Setzlinge schnell wachsender Bäume gepflanzt, in der Regel Eukalyptus. Die Fasern dieses Baumes machen Papier weicher und flauschiger als die Fasern anderer Bäume. Weit verbreitet sind auch Palmöl-Plantagen.
Die höchsten Rodungszahlen weist der Inselstaat Indonesien auf. Die Inseln Borneo und Sumatra sind heute schon stark entwaldet.

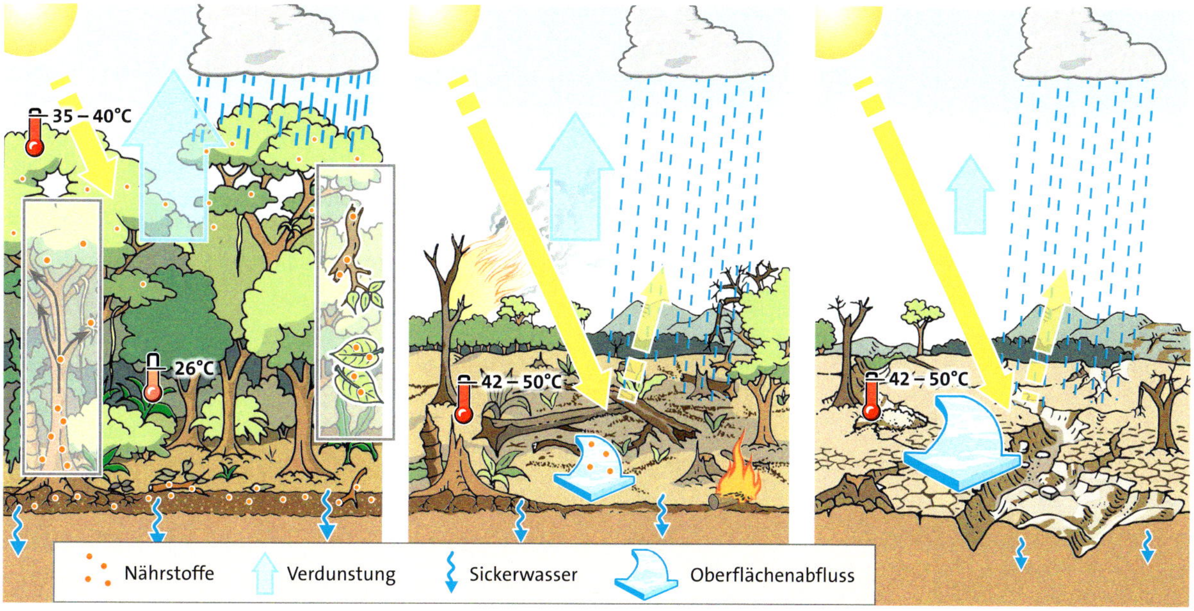

5 **Folgen der Regenwaldrodung**

Soziale Folgen

Urwaldbewohner und Kleinbauern verlieren oft ihre Existenzgrundlage. Bei der Landnahme durch die Konzerne werden nicht selten Menschenrechte verletzt. Der Einsatz von Pestiziden und die Einleitung giftiger Abwässer der Zellstoffwerke in die Flüsse führen bei der einheimischen Bevölkerung zu Krankheiten, da diese den Flüssen Trinkwasser und Fischnahrung entnehmen.

Ökologische Folgen

Die **Monokulturen** sind kein Ersatz für den artenreichen Regenwald. Sie haben, ebenso wie Weide- und Ackerflächen, negative Auswirkungen auf das lokale Klima. Die heftigen Regenfälle können von der dünner werdenden Humusschicht nicht so gut aufgesogen und gespeichert werden. Folglich nimmt der Oberflächenabfluss zu. Die Gefahr der Bodenerosion steigt. Mit dünner werdender oder gar fehlender Pflanzendecke sinkt die Verdunstungsrate – und mit ihr die Niederschlagsmenge! Die Lufttemperaturen steigen an.

Das bei der Brandrodung freigesetzte Kohlendioxid (CO_2) verstärkt den Treibhauseffekt und die damit verbundene Erwärmung der Erde.

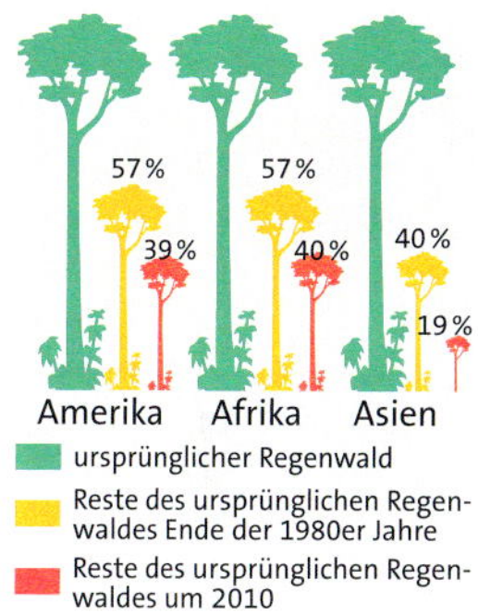

6 **Regenwaldzerstörung**

1 Holzeinschlag:
a) Erkläre mithilfe Grafik 2 und Text 3 den Begriff „selektiver Holzeinschlag“.
b) Was geschieht, wenn ein Teakbaum gefällt und abtransportiert wird?

2 Die Holzerzeugung in Plantagen hat Vor- und Nachteile. Stelle sie gegenüber.

3 Grafik 5, Text „Ökologische Folgen“:
a) Stelle dar, wie sich die Regenwaldrodung auf das lokale Klima auswirkt.
b) Beschreibe die Auswirkung auf das globale Klima.

Zur Vertiefung

4 Werte die Grafik 6 aus und formuliere dein Ergebnis schriftlich.

5 „Recyclingpapier rettet Wald und spart CO_2.“ Begründe.

1 Bauxitabbau im Tagebau

Bauxitabbau
Der Abbau von Bauxit erfolgt im Tagebau. Zuerst wird der Regenwald gerodet. Danach entfernen Bagger die oberste Bodenschicht. Die freigelegte Bauxitschicht wird durch Sprengungen gelockert und das Lockergestein mit der Bahn oder dem Schiff abtransportiert, entweder zu den Aluminiumhütten bei Belém und Sáo Luis oder zum Exporthafen Belém. Der Abbau des Rohstoffes bedeutet einen großen Eingriff in die Naturlandschaft. Er hinterlässt eine „Mondlandschaft". Hinzu kommt, dass große Regenwaldflächen der Infrastruktur weichen müssen, z.B. für Verkehrswege, Siedlungen, Geschäfte, Acker- und Weideflächen.

4

2 Bauxit

Bauxiterzeugung 2006 in Mio. t

Australien	62,3
Brasilien	22,8
VR China	21,0
Guinea	18,2
Jamaika	14,9
Indien	13,9
Welt	**185,6**

3

Bergbau und Energiegewinnung

Aluminium ist ein vielseitig verwendbares Leichtmetall. Es begegnet uns als Getränkedose, Verpackungsfolie, Isoliermaterial, an Batterien und Elektromotoren, im Haus- und Möbelbau und an Fahr- und Flugzeugen. Das korrosionsbeständige Metall wird aus **Bauxit** gewonnen.
Brasilien hat große Bauxitlagerstätten. Es gehört zu den bedeutenden Lieferstaaten von Bauxit- und Rohaluminium. Und es fügt sich gut, dass das Land auch über Wasserenergie verfügt, denn die Verhüttung von Bauxit ist sehr energieaufwändig. Bei der Herstellung bleibt giftiger Rotschlamm zurück, die Abgase enthalten Staub und Schwefeldioxid.
Die großen Aluminiumhütten im Nordosten Brasiliens sind im Besitz ausländischer Unternehmen. Noch wird ein Teil des Bauxits als Rohstoff exportiert, jedoch hat der Staat ein Interesse daran, möglichst viel Bauxit im eigenen Land zu verhütten.

Energiegewinnung
Brasilien gehört mit seinen zahlreichen Flüssen, von denen viele länger als der Rhein sind, zu den wasserreichsten Ländern der Erde. Da ist es naheliegend, den Wasserreichtum zu nutzen und mithilfe von **Wasserkraftwerken** elektrische Energie zu erzeugen. Hierzu müssen Flüsse aufgestaut werden. Da das Flussgefälle im Amazonasgebiet sehr gering ist, entstehen durch die Anlage von Staudämmen besonders große Stauseen wie z.B. der Tucurui-Stausee mit 150 km Länge und 2875 km² Fläche. 30000 Menschen mussten umgesiedelt werden.

1 Aluminium ist ein gefragtes Metall. Nenne Beispiele.

2 Erläutere: „Aluminiumgewinnung ist energieaufwändig und umweltbelastend."

3 Karte 5: Über welche Rohstoffe verfügt Brasilien noch?

5 Landnutzung Amazoniens

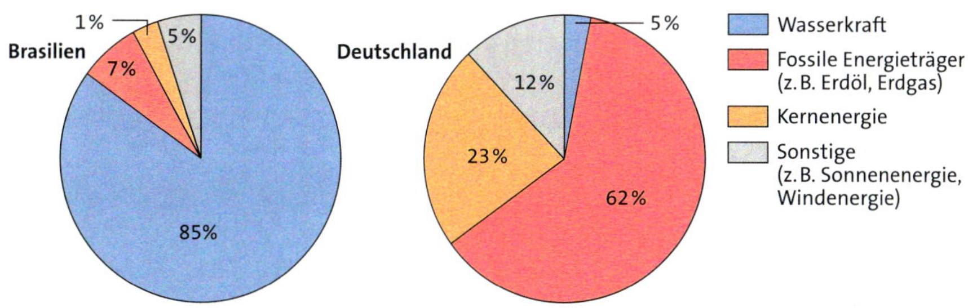

6 Anteile der Energieträger an der Stromerzeugung 2007

Zur Vertiefung

4 Welche Standortfaktoren sind für die Ansiedlung von Aluminiumhütten wichtig?

5 Diagramme 6: Wie viel Prozent seiner Elektrizität erzeugt Brasilien aus erneuerbaren Ressourcen? Vergleiche mit Deutschland.

2 TERRA **ORIENTIERUNG**

Südamerika ...
... ist der viertgrößte Kontinent,
... hat das längste Hochgebirge der Erde,
... besitzt das wasserreichste Flusssystem der Welt,
... ist der Kontinent mit dem größten Flächenanteil am Tropischen Regenwald,
... hat rund 390 Mio. Einwohner,
... beherbergt 13 Staaten.

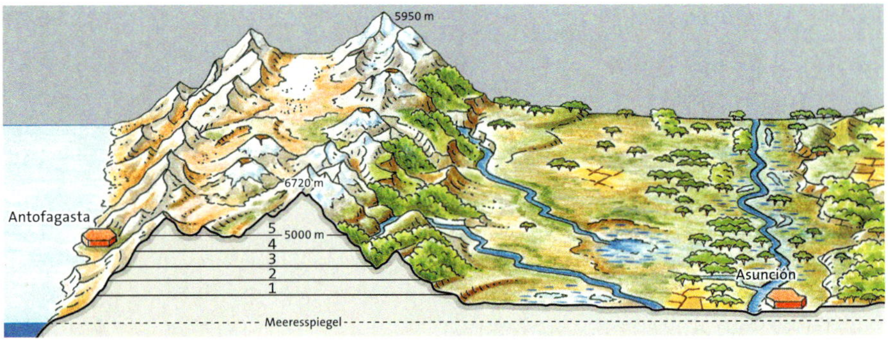

1 **Blockbild der Anden**

Südamerika

Höhenstufen in den Anden

Die Anden sind mit 7 500 km das längste Gebirge der Erde. Zahlreiche Gipfel reichen in über 6 000 m Höhe. Nirgendwo sonst auf der Erde sind die Höhenunterschiede des Reliefs auf kurze Distanz so groß. Deshalb unterscheiden sich die Lebensbedingungen in den fünf Höhenstufen erheblich voneinander.

2 **Bei Cuzco**

Der Altiplano

Im mittleren Abschnitt schließen die Anden eine Hochebene von 1 000 km Länge ein, den Altiplano. Dort errichteten einst die Inka ihr Reich. Heute ist der Altiplano ein wichtiger Siedlungsraum für die Menschen in Bolivien und Peru. Hier liegt auch die höchstgelegene Regierungsstadt, La Paz, und der höchstgelegene See, der Titicacasee. Bis in 4 200 m Höhe wird Ackerbau betrieben.

1 Einprägen von Gestalt und Lage:
a) Übertrage die Kartenskizze in dein Heft. Beschrifte die beiden Breitenkreise.
b) Zeichne Afrika in ähnlich einfacher Form, ebenfalls mit den besonderen Breitenkreisen.
c) Vergleiche die Lage der beiden Kontinente im Gradnetz.

2 Erkennen der Raumstruktur:
Übertrage die Merkkarte in doppelter Größe in dein Heft. Zeichne den Äquator ein. Fertige eine Legende zu den Ziffern an.

3 Lernen der Topografie:
Arbeite mit Karte 3 und dem Atlas. Benenne die mit Buchstaben und Zahlen gekennzeichneten topografischen Objekte.

4 Natur- und Kulturraum:
a) Bestimme die Lage von Blockbild 1 mithilfe des Atlas.
b) Zeichne ein Höhenprofil vom Pazifik über den Chimborazo zum Amazonas.

5 Höhenstufen:
a) Blockbild 1: Ordne den Ziffern 1 bis 5 folgende Stufenbezeichnungen richtig zu: Bergwald, Eis und Schnee, Felsschutt, Nebelwald, Tropischer Regenwald.
b) Foto 2: Welche Höhenstufen sind zu erkennen? Finde eine Bildunterschrift mit einem Begriff aus dem Text.

Lernen im Netz
Topografie-Übung Südamerika
104311-0204

3

TERRA **METHODE**

Wie du ein Klimadiagramm zeichnest und bezüglich der Temperatur auswertest, hast du bereits gelernt. Jetzt erfährst du, wie wichtig auch der Niederschlag zur Kennzeichnung des Klimas ist. Denn für das Wachstum von Pflanzen ist neben der Wärme auch die Feuchtigkeit von großer Bedeutung.

1 Savanne während der Trockenzeit

2 Savanne während der Feuchtezeit

Ein Klimadiagramm auswerten: Trockenzeit und Feuchtezeit

Endlich – nach langem Warten fällt über dem ausgedörrten Land der erste Regen. Während der monatelangen **Trockenzeit** war der Himmel stets wolkenlos. Glühende Hitze mit Temperaturen über 40 °C im Schatten ließ das Leben fast erstarren. Verdorrt waren die Gräser, kahl die Bäume und die Luft war voller Staub.

Nun aber erwacht das Leben wieder. Wenige Wochen nach Beginn der Regenzeit sprießt und grünt es überall. Die Savanne wandelt ihr Gesicht. Die Regenfälle nehmen zu. Alle zwei bis drei Tage bringen nun heftige Schauer oder Gewittergüsse mehr Wasser als wieder verdunstet. Wenn zum Ende der **Feuchtezeit** die Regenfälle nachlassen, wird die Ernte eingebracht. Jetzt ist für die Menschen die schönste Zeit des Jahres.

Der Wechsel zwischen Trockenzeit und Feuchtezeit spiegelt sich auch in der Wasserführung der Flüsse wider. In der Feuchtezeit führen sie so viel Wasser, dass sie weite Uferflächen überschwemmen. In der Trockenzeit hingegen verlieren sie sich als Rinnsale in einem übergroßen Bett oder trocknen gar ganz aus.

An diesen Rhythmus des Klimas der **wechselfeuchten Tropen** müssen sich alle Lebewesen der Savannen anpassen. In der Trockenzeit stellen die Pflanzen ihr Wachstum ein. Viele Bäume werfen ihr Laub ab, um die Verdunstung zu verringern. Weidetiere wie die Gnus wandern in riesigen Herden zu den noch grünen Weideflächen, ebenso wie die Nomaden mit ihren Tieren. Die Ackerbauern haben für die Trockenzeit Nahrungsvorräte angelegt. Die Dauer von Trockenzeit und Feuchtezeit in den Savannen Afrikas ist jedoch unterschiedlich lang.

Feuchtezeit und Trockenzeit darstellen

Klimadiagramme werden so gezeichnet, dass einer Monatsmitteltemperatur von 10 °C ein monatliches Niederschlagsmittel von 20 mm entspricht. Dies ist die Wassermenge, die bei dieser Temperatur etwa verdunstet.

Material
Klimadiagramme
104311-0205

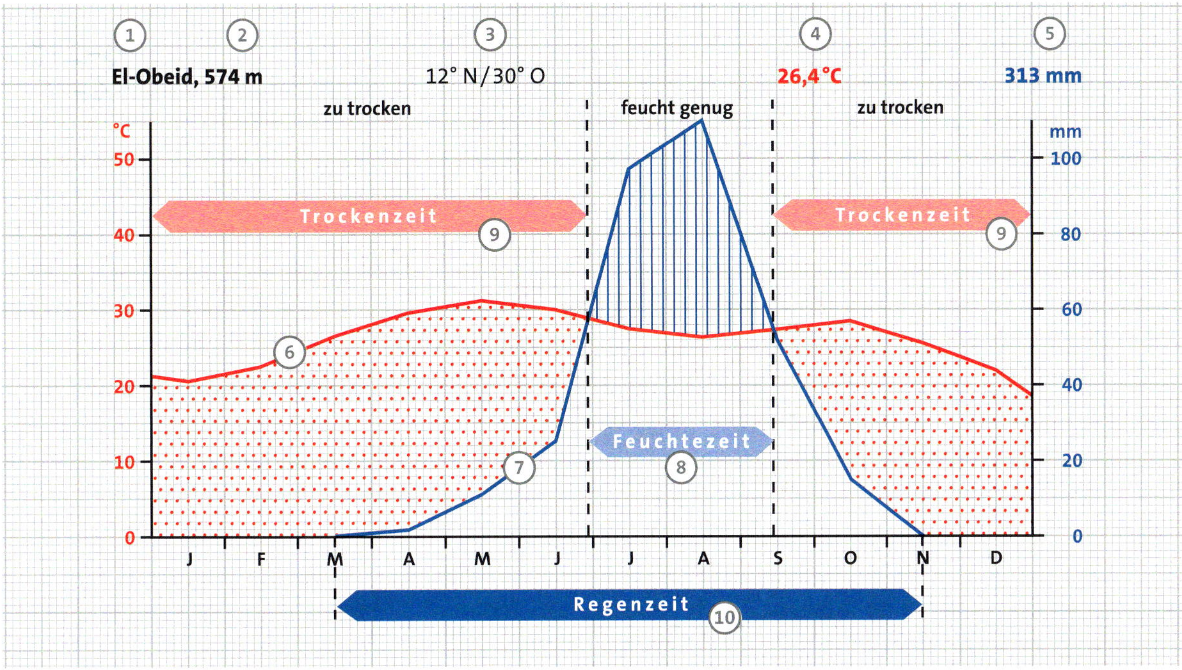

3

Beträgt die Niederschlagsmenge mehr als das Doppelte der Temperatur, so wird dieser Monat als feucht (humid), im anderen Falle als trocken (arid) bezeichnet. Deshalb kannst du im Klimadiagramm auf einen Blick erkennen: Bei feuchten Monaten verläuft die Niederschlagskurve über der Temperaturkurve.

1. Schritt: Klimastation verorten
- Name und Höhenlage (1, 2)
- Lage im Gradnetz (3)
- Atlasarbeit: Lagebeschreibung

2. Schritt: Jahresmittelwerte ablesen
- Mittlere Jahrestemperatur (4)
- Mittlerer Jahresniederschlag (5)

3. Schritt: Kurvenverlauf beschreiben
- Verlauf der Temperaturkurve (6)
- Verlauf der Niederschlagskurve (7)
- Merkmale des Klimas nennen

4. Schritt: Zeiten bestimmen
- Dauer der Feuchtezeit (8)
- Dauer der Trockenzeit (9)
- Dauer der Regenzeit (10)
- Station einem Savannentyp auf Seite 32/33 zuordnen

5. Schritt: Niederschlagstyp erkennen
- Begriff aus der Randspalte zuordnen
- Auswirkungen des Klimas auf das Pflanzenwachstum (z. B. Vegetationszeit) begründen

Niederschlagstypen
feucht (humid):
10–12 feuchte Monate
halbfeucht (semihumid):
6–9 feuchte Monate
halbtrocken (semiarid):
3–5 feuchte Monate
trocken (arid):
0–2 feuchte Monate

Vegetationszeit
Zeit, in der ein Pflanzenwachstum möglich ist. Dies ist der Fall bei ausreichenden Niederschlägen und einem Tagesmittel über 5 °C.

1 Fotos: Beschreibe den Unterschied.
2 Was versteht man unter wechselfeuchtem Klima?
3 Werte das Diagramm 3 aus: Wende die Schritte 1–5 an.
4 Klimadiagramm zeichnen:
a) Zeichne ein Klimadiagramm von Ouagadougou (Klimadaten Seite 162/163).
b) Stelle Regenzeit, Feuchtezeit und Trockenzeit dar wie im Diagramm 3.

Zur Vertiefung
5 Erkläre den Unterschied zwischen Regenzeit und Feuchtezeit.
6 Zum Nachdenken und Erklären: Wir haben vier Jahreszeiten, die Menschen in den Savannen zwei.

1 **Affenbrotbaum** (400 Jahre alt, kann bis zu 100 000 l Wasser speichern)

3 **Feuchtsavanne**

2 **Schirmakazien** in den Trockensavannen besitzen sehr kleine Blätter und Dornen. Damit wird die Verdunstung verringert. Ihre langen Wurzeln erschließen tiefliegende Wasserreserven.

Savanne ist nicht gleich Savanne

Savanne ist die Sammelbezeichnung für die wechselfeuchte Landschaftszone zwischen Regenwald und Wüste. Bedingt durch die verschieden langen Feuchtezeiten unterscheidet sich Art und Wuchshöhe der Vegetation jedoch erheblich. Man untergliedert die Savanne in **Feuchtsavanne**, **Trockensavanne** und **Dornsavanne**.

Ob in Savannen reine Grasfluren, Gebüsch, einzelne Bäume, lichte oder geschlossene Wälder vorherrschen, hängt nicht nur von den Niederschlägen ab. Auch Relief, Böden, Grundwasserstand, Tierwelt und nicht zuletzt der wirtschaftende Mensch haben Einfluss.

Gräser sowie Bäume und Sträucher konkurrieren um die lebenswichtigen Wasservorräte im Untergrund. Mit ihren langen Wurzeln erreichen Holzpflanzen Wasservorräte in größerer Tiefe. So kann die Schirmakazie eine Wurzeltiefe von bis zu 80 Meter erreichen.

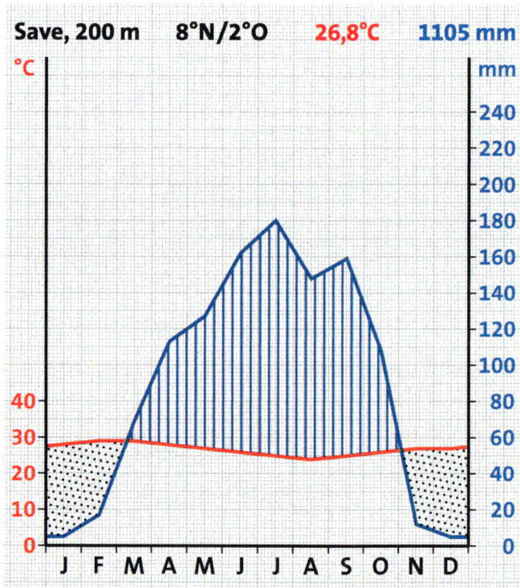

4 **Feuchtsavanne**
9½–7 Monate feucht
Niederschlag 1 000–2 000 mm

Pflanzen fressende Wildtiere und Viehherden sorgen für eine Auslese unter den Pflanzen. Dort, wo der Pflanzenwuchs mangels Niederschlag nicht sehr üppig ist, setzen sich dornige Pflanzen durch. Regelmäßiges Abbrennen verdrängt die Holzpflanzen. Die Menschen vergrößern so ihre Weideflächen. Dort, wo Feldbau möglich ist, wird die Savanne sogar vollständig zu Ackerland umgestaltet. In den zum Schutz der Tiere eingerichteten Nationalparks ist die natürliche Savanne noch erhalten.

5 Trockensavanne

7 Dornsavanne

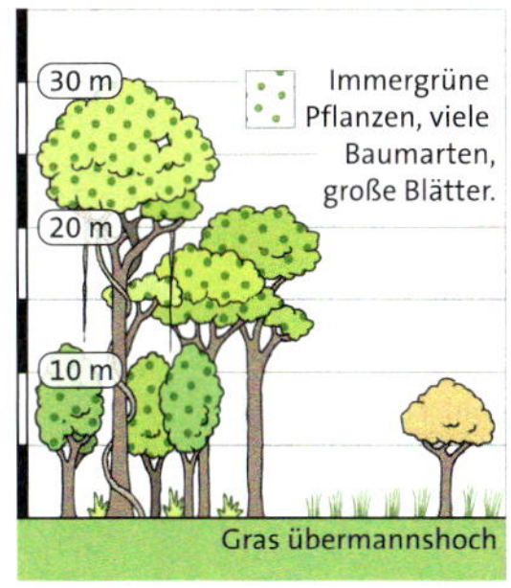

9

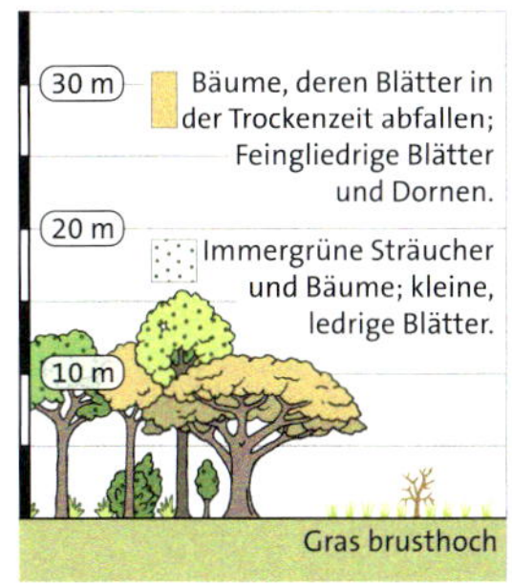

10

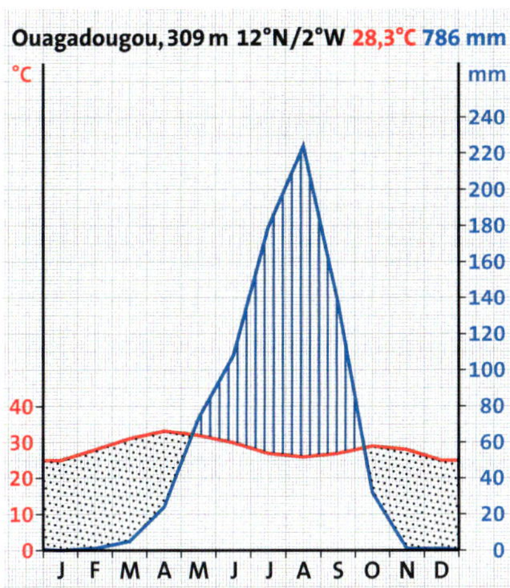

6 Trockensavanne

7–4½ Monate feucht

Niederschlag 500–1 000 mm

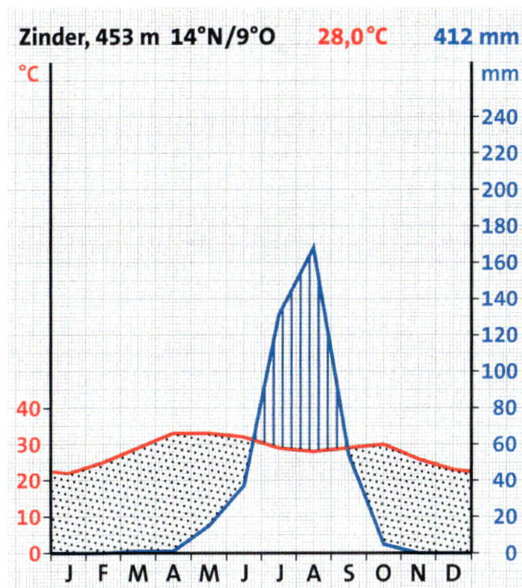

8 Dornsavanne

4½–2 Monate feucht

Niederschlag 200–500 mm

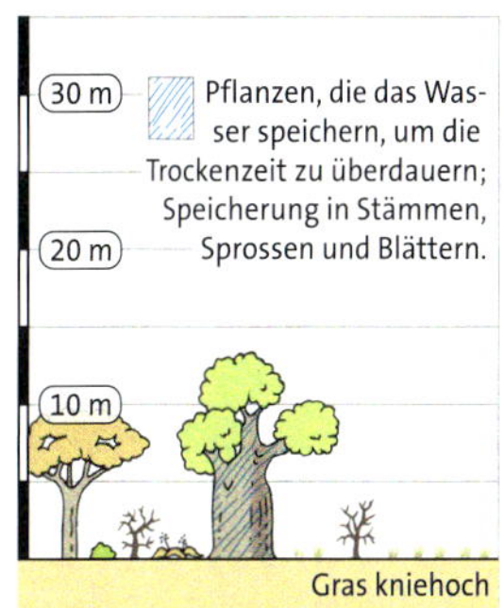

11

1 Savannen unterscheiden:

a) Vergleiche die Fotos 3, 5 und 7.

b) Erkläre die Unterschiede mithilfe der Diagramme 4, 6 und 8.

2 Karte Seite 164/165 und Atlas: Verorte die Klimastationen 4, 6 und 8.

3 Vervollständige die Tabelle im Heft.

Savannentyp	...	...	...
Dauer der Feuchtezeit	...	...	...
Jahresniederschlag (in mm)	...	...	...
Vegetation (Art und Höhe)	...	...	...

Zur Vertiefung

4 Grafiken 10 und 11:
Nenne drei unterschiedliche Beispiele, wie sich Pflanzen an Trockenheit anpassen.

5 Den Begriff Savanne verwendet man für die Grasländer in Afrika. Finde heraus, wie Grasländer in Südamerika, Nordamerika und Eurasien genannt werden.

1

3 Arbeit auf dem Erdnussfeld

Bedingungen für den Erdnussanbau

- gleichmäßig hohe Temperaturen (25–30 °C)
- Niederschläge 500–800 mm
- Wachstumszeit 4–5 Monate

2 **Verwertung der Erdnusspflanze**

Erdnüsse aus Senegal

Wir verzehren sie meist geröstet oder gesalzen: die Erdnuss. Doch auch als Speiseöl findet die Frucht verstärkt Eingang in unseren Alltag. In Afrika und Asien ist das Erdnussöl schon lange ein beliebtes Speiseöl, weil es hoch erhitzt werden kann, geschmacksneutral und lange haltbar ist.

Das wechselfeuchte Klima der Trockensavanne eignet sich gut für den Anbau der Erdnuss, und so gehören die Savannenländer zu den traditionellen Anbaugebieten. Die Bauern erzeugen die Frucht vorwiegend für den Weltmarkt. Auch im Senegal ist sie eine bedeutende **Exportfrucht** (cash crop). Etwa jeder zehnte Senegalese lebt vom Erdnussanbau, der überwiegend in Handarbeit geschieht.

Der Erdnussanbau in der Krise

Früher konnten die Bauern im „peanut belt" des Senegal vom Erdnussanbau gut leben. Doch inzwischen hat sich die Weltmarktsituation verändert. Die erzielten Preise sanken. Die Bauern drohen zu verarmen. Hauptursachen hierfür sind:

- Die Hauptkonkurrenten China und Indien haben ihren Anbau kontinuierlich ausgebaut. Die Bauern dort sind im Wettbewerbsvorteil, denn sie erhalten staatliche Zuschüsse (Subventionen). Auf afrikanische Erdnussprodukte erheben diese beiden Staaten Importzölle.
- Das Erdnussöl hat Konkurrenz bekommen, z. B. durch Raps- und Sojaöl.
- Bei der Mechanisierung des Erdnussanbaus hängen die afrikanischen Bauern zurück.

Außerdem können die afrikanischen Erzeuger die steigenden Qualitätsansprüche nicht erfüllen, da es an Geld und am Know-how fehlt.

Gibt es einen Ausweg?

Der Lokalpolitiker Fosu empfiehlt seinen Landsleuten, sich aus der „Erdnussfalle" zu befreien. „Es ist nicht mehr sinnvoll, nur eine Exportfrucht anzubauen." Die Bauern sollen ihre Betriebe auf mehrere Beine stellen und dabei auch an den Binnenmarkt denken.

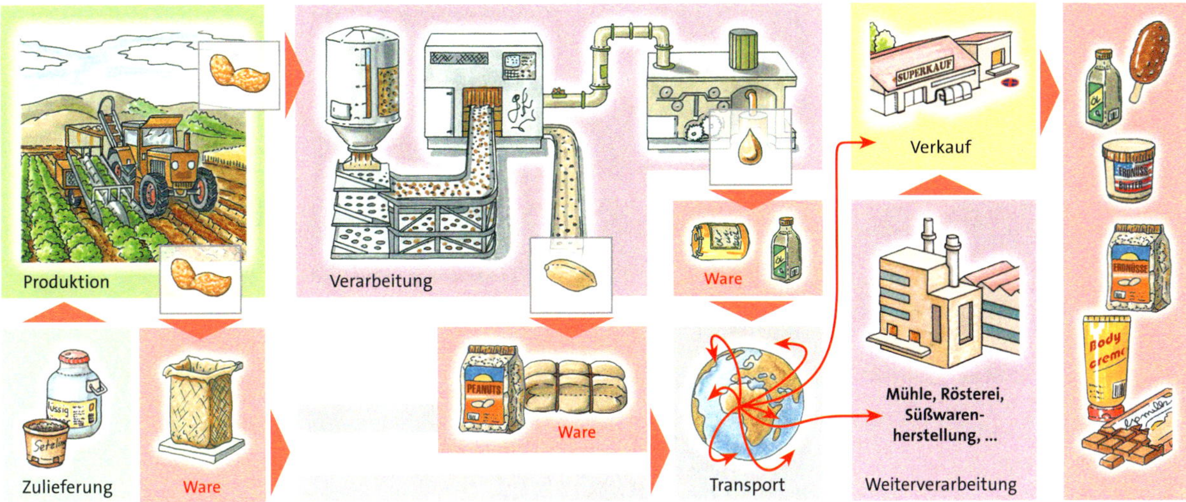

4 **Produktionsschema Erdnussprodukte**

5 **Transport der Erdnussernte**

Erdnussanbau (Auszug 2007)

	Ernte (Mio. t)	Ertrag (kg/ha)
China	13,1	2 790
Indien	6,6	990
Nigeria	3,8	1 720
USA	1,7	3 510
Myanmar	1,0	1 500
Sudan	0,5	500
Tschad	0,5	940
Ghana	0,4	940
Senegal	0,4	700
Welt	**34,9**	**1 490**

6

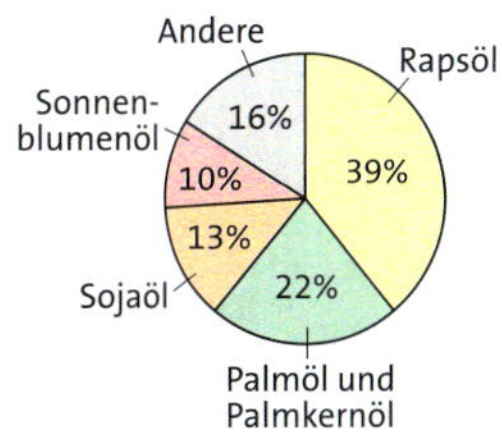

7 **In Deutschland verwendete Pflanzenöle**

1 Begründe, weshalb sich die Trockensavanne für den Erdnussanbau besonders eignet.

2 Notiere anhand Grafik 2 die Verwertung der Erdnusspflanze.

3 Beschreibe mithilfe des Schemas 4 den Weg der Erdnuss zum Verbraucher.

4 Liste die Gründe für die „Erdnusskrise" im Senegal auf. Unterscheide nach „fremdgemachten" und „hausgemachten".

Zur Vertiefung

5 Inwiefern ist der Erdnussexport Senegals ein Beispiel für ungleiche Welthandelsbedingungen?

6 Tabelle 6:
Erstelle ein Kreisdiagramm mit fünf Sektoren: China, Indien, USA, afrikanische Staaten, Übrige.

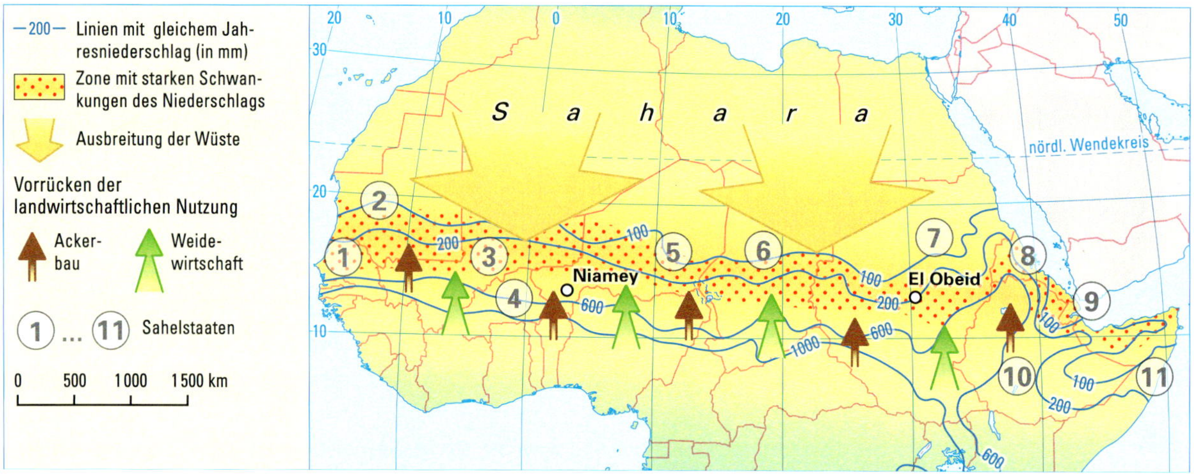

1 Vorrücken der landwirtschaftlichen Nutzung in der Sahelzone

2 Im Sahel

Bevölkerungsentwicklung im Sahel

	Einwohner in Tausend	
	1970	**2006**
Burkina Faso	5449	14358
Mali	5484	11968
Niger	4154	13737
Mauretanien	826	3044
Senegal	4158	12072
Sudan	14428	37707
Tschad	3652	10468

3

Sahel (arabisch = Ufer)
Für Karawanen war das Erreichen der Sahelzone „das rettende Ufer". Denn nach einer entbehrungsreichen Wüstendurchquerung gab es am südlichen Rand der Sahara wieder Weiden, Wasser und Nahrung.

Im Sahel wächst die Wüste

Dürrezeiten gab es in der **Sahelzone** infolge von Niederschlagsschwankungen immer wieder. Doch die Menschen konnten hier überleben, solange sie ihre Wirtschaftsweise den natürlichen Bedingungen anpassten und den sensiblen Raum der Trocken- und Dornsavanne sorgfältig nutzten.
Ab 1968 kam es jedoch wiederholt zu Dürrekatastrophen, begleitet von Hunger und Tod. Was war geschehen?

Ein starkes Bevölkerungswachstum hatte dazu geführt, dass
- Nomaden ihre Herden vergrößerten,
- Ackerbauern ihre Felder stärker nutzten bzw. neue Felder anlegten,
- die Vegetation stark gerodet wurde, um Bauholz und Brennholz zu gewinnen.

Die sensible Natur wurde erheblich übernutzt. Auch die Entwicklungshilfe hatte zur **Übernutzung** beigetragen, indem sie den Menschen half, Tiefbrunnen anzulegen. Denn das erhöhte Wasserangebot begünstigte das Wachstum der Viehherden und der Bevölkerung.

Der Natur angepasste Nutzung
Eine angepasste ackerbauliche und weidewirtschaftliche Nutzung achtet darauf, dass die natürlichen Grundlagen, z. B. der Bestand an Gräsern, Sträuchern und Bäumen, erhalten bleiben. Die Natur bleibt im Gleichgewicht.

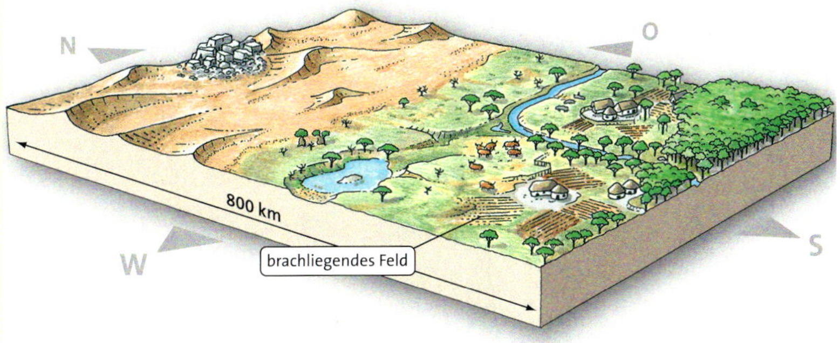

4 Vor der Desertifikation

Ausbreitung der Wüste (Desertifikation)
Durch Übernutzung der Weideflächen und Äcker und die Zerstörung der Vegetation wird der Boden trocken und verstärkt abgetragen: **Bodenerosion**. Die Freilegung der Böden hat auch eine Veränderung des Lokalklimas zur Folge: Zunahme des Oberflächenabflusses, Anstieg der Lufttemperaturen und Abnahme der Niederschläge.

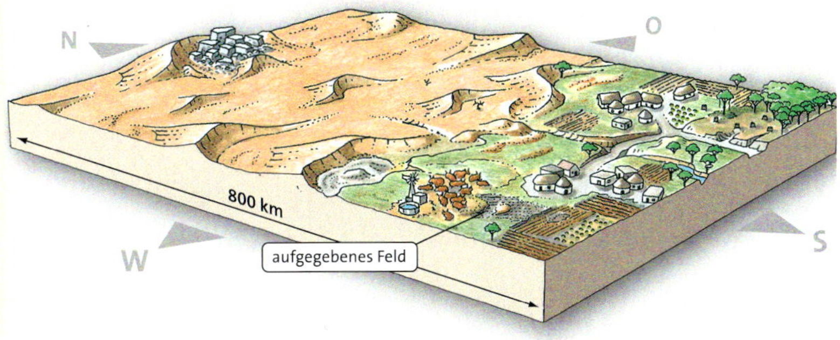

5 Nach der Desertifikation

Steinwälle vermindern Bodenerosion durch Wasser; Bäume und Sträucher vermindern Bodenerosion durch Wind sowie die Bodenaustrocknung. Durch diese Maßnahmen hat sich die Versorgungslage der Menschen verbessert.

6 Desertifikation bekämpfen

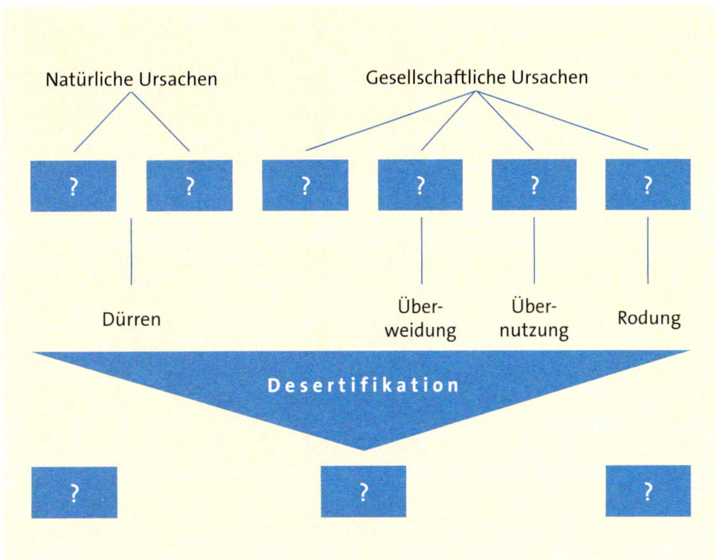

7 Die Sahelkatastrophe

1 Orientierung:
a) Beschreibe die Lage des Sahels.
b) Karte 1: Nenne die Sahelstaaten.

2 Vergleiche die Blockbilder 4 und 5. Beschreibe die Landschaftsveränderungen.

3 Schema 7: Vervollständige Ursachen und Folgen der Desertifikation.

Zur Vertiefung

4 Begründe, warum man im Sahel von einer „man-made-desert“ spricht.

2

TERRA ORIENTIERUNG

Afrika ...
... ist der zweitgrößte Kontinent der Erde,
... ist der Kontinent mit dem größten Anteil an der Savannenzone,
... wird von rund 970 Mio. Menschen, einem Achtel der Weltbevölkerung, bewohnt,
... umfasst 56 Staaten, von denen viele zu den ärmsten der Erde zählen.

1 Sahara

2 Savanne in Kenia

3 Regenwald in Kamerun

4 Kap der Guten Hoffnung

Afrika

1 Gestalt und Lage:
Arbeite mit der Kartenskizze.
a) Übertrage die Zeichnung in dein Heft.
b) Verlängere die Breitenkreise nach Westen. Zeichne Südamerika in ähnlich einfacher Form lagerichtig hinzu.
c) Beschreibe für beide Kontinente deren Lage zum Äquator.

2 Raumstruktur:
Übertrage die Merkkarte in doppelter Größe in dein Heft. Ergänze den Äquator. Fertige eine Legende zu den Ziffern an.

3 Topografie:
Arbeite mit Karte 5 und dem Atlas. Benenne die geographischen Objekte.

4 Naturraum:
Arbeite mit den Fotos 1–4.
a) Begründe die Auswahl der Fotos 1–3.
b) Foto 4: 34° S / 18° O – welche Stadt ist gesucht?

5 Afrika-Rätsel:
a) Fluss in der Mitte Mosambiks (6. Buchstabe)
b) Hauptstadt von Ägypten (2. B.)
c) Hauptstadt von Simbabwe (1. B.)
d) größte Insel Afrikas (2. B.)
e) höchster Berg Äthiopiens (1. B.)
f) Stadt an der Mündung des Nils (1. B.)
Die genannten Buchstaben ergeben das Lösungswort.

Lernen im Netz
Quiz Afrika
104311-0206

Lernen im Netz
Topografie-Übung Afrika
104311-0207

TERRA TRAINING

Wichtige Begriffe

Agrarkolonisation
Artenvielfalt
Baumplantage
Bauxit
Bodenerosion
Desertifikation
Dornsavanne
Erschließung
Exportfrucht (cash crop)
Feuchtezeit
Feuchtsavanne
Immerfeuchte Tropen
Monokultur
Nachhaltige Nutzung
Nährstoffkreislauf
Raubbau
Sahelzone
Selektiver Holzeinschlag
Tageszeitenklima
Trockensavanne
Trockenzeit
Tropische Zone
Tropischer Regenwald
Übernutzung
Wasserkraftwerk
Wechselfeuchte Tropen

1

Orientieren

1 Regenwaldstaaten gesucht

Welche Staaten weisen große Regenwaldflächen auf? Erstelle eine dreispaltige Tabelle und ordne folgende Staaten zu. Doch Vorsicht, es gibt auch „Irrläufer"!
Argentinien, Brasilien, DR Kongo, Gabun, Indonesien, Kambodscha, Kolumbien, Laos, Liberia, Malaysia, Mexiko, Namibia, Nicaragua, Papua-Neuguinea, Peru, Russland, Sudan, Venezuela.

Süd-/Mittelamerika	Afrika	Asien
...	...	...

2 Landschaftsnamen gesucht

Ordne den Buchstaben a–e in Blockbild 2 die richtigen Landschaftsnamen zu: a = ...

Kennen und Verstehen

3 Finde die richtigen Begriffe

a) Wüstenausbreitung
b) zu viele Tiere auf einer Weide
c) Abtragung der oberen Bodenschicht durch Wasser und Wind
d) eine Naturlandschaft erstmals wirtschaftlich nutzen
e) staatliche Ansiedlung von Kleinbauern

4 Richtig oder falsch?

Verbessere die falschen Aussagen und schreibe danach alle Aussagen auf:
a) Der Tropische Regenwald ist artenreich, wasserreich und immergrün.
b) Die Böden der Tropischen Regenwälder sind sehr fruchtbar.
c) Der Regenwald hat Jahreszeitenklima.
d) Naturangepasste Nutzung ist nachhaltige Nutzung.

Lernen im Netz
Quiz Tropische Zone
104311-0208

Material
Bogen zur Selbsteinschätzung
104311-0209

2

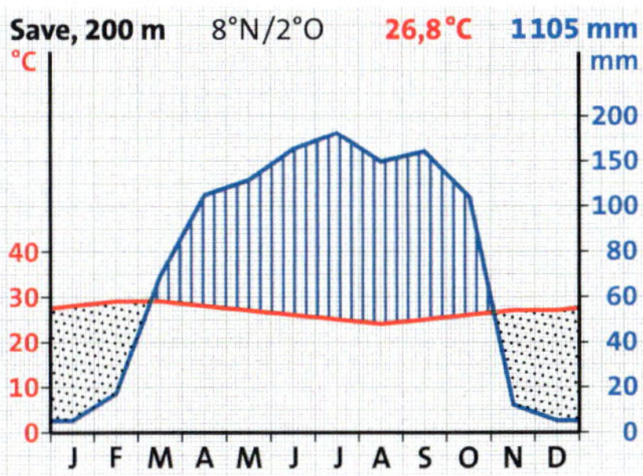

3

4

Teste dich selbst
mit den Aufgaben 2, 3 und 4.

5 **Fläche des Tropischen Regenwaldes auf Borneo**

5 Eingriffe herausfinden
Welche Arten von Eingriffen in den Tropischen Regenwald zeigt Grafik 1?

6 Außenseiter gesucht
Welcher Begriff passt nicht in die Reihe? Begründe, weshalb.
a) Savanne – Sahelzone – immerfeucht – wechselfeucht
b) Mali – Marokko – Niger – Tschad
c) Aluminium – Bauxit – Untertagebau – Bergbau
d) Jahreszeit – Regenzeit – Feuchtezeit – Trockenzeit

Anwenden

7 Klima und Vegetation
a) Welche Bedeutung haben die Zahlenangaben (z. B. 2–0) im Blockbild 2?
b) Ordne das Klimadiagramm 3 in das Blockbild 2 ein.
c) Zeichne das Diagramm vergrößert ab und bestimme Feuchtezeit und Trockenzeit.

8 Raubbau auf Borneo
Arbeite mit den Karten 5.
a) 1950–2000: Schätze anteilmäßig den Waldverlust ab.
b) Wenn der Raubbau so weitergeht, welcher Anteil vom ursprünglichen Wald ist dann 2020 noch vorhanden?
c) Recherchiere, wohin Indonesien und Malaysia das Holz exportieren.

Beurteilen

9 Vom Brainstorming zum Urteil
a) Notiere zum Poster 4 fünf Stichwörter (Gedanken).
b) Beurteile, welche Botschaft der Grafiker vermitteln möchte.

3

Nutzung und Gefährdung: Subtropische Zone

Viele verbinden die Subtropische Zone mit trocken-heißen Sommern, mit Olivenhainen, Weingärten und Apfelsinenplantagen. Doch die Klimazone zwischen der Gemäßigten und Tropischen Zone hat noch mehr Gesichter: die Steppen und Wüsten der Subtropen.

1

2

3

Der Lernweg durch das Kapitel:

In Ägypten ist es ganzjährig heiß und trocken. Dennoch kann der Mensch dort Landwirtschaft betreiben.

↓

Der Assuan-Staudamm verhindert Überschwemmungen. Dies hat nicht nur Vorteile.

↓

Das „Schwarze Gold" bringt vielen arabischen Golfstaaten Reichtum.

↓

Dank des Bewässerungsfeldbaus versorgt uns Spanien das ganze Jahr über mit frischem Obst und Gemüse.

↓

Reis trägt in China zur Ernährungssicherung bei. In Südchina sind die Klimabedingungen für den Reisanbau optimal.

↓

Im subtropischen Teil Australiens ist die Schafzucht weit verbreitet.

4

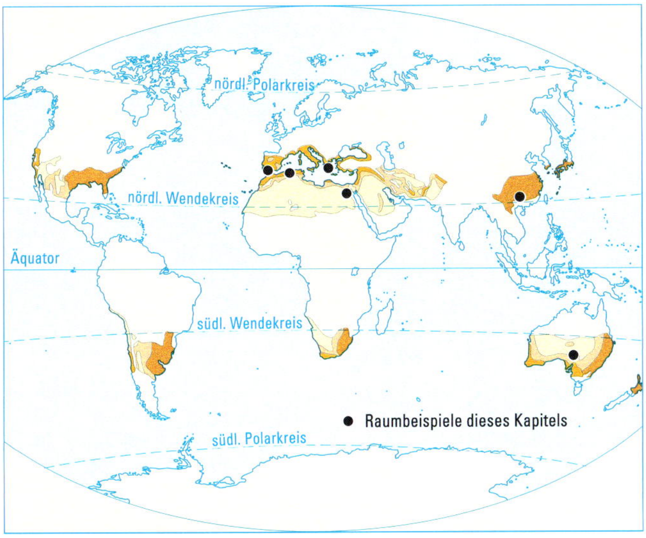
nördl. Polarkreis
nördl. Wendekreis
Äquator
südl. Wendekreis
südl. Polarkreis
Raumbeispiele dieses Kapitels

5

6

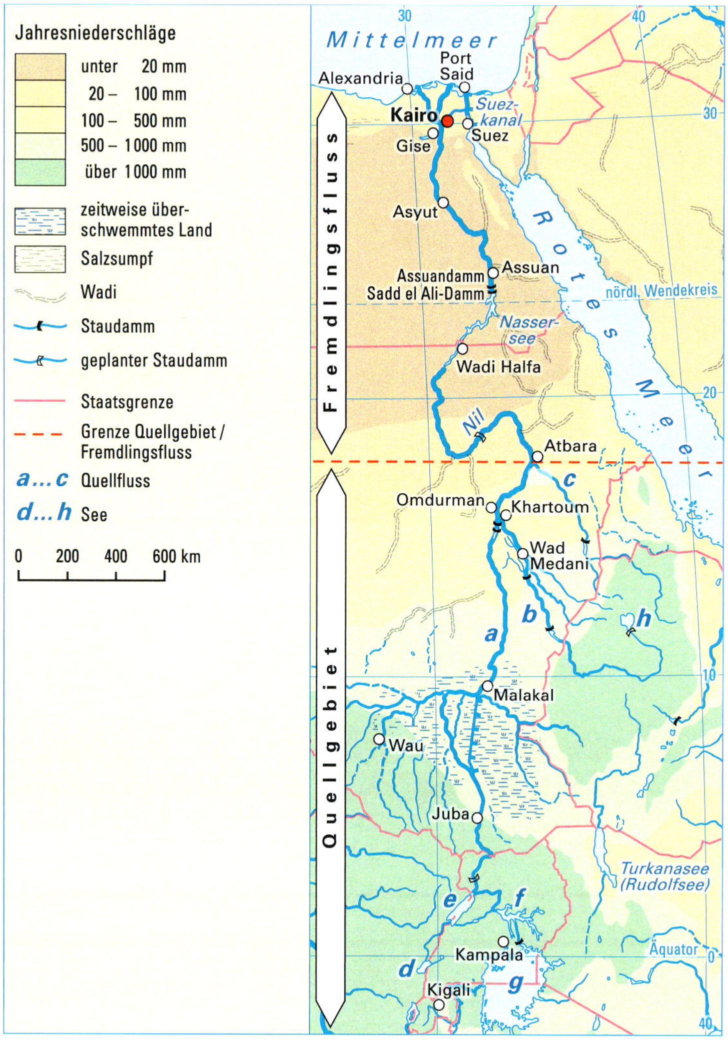

1 Der Nil und seine Quellen

2 In der Niloase

Einwohner Ägyptens

1970	1990	2008
33 Mio.	52 Mio.	78 Mio.

3

Ackerfläche pro Kopf

1970	1990	2008
900 m²	550 m²	400 m²

4

Der Nil – „Lebensader" für Millionen Ägypter

Der Nil ist der längste Fluss der Erde: 6 671 km von der Quelle des Kagera südwestlich des Victoriasees bis zur Mündung ins Mittelmeer.

Ein **Fremdlingsfluss** führt Wasser aus einem niederschlagsreichen Gebiet in ein Trockengebiet. Dort ist er aufgrund der fehlenden Niederschläge ein „Fremdling".

Schon seit dem Altertum gilt Ägypten als fruchtbar, obwohl das Land zu 95 % aus Wüste besteht und Niederschläge selten sind. Trotz dieser ungünstigen Naturbedingungen können sich die Ägypter versorgen. Ermöglicht wird dies durch die **Flussoase** des Nil. Diese zieht sich 1 200 km wie ein grünes Band durch Ägypten und trennt die Libysche Wüste im Westen von der Arabischen Wüste im Osten. 90 % der landwirtschaftlichen Anbauflächen und Siedlungen befinden sich in der Niloase.

Bewässerungsfeldbau

Der Nil ist die „Lebensader" des ägyptischen Staates. Mit dem Wasser dieses **Fremdlingsflusses** verwandeln die ägyptischen Bauern, die Fellachen, das Tal des Nils und sein Delta in eine blühende Landschaft.

Ein weit verzweigtes Netz von Kanälen sorgt dafür, dass das Flusswasser zu den Feldern gelangt. Höhenunterschiede werden durch Wasserpumpen überwunden.

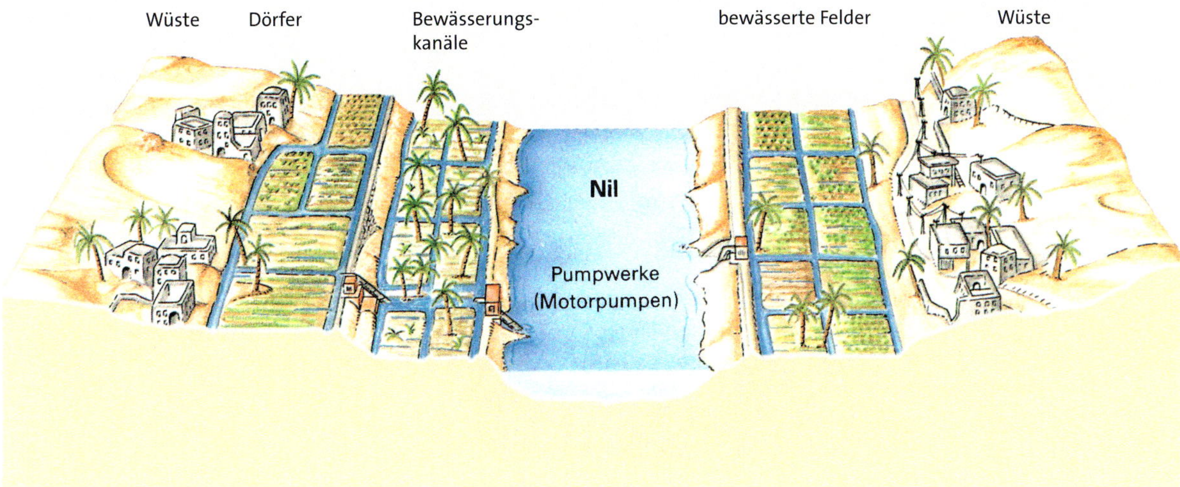

5 **Profil durch das Niltal**

Die subtropischen Temperaturen und das ständig zur Verfügung stehende Nilwasser erlauben den ganzjährigen **Bewässerungsfeldbau** auf den fruchtbaren Schwemmlandböden. Angebaut werden von den Fellachen z.B. Dattelpalmen, Getreide, Gemüse aller Art, Zitrusfrüchte, Mandeln, Feigen und Baumwolle. Auf ihren kleinen Feldern sind zwei, manchmal sogar drei Ernten pro Jahr möglich. Dennoch reicht der Ertrag oft nur zur Selbstversorgung einer vielköpfigen Fellachenfamilie aus. Gelegentlich werden Teile der Ernte auf Märkten verkauft.

Immer mehr Menschen

Die Bevölkerungszahl Ägyptens steigt stetig an. Die Flussoase gehört zu den am dichtesten besiedelten Gebieten der Erde. Um die Bevölkerung zu versorgen, müssen immer höhere Ernteerträge erzielt werden.

Die Niloase ist seit vielen Jahren bei Touristen aus aller Welt beliebt. Sie unternehmen Kreuzfahrten auf dem Fluss und besichtigen die einmaligen Kulturzeugnisse des Altertums wie die Pyramiden von Gise, die Tempelanlagen von Abu Simbel oder das Tal der Könige.

1 Karte 1 und Atlas:
a) Benenne die Objekte a–h.
b) Fertige eine Kartenskizze des Nils von seinen Quellen bis zur Mündung an. Trage ein: Weißer Nil, Blauer Nil, Nil.

2 Nenne die natürlichen Grundlagen der Oasengärten am Nil.

3 Profil 5: Beschreibe, wie die Fellachen das Nilwasser auf die Felder leiten.

4 Begründe, warum der Nil die „Lebensader" für die Ägypter ist.

Zur Vertiefung

5 Erkläre den Begriff Fremdlingsfluss.

6 Profil 5: Weshalb liegen die Häuser nicht am Flussufer?

7 Tabellen 3 und 4:
a) Werte sie aus und formuliere zwei Merksätze.
b) Welches Problem kannst du aus den Zahlen ableiten?

8 Informiere dich über die altägyptische Hochkultur.

3 TERRA **METHODE**

Der Mensch greift in die Natur ein, wenn er sich hiervon positive Folgen oder Vorteile verspricht. Oft ergeben sich durch einen Eingriff auch Nachteile, an die er nicht immer denkt. Positive und negative Auswirkungen einer Maßnahme lassen sich übersichtlich in einem Wirkungsschema darstellen.

1 **Assuan-Staudamm**

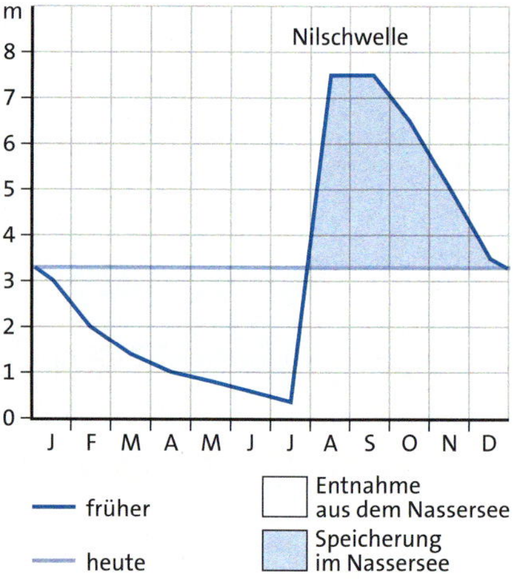

2 **Wasserstände des Nils bei Kairo**

Ein Wirkungsschema erstellen: Der Assuan-Staudamm

Jahrtausende hindurch war der Nil für die Fellachen „Segen und Fluch" zugleich, denn alljährlich ergoss sich Ende Juli eine gewaltige Wasserflut ins Niltal und überschwemmte die Felder, manchmal sogar die Häuser. Dabei lagerte sich fruchtbarer Nilschlamm ab. Wenn aber die Nilflut zu hoch oder zu niedrig ausfiel, waren Überschwemmungs- bzw. Hungerkatastrophen die Folge.
Erst mit dem Bau des Sadd-el-Ali-**Staudammes** bei Assuan stellten sich erhoffte Erfolge ein:

- Die Felder konnten nun ganzjährig und gleichmäßig bewässert werden.
- Die Agrarfläche konnte um etwa ein Viertel ausgeweitet werden.
- Als Nilfluten zu schwach ausfielen, bewahrte der Nasser-Stausee das Land vor Hungersnöten.

Es gab aber auch negative Folgen.

Viele Ägypter leiden an Bilharziose, einer Blasen- und Darmerkrankung. Sie wird von einem Wurm verursacht, der im Blut schmarotzt. Er lebt im stehenden oder langsam fließenden Wasser der Kanäle und vermehrt sich über Kleinschnecken. Vor dem Bau des Staudammes wurde ein Großteil dieser Schnecken mit der Nilflut ins Meer geschwemmt.

Der Nil lagerte seinen Schlamm vor dem Dammbau nicht nur auf den Feldern des Niltals ab, sondern auch im Nildelta. So schob er seine Deltamündung immer weiter ins Mittelmeer hinein. Weil der Nil hier heute fast keine Schwebstoffe mehr ablagert, frisst sich jetzt umgekehrt das Mittelmeer ins Nildelta, jährlich etwa 200 m.

Der Nassersee ermöglicht ganzjährige Bewässerung. Doch die Fellachen wussten nicht, dass ständige Bewässerung auch eine geregelte Entwässerung erfordert, da sonst der Boden versalzt oder versumpft. Bodenversalzung wird heute durch die Anlage von Drainagen bekämpft.

3 **Negative Folgen des Staudammbaus**

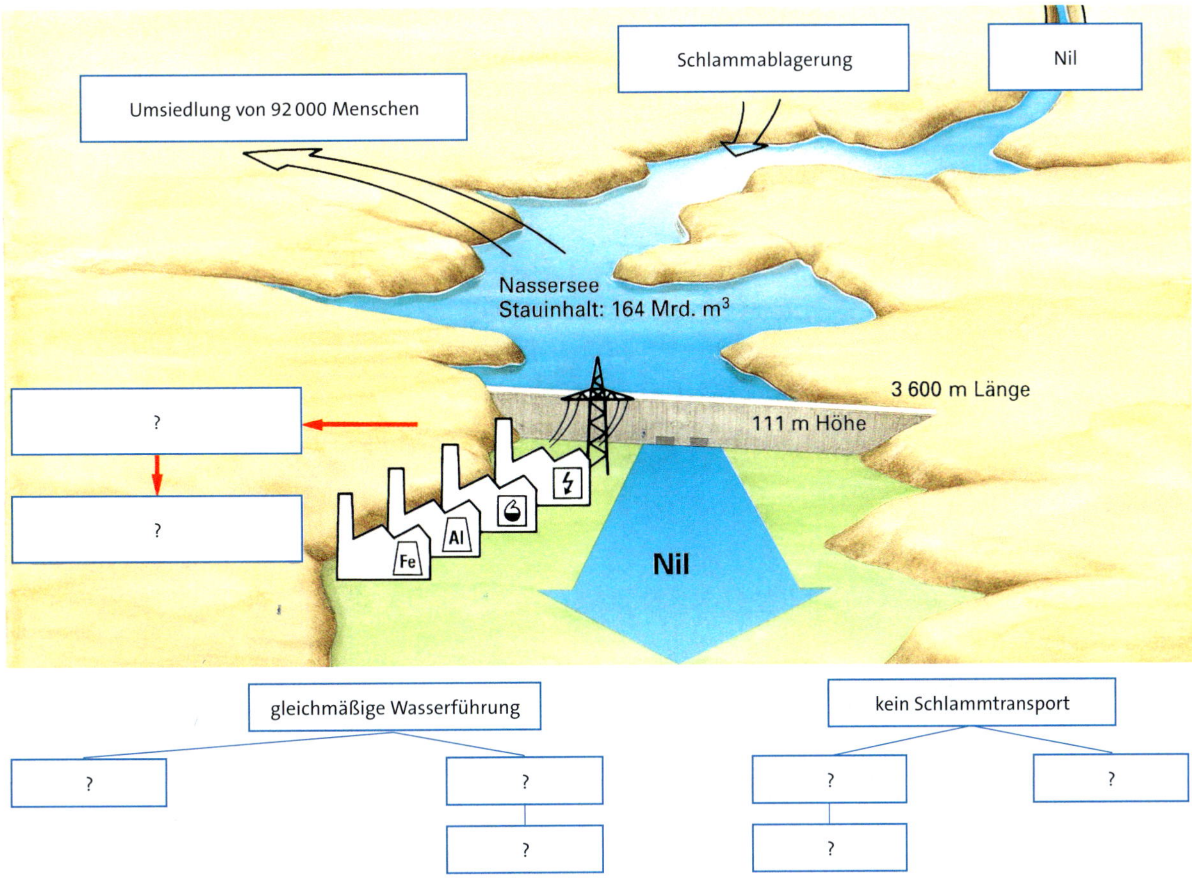

4 **Wirkungsschema Assuan-Staudamm**

Ein Wirkungsschema erstellen

1. Schritt: Sich zu Maßnahmen informieren

Welcher Eingriff des Menschen in die Natur ist geplant oder wurde durchgeführt?

2. Schritt: Folgen der Maßnahmen

Lerne positive und negative Folgen des Eingriffs kennen und diskutiere mit deinen Mitschülern darüber.

3. Schritt: Auswirkungen erkennen

Lerne Zusammenhänge kennen: Haben die Folgen des Eingriffes weitere, nicht bedachte Auswirkungen?

4. Schritt: Wirkungsschema erstellen

a) Notiere alle Maßnahmen und Folgen mithilfe von Schlüsselwörtern auf Kärtchen.
b) Ordne diese und erstelle ein Schema.
c) Setze dort, wo es sinnvoll ist, Beziehungspfeile.

1 Zeichne das Schema 4 in dein Heft und ordne die folgenden Schlüsselwörter zu: Elektrizitätsgewinnung – Industrieansiedlung – ganzjährige Bewässerung – fehlender Schlammdünger – geregelte Schifffahrt – keine Überschwemmungskatastrophen mehr – mehr Mineraldünger – Rückverlagerung des Nildeltas.

2 Notiere Zusammenhänge in dein Heft. Nutze Redewendungen wie: daraus folgt, führt zu, daraus ergibt sich, die Folge davon ist.

1

2 **Dubai 1975**

Glitzerwelt im Wüstensand

Vereinigte Arabische Emirate (VAE)
Föderation von sieben autonomen Emiraten, Hauptstadt: Abu Dhabi; Einwohner: 800 000 (2008), größte Stadt: Dubai (1,3 Mio. EW. 2008)

OPEC
Organization of Petroleum Exporting Countries, gegründet 1960

OAPEC
Organization of Arab Petroleum Exporting Countries, gegründet 1968

Dubai ist ein Ort der Superlative und für seine spektakulären Bauprojekte bekannt. „Höher, größer und schöner" lautet die Devise und so wird 2009 mit dem 818 m hohen Wolkenkratzer das höchste Gebäude der Welt fertig gestellt sein.
Der Bauboom wurde ausgelöst durch die in der Wüste lagernden Erdölvorkommen. Das „Schwarze Gold" ist das wichtigste Welthandelsgut. Es hat Dubai zu Wohlstand geführt.

Reichtum durch Erdöl
Heute finden sich in den Golfstaaten, wie man die Länder am Persischen Golf auch nennt, zwei Drittel der Erdölvorkommen der Erde. In Tiefen bis zu 3 000 m werden Erdöllagerstätten angebohrt. Von den Förderanlagen gelangt das Öl über kilometerlange Pipelines zum Verladehafen und wird von dort mit Tankern zu den Verbraucherregionen transportiert.

Ergiebige Vorkommen halten die Förderkosten in den Golfstaaten niedrig. Hinzu kommt die anhaltend hohe Nachfrage nach Erdöl. Viele Menschen in den Golfstaaten profitieren vom Ölgeschäft, denn die Produktion eines Barrels (159 Liter) Rohöl kostet oft nicht mehr als zwei Euro. Weiterverkauft wird dieselbe Menge dann für 25 bis 60 Euro. In Deutschland wird für ein Barrel Rohöl deutlich mehr verlangt, vor allem bedingt durch Transport- und Weiterverarbeitungskosten sowie Steuerzuschläge.
In den 1960er Jahren haben sich die **Erdöl exportierenden Länder** zu Interessenverbänden wie OPEC oder OAPEC zusammengeschlossen, um den Erdölpreis steuern zu können.
Heute gehören einige der Golfstaaten zu den Staaten mit dem höchsten Pro-Kopf-Einkommen der Erde. Deshalb bezeichnen viele Einheimische das Erdöl auch als „Geschenk Allahs".

Surftipp
Informationen zu Dubai
104311-0301

3 **Erdölraffinerie**

4 **Dubai 2008**

Reichtum auf Zeit?

Immer mehr Menschen in den Erdöl produzierenden Ländern sehen in den großen Gewinnspannen auch einen Fluch. Kaum vorstellbar, was passiert, wenn eines Tages die Einnahmen aus dem Ölgeschäft zurückgehen.
Seit einigen Jahren besitzt Dubai mit dem Tourismus einen weiteren bedeutenden Wirtschaftszweig. Zwei Flughäfen, gigantische Luxushotels oder Wohnanlagen auf neu geschaffenen Inseln im Meer zeugen davon.

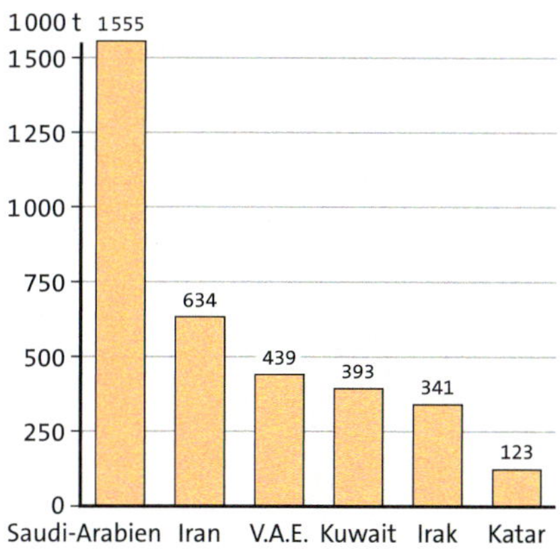

5 **Tägliche Erdölproduktion 2007 in 1000 t**

Erdölreserven 2006 in Mrd. t

Venezuela	36,0
Saudi-Arabien	24,1
Kanada	18,1
Iran	15,4
Irak	14,1
Kuwait	12,9
V. A. E.	11,2
Russland	8,2

6

1 Beschreibe die Lage der Golfstaaten und Dubais.
2 Beschreibe die Fotos 2 und 4.
3 Nenne drei Gründe, warum die Erdölförderbedingungen in den Golfstaaten günstig sind.
4 Begründe, warum Erdöl auch als „Schwarzes Gold" bezeichnet wird.

Zur Vertiefung

5 Finde mithilfe des Internets Informationen zum Luxushotel „Burj Al Arab".
6 Recherchiere die Mitgliedsländer der OPEC.
7 Stelle die Erdölreserven in Tabelle 6 in einem Säulendiagramm dar.

1 Getreideanbau auf Mallorca

4 Olivenernte in der Toskana

2 Oliven

Landwirtschaft im Mittelmeerraum

Im Mittelmeerraum sind die Sommermonate heiß und trocken, die Winter jedoch mild und feucht. An die Sommertrockenheit und die hohen Temperaturen haben sich die **Hartlaubgewächse** angepasst. Viele Bäume und Sträucher haben nur schmale Blätter, Nadeln oder Dornen. Größere Blätter sind dicker oder tragen eine Wachsschicht als Verdunstungsschutz. Zu den Hartlaubgewächsen zählt z. B. der Ölbaum.

Traditioneller Regenfeldbau
Heimische Kulturpflanzen wie der Ölbaum und die Weinrebe können mit ihren tiefen Wurzeln der Sommertrockenheit trotzen. Andere, z. B. Getreide und Rüben, können nur im Winter angebaut werden. Ausgesät mit dem Beginn des Winterregens Ende Oktober sind sie Anfang Juni erntereif. Man nennt den Anbau, bei dem Kulturen mit dem Regen auskommen müssen, **Regenfeldbau**.

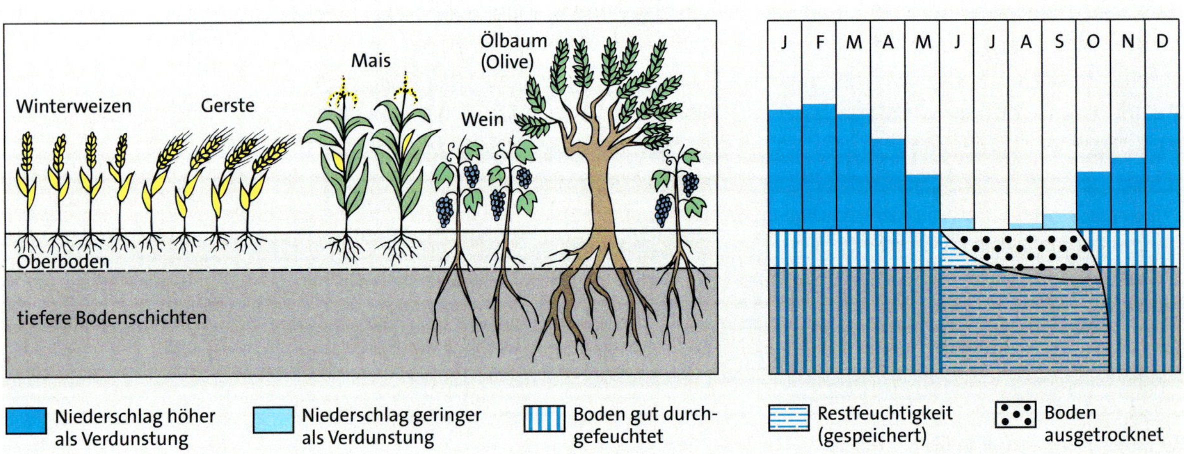

3 Kulturpflanzen und Feuchtigkeit

5 Tajo-Segura-Bewässerungskanal

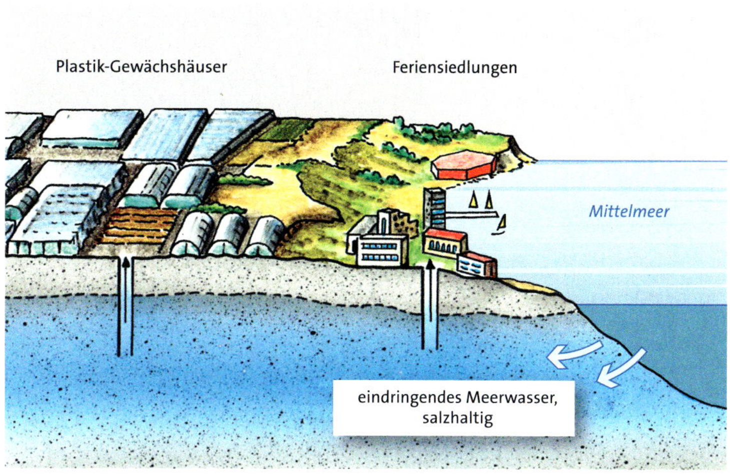

6 Intensivnutzung und Umwelt

Bewässerungsfeldbau

Zitrusfrüchte und Gemüse können unter den trocken-heißen Bedingungen nicht gut wachsen – dennoch kaufen wir sie täglich im Supermarkt. Wie ist das möglich?

Neben dem traditionellen Regenfeldbau ist heute der Bewässerungsfeldbau bedeutend. Er wird z. B. in den Huertas, den intensiv genutzten landwirtschaftlichen Gunsträumen an den Küsten Spaniens, betrieben. Diese fruchtbaren „Gemüse- und Obstgärten" liefern reiche Ernten – versorgt mit dem Wasser aus den nahe gelegenen Gebirgen. Sie fangen nicht nur die winterlichen Niederschläge auf, sondern können sie in Staubecken in den Gebirgstälern auch speichern. Über ein kilometerlang verzweigtes Kanalnetz gelangt das wertvolle Wasser zu den Gärten.

Der intensive Anbau ermöglicht eine ganzjährige Versorgung mit Obst und Gemüse, z. B. mit Orangen, Tomaten, Paprika oder Artischocken.

Die Folgen

In Spanien ist Wasser knapp, vor allem im Süden. Über zwei Drittel des Wassers verbraucht die Landwirtschaft. Die Flüsse können den hohen Wasserbedarf nicht mehr decken. So wird immer mehr Tiefenwasser angezapft, mit der Folge, dass in manchen Gebieten der Grundwasserspiegel dramatisch gesunken ist. Als Ausweg plant man, per Pipeline Wasser aus dem niederschlagsreicheren Norden nach Südspanien zu transportieren.

Zudem erfordert der Bewässerungsfeldbau den Einsatz an Dünge- und Pflanzenschutzmitteln. Diese belasten die Erzeugnisse und den Boden.

Das deutsche Wort für Orange lautet Apfelsine, von „Apfel aus Sinien". Denn ursprünglich stammt die Apfelsine aus China, wo sie schon vor 4 000 Jahren angebaut wurde. Portugiesen brachten die Frucht im 16. Jahrhundert mit nach Europa.

1 Beschreibe das Mittelmeerklima. Nutze die Klimatabellen auf Seite 162/163.

2 Arbeite mit dem Text und Grafik 3. Erkläre, wie sich die Pflanzen an die natürlichen Bedingungen anpassen.

3 Stelle Unterschiede zwischen dem Regenfeldbau und dem Bewässerungsfeldbau dar.

Zur Vertiefung

4 Nenne vier Folgen für die Natur, die sich aus dem Bewässerungsfeldbau ergeben.

5 Recherchiere im Internet zur „Costa del Plastico". Was hat sie mit uns zu tun?

Die Reispflanze
Familie: Süßgräser
Durchschnitts-temperaturen: 20 – 30 °C
Niederschlag: mindestens 1 000 l/m²
Wachstumszeit: 3 bis 7 Monate
Größe: 1 m bis 1,80 m
Anbau: Nassreis- oder Trockenreisanbau

1 **Steckbrief**

2 **Reisterrassen im Südchinesischen Bergland**

Reisanbau in Südchina

Nassreisanbau
Auf 80 % der Reisflächen wird Nassreis angebaut. Das Wasser wird auf die Felder der wasserreichen Schwemmländer oder auf terrassierte Berghänge geleitet, damit die Reispflanze optimal gedeihen kann und sich keine Unkräuter und Schädlinge ausbreiten.

Hast du heute schon deinen Reis gegessen? So fragen die Menschen zur Begrüßung in China. Die Bedeutung des Reises ist sehr groß und wie in vielen asiatischen Sprachen steht der Reis für Leben. In einer alten hinduistischen Sprache bedeutet Reis „Ernährer der Menschheit". Dies trifft heute auf mehr als drei Milliarden Menschen zu.
Vielerorts wird in China Reisanbau mit einfachen Mitteln betrieben, das heißt ohne maschinellen Einsatz. Die Arbeit ist mühsam und die Reisbauern stehen oft stundenlang gebückt und bis zu den Knien im Wasser. Zum Pflügen wird der einheimische Wasserbüffel als Zugtier genutzt. Dass der Reis geflutet im Wasser steht, hat seinen Grund. So können viele Unkräuter und im Boden lebende Schädlinge nicht gedeihen.
Zum Wachsen benötigt der Reis sehr viel Wasser: Für ein Kilogramm Reis sind etwa 4 000 Liter notwendig. Das Wasser selbst darf nicht stehen, sondern muss fließen. Sonst besteht die Gefahr der Algenbildung. Fließt es allerdings zu schnell, werden wertvolle Bodenteilchen mitgerissen. Mit dem **Terrassenanbau** kann man dem entgegenwirken und so den Ansprüchen des Reises genügen.
Die chinesische Regierung unterstützt die Menschen bei der Modernisierung des Reisanbaus. Bewässerungsflächen werden vergrößert, moderne Reiserntemaschinen kommen zum Einsatz, Unkrautbekämpfungsmittel werden zur Verfügung gestellt und neue ertragreiche Reissorten gezüchtet. Hauptziel dieser Maßnahmen ist es, die Ernteerträge zu erhöhen.

3 **Pflügen und Eggen der Reisfelder**

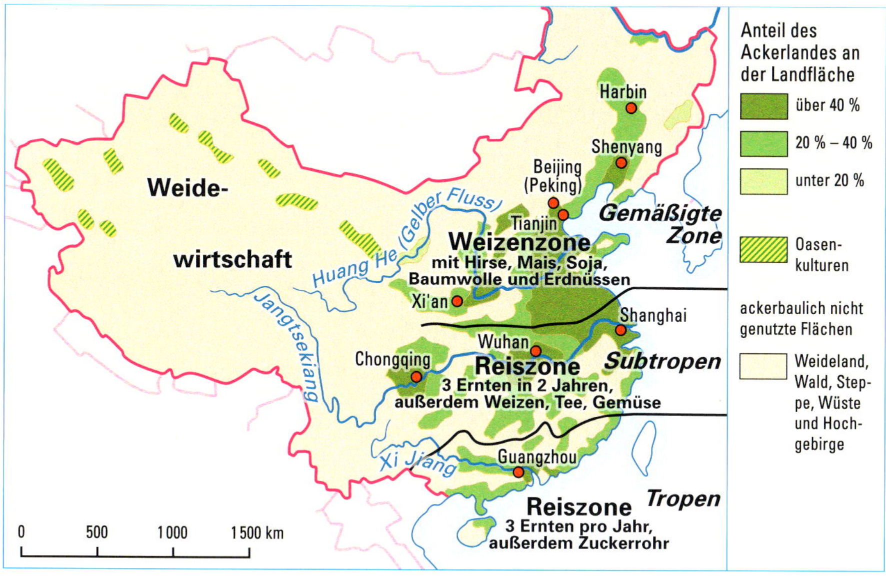

4 Landwirtschaftsregionen Chinas

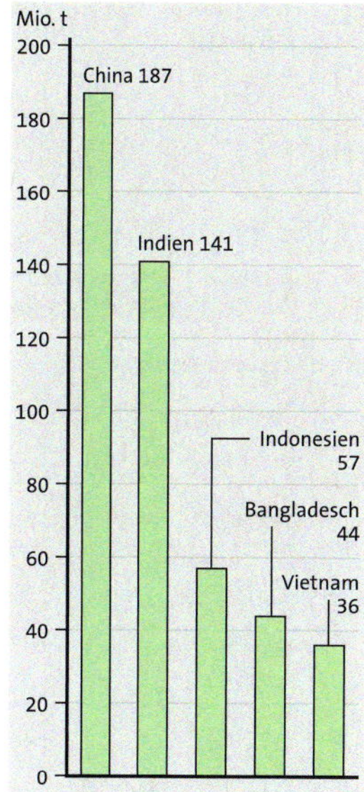

6 Die größten Reisproduzenten 2007

Bevölkerung und Reisanbau in China

Jahr	Bevölkerung (Mio.)	Reisanbaufläche (Mio. ha)	Reisproduktion (Mio. t)	Reisertrag (t/ha)
1960	682	36,7	69	1,9
2006	1319	26,5	161	6,1

5

Ist die Ernährung gesichert?
Chinas Bevölkerung wächst. Immer mehr Menschen müssen ernährt werden. Die Ausdehnung der Städte lässt die Ackerflächen schrumpfen. Außerdem geht durch Bodenerosion wertvolle landwirtschaftliche Nutzfläche verloren. Zudem wird die Umwelt mit Pflanzenschutzmitteln und Düngemitteln immer stärker belastet.

Die günstigen klimatischen Reisanbaubedingungen sorgen zwar dafür, dass China der größte Reisproduzent der Erde ist. Dennoch kann das Land keinen Reis exportieren. Im bevölkerungsreichsten Land der Erde leben 20 % aller Menschen, dem Land stehen gleichzeitig aber nur 7 % der weltweiten landwirtschaftlichen Nutzfläche zur Verfügung.

1 Erkläre, warum in China Reis mehr als nur eine Nahrungspflanze ist.

2 Erläutere die Wachstumsbedingungen in Südchina. Nutze auch die Klimadaten auf Seite 162/163.

3 Karte 4: Beschreibe und begründe die Schwerpunkte des Ackerbaus in China.

Zur Vertiefung

4 Nenne Probleme, mit denen die chinesische Landwirtschaft zu kämpfen hat.

5 Der Reisanbau in China verändert sich. Erläutere.

6 Werte Tabelle 5 aus. Notiere deine Erkenntnisse.

Jangtsekiang
chinesisch: Chang Jiang
(= langer Fluss)
- 6 380 km lang
- Pegelschwankung bis zu 60 m (Elbe max. 10 m)
- bis zu 180 m Wassertiefe
- im Einzugsgebiet leben über 300 Mio. Menschen

1

2 **Drei-Schluchten-Damm mit Stausee**

Kaum zu glauben
Beim Jangtse-Hochwasser 1998 wurde ein Gebiet von 90 000 km² überschwemmt. Das entspricht einem Viertel der Staatsfläche Deutschlands. Fast 7 Mio. Häuser und Wohnungen wurden beschädigt.

Strom vom Strom

Für die Entwicklung Westchinas ist elektrische Energie unerlässlich. Ein wichtiger Baustein bei der Versorgung der aufstrebenden Industrie ist der Drei-Schluchten-Staudamm am Jangtsekiang, dem drittlängsten Strom der Erde. Eine gigantische Staumauer wurde errichtet, dahinter liegt ein riesiger Stausee. Um den Schiffsverkehr flussaufwärts weiterführen zu können, wurden ein Schiffshebewerk und eine fünftreppige Schleuse angelegt. Auf der Baustelle arbeiteten bis zu 70 000 Menschen. Nach über 13-jähriger Bauzeit wurde das Projekt 2006 fertig gestellt.
Das Wasserkraftwerk am Fuße der Staumauer ist das größte der Welt. 26 Turbinen erzeugen 18 000 Megawatt Strom. Das entspricht der Leistung von 15 Kernkraftwerken mittlerer Größe. Das Kraftwerk deckt etwa 8 % des chinesischen Strombedarfs und ersetzt zahlreiche Kohlekraftwerke.

Weitere Vorteile des Damms
Im gebirgigen Westen Chinas stellt der Jangtsekiang einen wichtigen Transportweg dar. Vor dem Dammbau war die Wasserführung des Jangtse sehr unterschiedlich. Staumauer und Stausee dienen heute der Regulierung des Wasserstandes. Große Frachtschiffe können nun von der Flussmündung bis hinauf in die aufstrebende Millionenstadt Chongqing fahren.
Die „Zähmung" des Jangtse unterhalb der Staumauer bedeutet für die am Fluss lebenden Menschen auch die Bannung der jährlichen Hochwasser. Diese kosteten schon tausende Menschenleben und vernichteten immer wieder riesige wertvolle Ackerflächen.
Im nördlichen China, wo das Klima wesentlich trockener ist, herrscht Wassermangel. Drei jeweils 2 400 km lange Kanäle bringen Wasser aus dem feuchteren Süden und verbessern die Wasserversorgung im Norden Chinas. Allein Peking erhält ab 2010 jährlich 48 Mrd. m³ Wasser aus Südchina.

1 Karte 2 und Atlas:
a) Beschreibe den Lauf des Jangtsekiang von der Quelle bis zur Mündung.
b) Suche die Stelle des Drei-Schluchten-Staudamms und der Stadt Chongqing.

2 Drei-Schluchten-Staudamm:
a) Notiere die Ziele des Dammbaus.
b) Ergänze weitere Vorteile.

3 Die Stadt Guizhou wurde vollständig überspült

5 Schiffsschleuse am größten Wasserkraftwerk der Welt, 2003 in Betrieb genommen

Der Dammbau hat seinen Preis

- Durch die Aufstauung des Flusses wurden 60 000 ha Land überflutet. 13 Großstädte, 140 Kleinstädte und 600 Dörfer versanken im Stausee. Mit ihnen: Bergwerke, Fabriken, Müllplätze und vieles andere.
- 1,3 Millionen Menschen wurden umgesiedelt. Zwar verbesserte sich für viele die Wohnsituation, aber der Verlust der Heimat, der eigenen Häuser und Felder wiegt schwer.
- 800 Kulturdenkmäler und 5 000 Jahre alte Grabstätten sind für immer verloren. Nur wenige davon wurden abgebaut und an neuem Ort wieder aufgebaut.
- Der Fluss bringt jährlich bis zu 500 Mio. t Geröll und Schlamm in den Stausee. Wird der See eines Tages zugeschüttet sein?
- Der Drei-Schluchten-Staudamm liegt in einem erdbebengefährdeten Gebiet. Die chinesische Regierung sagt, der Damm überstehe auch sehr starke Beben. Doch ein Restrisiko bleibt immer.

4

Staumauer: 2 310 m lang, 185 m hoch;
Wasserkraftwerk: 26 Turbinen, 18 000 MW;
Schiffshebewerk: Schiffe bis 3 000 t Gewicht;
Schleusenanlage: 5 Treppen, 115 m Höhenunterschied, Schiffe bis 10 000 t Gewicht;
Stausee: 660 km lang, 1 100 km² Fläche

6 **Drei-Schluchten-Damm**

Zur Vertiefung

3 Stelle die Vorteile und Nachteile des Dammes einander gegenüber.

4 Das Wasserkraftwerk erspart der Umwelt viel CO_2. Erkläre.

5 Der Damm schützt vor Naturkatastrophen, trägt aber den Supergau in sich. Erläutere.

6 Fertige einen Steckbrief an: Der Jangtse – längster Strom Asiens.

3 TERRA **ORIENTIERUNG**

Australien ...
... ist der kleinste, flachste, gebirgs- und flussärmste Kontinent,
... ist der trockenste Kontinent,
... beherbergt im Großen Artesischen Becken die größten unterirdischen Wasservorkommen der Erde, die in über 10 000 artesischen Brunnen zutage gefördert und z. B. für die Schafhaltung genutzt werden,
... ist nach der Antarktis der bevölkerungsärmste Kontinent,
... hat pro Einwohner die meisten Schafe.

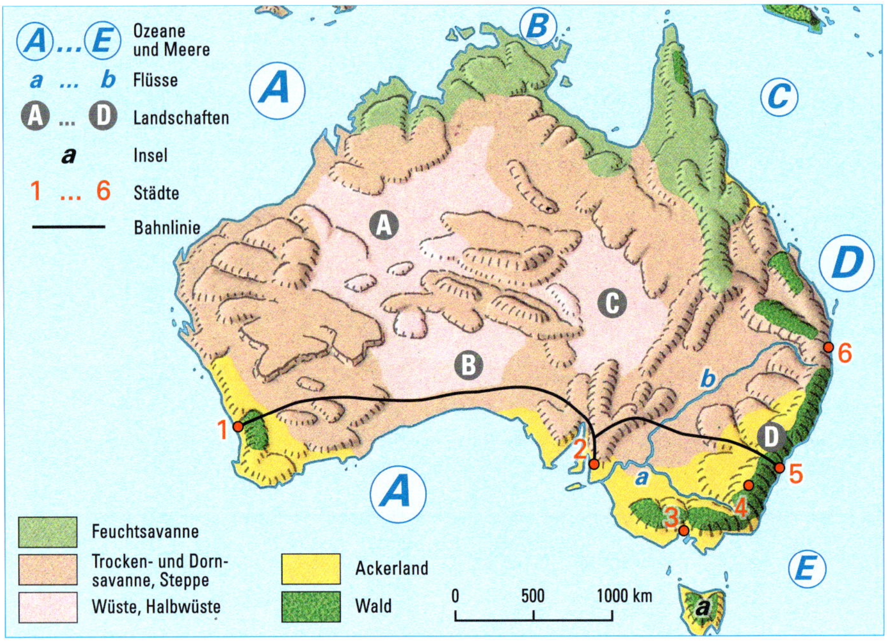

1

Australien

Australien – oder wie die Einheimischen sagen: „down under" (irgendwo da unten) – ist Staat und Kontinent zugleich.
Einzigartige Tier- und Pflanzenwelten sowie einmalige Naturdenkmäler wie das Große Barriereriff oder der Uluru, aber auch extrem ungünstige Lebensbedingungen kennzeichnen den kleinsten Kontinent unserer Erde.

Mit den trocken-heißen, wüstenhaften Klimabedingungen muss die australische Landwirtschaft zurechtkommen.
Fast 80 % des Landes nutzen die Australier in **extensiver Weidewirtschaft**. Das ist eine Landwirtschaftsform, bei der auf großen Flächen wenige Tiere ohne Ställe und mit geringem Aufwand im Freien gehalten werden. Besonders die Schafzucht ist in Australien weit verbreitet.

1 Arbeite mit Karte 1 und dem Atlas. Benenne
a) die Meere,
b) die beiden Flüsse,
c) die Insel,
d) die Landschaften,
e) die Städte. Unterstreiche die Hauptstadt.
f) Vor Australiens Ostküste liegt das längste Korallenriff der Erde. Wie heißt es? Bestimme seine Nord-Süd-Ausdehnung.

2 Drei Tage und Nächte dauert die Fahrt mit dem „Indian-Pacific" von Perth nach Sydney. Ein Teil der Fahrt verläuft auf der mit 478 km längsten geradlinigen Eisenbahnstrecke der Welt.
a) Verfolge die Strecke auf Karte 1 und auf einer Atlaskarte.
b) Wie lang ist die Gesamtstrecke?
c) Durch welche Naturlandschaften verläuft die Fahrt?
d) Erkläre den Namen des Zuges.

Lernen im Netz
Quiz Australien
104311-0302

Lernen im Netz
Topografie-Übung Australien
104311-0303

2 **Schafzucht**

3 **Ayers Rock (Uluru)**

4 **Grasbäume**

5 **Wirtschaftszentrum Sydney**

„Schafländer" 2007	
China	140,1 Mio.
Australien und Neuseeland	112,2 Mio.
Indien	60,0 Mio.
Iran	53,7 Mio.
Sudan	47,7 Mio.
Uruguay	11,1 Mio.
USA	6,6 Mio.

7

Häufig gehören einer Schafherde mehr als 40 000 Tiere an, die ganzjährig auf bis zu 10 000 km² weiden.
Ein großes Problem für die Tiere ist die Trockenheit. Häufig verdorren die Gräser, die die Nahrungsgrundlage für die Schafe darstellen.
Wasser wäre noch knapper, wenn der Mensch nicht das artesische Wasser nutzen könnte. Dieses lagert in weiten Teilen Australiens in den oberen Erdschichten und kann unter günstigen Druckverhältnissen angezapft werden.

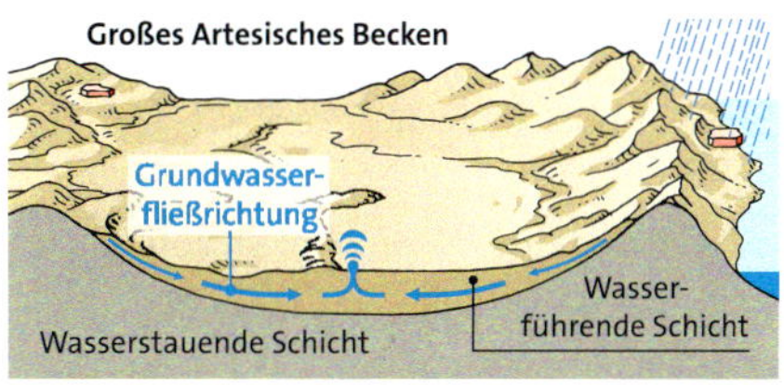

6

3 Die größten Städte des Landes (2006):

Sydney	4,1 Mio. Einw.
Melbourne	3,6 Mio. Einw.
Brisbane	1,8 Mio. Einw.
Perth	1,4 Mio. Einw.
Adelaide	1,1 Mio. Einw.
Australien gesamt	19,9 Mio. Einw.

a) Welchen Anteil an der Gesamtbevölkerung haben diese fünf Städte?
b) Erstelle einen Text, der die Wörter Kontinent, Staat, Einwohner, Millionenstädte, leer und Ureinwohner enthält.

4 Weidewirtschaft:
a) Erkläre den Begriff „extensive Weidewirtschaft".
b) Begründe, warum die Schafherden und die Weiden so groß sein müssen. Nutze dazu die Klimatabellen auf Seite 162/163.

3

TERRA **TRAINING**

Wichtige Begriffe
Bewässerungsfeldbau
Erdöl exportierende Länder
Extensive Weidewirtschaft
Flussoase
Fremdlingsfluss
Hartlaubgewächs
Regenfeldbau
Staudamm
Subtropische Zone
Terrassenanbau

1 **Reispflanzen**

3 **Korkeichen**

2 **Zitronenbaum**

4 **Dattelpalmen**

Orientieren

1 Subtropische Zone

a) Karte 5 und Atlas: Nenne die Kontinente, die Anteil an der Subtropischen Zone haben. Ordne jedem Kontinent Staaten zu, z. B.

Kontinent	Staaten
Europa	Portugal

b) Karte 5, Ziffern 7–10 (Vegetationszonen): Beschreibe mithilfe der Seiten 164–167 die natürliche Vegetation in den vier Vegetationszonen.

Kennen und Verstehen

2 Landwirtschaft

a) Ordne den Fotos 1 bis 4 Anbauländer der Subtropen zu.

b) Schema 6: Beschreibe den Weg der Olive von der Ernte bis zum Olivenöl.

3 Begriffe gesucht

a) Fluss, der ohne zu versiegen durch die Wüste fließt,

b) ersetzt fehlende Niederschläge durch Grund- oder Flusswasser,

c) Anlage, die Wasserkraft in elektrische Energie umwandelt.

4 Richtig oder falsch?

Verbessere die falschen Aussagen und schreibe danach alle Aussagen auf.

a) Seit dem Bau des Assuan-Staudammes gibt es in Ägypten immer häufiger Überschwemmungskatastrophen.

b) Australien ist das „schafreichste" Land der Erde.

d) Was der Weizen für uns, ist der Reis für die Chinesen.

e) Zu den Hartlaubgewächsen zählt man auch Weizen.

Lernen im Netz
Quiz Subtropische Zone
104311-0304

Material
Bogen zur Selbsteinschätzung
104311-0305

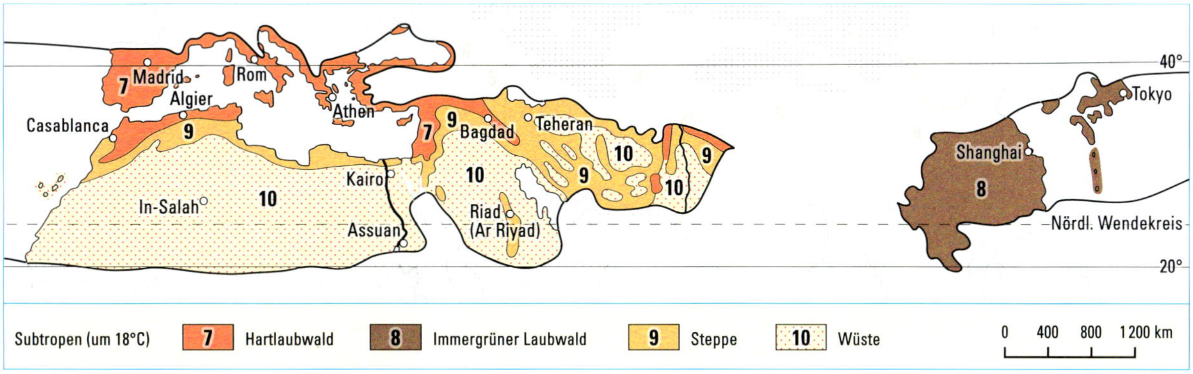

5 Ausschnitt aus der Subtropischen Zone

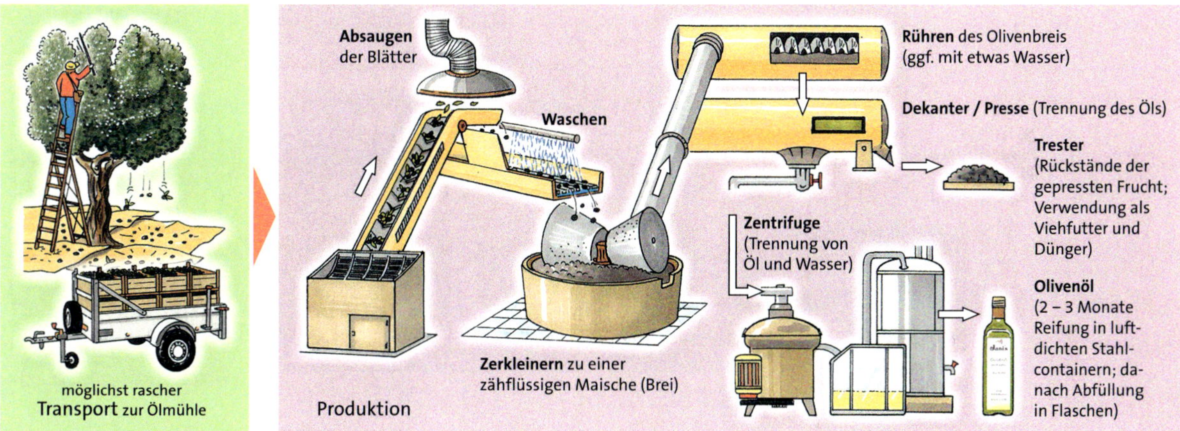

6 Vom Ölbaum zum Olivenöl

Eingriffe des Menschen in die Natur

Raum	Nutzung	Gefährdung
Ägypten	...	...
Persischer Golf	...	...
Mittelmeerraum	...	...
China	...	...
Australien	...	...

7

Häufige Begriffe in geographischen Namen unserer Atlanten

Atlas	Pinyin*	Bedeutung	Atlas	Pinyin	Bedeutung
fu	fŭ	Stadt	pe	bĕi	Nord
fông	fēng	Wind	schan	shān	Gebirge
hai	hăi	Meer	schang	shàng	oben
ho	hé	Fluss	sin	xīn	neu
hu	hú	See	tien	tián	Himmel
hwang	huáng	gelb	tschang	cháng	lang
jang	yáng	Ozean	tscheng	chéng	Mauer
kiang	jiāng	Strom	tschu	zhū	Perle
king	jīng	Hauptstadt	tsin	jīn	Furt
nan	nán	Süd	yu	yŭ	Regen

8 *** Pinyin ist die deutsche Lautschrift der chinesischen Sprache**

Anwenden

5 Tabelle 7
Stelle dar, wie der Mensch Räume in den Subtropen nutzt und gefährdet. Ergänze dazu Tabelle 7 in deinem Heft.

6 Chinesische Namen leicht gemacht
Übersetze mithilfe von Tabelle 8 die Bedeutung der Namen: Beijing, Nanjing, Huang He, Tienshan und Shanghai.

Teste dich selbst
mit den Aufgaben 1a und 3.

4

Nutzung und Gefährdung: Gemäßigte Zone

Die Fotos dieser Doppelseite stammen alle aus der Gemäßigten Zone – doch welch' ein Unterschied im Landschaftsbild! Auch wir leben in dieser Zone, in der sich die „Brotkörbe", die „Mastställe", die „Fabrikhallen" und die „Geldschränke" der Erde konzentrieren. Es scheint wohl ein sehr begünstigter Lebensraum zu sein.

Der Lernweg durch das Kapitel:

Das Klima in der Gemäßigten Zone weist große Unterschiede auf, wie du am Beispiel des Seeklimas und des Landklimas erfährst.

↓

Bei der Auswertung zweier Satellitenbilder wird dir klar, was passiert, wenn man einem See sein Wasser entzieht.

↓

Am Beispiel des Agrobusiness in den USA wird deutlich, was industrialisierte Landwirtschaft ist.

↓

Nimmt man in Trockengebieten die Böden unter den Pflug, so ist die Erosionsgefahr groß.

↓

Die Gemäßigte Zone wird sehr intensiv genutzt: Dies hat seinen Preis!

↓

Wie sehr die Natur oft umgeformt wird, zeigt das Beispiel Landgewinnung in Japan.

4

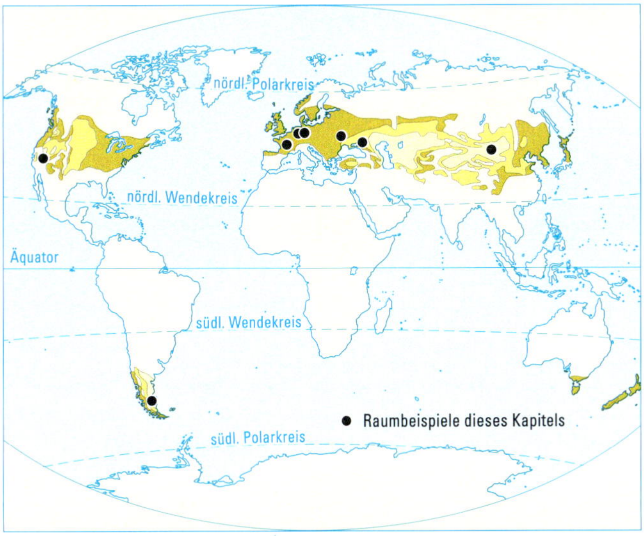
nördl. Polarkreis
nördl. Wendekreis
Äquator
südl. Wendekreis
südl. Polarkreis
● Raumbeispiele dieses Kapitels

5

6

7

8

1

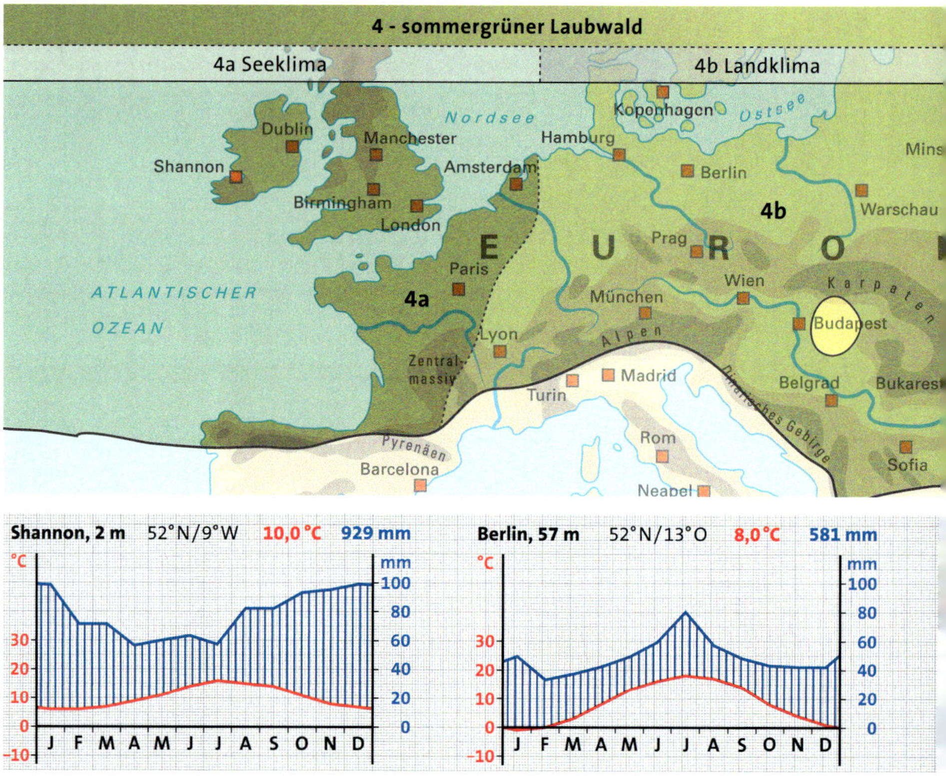

3 **Ausschnitt der Gemäßigten Zone**

Für die **Weidewirtschaft** ist ein ständiger starker Graswuchs notwendig. Dafür sorgen im Seeklima die ganzjährig ergiebigen Niederschläge.
Für den **Getreideanbau** wäre dieses Klima zu feucht. Dieser benötigt hohe Sommertemperaturen und Niederschläge ab 500 mm.

2

Seite 31
Vegetationszeit

Gemäßigt ist nicht gleich gemäßigt

Während in Shannon Schafe und Rinder den ganzen Winter über bei milden 5 bis 10 °C auf der Weide bleiben, herrschen in der Ukraine Ende März noch Minusgrade. Wie ist der Unterschied zu erklären, wo doch beide Orte etwa auf der gleichen geographischen Breite liegen?
Die Antwort ist einfach: In Shannon herrscht **Seeklima** (ozeanisches Klima), in Kiew **Landklima** (kontinentales Klima). Dieser Klimaunterschied schlägt sich auch in der Naturlandschaft nieder: In den winterkalten Gebieten wird der Laub- und Mischwald der Gemäßigten Zone abgelöst von Steppen und Wüsten.

Laubwälder, Steppen, Wüsten
Je nach der Länge der Vegetationszeit hat sich in der Gemäßigten Zone eine unterschiedliche Vegetation ausgebildet.
Sommergrüne Laubwälder
Diese findet man dort, wo die Vegetationszeit mindestens fünf Monate beträgt. In der Klimakarte wird untergliedert nach:
4 a sommergrüne Wälder im Seeklima und
4 b sommergrüne Wälder im Landklima.
Winterkalte Steppen
Ist die Vegetationszeit für Baumwuchs zu kurz, aber ausreichend für Graswuchs, so prägen Steppen das Landschaftsbild.
Winterkalte Wüsten
Dort, wo die Vegetationszeit selbst für Graswuchs zu kurz ist, bestimmen Wüsten das Landschaftsbild.

4

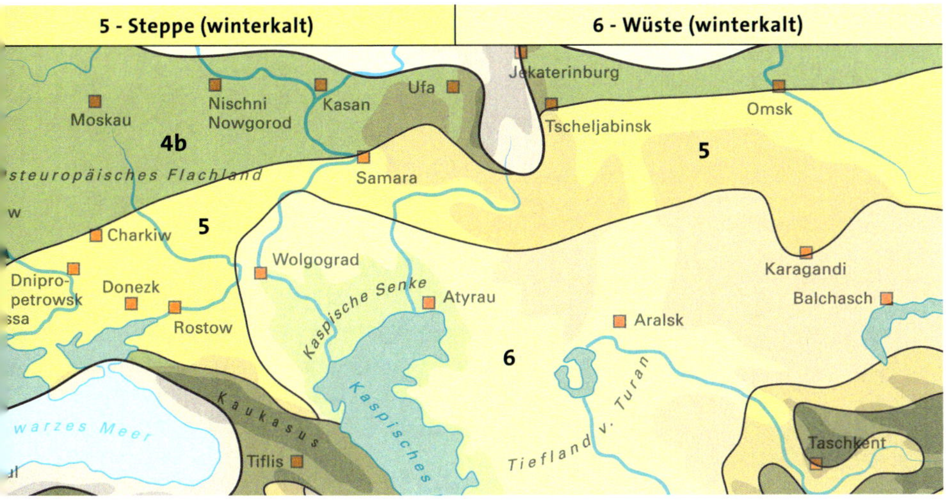

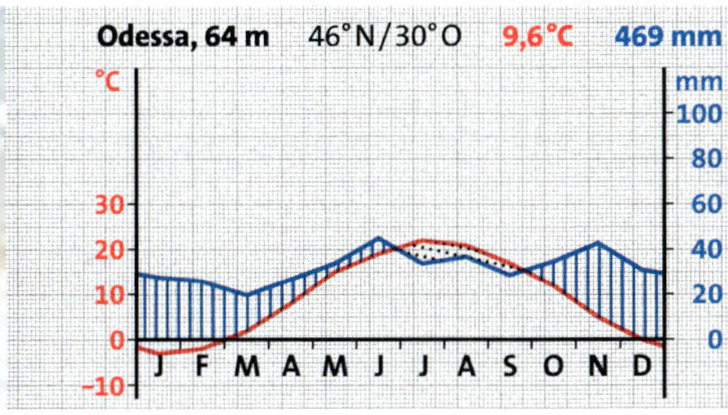

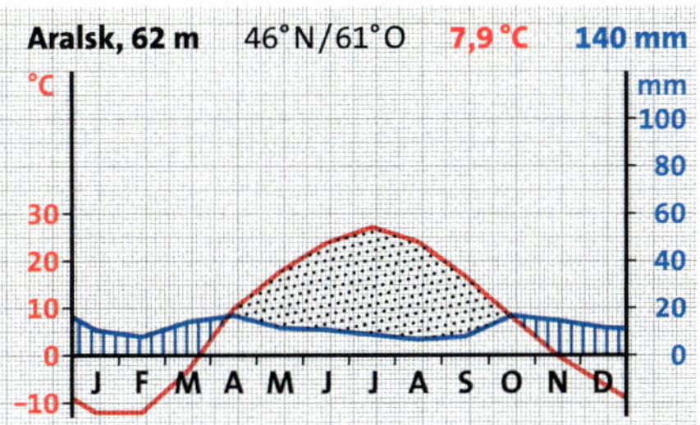

7 In Kiew Ende April

Seeklima (ozeanisches Klima)

Große Wasserflächen wie z. B. der Atlantik haben auf die Lufttemperaturen eine ausgleichende Wirkung. Das Meer erwärmt sich langsamer als das Land, kühlt sich aber auch langsamer ab, da es Wärme besser speichern kann.

Typisch für das Seeklima sind
- kühle Sommer und milde Winter,
- hohe Niederschläge über das ganze Jahr verteilt (infolge der hohen Verdunstung von Meerwasser).

5

Landklima (kontinentales Klima)

Im Innern der Kontinente fehlt die ausgleichende Wirkung des Meeres. Die Landflächen erwärmen sich bei Sonneneinstrahlung schnell, kühlen aber rasch wieder aus, wenn die Sonneneinstrahlung wegfällt.

Typisch für das Landklima sind deshalb große Temperaturunterschiede zwischen Sommer und Winter sowie geringe Niederschläge, denn feuchte Luftmassen des Atlantiks kommen nur selten bis hierher.

6

Landschaftszone
Wärmster Monat [°C]
Kältester Monat [°C]
Temperaturdifferenz [°C]
Jahresniederschläge [mm]
Vegetationszeit [Anzahl der Monate]

8

1 Beschreibe und deute die Karikaturen 1 und 7. Ordne sie klimatisch ein.

2 Karte 3: Landschaften der Gemäßigten Zone:

a) Erkläre die Unterschiede mithilfe der Klimadiagramme.

b) Ergänze Tabelle 8 in deinem Heft.

Zur Vertiefung

3 Stelle in einer Tabelle See- und Landklima einander gegenüber.

4 Anhang Seite 162/163: Zeichne zu Moskau ein Klimadiagramm und bestimme die Vegetationszeit.

5 Atlas: Suche drei winterkalte Wüsten.

TERRA METHODE

Satelliten umkreisen die Erde. Sie senden Daten zu uns, die mithilfe eines Computerprogramms zu einem Bild umgewandelt werden. Solche Bilder zeigen ein genaues Abbild der Erdoberfläche. Auf dieser Doppelseite lernst du, Satellitenbilder auszuwerten.

1 **Aralsee 2004**

Der Aralsee

Einst viertgrößter See der Erde, gehört der Aralsee je zur Hälfte zu Kasachstan und zu Usbekistan. Aufgrund des trockenen und winterkalten Kontinentalklimas bestimmen Wüste und Halbwüste das Landschaftsbild um den See.

Die beiden Fremdlingsflüsse Amu-Darja und Syr-Darja versorgen den abflusslosen Binnensee mit Wasser, das sie aus den 2000 km entfernten zentralasiatischen Hochgebirgen Tian Shan und Pamir heranführen.

2

Satellitenbilder auswerten: Der Aralsee

Mujnak war einmal eine stolze Hafenstadt am Aralsee, in der Schiffe reiche Fänge an Brassen und Barben anlandeten. In Fischfabriken wurden diese dann verarbeitet. Heute ist der Hafen verlandet, sind die Fischfabriken geschlossen. Was ist geschehen?

Dem See das Wasser entzogen

Vor 1960 brachten die beiden Flüsse Amu-Darja und Syr-Darja dem mitten in der Wüste gelegenen See genug Wasser. Doch dann beschloss die sowjetische Regierung, entlang der beiden Flüsse großflächig Baumwolle anzubauen. Das Flusswasser wurde zur Bewässerung gebraucht. Nur noch wenig davon erreichte den Aralsee.

Die Folgen

Der See schrumpfte. Der Wasserspiegel sank um 16 Meter. Der Salzgehalt des Restsees stieg auf das Fünffache. Die 24 Fischarten des Sees starben aus. 60 000 im Fischfang und der Fischindustrie Beschäftigte verloren ihren Arbeitsplatz. Das Regionalklima änderte sich, da die ausgleichende Wirkung der großen Wasserfläche auf die Lufttemperatur deutlich abnahm: Die Sommer wurden heißer, die Winter kälter. Winde treiben den Sand und das Salz des freigelegten Seegrundes in das Umland, etwa 75 Mio. t pro Jahr.

Ein Satellitenbild auswerten

1. Schritt: Bild verorten

- Suche das aufgenommene Gebiet in einer Atlaskarte.
- Welche Einzelheiten des Bildes, z. B. Flüsse, Siedlungen, Straßen, kannst du mithilfe der Atlaskarte benennen?

2. Schritt: Bild gliedern

- Gliedere das Bild in Teilbereiche, z. B. nach Land- und Wasserflächen, nach Acker-, Wald-, Siedlungsflächen.

1 Vorüberlegungen:
a) Vergleiche die Satellitenbilder 3. Notiere deine Beobachtungen.
b) Lies danach die Texte zum Aralsee.

2 Führe die Schritte 1 bis 5 mit den Satellitenbildern durch.

Lernen im Netz
Maßnahmen am Aralsee
104311-0401

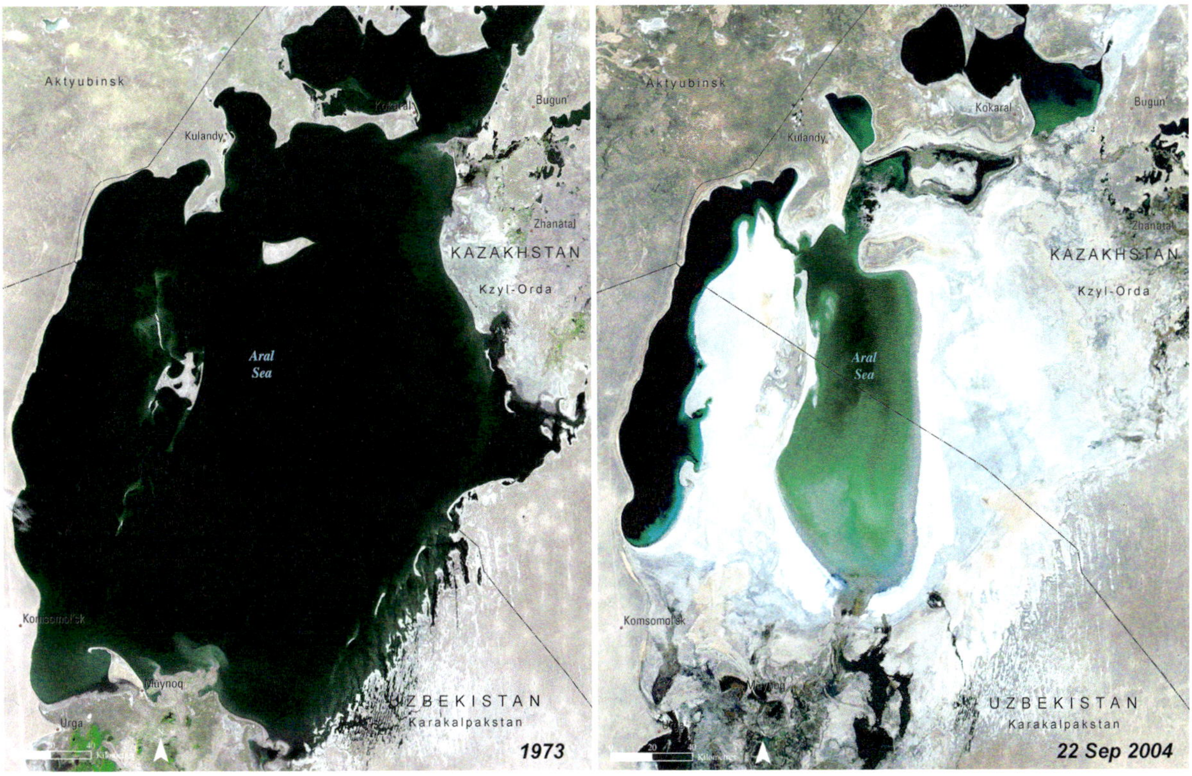

3 **Aralsee 1973 und 2004**

3. Schritt: Bild auswerten

- Welche Besonderheiten fallen auf?
- Fordert das Bild zu Fragen auf? Hast du hierzu Vermutungen?

Beispiel: Auf welchen Vorgang machen die Unterschiede in den beiden Satellitenbildern aufmerksam?

- Welche Sachverhalte und Fragen musst du klären?

4. Schritt: Merkskizze anfertigen

- Fertige mithilfe von Transparentpapier oder Folie eine Merkskizze an.
- Welche Bereiche des Bildes willst du voneinander unterscheiden?
- Verwende Farben und Symbole.
- Lege eine Legende zur Skizze an.
- Formuliere eine Überschrift.

5. Schritt: Erkenntnisse formulieren

- Verfasse zur Skizze einen Erläuterungstext, z. B. zu Ursachen und Folgen des Veränderungsprozesses.

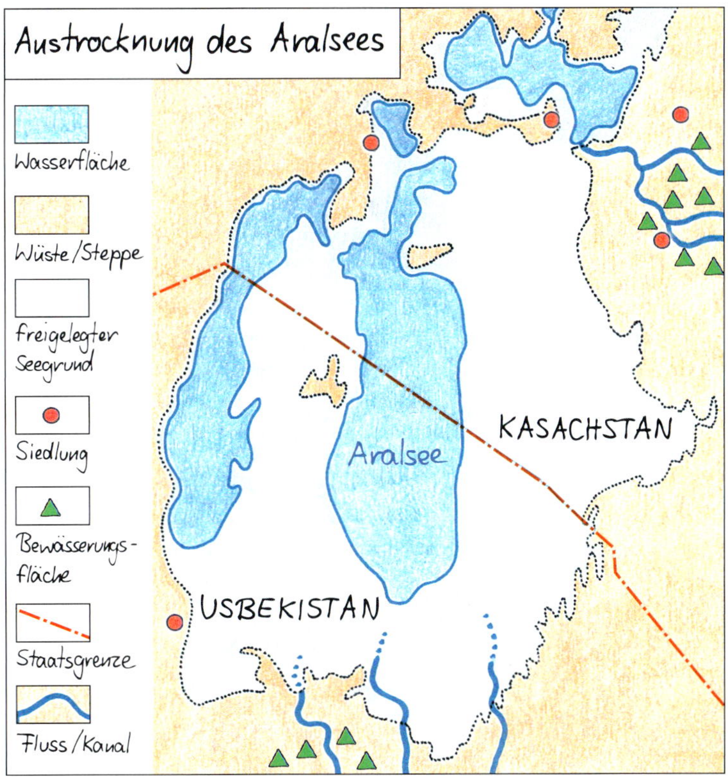

4 **Merkskizze**

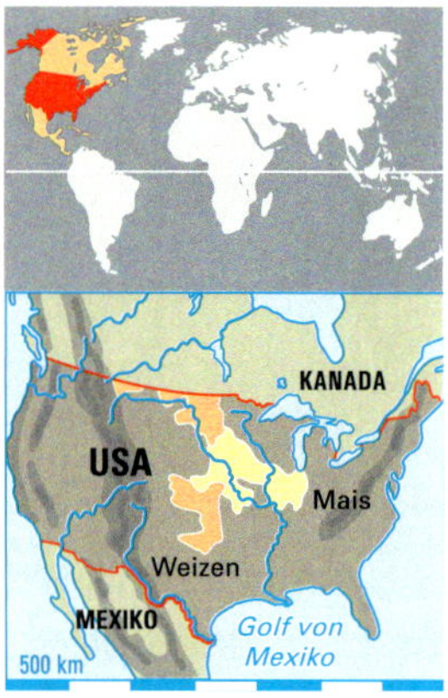

1

3 **Familienfarm in Iowa**

Farm der Shirleys
Ackerbaubetrieb mit Schweinemast
- Arbeitskräfte: Mr. und Mrs. Shirley, Söhne Steve und Patrick, drei zusätzliche Arbeiter
- Fläche: 650 ha, davon 250 ha Maisanbau (bewässert), 180 ha Hirseanbau, 130 ha Weizenanbau (bewässert), 90 ha Brache, stillgelegte Flächen und Grasland

2

Agrobusiness

Die Farm der Shirleys südlich von Oklahoma City besteht seit 1913. Ursprünglich war sie mit etwa 127 ha Größe eine typische **Familienfarm**. Bis etwa 1980 konnten die Erträge die Familie gut ernähren. Doch dann verfielen die Preise für Getreide, weil zu viel produziert wurde. Michael kaufte einen benachbarten Betrieb dazu. Damit ging er ein hohes Risiko ein. Die Rettung kam durch ein Unternehmen, das in der Nähe eine große Schlachterei baute und mit den Shirleys einen Vertrag über die Lieferung schlachtreifer Tiere abschloss. „Die Ställe für die Schweine kosteten uns über 300 000 Dollar. Hinzu kamen die Kosten für das Land, das wir zukaufen mussten. Das Schlachtunternehmen hat uns Geld geliehen, sonst hätten wir das gar nicht bezahlen können.“

Die Shirleys kaufen Ferkel, mästen sie und verkaufen die schlachtreifen Tiere an das Unternehmen. Da die Preise für Schweinefleisch sanken, müssen die Shirleys immer mehr Tiere mästen, um das Einkommen zu sichern. Wie die Shirleys hatten viele Farmer in den USA nur eine Wahl: den Betrieb vergrößern oder aufgeben. So wurden aus früheren Familienfarmen mit der Zeit **Großfarmen**.

Vom Feedlot zum Supermarkt

Das Unternehmen Cattle Empire im Westen des US-Bundesstaates Kansas trägt seinen Namen zu Recht. Es besteht aus drei riesigen Rinderfarmen

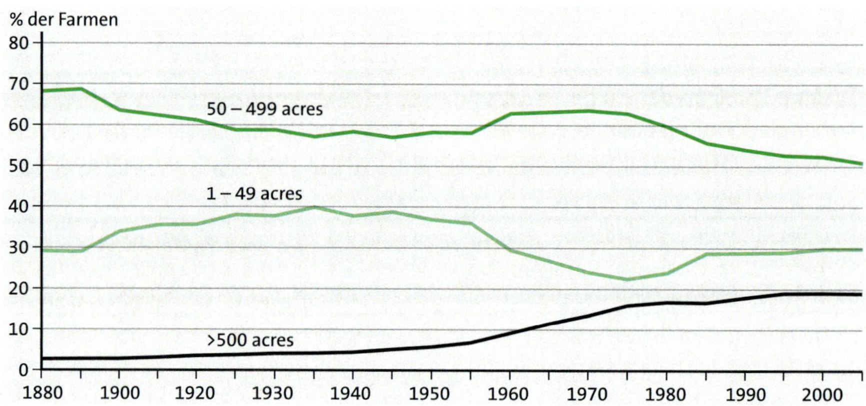

4 **Entwicklung der Betriebsgrößen der US-Farmen**

5 **Feedlots in Kansas**

mit insgesamt 140000 Tieren. Allein in Farm „Number 2“ werden etwa 85000 Rinder versorgt. Joe Longoria als Manager überwacht den Abtransport einer Herde von 800 Rindern zum Schlachthof. „Der Schlachthof gehört zu unserem Unternehmen“, erzählt er, „während wir aber früher nur die Schlachtung der Tiere übernommen haben, zerlegen wir sie heute auch, verpacken das Fleisch und liefern es mit unseren eigenen Lastwagen an die Supermärkte. Das heißt, wir verdienen an jedem Arbeitsschritt bis hin zum Verkauf mit.“

Das Futter wird auf der Farm angebaut und mit dem Lkw zu den Tieren gebracht. Eine Arbeitskraft kann bis zu 6000 Rinder versorgen. Die Tiere stehen in Feedlots, überdachten Viehpferchen für jeweils 250 Rinder. „Die jungen Rinder lassen wir auf kleineren Farmen hochmästen, bis wir sie übernehmen.

Agrobusiness

Die Großfarmen sind ein Beispiel für die Veränderung der US-amerikanischen Wirtschaft. Ohne Spezialisierung auf ein oder wenige Produkte, die sich auf dem Markt gut verkaufen lassen, kann heute keine amerikanische Farm mehr überleben. Eine Vorreiterrolle spielte dabei die Hähnchenindustrie.

So hat sich die amerikanische Landwirtschaft in den letzten Jahrzehnten immer mehr zu einer industriell betriebenen Landwirtschaft gewandelt – zum **Agrobusiness**.

Veränderungen in der US-Landwirtschaft

	1930	2005
Anzahl landwirt. Betriebe	6,5 Mio.	2,1 Mio.
Erwerbstätige in der Landwirtschaft	11 Mio.	2,6 Mio.
Ackerfläche (ha)	140 Mio.	176 Mio.
Traktoren	1,1 Mio.	5,1 Mio.
Mineraldüngerverbrauch	15 kg/ha	111 kg/ha
Getreideproduktion	140 Mio. t	357 Mio. t
Hektarertrag Mais	15,7 dt/ha	95 dt/ha

6

Cattle Empire Farm „No. 2“

Großfarm mit Rindermast
- Tiere: 85000 Rinder in Feedlots
- Arbeitskräfte: 3 Betriebsleiter, 73 Vollzeitbeschäftigte
- Fläche: 6100 ha, davon 1750 ha Maisanbau (bewässert), 403 ha Hirseanbau, 1015 ha Weizenanbau (bewässert)

7

1 Vergleiche die Fotos 3 und 5. Verorte die Betriebe in Karte 1 und in der Klimakarte auf Seite 164/165.

2 Erstelle anhand der Daten 2 und 7 eine Vergleichstabelle mit den Aspekten: Produkte, Vermarktung, Betriebsgröße, Zahl der Arbeitskräfte, technische Anlagen, Sonstiges.

3 Mit welchen Problemen haben Familienfarmen zu kämpfen?

4 Erkläre den Begriff Agrobusiness.

Zur Vertiefung

5 Werte Tabelle 6 aus.
a) Vergleiche die Angaben 1 und 2 mit Angabe 6. Formuliere einen Merksatz.
b) Finde eine Erklärung für diesen Tatbestand.
c) „Die Produktivität hat sich in 75 Jahren versechsfacht.“ Zu welcher Angabe gehört der Satz?

6 Tausende Rinder auf engem Raum! Welche Probleme sind zu erwarten?

1 Staubsturm über Phoenix am 19.08.1999

3 Badlands in der US-Steppe

Dustbowl
(amerikanisch: Staubschüssel)
„Wenn die starken, von den Rocky Mountains kommenden Präriewinde bliesen, dann hast du nur noch Erde ausgespuckt", erinnert sich ein Farmer im Mittleren Westen.

Badlands
(amerikanisch: unbrauchbares Land)
Typisch für die Great Plains sind nicht nur starke Winde (Stürme), sondern auch heftige Regengüsse. Sie schwemmen in großem Ausmaß Boden ab.

Bodenerosion und Bodenschutz

„Über Oklahoma fiel sanft der letzte Regen, aber er schnitt nicht in die rissige Erde ein. Am Ende des Monats Mai wurde der Himmel bleich, und die Wolken lösten sich auf. Die Sonne brannte hernieder auf das wachsende Korn, Tag für Tag. Dann kam der Juni. Ein sanfter Wind strich leise durch das vertrocknende Korn. Der Wind wurde stärker. Der Staub flog von den Straßen auf. Dann wurde der Wind noch heftiger und griff auch die Bodenkrume auf den Weizenfeldern an. Nach und nach verdunkelte sich der Himmel vom Staub, und der Wind strich weiter über die Erde. Eines Morgens gegen Ende Juni hing der Staub dicht wie Nebel in der Luft. Den ganzen Tag rieselte der Staub vom Himmel und auch am nächsten Tag. Wie eine Decke breitete er sich gleichmäßig über die Erde."

Aus: John Steinbeck, Früchte des Zorns, übersetzt von Klaus Lambrecht, Diana Verlag, Zürich 1984.

2 **Staubsturm über Oklahoma**

So beschrieb der Nobelpreisträger John Steinbeck die Katastrophe, die sich Anfang der 1930er-Jahre in Oklahoma und den westlich angrenzenden Staaten abspielte. Ähnliche Katastrophen wiederholten sich immer wieder. Kann man also nichts dagegen tun?

Aus Grassteppen wird Ackerland

Die Great Plains, zu denen das Katastrophengebiet gehört, waren über Jahrtausende hinweg kaum besiedelt und wenig genutzt. Auf den weiten Grassteppen weideten Büffelherden und jagten Indianer. Zwischen 1850 und 1900 begann die Besiedlung durch die Weißen. Der fruchtbare Boden eignete sich hervorragend für den Weizenanbau.

Der Getreideanbau wurde immer weiter nach Westen ausgedehnt. Selbst in die Gebiete hinein, in denen die Niederschläge normalerweise für einen dauerhaften Anbau nicht ausreichen, die also jenseits der **Trockengrenze** des Ackerbaus liegen. Doch jeder wollte am Weizen verdienen. Der Boden wurde rücksichtslos umgebrochen, die Great Plains entwickelten sich zur wichtigsten Kornkammer der Welt.

Der Raubbau an der Steppe rächte sich. Die trockene Erde der abgeernteten Felder und der Weideflächen mit spärlicher Grasnarbe waren den abtragenden Kräften von Wind und Wasser preisgegeben. Verstärkt setzte Bodenerosion ein, teilweise wurde das Land unbrauchbar – zu „badlands".

Lernen im Netz
Schutz vor Bodenerosion
104311-0402

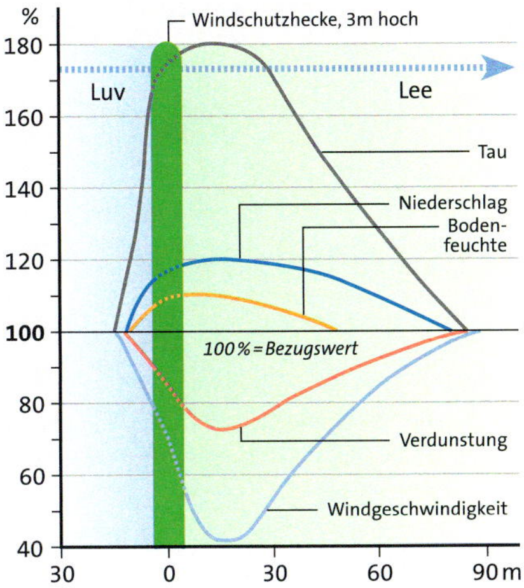

4 **Einfluss einer Windschutzhecke**

6 **Konturpflügen**

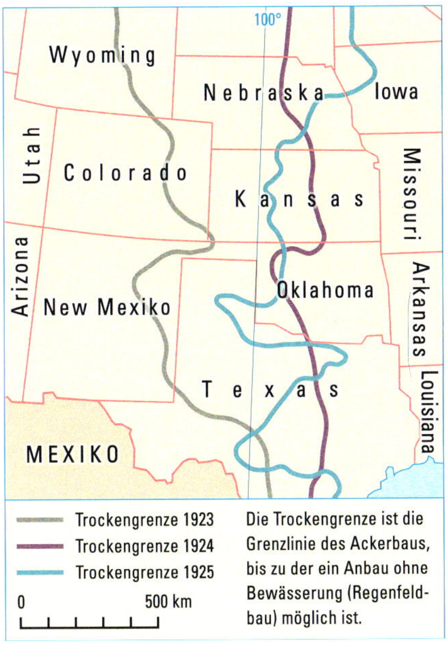

5 **Verlagerung der Trockengrenze**

Bodenschutzmaßnahmen

1935 erließ die amerikanische Regierung ein Gesetz zum **Bodenschutz**. Farmer, die bisher nur Weizen angebaut hatten, mussten einen Teil ihrer Felder in Weide umwandeln. Durch neue Anbautechniken sollte der Boden besser vor Ausblasung und Ausspülung geschützt werden. Trotzdem gingen Jahr für Jahr immer noch rund drei Milliarden Tonnen Mutterboden durch die Bodenerosion verloren.

So sah sich die Regierung gezwungen, noch radikalere Maßnahmen zu ergreifen: 16 Millionen Hektar Ackerland, doppelt soviel wie in der Bundesrepublik Deutschland überhaupt vorhanden ist, wurden zusätzlich in Weide und Wald umgewandelt.

Maßnahmen gegen Bodenerosion

- Anlage von Windschutzstreifen
- Streifenfarmen („strip farming") und Konturpflügen („contour ploughing")
- Fruchtwechsel durch Pflanzen mit tiefgründigen Wurzeln, z. B. Futterpflanzen und Gründünger
- Wechsel von Ackerland- zu Weidelandnutzung

1 Karte 5 und Atlas: Fertige eine Lagebeschreibung der Great Plains an. Füge die Bedeutung des Namens hinzu.

2 Text, Fotos 1 und 3:
a) Nenne die Ursachen und Folgen der Bodenerosion.
b) Fertige ein Wirkungsschema an.

3 Maßnahmen gegen Bodenerosion: Erstelle eine Übersicht: Maßnahmen/Wirkungsweise.

4 Erkläre, was eine Trockengrenze ist.

Zur Vertiefung

5 Werte Karte 5 aus.
a) Wodurch ist der unterschiedliche Verlauf 1923 bis 1925 bedingt?
b) Welcher Meridian dient als Merkhilfe?
c) Ergänze den Satz: „Diesseits der Trockengrenze herrscht Regenfeldbau, jenseits ... oder ..."

6 Erkläre, worin der menschliche Eingriff in die Grassteppe genau besteht.

Nordamerika ...
... ist der drittgrößte Kontinent,
... umfasst Angloamerika (Kanada und USA) mit rund 340 Mio. Einwohnern sowie Mittelamerika mit rund 190 Mio. Einwohnern.

1 Totempfähle in Vancouver

2 Maya-Ruinen in Yucatan

3 Mexiko-Stadt

4 City in Manhattan / New York

Nord- und Mittelamerika

1 Gestalt und Lage

a) Übertrage die Kartenskizze in dein Heft.

b) Verlängere den Meridian nach Süden. Zeichne Südamerika in ähnlich einfacher Form lagerichtig ein.

c) Beschreibe für beide Kontinente deren Lage zum Meridian und zum Äquator.

2 Raumstruktur

Übertrage die Merkkarte in doppelter Größe in dein Heft. Zeichne den Polarkreis und den Wendekreis ein. Fertige eine Legende zu den Ziffern an.

3 Topografie

Arbeite mit Karte 5 und dem Atlas. Benenne die geographischen Objekte.

4 Ausdehnung Nordamerikas

Bestimme die Ausdehnung Nordamerikas

a) von San Francisco nach New York,

b) von der Beringstraße nach Miami.

c) Vergleiche letztere Strecke mit der Ausdehnung Europas. Miss vom Nordkap aus nach Süden.

5 Eiszeitliche Spuren

In der letzten Eiszeit war Nordamerika bis New York vom Inlandeis bedeckt. Welche eiszeitlichen Spuren erkennst du in Karte 5?

6 Kulturen

Arbeite mit den Fotos 1 und 2.

a) Beschreibe die Fotos.

b) Informiere dich über die beiden altamerikanischen Kulturen. Nutze dazu ein Lexikon oder das Internet.

7 Hauptstädte

a) Im Zentrum zweier Hauptstädte: Vergleiche die Fotos 3 und 4.

b) Informiere dich in einem Lexikon zur Geschichte dieser Städte und erkläre Unterschiede.

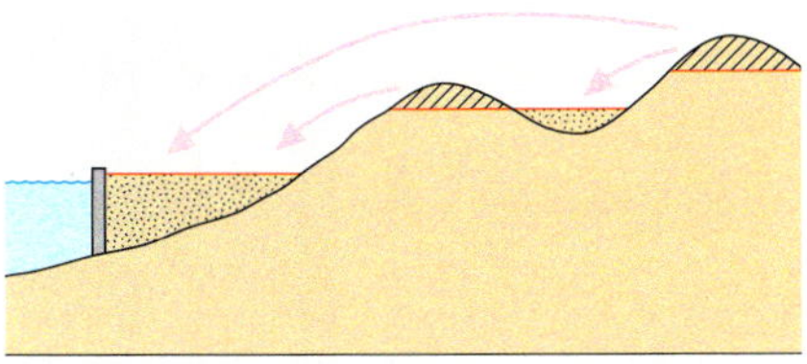

yamakiri-chi: Abtragung und Einebnung der Hügelketten in Küstennähe

umetate-chi: Aufschüttung

ursprüngliche Oberfläche

Oberfläche nach der Aufschüttung

4 Eine Möglichkeit der Neulandgewinnung

Schon früh entdeckten die Japaner das Meer als Lebensraum. Es lieferte ihnen wichtige Nahrungsmittel wie Fische, Muscheln und Algen. Heute werden Meerestiere vermehrt in Aquakulturen gezüchtet. Auch der Handel, Import und Export der Wirtschaft, ist meerorientiert. An den Küsten herrscht deshalb große Nutzungskonkurrenz.

Kleine Flächen so intensiv wie möglich zu nutzen, das beherrschen Japans Bauingenieure ebenso gut wie die Landwirte. Dort, wo die Küstenflächen nicht mehr ausreichten, dehnte man diese kurzerhand ins Meer hinein aus.

5 Das Meer: Lebens- und Ausweichraum

6 Kansai-Flughafen in Osaka

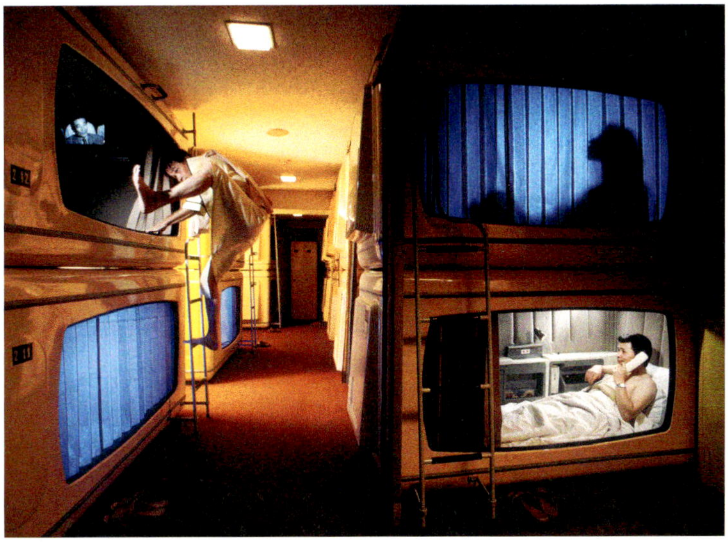

7 Kapselhotel in Japan. Gäste übernachten in kleinen, aber mit Fernseher ausgestatteten Kapseln (2 × 1,25 × 1 m), die übereinander gestapelt sind.

Außerdem ist ein 24-Stunden-Betrieb möglich. Mit hohem technischem Aufwand wurde die 5,5 km² große Insel vor Flutwellen, Taifunen und Erdbeben geschützt. Bereits wenige Monate nach seiner Eröffnung im Jahr 1994 bestand der Flughafen bei einem Erdbeben in Kobe (Stärke 6,7) seine Bewährungsprobe und stand die ganze Zeit für Hilfsmaßnahmen zur Verfügung.

1 Notiere, warum die Landgewinnung in Japan „notwendig" ist.

2 Karte 3: Weshalb eignet sich die Bucht von Tokyo für Landgewinnung?

3 Übertrage die Zeichnung 4 in dein Heft und beschrifte sie.

4 Raumnot macht erfinderisch. Liste Beispiele dieser Doppelseite auf.

Zur Vertiefung

5 Kansai-Flughafen:

a) Erstelle einen Steckbrief.

b) Vergleiche die Fläche mit der Neulandfläche in der Bucht von Tokyo.

6 Was Neulanderschließung anbelangt, so sind Tokyo und Peking in sehr unterschiedlichen Situationen. Erkläre.

4

TERRA **TRAINING**

Wichtige Begriffe
Agrobusiness
Ballungsraum
Bodenschutz
Familienfarm
Gemäßigte Zone
Großfarm
Landgewinnung
Landklima (kontinentales Klima)
Laubwald (sommergrün)
Megacity
Ressourcenverbrauch
Seeklima (ozeanisches Klima)
Steppe (winterkalt)
Trockengrenze
Wirtschaftsmacht
Wüste (winterkalt)

1 **Laubwald mit Herbstfärbung**

2 **Bisonherde**

Orientieren

1 Die Gemäßigte Zone im Blick

Erstelle eine Übersicht zu den drei Landschaftstypen der gemäßigten Zone.

sommergrüner Laub-/Mischwald	winterkalte Steppe	winterkalte Wüste
...	...	...

a) Nenne mithilfe des Atlas jeweils vier Staaten.
b) Nenne jeweils einen fünften Staat, der auf der Südhalbkugel liegt.
c) Ordne die Fotos 1 und 2 zu.

2 Klimastationen verorten

Verorte die Klimastationen 4 a–d mithilfe der Gradnetzangaben
a) in Atlaskarten,
b) in der Klimakarte auf Seite 164/165.

Kennen und Verstehen

3 Begriffe gesucht

a) industrialisierte Landwirtschaft
b) weitgehend vegetationslos
c) hat mindestens 5 Mio. Einwohner
d) ist sommerkühl und wintermild
e) Wind und Wasser tragen Boden ab
f) wenn Siedlungsfläche knapp ist
g) zig-Millionen Menschen auf engem Raum

4 Richtig oder falsch?

Korrigiere die falschen Aussagen und schreibe alle Sätze in dein Heft.
a) Beim Agrobusiness muss die ganze Familie mitarbeiten.
b) Peking ist Hauptstadt und Megacity.
c) Deutschland liegt in der Gemäßigten Zone.
d) Die natürliche Vegetation in Deutschland ist Steppe.

Anwenden

5 Ein Profil auswerten

a) Beschreibe, was die Grafik 3 aussagt.
b) Mit welcher Maßnahme begegnet Japan dem Problem?

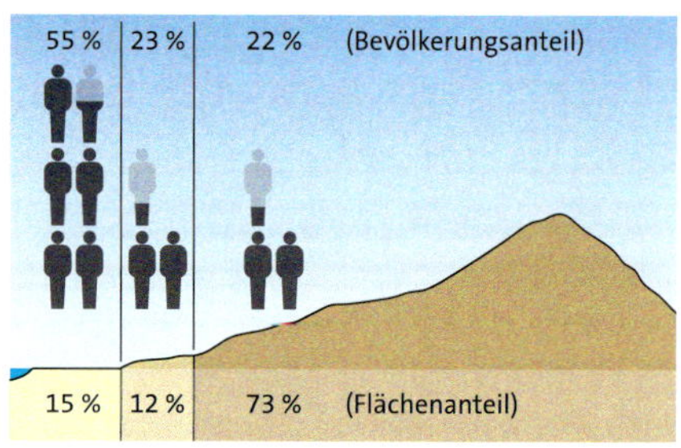

3 **Profil von Japan**

6 Ein Säulendiagramm auswerten

a) Beschreibe, was in Diagramm 7 dargestellt ist.
b) Formuliere eine Grundaussage.

Lernen im Netz
Quiz Gemäßigte Zone
104311-0404

Material
Bogen zur Selbsteinschätzung
104311-0405

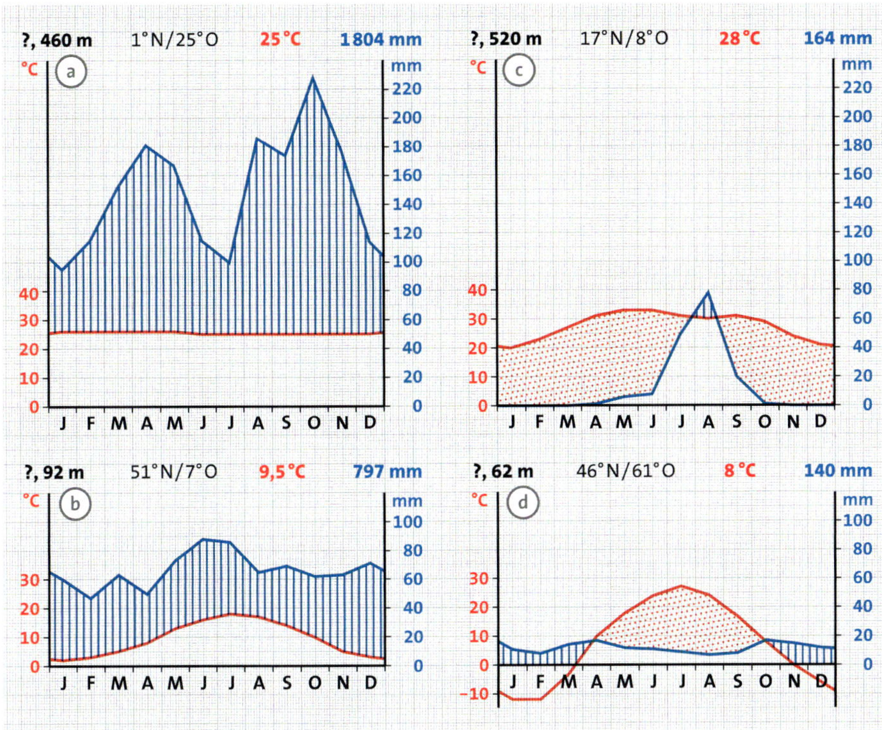

4

Teste dich selbst
mit den Aufgaben 3 und 4.

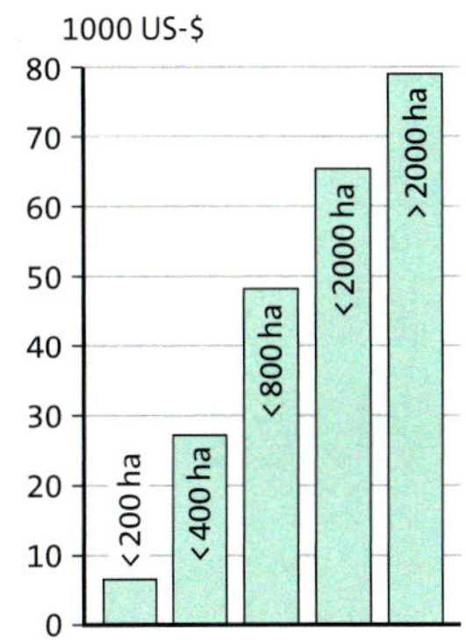

7 Einkommen nach Farmgröße 2006

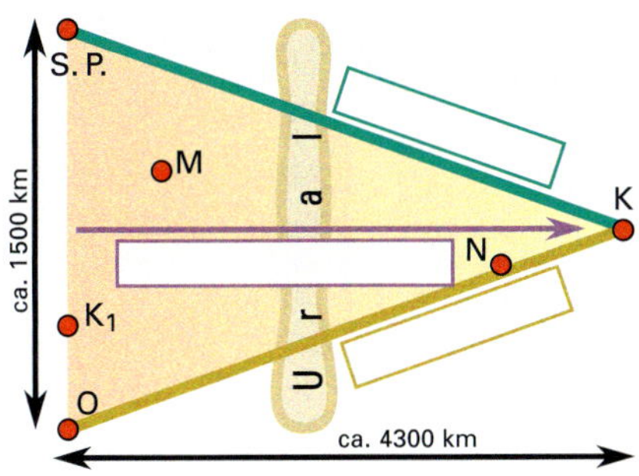

5 Agrardreieck der GUS

6 Bodo Bodenlos

7 Klimatypen erkennen

Werte die Klimadiagramme 4 a–d aus.

a) Ordne folgende Begriffe den Diagrammen richtig zu: immerfeucht – wechselfeucht – Trockenzeit – wintermild – winterkalt.

b) Diagramme 4a und 4b: Für welches gilt „sommergrün“, für welches „immergrün“? Ordne Foto 1 richtig zu.

c) Diagramme 4c und 4d: Für welches gilt „winterkalte Wüste“, „winterwarme Wüste“?

Bewerten und Beurteilen

8 Grenzen der Landwirtschaft

a) Zeichne Grafik 5 ab.

b) Trage mithilfe des Atlas die Ortsnamen ein (Hilfe: M = Moskau, K_1 = Kiew).

c) Trage in die Kästchen folgende Begriffe richtig ein: Kältegrenze, Trockengrenze, zunehmende Kontinentalität.

d) Beurteile, wodurch jeweils die Landnutzung an Grenzen stößt.

9 Bauer Bodo Bodenlos ist ratlos

Er verliert immer mehr Boden. Was macht er nur falsch? Gib ihm Rat.

5

Nutzung und Gefährdung: Kalte Zone

Die Bilder stammen alle aus der Kalten Zone. Sie zeigen, dass der Mensch auch in die kältesten Gebiete unserer Erde vordringt. Die Suche und Gewinnung von Bodenschätzen ist immer das vorrangige Ziel. Häufig zerstört der Mensch dabei Naturlandschaften und Lebensräume indigener Völker.

Der Lernweg durch das Kapitel:

Die Erschließung von Bodenschätzen beschert Kanada Geld, aber auch Probleme mit den Inuit.

↓

Um an die wertvollen Bodenschätze zu gelangen, verändert und zerstört der Mensch in Sibirien Naturräume.

↓

Wir aber nutzen sibirisches Erdgas!

↓

Auch die Vegetation in der Kalten Zone wird wirtschaftlich genutzt. Damit verschwinden immer mehr Wälder.

↓

Für die Antarktis interessieren sich Forscher und Touristen.

4

5

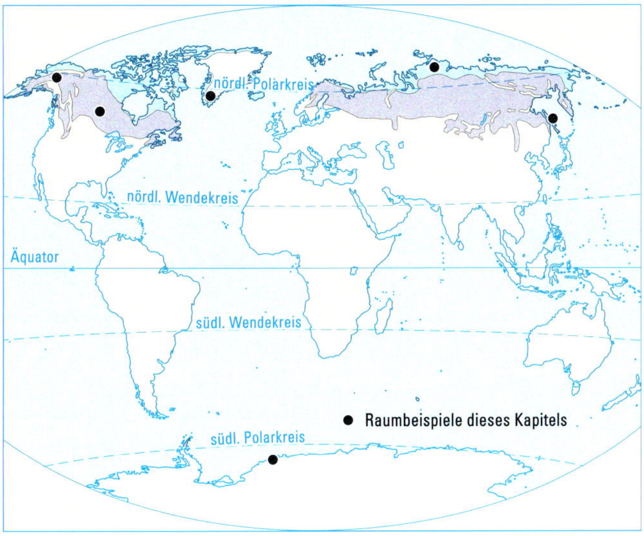
nördl. Polarkreis
nördl. Wendekreis
Äquator
südl. Wendekreis
● Raumbeispiele dieses Kapitels
südl. Polarkreis

6

7
THE UNITED STATES OF AMERICA
WELCOMES YOU TO
AMUNDSEN – SCOTT SOUTH POLE STATION

1 Erdölgewinnung in der Beaufortsee

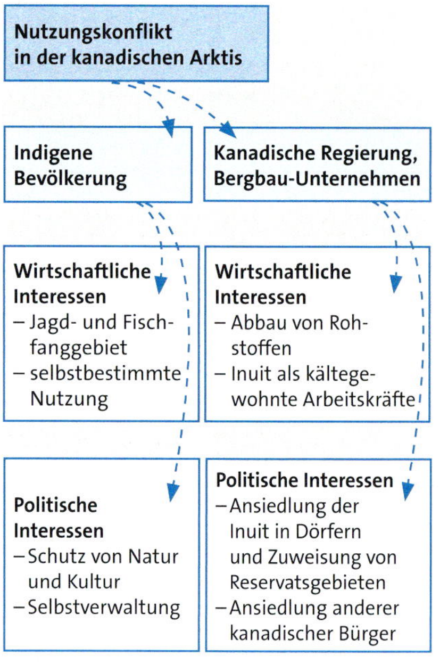

4

2 Inuit oder Eskimo?

Inuit bedeutet „Menschen". So nennen sich die Bewohner der kanadischen Arktis, Grönlands und der Tschuktschen-Halbinsel. Von den benachbarten Indianern wurden sie Eskimo genannt, was „Rohfleischesser" bedeutet.

Nunavut heißt: „Unser Land"

Eine erstaunliche Karriere

Paul Okalik ist ein Vorbild für alle Inuit. Der 34-Jährige ist zum ersten Premier des kanadischen Arktis-Territoriums Nunavut gewählt worden.

Für Paul Okalik ist es eine Blitzkarriere: Mitte Februar 1999 erhielt der Jurist aus dem Volk der Inuit seine Zulassung als erster Inuit-Rechtsanwalt, drei Tage später wurde er in das erste Parlament des künftigen Arktis-Territoriums Nunavut gewählt. Jetzt entschieden die 19 Abgeordneten, dass Paul Okalik der erste Premier von Nunavut sein wird. Okalik, der auf der Baffin-Insel geboren wurde, wird sein Amt am 1. April antreten. An diesem Tag wird das bisherige Nordwest-Territorium geteilt, im Ostteil entsteht Nunavut.

Etwa die Hälfte der Nunavut-Einwohner ist jünger als 20 Jahre. Und die Probleme, die viele Inuit infolge Arbeitslosigkeit und kultureller Entfremdung haben, kennt Okalik aus eigener Erfahrung: Er brach seine Schulausbildung ab, trank und landete mehrmals im Gefängnis. Einer seiner Brüder beging Selbstmord – ein tragisches Ereignis, von dem viele Inuit-Familien betroffen sind. Die Suizidrate liegt in Nunavut sechsmal höher als in Gesamtkanada.

Doch dann bekam Okalik Arbeit in einer Silbermine auf Baffin-Island, er holte den Schulabschluss nach und studierte an der Universität Ottawa Jura. Zusammen mit anderen Inuit handelte er mit der kanadischen Regierung einen Vertrag über die Landrechte aus, der den Inuit weitgehende Selbstverwaltung und Nutzungsrechte im Nunavut-Gebiet zugesteht. In Nunavut gilt Okalik jetzt als Vorbild für die Jugend: „Was Paul schaffte, kann ich auch!"

(Nach einem Zeitungsbericht, Ottawa, im März 1999)

3

Material
Leben der Inuit
104311-0501

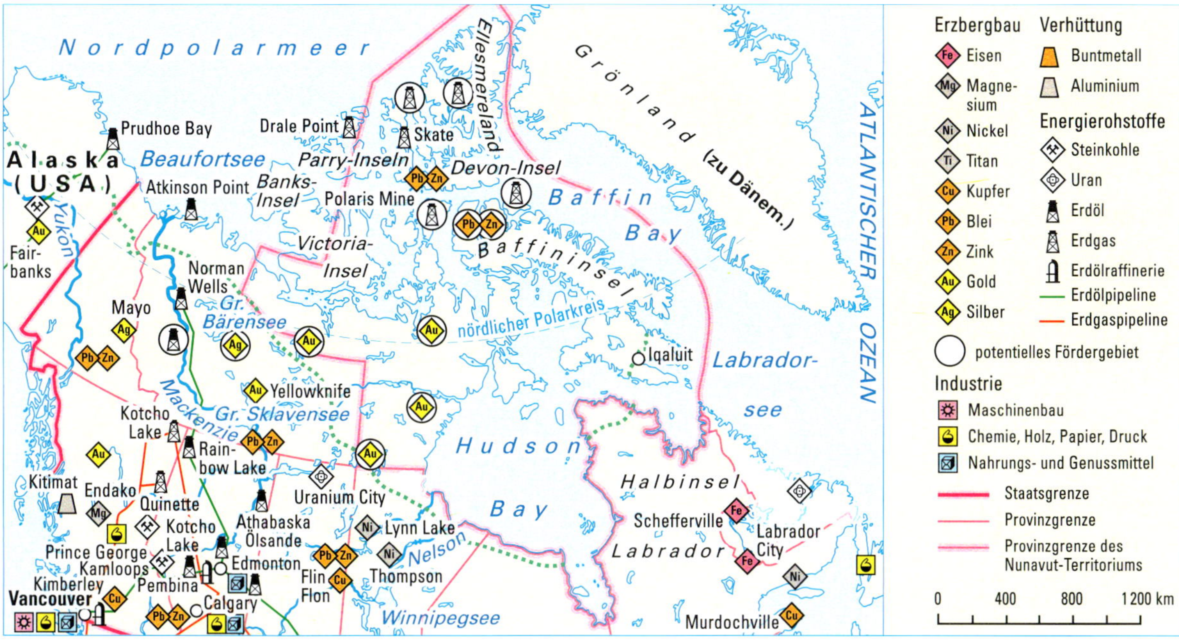

5 **Reichtum in Kanadas Norden**

Kanadas Reichtum und seine Konflikte

Uranium City, Port Radium, Coppermine – so heißen einige Orte in der kanadischen Arktis. Dort werden Bodenschätze abgebaut, wie an vielen anderen Orten auch, denn Kanadas Norden ist reich an Bodenschätzen.

In Kanada leben laut einer Volkszählung über eine Million Ureinwohner, Inuit und Indianer. Sie gehören zur Gruppe der **indigenen Bevölkerung**, die vor allem im Norden des Landes beheimatet sind. Der immer stärker um sich greifende Bergbau und die Abholzung von Wäldern führen zunehmend zu einem **Nutzungskonflikt** zwischen der kanadischen Regierung und den Ureinwohnern. Diese wehren sich gegen die Ausbeutung der Natur und die Zerstörung ihres Lebensraumes und verlangen mehr Selbstbestimmungsrechte, auch bezüglich der Nutzung ihres Landes.

Leben der Inuit heute

Das Leben der Inuit hat sich in den letzten Jahrzehnten grundlegend geändert: Sie wohnen, arbeiten und ernähren sich anders als ihre Vorfahren. Die Kinder gehen mindestens neun Jahre in eine moderne Schule. Die Berufstätigen arbeiten in Bergwerken, Gewerbe-, Industrie- und Dienstleistungsbetrieben. Mit dem Einzug der Moderne geriet die traditionelle Lebensweise und Kultur in Gefahr, verloren zu gehen. Deshalb sind heute Bestrebungen im Gange, die Inuit-Kultur zu bewahren, z. B. indem die Kinder in der Schule Inuktitut, die Sprache der Inuit, lernen und am Pflichtfach „Inuit-Kultur" teilnehmen.

Nunavut	
Fläche	1,9 Mio. km²
Einwohner	28 000
Hauptstadt	Iqaluit

6

1 Weshalb ist Paul Okalik ein Vorbild?

2 Kanadische Regierung und Inuit verfolgen unterschiedliche Interessen. Erkläre.

3 Karte 5: Notiere, worin der Reichtum Kanadas besteht.

Zur Vertiefung

4 Trotz mehr Selbstbestimmung ist die Inuit-Kultur gefährdet. Erläutere.

5 Informiere dich, wie die Inuit früher lebten.

1 **Diamanttagebau in Jakutien**

Verlierer der Erschließung
Russischer Staat und globale Konzerne sind die Gewinner der Erschließung Sibiriens – Verlierer sind die Ureinwohner des Landes. Über 100 Stämme bzw. Völker mit eigener Sprache und Kultur leben dort, viele von der Rentierhaltung, andere von Fischfang und Jagd. Diese Bevölkerungsgruppen sind von den Erschließungstrupps entweder verjagt oder umgesiedelt und arbeitsverpflichtet worden. Diejenigen, die der ursprünglichen Lebensweise treu blieben, mussten mit den neuen Bedingungen zurechtkommen: mit verseuchten Böden und Gewässern und dem verkleinerten Lebensraum.

3

Schatzkammer Sibirien

Transsibirische Eisenbahn
von Moskau bis Wladiwostok auf einer Länge von 9450 km,
gebaut von 1891–1904

Baikal-Amur-Magistrale (BAM)
von Taischet an der Transsib nach Sowjetskaja Gawan am Pazifik auf einer Länge von 3100 km,
gebaut von 1974–1985

2

Kein Land der Erde ist so reich an Rohstoffen wie Russland. In Sibirien, dem 9,6 Mio. km² großen asiatischen Teil Russlands, lagern große Vorräte an nutzbaren Rohstoffen. Sibirien wird im Westen vom Ural, im Norden vom Nordpolarmeer, im Osten durch den Pazifik und im Süden von China, Kasachstan und der Mongolei begrenzt. Riesige Flüsse durchziehen Sibirien, allein 36 davon sind länger als der Rhein. Sibirien ist mit 23 Mio. Einwohnern nur dünn besiedelt.

Der „schlafende Riese" wurde erweckt
Vor gut einhundert Jahren stimmte der Name: Sibir = „Schlafendes Land". Noch um 1930, als der amerikanische Diplomat George Kennan in der Postkutsche das Land bereist hatte, schrieb dieser: „Das Gebiet ist nur wenig bekannt und wird von zivilisierten Menschen gar selten besucht. Nur wenige abenteuerliche Kaufleute und Pelztierjäger sind in diese ununterbrochene Einöde vorgedrungen. Und es ist nicht sehr wahrscheinlich, dass sich jemals viele Nachfolger finden werden."
Begonnen hat alles mit der **Verkehrserschließung** um 1900, als der russische Zar die Transsibirische Eisenbahn bauen ließ. Jetzt konnte das verkehrsfeindliche Land auch wirtschaftlich erschlossen werden.
Anfangs waren das Holz und die Pelztiere der Taiga von Interesse, bald aber ging es um Bodenschätze. Um diese zu fördern und vor Ort zu verarbeiten, benötigte man Arbeitskräfte, Verkehrs- und Energieanlagen. Erst dann konnten Industriekomplexe errichtet werden. Für das Programm der **Raumerschließung** lockte oder verbannte die Regierung hunderttausende Menschen nach Sibirien. Jahrzehnte hindurch war Sibirien das „Gefängnis Russlands".
Um auch die rohstoffreichen Gebiete nördlich der Transsib wirtschaftlich

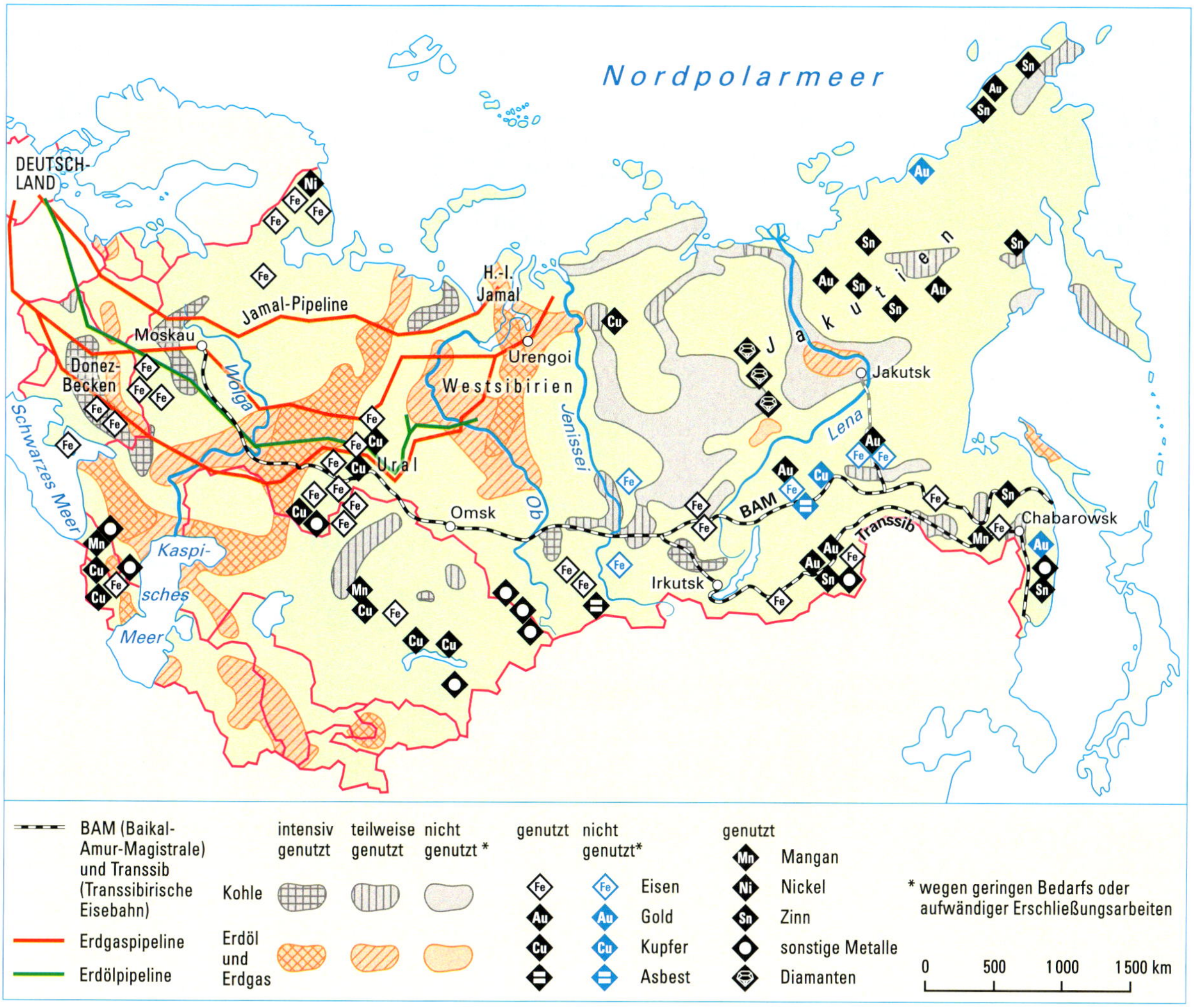

4 **Bergbau in der Gemeinschaft Unabhängiger Staaten (GUS)**

nutzen zu können, wurde eine weitere Eisenbahnstrecke, die Baikal-Amur-Magistrale (BAM) gebaut. Damit ist Sibirien zur „Schatzkammer" des russischen Staates geworden.

Auch Deutschland profitiert davon. Ob Erdöl, Erdgas, Holz oder Metalle – die Rohstoff- und Grundstoffimporte aus Russland decken einen großen Teil des deutschen Bedarfs.

1 Überprüfe die Überschrift dieser Seite mit Karte 4.

2 Vor jeder wirtschaftlichen Erschließung steht die Verkehrserschließung. Begründe dies am Beispiel Sibiriens.

3 Informiere dich über die Lebensweise indigener Völker in Sibirien.

Zur Vertiefung

4 Bei der Verkehrserschließung Sibiriens spielte der Straßenverkehr eine untergeordnete Rolle. Formuliere zwei Begründungen.

5 Berechne, wie viele Menschen in Sibirien auf einem km^2 leben. Vergleiche mit Rheinland-Pfalz (4,1 Mio. Menschen auf 19 853 km^2).

1 Tundralandschaft

3

Erdgas aus Westsibirien

Tundra
karge Landschaft ohne Baumbewuchs wegen des kalten Klimas. Hauptsächlich wachsen Zwergsträucher, Gräser, Moose und Flechten.

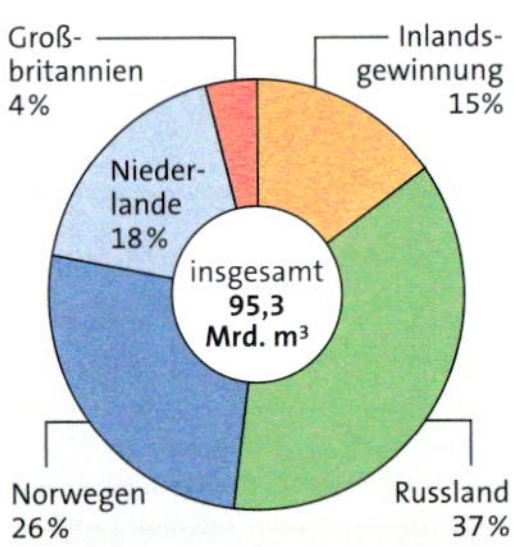

2 Erdgasversorgung Deutschlands 2007

Erdgas ist ein viel gefragter Rohstoff: in der Industrie, als Heizenergie in Gebäuden und zunehmend auch als Antriebsenergie für Autos. In Deutschland steigt der Erdgasbedarf Jahr für Jahr. Erdgas gilt gegenüber Erdöl als „saubere Energie".

Rund ein Drittel des deutschen Erdgasbedarfs wird aus russischen **Lagerstätten** gedeckt. Russland verfügt über die größten Erdgasvorräte der Welt, wovon ein großer Teil in Nordwestsibirien lagert. Bei Urengoj und auf der Halbinsel Jamal befinden sich die Hauptfördergebiete. Südlich dieses Gebietes gibt es große Erdöllagerstätten. Erdgas und Erdöl sind die wichtigsten Ausfuhrprodukte Russlands.

Das längste Pipeline-Netz der Welt

Über 600 Mrd. m³ Erdgas fördert Russland pro Jahr. Die einzige Möglichkeit, solche Mengen zu transportieren, ist der Weg durch Stahlrohre, so genannte **Pipelines**. Zigtausende Kilometer Rohre mussten verlegt werden, um das Erdgas in die Verbrauchsorte in Russland, Weißrussland, Polen, Tschechien usw. bis nach Deutschland und Frankreich zu transportieren. Zwei Hauptleitungen beginnen in Urengoj und Jamal. Auf dem über 5 000 km langen Weg nach Westeuropa zweigen unterwegs immer wieder Nebenleitungen ab, sodass ein weit verzweigtes europäisches Erdgas-Versorgungsnetz entstand.

Arbeiten unter erschwerten Bedingungen

Im Norden Sibiriens ist der Boden in der Tiefe ganzjährig gefroren. Dieser **Dauerfrostboden** kann bis über 1 000 m hinab reichen. Im Sommer taut die obere Bodenschicht auf, aber das Schmelzwasser kann nicht versickern, es staut sich auf. Deshalb sind weite Flächen der Taiga im Sommer sumpfig. In Gebieten, die ganzjährig unter Wasser stehen, weicht der Wald einer angepassten Pflanzengesellschaft, den Mooren. Etwa ein Fünftel der Taiga besteht aus Mooren.

Die Menschen in der Erdgasregion arbeiten unter extremen Bedingungen.

Erdgasproduktion 2007

Land	Fördermenge in Mrd. m³
Russland	607 000
USA	546 000
Kanada	184 000
Iran	112 000
Norwegen	90 000
Algerien	83 000
Großbritannien	72 000
China	69 000
Saudi-Arabien	76 000
Welt gesamt	**2 940 000**

4

5 **Rohöl verbrennt, das aus einer zerborstenen Pipeline ausläuft**

Die –30 bis –40 °C im Winter sind nicht das große Problem, obwohl Motoren und Geräte harten Bewährungsproben ausgesetzt sind. Der kurze, warme Sommer macht mehr zu schaffen: Im Frühjahr verwandelt sich die Bodenoberfläche in einen riesigen Sumpf, Nährboden für Milliarden von Mücken. Dichte und quälende Stechmückenschwärme erschweren das Arbeiten im Freien sehr. Der oberflächlich aufgetaute Boden verhindert fast jede Fortbewegung zu Lande. Die wenigen Straßen und die Eisenbahnstrecken sind auf Dämmen gebaut. In dieser Zeit spielt die Versorgung aus der Luft eine wichtige Rolle. Hinzu treten folgende Umweltprobleme: Schwere Fahrzeuge zerstören im Fördergebiet Boden und Vegetation. Unbrauchbare Fahrzeuge und Anlagenteile bleiben einfach in der Landschaft liegen, ebenso andere Abfälle. Das Hauptproblem aber ist die Verseuchung von Böden und Gewässern durch Erdöl.

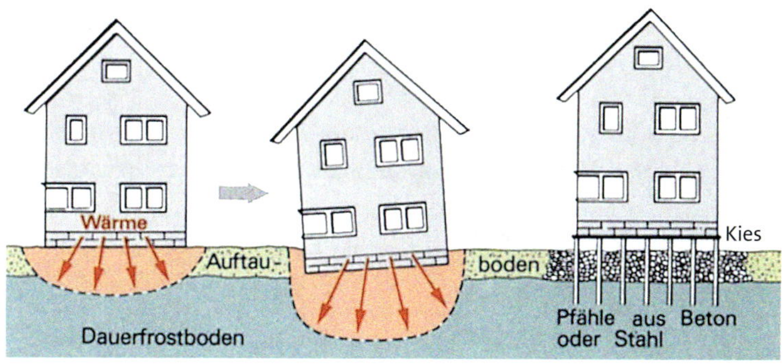

6 **Hausbau auf Dauerfrostboden**

1 Erdgas ist ein begehrter Energieträger.
a) Erläutere seine Bedeutung.
b) Wo spielt Erdgas in deinem Alltag eine Rolle?

2 Beschreibe Foto 5. Verwende die Begriffe: Tundra, Pipeline, Rohöl, Umweltprobleme.

3 Karte Seite 83: Beschreibe den Weg des Erdgases von Urengoj nach Deutschland. Wie lang ist der Transportweg?

4 Berichte über die besonderen klimatischen Bedingungen Sibiriens im Sommer und im Winter (Text, Karikatur).

Zur Vertiefung

5 Stelle Tabelle 4 in einem Balkendiagramm dar.

6 Grafik 6: Erläutere die Problematik des Hausbaus auf Dauerfrostboden.

1 **Kahlschlag in Kanada**

2 **Wiederaufforstung in Finnland**

Raubbau am Nadelwald

Nördlicher Nadelwald
Wälder im hohen Norden, die sich gürtelartig entlang des nördlichen Polarkreises ziehen, in Sibirien Taiga genannt.
Taiga = jakutisch für Wald

Unter **Raubbau** versteht man eine Wirtschaftsweise, bei der die natürlichen Rohstoffe rücksichtslos ausgebeutet werden, ohne auf deren Bestand bzw. ihre Erneuerung zu achten.

Seite 31
Vegetationszeit

In der Kalten Zone, wo die Sommer kurz und die Winter lang und kalt sind, können nur wenige Pflanzen gedeihen. Zu ihnen gehören Nadelbäume wie Fichte, Kiefer, Tanne und Lärche. Dazwischen schiebt sich die Birke als charakteristischer Laubbaum eines Nadelwaldes.
Mit 13 Mio. km^2 Fläche stellen die **Nördlichen Nadelwälder** rund ein Drittel der Waldfläche der Erde. Dieser „größte Wald der Erde" ist in seinem Bestand ebenso bedroht wie der Tropische Regenwald. Die Hauptbedrohungsfaktoren sind der Holzeinschlag und der Bergbau.
Die Begehrlichkeit der Industriestaaten auf das Holz der Nördlichen Nadelwälder wird von Jahr zu Jahr größer, weil ihr Holz- und vor allem Papierbedarf steigt. In Deutschland beträgt der jährliche Papierverbrauch pro Einwohner über 200 kg.

Raubbau durch Kahlschlag
Russland und Kanada besitzen den größten Anteil am Nördlichen Nadelwald. Zahlreiche Unternehmen verdienen am Export von Holz und Holzprodukten sehr viel Geld. Der jährliche Holzeinschlag erfolgt in unvorstellbaren Dimensionen. Kanada ist mit 1/3 der Weltproduktion der größte Hersteller von Zeitungspapier. In Russland schreitet der Raubbau an riesigen Flächen durch in- und ausländische Holzkonzerne – darunter finnische, japanische, südkoreanische und amerikanische – unaufhaltsam voran, denn nirgendwo ist Holz so billig wie in Sibirien.
Beim **Kahlschlag** wird die Boden- und Jungholzvegetation weitgehend zerstört und damit das Nachwachsen des Waldes empfindlich erschwert. Aufgeforstet werden dort die Kahlschlagflächen fast nirgendwo.

Lernen im Netz
Quiz Nadelwaldnutzung
104311-0502

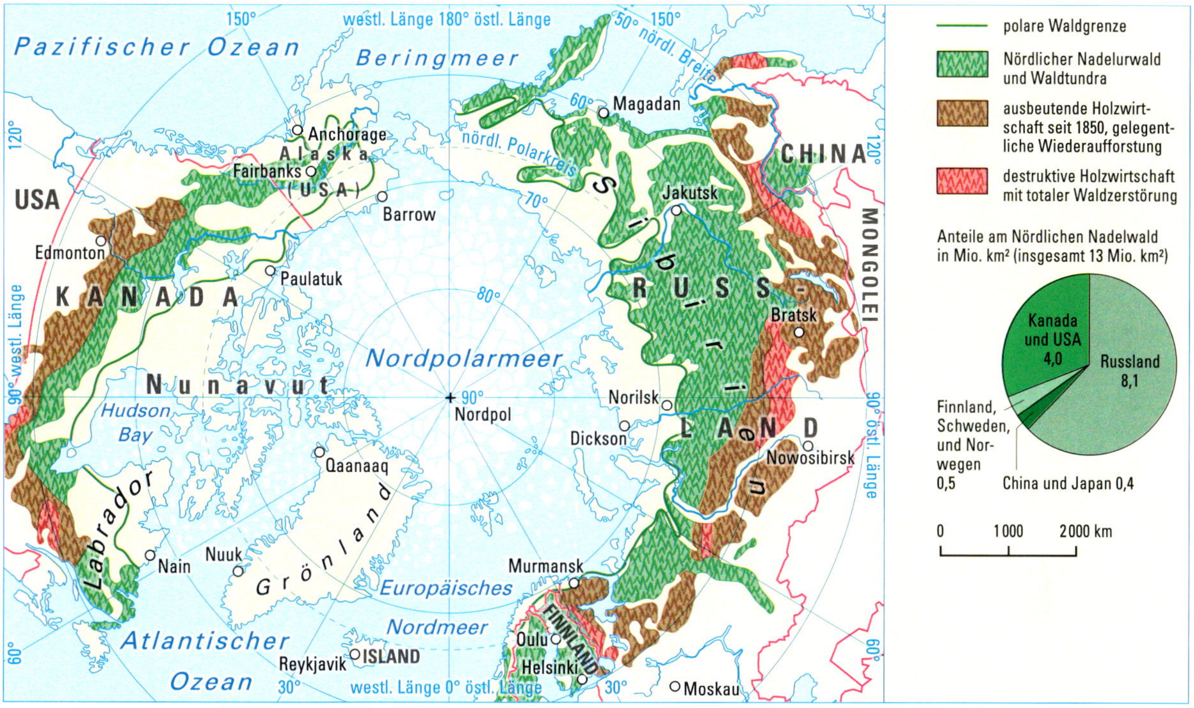

3 Verbreitung der Nördlichen Nadelwälder und ihre Nutzung

Nachhaltige Nutzung

Der Gedanke, „erntereife" Bäume einzeln zu roden und diese durch Jungbäume zu ersetzen, ist schon über 300 Jahre alt. Er geht auf den preußischen Forstmeister Carlowitz zurück. Er erhob als erster die Forderung nach **nachhaltiger Nutzung**.

Diese sanfte und naturnahe Art des Holzeinschlages schont die übrige Vegetation. Nachhaltige Nutzung wird seit der Umweltkonferenz 1992 in Rio de Janeiro nicht nur für Wälder, sondern für alle Naturgüter, z.B. für Bodenschätze, Böden, Wasser und Tiere, gefordert.

Umdenken fällt schwer

Kanada und auch die USA sind im letzten Jahrzehnt wegen ihrer Kahlschlagpolitik stärker werdener Kritik ausgesetzt. Der Druck der Umweltschützer und ihrer Organisationen wird immer größer. Noch fällt es den Regierungen schwer, sich vom Kahlschlagverfahren zu trennen, doch die Suche nach neuen Wegen hat eingesetzt. Neuerdings gibt es auch Druck von den Abnehmern, die teilweise „Nachhaltigkeitszertifikate" einfordern. Gemeint ist hiermit der Nachweis, dass die Holzerzeugnisse aus nachhaltiger Forstwirtschaft stammen.

Nachhaltige Nutzung
Naturgüter so nutzen, dass Bestand und Funktion nicht gefährdet sind und sie für künftige Generationen erhalten bleiben

1 Nenne die Bäume, die das Bild des Nördlichen Nadelwaldes bestimmen.

2 Karte 3: Beschreibe die Verbreitung des Nördlichen Nadelwaldes.

3 Die Nördlichen Nadelwälder sind bedroht. Erkläre.

4 Erläutere Nachteile des Kahlschlages.

Zur Vertiefung

5 Stelle die Vorteile einer nachhaltigen Nutzung des Waldes für die Forstwirtschaft sowie für die Umwelt dar.

6 Erkläre, warum die Nördlichen Nadelwälder wie die Tropischen Regenwälder zu den „grünen Lungen" der Erde zählen.

5 TERRA ORIENTIERUNG

Asien ...
... ist der größte Kontinent,
... ist der bevölkerungsreichste Kontinent, mehr als die Hälfte der Menschheit lebt dort,
... umfasst mit China und Indien Staaten mit jeweils über einer Milliarde Einwohner,
... beherbergt Russland als flächengrößten Staat der Erde.

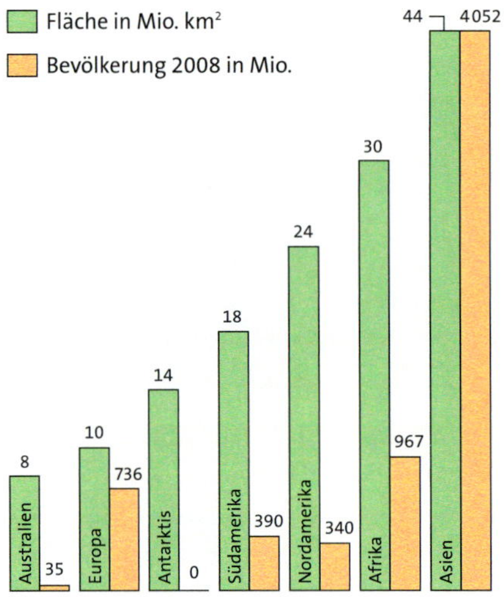

1 Flächengröße und Einwohnerzahl der Kontinente

Asien

Asiens Landschaften sind sehr vielgestaltig. Riesige Gebirge im Inneren des Kontinents umschließen Becken und Hochländer. Durch die Abtragung der Hochgebirge werden an den Rändern weite Ebenen aufgeschüttet, die von großen Flüssen durchzogen werden.

Auf dem „Dach der Welt"
Im zentralen Teil Asiens befindet sich das Hochland von Tibet. Es reicht bis in Höhen von 7 000 m und wird von gewaltigen Gebirgszügen begrenzt. Mit einer durchschnittlichen Höhe von etwa 4 900 m ist Tibet die höchstgelegene Region der Erde. Hier wachsen Gräser und niedrige Sträucher. Nur in den Tälern gibt es vereinzelt Bäume.

2

1 Gestalt und Lage:
a) Übertrage die Kartenskizze in dein Heft.
b) Verlängere die Meridiane nach Süden und zeichne Afrika und Australien in einfacher Form lagerichtig ein.

2 Raumstruktur:
a) Übertrage die Merkkarte in doppelter Größe in dein Heft. Zeichne den nördlichen Polarkreis und den nördlichen Wendekreis ein.
b) Füge eine Tabelle mit den Großlandschaften 1 bis 8 hinzu.

Lernen im Netz
Togografie-Übung Asien
104311-0503

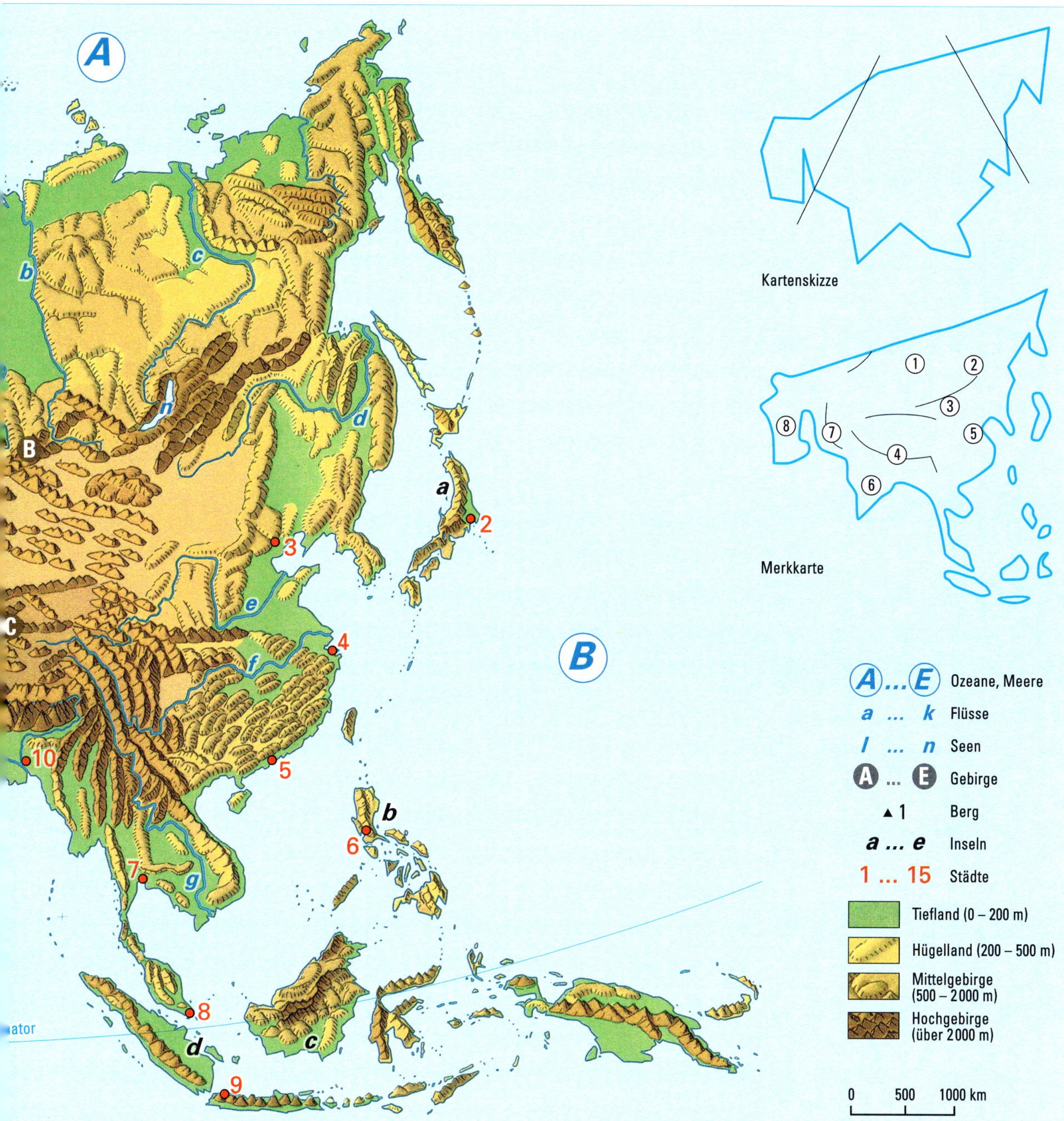

3 Topografie:
Arbeite mit Karte 2 und dem Atlas. Benenne die geographischen Objekte.

4 Recherchiere Weltrekorde in Asien:
a) bevölkerungsreichstes Land, größter See, tiefster See, höchster Berg.
b) Finde weitere.

5 Auf der Nordhalbkugel hält Oimjakon mit –72 °C den Kälterekord. Bis –60 °C arbeiten die Menschen im Freien. Ab –40 °C gibt es nach jeder Arbeitsstunde 20 min Aufwärmpause. Schüler bekommen ab –50 °C kältefrei. Suche Oimjakon in einer Atlaskarte und erstelle eine Lageskizze.

1 Roald Amundsen (1872–1928)

Wettlauf zum Südpol
Nachdem der Amerikaner Peary 1909 als erster den Nordpol erreicht hatte, begann im Oktober 1911 zwischen dem Norweger Amundsen und dem Briten Scott der Wettlauf zum Südpol. Sie wählten unterschiedliche Routen und unterschiedliche Ausrüstung. Amundsen vertraute auf an die Kälte gewöhnten Schlittenhunde, deren Fleisch im Notfall auch als Nahrung dienen konnte. Scott setzte stattdessen auf Ponys und Motorschlitten. Doch die Motoren waren den extremen Bedingungen nicht gewachsen. Auch die Ponys kamen nicht weiter voran. Schon bald musste diese Expedition ihre Schlitten selbst ziehen. Die Männer um Scott verloren so wertvolle Zeit und Energie. Als sie entkräftet am Südpol ankamen, mussten sie feststellen, dass Amundsen mit seiner Gruppe bereits fünf Wochen früher am 14./15. Dezember 1911 angelangt war. Auf ihrem Rückweg wurden die Männer immer schwächer. Völlig entkräftet und ausgehungert starben sie nur noch einen Tagesmarsch vom rettenden Camp entfernt. Erst Wochen später fand man ihre Leichen. In Scotts Tagebuch war eingetragen: „All die Qual – wofür?“

2

Forscher in der Antarktis

Immer neue Technik macht es möglich. Die „Eroberung“ der Antarktis schreitet sprunghaft voran. Wissenschaftler nutzen die **Eiswüste** (Teilzone der Kalten Zone), um bedeutende Erkenntnisse zu erlangen.
Mit der Entdeckung von Bodenschätzen nahm das wirtschaftliche Interesse für die Antarktis weiter zu. In jüngster Zeit wollen auch immer mehr Touristen das Abenteuer Antarktis erleben.
Was Wissenschaftler heute erforschen:
- Biologen erforschen die Anpassung der Pflanzen und Tiere an die Kälte. Von besonderem Interesse ist das Ernährungs- und Fortpflanzungsverhalten der Tiere.
- Geologen untersuchen den Gesteinsuntergrund unter dem Eis, forschen nach Bodenschätzen und suchen nach Hinweisen auf Bewegungen der Kontinente.
- Gletscherforscher untersuchen das Eis. Es gibt ihnen Hinweise auf frühere klimatische Verhältnisse. Sie messen auch die Bewegung des Eises.
- Meeresforscher untersuchen die Temperaturen, den Salzgehalt und die Strömungen im Meerwasser.
- Meteorologen beobachten das Wetter und die Luftströmungen sowie Veränderungen in der Ozonschicht.
- Ingenieure prüfen Baumaterialien und Maschinen auf ihre Haltbarkeit unter extremen Klimabedingungen.

Neueste Untersuchungsergebnisse weisen zum Beispiel auf einen möglichen Klimawandel hin. Schnelleres Schmelzen der Gletscher und die Entdeckung von Quallen unter dem Eis, die eher wärmeres Wasser lieben, sind mögliche Anzeichen dafür.

3 Forscher entnehmen eine Eisprobe

Material
Entdecker in der Antarktis
104311-0504

Surftipp
Forschungsstationen
104311-0505

Material
Unterwegs mit der „Polarstern“
104311-0506

Die Antarktis schützen:
Der Antarktisvertrag von 1991/1997
Im „Protokoll zum umfassenden Schutz der antarktischen Umwelt und seiner ... Ökosysteme“ von 1991 wurden folgende wichtige Vereinbarungen getroffen:
- Verzicht auf Gebietsansprüche
- Verzicht auf jeglichen Rohstoffabbau
- Verzicht auf militärische Nutzung
- friedliche Nutzung für die Forschung
- Austausch der Forschungsergebnisse

Mit dem Beitritt Japans 1997 trat der Vertrag endgültig in Kraft. Er gilt bis 2047. Umweltschutzorganisationen fordern jedoch, den gesamten Naturraum als „Weltpark“ auf Dauer unter Schutz zu stellen. Dies würde auch dem immer stärker werdenden Tourismus Grenzen setzen.

4

Entwicklung des Antarktistourismus

Jahr	Zahl der Passagiere (mit Landausflügen)
1992	6700
1995	9200
1998	9900
2001	11400
2004	19500
2007	46000

5

6 **Station Neumayer III**

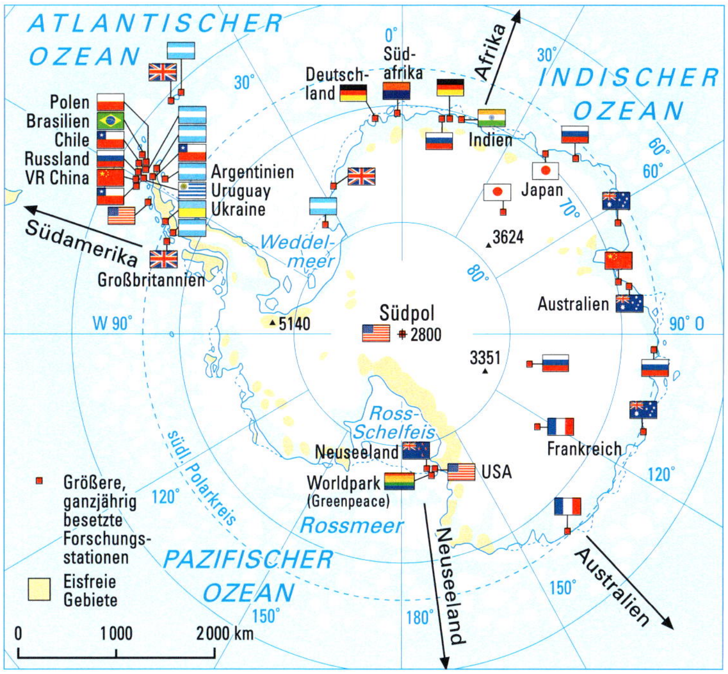

7

1 Arbeite mit Karte 7.
a) Notiere Staaten, die mit Stationen an der Erforschung der Antarktis beteiligt sind.
b) Beschreibe die Lage der beiden deutschen Stationen.

2 Stelle dar, was die Wissenschaftler in der Antarktis erforschen.

3 Notiere wichtige Vereinbarungen des Antarktisvertrages.

Zur Vertiefung

4 Erläutere, warum Amundsen für den Marsch über das Eis besser ausgerüstet war.

5 Beschreibe das Aussehen der Neumayer-Station III. Warum steht die Station auf Stelzen?

6 Bewerte die Entwicklung des Tourismus in der Antarktis.

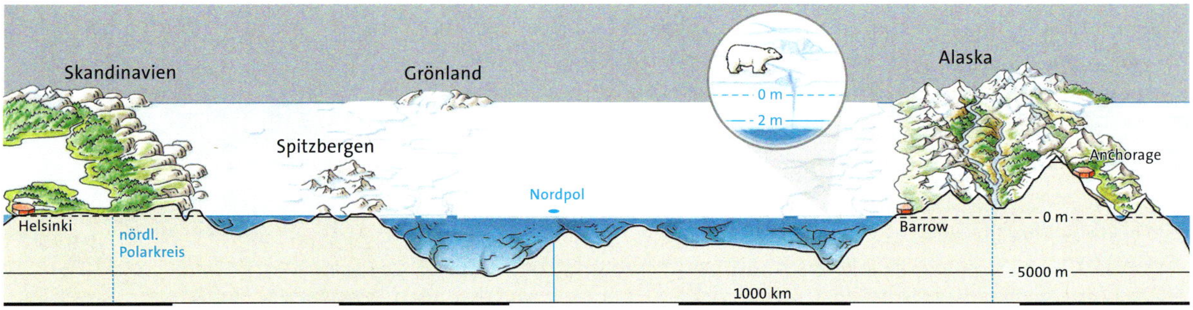

1 West-Ost-Profil durch die Arktis

2 Arktis

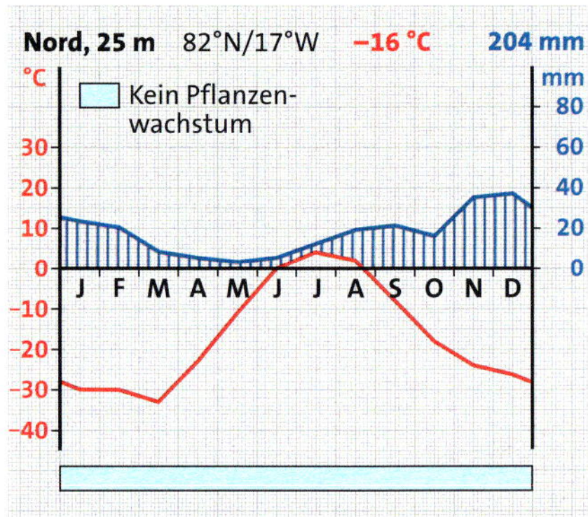

3 Klimadiagramm Station Nord

Wem gehört die Arktis?
Im Mai 2008 haben sich die fünf Anrainerstaaten des Nordpolarmeeres vertraglich geeinigt, dass für Gebietsansprüche die UN-Seerechtskonvention von 1982 gilt. Darüber hinausreichende Ansprüche sollen unter Leitung der UNO friedlich gelöst werden.

4

Arktis und Antarktis – ein Vergleich

An den Polen der Erde erstrecken sich die Eiswüsten der **Polargebiete**. Sie werden vom nördlichen Polarkreis in 66,5° nördlicher Breite und vom südlichen Polarkreis in 66,5° südlicher Breite begrenzt.
Die **Arktis**, also das Polargebiet der Nordhalbkugel, wird von einem zugefrorenen Meer, dem Nordpolarmeer und Teilen angrenzender Kontinente gebildet. Mitten in diesem mit dickem Eis bedeckten Ozean befindet sich der Nordpol.

Die **Antarktis**, das Südpolargebiet, besteht aus einem eisbedeckten Kontinent, der etwa doppelt so groß ist wie Australien. Er heißt Antarktika und ist zu allen Seiten von eisbedecktem Meer umgeben. Auf Antarktika liegt der Südpol. Nur 2 % des Kontinents sind eisfrei.
Die Eismassen sind mit bis zu 4 km Dicke so mächtig, dass sie die Oberfläche des Kontinents zur Mitte hin ähnlich wie bei einem Suppenteller eindrücken.

Lernen im Netz
Orientierung in der Arktis
104311-0507

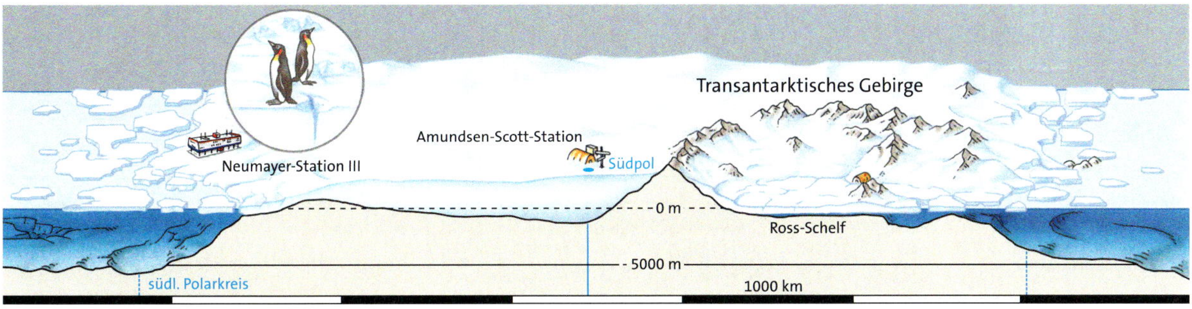

5 **West-Ost-Profil durch die Antarktis**

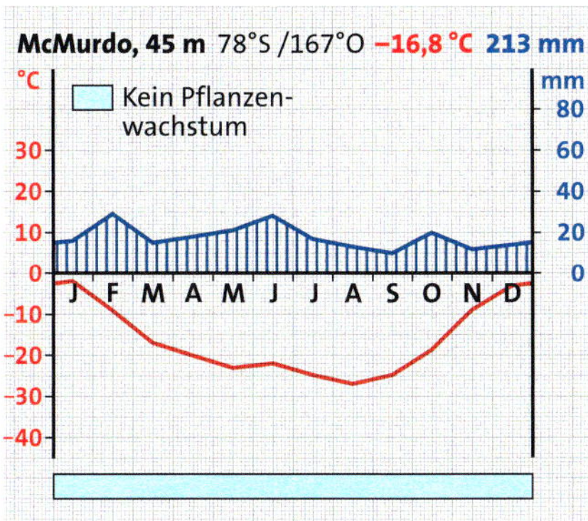

6 **Klimadiagramm McMurdo**

Eis ist nicht gleich Eis

Die polaren Meere sind weitgehend von driftendem Eis aus gefrorenem Meerwasser, dem **Meereis**, bedeckt.

Das **Treibeis** ist ein Gürtel aus einzelnen schwimmenden Eisschollen. Wenn diese durch Luft- und Meereisströmungen zusammengepresst und zu Eiswällen aufgetürmt werden, entsteht das **Packeis**. Im arktischen Ozean bedeckt es je nach Jahreszeit zwischen 10 und 13 Mio. km².

Eisberge bestehen aus Süßwasser. Sie brechen beim „Kalben“ von Gletschern ins Meer ab und können in der Antarktis mehr als 10 000 km² groß sein. Diese Riesen haben eine Lebensdauer von bis zu 30 Jahren.

Schelfeis existiert hauptsächlich in der Antarktis und wird an seiner Oberseite aus dem Niederschlag, an der Unterseite vom Meerwasser genährt. Wegen der niedrigen Temperaturen (Jahresdurchschnitt unter 0 °C) und der geringen Verdunstung kann das **Inlandeis** der Arktis und Antarktis auch im Sommer nicht abschmelzen.

7

8 **Antarktis**

1 Übertrage die Tabelle in dein Heft. Vergleiche Arktis und Antarktis hinsichtlich: Lage im Gradnetz, Oberflächenbeschaffenheit, Höhe des Pols, Jahresmitteltemperatur und -niederschlag, kältester und wärmster Monat, Vereisung, Eisformen, Vegetation, Tierwelt, Besiedlung, Nutzung.

Vergleichsaspekte	Arktis	Antarktis
...	...	...

2 Atlas: Nenne die Staaten, die Anteil an der Arktis haben und die Anspruch auf Gebiete des Nordpolarmeeres erheben.

TERRA **METHODE**

**Immer wieder müssen wir aus Texten Informationen entnehmen.
Doch Texte richtig auszuwerten, erfordert viele Fertigkeiten: lesen, unterstreichen, klären, erkennen, Ergebnisse darstellen.
Wer diese beherrscht, kann aus Informationen fundiertes Wissen werden lassen.**

1 Umweltschützer kennzeichnen ein Piratenschiff

Piraten im Südpolarmeer

Anders als im Nordatlantik blieb der äußerste Süden rund um die Antarktis lange von Überfischung verschont. Robben, Wale, und Pinguine lockten allerdings schon im 19. Jahrhundert Jäger an. Inzwischen ist das Gebiet südlich des 60. Breitengrades unter Schutz gestellt. Doch im Meer um die Antarktis versammeln sich seit Jahren all jene Fabrikschiffe, die woanders nicht mehr fangen dürfen. Eigentlich bräuchten die Fischer eine Lizenz, um hier fischen zu dürfen. Aber diese Piraten kümmert das überhaupt nicht, sie fühlen sich gänzlich unbeobachtet. Es gibt hier keine Küstenwache und keine Fischereiaufsicht. Unter den Piraten sind auch japanische Walfänger, die vorgeblich für wissenschaftliche Zwecke Wale erlegen. Diese landen dann in Spezialitätenrestaurants. Im kalten Südpolarmeer

2

Überfischung: Ein Gewässer, meist ein Meeresteil, ist überfischt, wenn in einem bestimmten Zeitraum mehr Fische gefangen werden als durch natürliche Vermehrung heranwachsen.
(Quelle: Schulbuch, Internet-Lexikon)

Fabrikschiffe verarbeiten den Fang an Bord sofort. Es sind meist Hecktrawler. Das Netz wird vom Heck aus ins Wasser gelassen und wieder aufgenommen. Technische Daten: 70 m lang, 10 m breit, 1 000 BRT, 2 000 PS, rund 50 Mann Besatzung.
(Quelle: Schulbuch, Internet-Lexikon)

Lizenz lat. [behördl.] Erlaubnis, Genehmigung, besonders zur Nutzung eines Patents oder zur Herausgabe einer Zeitung, Zeitschrift oder eines Buches.
(Quelle: Wörterbuch)

Einen Text auswerten

Text 2 ist nicht sehr umfangreich und doch enthält er eine Menge Informationen, für dich Bekanntes und Unbekanntes, Nebensächliches und Wichtiges. Bei der Auswertung des Textes ist es wichtig, unbekannte Wörter und Begriffe zu klären und Ergebnisse einprägsam darzustellen.

Einen Text auswerten

1. Schritt: Text genau lesen
Beachte die Überschrift und lies den Text aufmerksam durch.

2. Schritt: Textstellen markieren
Markiere beim zweiten Lesen
a) dir unbekannte Wörter und
b) wichtige Begriffe (Schlüsselwörter).

3. Schritt: Unbekanntes klären
Kläre die unbekannten Begriffe. Nutze dabei Hilfsmittel wie Atlas, Lexikon, TERRA Lexikon, Internet und Fremdwörterbuch.

leben nur wenige Fischarten, diese aber in um so größeren Mengen. Die Fische wachsen und vermehren sich nur langsam, daher kann Überfischung dauerhafte Folgen haben. Innerhalb weniger Jahre waren Marmorbarsch und Eisfisch fast ausgerottet. Ebenso gefährdet ist der Schwarze Seehecht, der neuerdings stark befischt wird. Seehechte werden ebenso wie Thunfische mit Langleinen gefangen, über 100 km lange Kunststoffseile mit bis zu 30 000 Haken. An Bord werden die Haken im Sekundentakt maschinell mit Ködern bestückt. Über eine Rolle geht die Leine dann ins Wasser. Doch nicht nur Fische gehen an die Köder. Albatrosse und andere Seevögel stürzen sich auf die Fischstücke, verhaken sich und ertrinken. Man rechnet pro 2 500 Haken einen toten Albatros. Jährlich werden im Südpolarmeer 200 Millionen Haken bestückt.

$$\frac{200\,000\,000 \text{ Haken}}{2\,500} = \ldots \text{tote Albatrosse/Jahr}$$

(Rechenaufgabe)

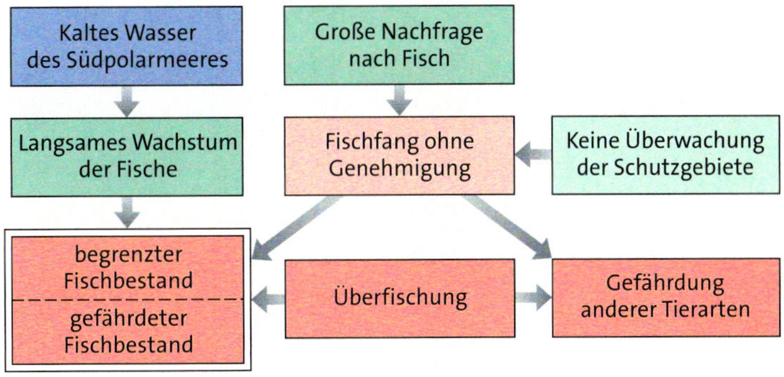

3

Die Weltmeere, besonders der südlichen Halbkugel, sind die Heimat des **Albatros** (Diomedéa éxulans), der eine Länge von mehr als 1 m und eine Spannweite von mehr als 4 m erreicht. Er schwebt in herrlichem Segelflug über die Wogen dahin und betritt festen Boden nur, um zu brüten.

(Quelle: Bio-Lexikon, Internet-Lexikon)

4. Schritt: Das Thema festlegen

Trifft die Textüberschrift das Thema des Textes? Oder muss ein anderes Thema formuliert werden?

5. Schritt: Stichwörter notieren

Notiere auf Kärtchen der Fragestellung entsprechend die wichtigen Begriffe (Schlüsselwörter) und Aussagen (Schlüsselaussagen).

6. Schritt: Ergebnis darstellen

Stelle das Ergebnis in Form einer Tabelle oder einer Mindmap dar. Manchmal bietet sich die Darstellung als Wirkungsschema an.

1 Arbeite mit Text 2.

a) Im Text sind vier Wörter bzw. Begriffe und zwei Textstellen markiert. Mit welchen Hilfsmitteln wurden sie geklärt?

b) Kläre auf ähnliche Weise die drei Wörter Pirat, Seehecht und Köder.

c) Zeilen 34–40: Errechne die Anzahl der getöteten Albatrosse pro Jahr.

2 Im Wirkungsschema 3 fehlt das Thema. Wie könnte es heißen?

5

TERRA TRAINING

Wichtige Begriffe
Antarktis
Arktis
Dauerfrostboden
Eisberg
Eiswüste
Indigene Bevölkerung
Inlandeis
Kahlschlag
Kalte Zone
Lagerstätte
Meereis
Nachhaltige Nutzung
Nördlicher Nadelwald
Nutzungskonflikt
Polargebiet
Pipeline
Raumerschließung
Tundra
Verkehrserschließung

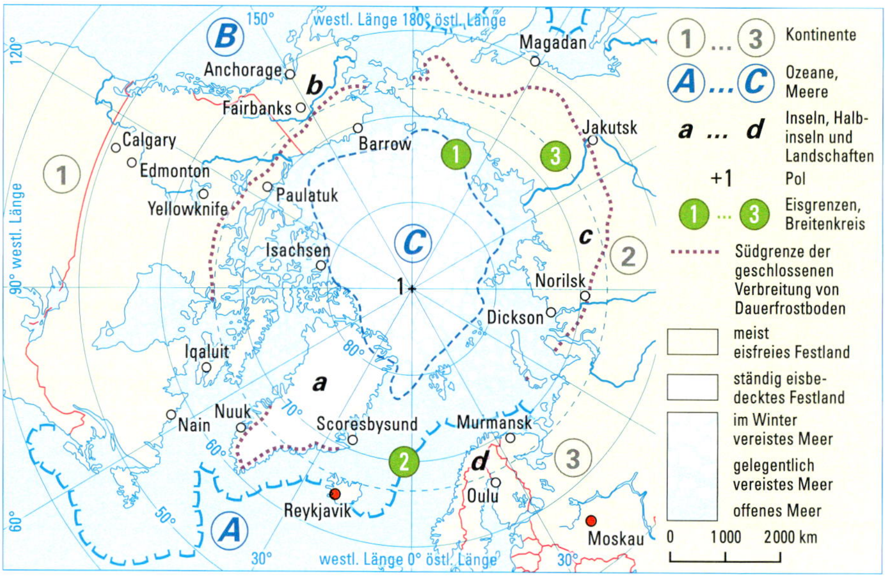

1

Orientieren

1 Orientierungswissen Arktis

Arbeite mit Karte 1 und dem Atlas.

a) Benenne die Objekte 1 bis 3 usw.

b) Nenne die größte Insel und drei Inselgruppen in der Arktis.

2 Orientierungswissen Antarktis

Arbeite mit Karte 3 und dem Atlas.

a) Benenne die Objekte 1 bis 3 usw.

b) Bestimme die Länge der Fuchs-Hillary-Route (erste Antarktisdurchquerung).

3 Die Kalte Zone im Blick

Arbeite mit der Klimakarte S. 164/165.

a) Nenne die drei Vegetationszonen der Kalten Zone.

b) Welche beiden Vegetationszonen kommen auf der Südhalbkugel kaum vor und weshalb?

Kennen und Verstehen

4 Begriffe gesucht

a) anderes Wort für Südpolargebiet,

b) 66,5 °S,

c) Inuit und Indianer,

d) großflächiger Holzeinschlag,

e) mächtige Eisdecken auf Landmasse.

5 Bilderrätsel

Erkläre den gesuchten Begriff ausführlich.

6 Rätselringe

In den Ringen 2 sind acht Zweiwortbegriffe versteckt. Schreibe sie auf.

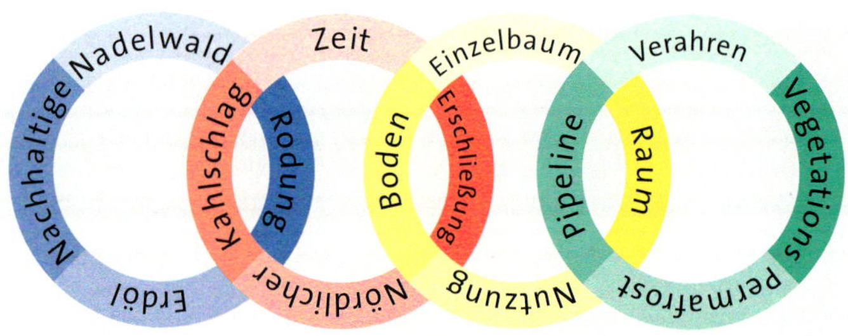

2

Lernen im Netz
Quiz Kalte Zone
104311-0508

Material
Bogen zur Selbsteinschätzung
104311-0509

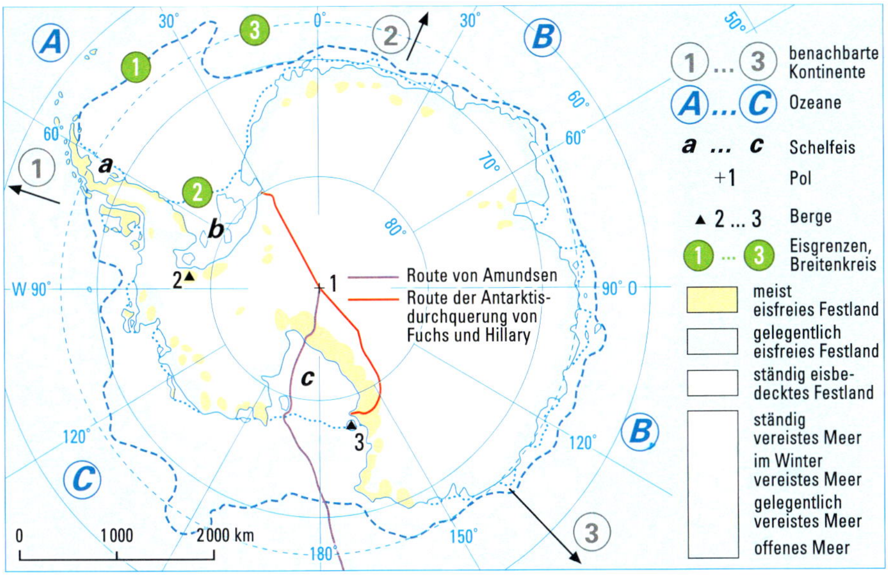

3

Teste dich selbst
mit den Aufgaben 4, 5 und 7.

7 Richtig oder falsch?
Verbessere die falschen Aussagen und schreibe danach alle Aussagen auf.
a) Die Arktis ist ein Kontinent.
b) Der Nördliche Nadelwald wird in Russland Taiga genannt.
c) Das natürliche Pflanzenkleid nennt man Vegetation.
d) Südpol und Antarktis sind dasselbe.

Anwenden

8 Temperaturen in der Kalten Zone
Diagramm 4 zeigt den Temperaturverlauf für drei Orte in der Kalten Zone.
a) Ordne die Kurven den Zonen Eiswüste, Nördlicher Nadelwald und Tundra richtig zu.
b) Gehört das Diagramm zur Süd- oder Nordhalbkugel? Begründe.

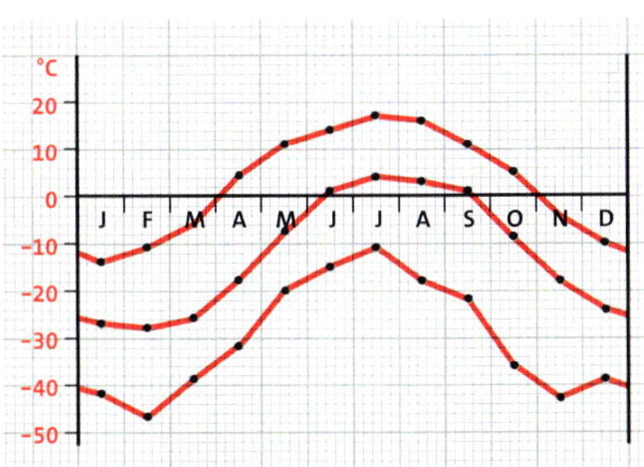

4 Temperaturdiagramm

9 Ein Temperaturdiagramm zeichnen und auswerten
a) Zeichne zu Tabelle 5 ein Temperaturdiagramm.
b) Bestimme die Vegetationszeit und stelle sie grün dar (siehe Seite 31).

Beurteilen

10 Wachstumsbedingungen beurteilen
Wenn man auf einer Kahlschlagfläche in Sibirien aufforsten würde, könnte man nach 100 Jahren wieder Holz einschlagen.
a) Erkläre, warum dies so lange dauert.
b) 100 Jahre sind ein Durchschnittswert. Beurteile, in welchen Teilen des Nördlichen Nadelwaldes es wahrscheinlich länger bzw. kürzer dauern wird.

Monatsmitteltemperaturen von Murmansk (in °C)

Januar	−11
Februar	−11
März	−8
April	−1
Mai	4
Juni	10
Juli	13
August	11
September	7
Oktober	1
November	−4
Dezember	−8
Jahr	**0**

5

6 Unruhige Erde

Gewaltige Kräfte stecken in der Erde. Diese entfalten sich bei Vulkanausbrüchen und Erdbeben in Sekundenschnelle. Wie zum Beispiel am 18. Mai 1980, als vulkanische Kräfte den Gipfel des Mount St. Helens wegsprengten und den Berg um 400 m niedriger machten.
Andere **endogene Kräfte**, das sind Kräfte des Erdinneren, wirken so langsam, dass sie für uns kaum wahrnehmbar sind.

Der Lernweg durch das Kapitel:

Erdbeben und Vulkanausbrüche zeugen davon, welche gewaltigen Kräfte die Erdkruste in sich birgt.

↓

Der Aufbau der Erdkugel – von ihrem Mittelpunkt bis zur Oberfläche – vermittelt dir erste Einblicke in die Dynamik des Erdinneren.

↓

Zur Bewegung der Erdkruste gehören auch die großräumig und langsam ablaufenden Prozesse der Gebirgsentstehung und Grabenbrüche.

↓

Dass die Erdkruste ständig in Bewegung ist, lässt sich an Island sehr anschaulich aufzeigen.

↓

Der Rheingraben ist ein Musterbeispiel für einen Grabenbruch. Dort nutzt der Mensch die Erdwärme.

↓

Das Vulkanland Eifel eignet sich für ein „Lernen vor Ort“.

Erdwärmekraftwerk in Island

Lavastrom des Ätna 1989

Erdbeben in Kobe 1995

San-Andreas-Verwerfung in Kalifornien

Eruption
Sammelbezeichnung für vulkanische Ausbruchstätigkeiten, z. B. Aschen- und Gesteinsauswurf, Gasaustritt

Magma
glühende, zähflüssige Gesteinsschmelze im Erdinneren

Lava
bei Vulkanausbrüchen an der Erdoberfläche ausfließendes Magma

Asche
feinkörniges bis staubförmiges Lockermaterial

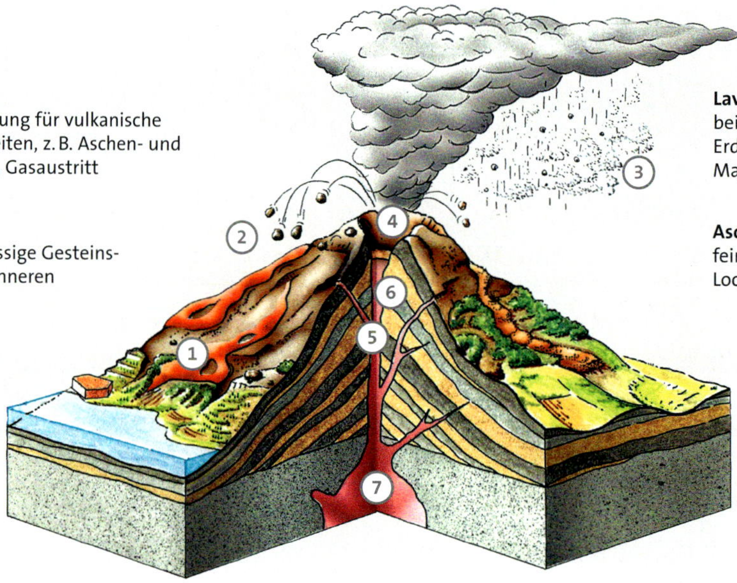

1 **Schema eines Schichtvulkans**

Ein Vulkan bricht aus

Vulkan leitet sich von der süditalienischen Insel Vulcano ab. Die Römer hielten die häufig von Vulkanausbrüchen heimgesuchte Insel für die Schmiede von Vulcanus, dem Gott des Feuers und der Waffenschmiede.

?!

Kaum zu glauben
Weltweit gibt es 5 000 Vulkane, von denen etwa 800 aktiv sind.

Der Ausbruch des Ätna auf Sizilien
Ende Oktober 2002: Wie so oft ist der Ätna wieder einmal aktiv. Diesmal ist der Ausbruch heftig. Über dem Vulkanberg stehen Dampf- und Aschewolken, nachts ist der Himmel hell beleuchtet, ein Lavastrom wälzt sich auf das Dorf Pedara zu. „Wir haben hier alle große Angst vor einer Katastrophe", sagt Beata Baldini. „Nur noch drei Kilometer ist die Feuerwalze entfernt."
Commissario Ferlito von der Behörde für Landschaftsschutz und Katastropheneinsatz will dies verhindern: Bautrupps werfen Dämme auf und durch Gesteinssprenungen soll der Lavastrom umgelenkt werden. Kurz bevor die Lava die Orte Pedara und Nicolisi erreicht, endet der Ausbruch des Ätna – so abrupt, wie er begonnen hatte.

2

Feuerwerk aus der Tiefe
Ein Vulkanausbruch ist in jedem Falle ein beeindruckendes Naturereignis. Doch je nach Magmabeschaffenheit können die Ausbruchserscheinungen sehr unterschiedlich sein: mal herrschen Gasexplosionen vor, mal Magmaausflüsse. Ja, es gibt sogar „stille Vulkanausbrüche".
An vielen Stellen der Erdoberfläche ist Gesteinsschmelze aus dem Erdinneren, **Magma** genannt, in die Erdkruste eingedrungen und hat sich in so genannten Magmakammern von Vulkanen gesammelt. Das Magma ist dort noch über 1 000 °C heiß. Infolge der großen Hitze kann sich ein hoher Gasdruck aufbauen. Ist der Druck zu hoch, kommt es zum Ausbruch, zu einer **Eruption**: Gaswolken schießen in den Himmel, vermischt mit Asche und Gesteinsbrocken, meist ergießt sich **Lava** aus dem Vulkanschlot. Mit der Folge, dass Menschen ersticken, glühende Gesteinsbrocken Gebäude entzünden, Asche und Lava die Landschaft bedecken.

Lernen im Netz
Vulkane
104311-0601

Gefährlich und attraktiv zugleich

Eigentlich müssten Menschen Vulkanberge meiden, es sei denn, es handelt sich um erloschene Vulkane. Doch vielfach suchen sie ihre Nähe. Ein markantes Beispiel hierfür ist der Ätna.
Obwohl der Vulkan schon tausende Menschenleben forderte, zog und zieht er immer wieder Menschen an, vor allem zwei Gruppen: Landwirte und Touristen. Die einen kommen wegen der nährstoffreichen Böden, die sich auf Lava und Asche bilden, die anderen wegen des Blickes in den brodelnden und rauchenden Krater.
Händler, Gastronomen, Touristenführer, Skilehrer, Seilbahnangestellte und andere verdanken ihr Einkommen dem gefährlichen Berg. Der Ätna ist im Jahr durchschnittlich drei Monate aktiv.

Vulkan ist nicht gleich Vulkan

Lagert sich dickflüssige Lava im Wechsel mit Asche am Vulkanhang ab, so entsteht ein Schichtvulkan. Er ist in der Regel kegelförmig. Neben dem steilen, trichterförmigen Hauptkrater gibt es oft noch Nebenkrater.
Ist die Eruption ruhig, also nicht explosionsartig, und verteilt sich sehr dünnflüssige Lava rasch fließend weiträumig, entstehen rundbuckelige Schildvulkane. Bei Gasexplosionen ohne Magmaausflüsse entstehen ringförmig umschlossene Krater, Maare genannt.

3 Landnutzung am Ätna

1 Foto Seite 99, Text und Karte 3: Welchen Bedrohungen sind die Menschen am Ätna ausgesetzt?

2 Atlasarbeit:
a) Beschreibe die Lage des Ätna.
b) Nenne drei weitere italienische Vulkane.

3 Ordne jeder Ziffer in Blockbild 1 den richtigen Begriff zu. Nutze auch den Text.

4 Vulkanausbruch und seine Folgen:
a) Erkläre deinem Nachbarn, wie es zu einem Vulkanausbruch kommt.
b) „Die meisten Todesopfer fordern die Wolken, nicht die Laven." Erkläre.

Zur Vertiefung

5 Trotz Gefahr siedeln Menschen am Ätna bzw. kommen zum Ätna. Erläutere, weshalb.

6 Vergleiche Schicht- und Schildvulkan.
a) Aspekte: Art des Ausbruchs, Lava-Eigenschaft, Bergform.
b) Ergänze durch weitere Aspekte (Internetrecherche).

1 Gölcük bei Izmit, 17.08.1999

4 Suche nach Verschütteten

Wenn die Erde bebt

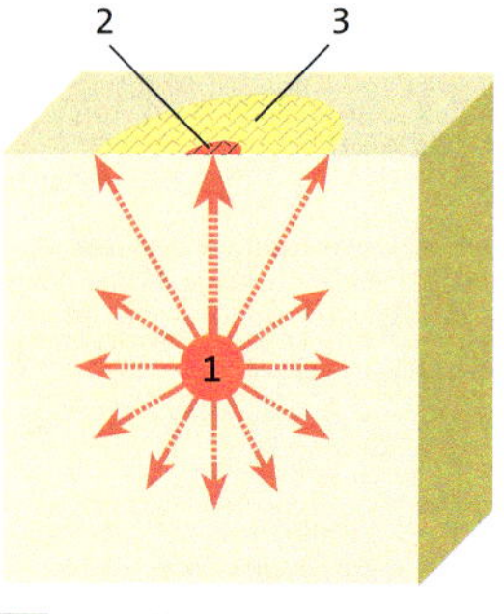

2 **1** Erdbebenherd (Hypozentrum)
2 Bebenzentrum (Epizentrum)
3 Schüttergebiet (Zone, in der das Beben wahrnehmbar ist)

Das Davor und Danach ist die Hölle! Weniger als eine Minute, bevor die schlimmen Erschütterungen beginnen, spürst du ein Zittern und hörst ein dumpfes Stöhnen, das aus den Tiefen der Erde wie ein unterirdisches Ächzen emporsteigt. Es lässt dich vor Schreck erstarren. Was ist das?

Jetzt beginnen Möbel und Bilder an der Wand zu wackeln und zu schaukeln, die Gläser im Schrank klirren, Türen beben, schrille Menschenschreie. „Schnell raus hier", schießt es dir durch den Kopf. Dann die Augen schließen und beten, nicht erschlagen oder lebendig unter den Trümmern begraben zu werden. Während die Menschenschreie anhalten, wird die Erde plötzlich wieder ruhig.

In den Tagen danach gibt es immer wieder Nachbeben, keine schlimmen. Doch auch sie lösen bei den Menschen, die nun unter freiem Himmel schlafen müssen, Panik aus ob der Angst, dass sich das schwere Beben wiederholt.

(Nach Berichten von Erdbebenzeugen)

3

Das **Erdbeben** am 17. August 1999 nachts um 3 Uhr erschütterte den westlichen Teil der Türkei. Es dauerte lange 47 Sekunden. Wissenschaftler errechneten anhand der Aufzeichnungen der **Seismographen** eine Stärke von 7,4 auf der **Richterskala**. Das Erdbebenzentrum lag bei Izmit. Es richtete dort und in den Städten und Dörfern der Umgebung große Gebäudeschäden an. Über Nacht wurden 60 000 Menschen obdachlos. Etwa 50 000 Verletzte und 16 000 Tote waren zu beklagen.

Viele Gebäude stürzten auch deshalb wie „Kartenhäuser" ein, weil sie trotz der bekannten Erdbebengefahr nicht stabil gebaut worden waren. Bereits am frühen Morgen versuchten die Überlebenden, mit bloßen Händen oder einfachen Geräten Trümmer beiseite zu räumen, um zu Verschütteten vorzustoßen. Bis schwere Maschinen zur Verfügung standen, sollte es noch Tage dauern. Die internationale Erdbebenhilfe lief an.

Surftipp
Angaben zu Erdbeben in deiner Nähe
104311-0602

Stärken auf der Richterskala

1–3 Nur mit Messgeräten nachweisbar

4 Vom Menschen wahrnehmbar. Geschirr klirrt, Bilder an der Wand wackeln

5 Deutlich wahrnehmbar. Gebäude vibrieren

6 Gebäudeschäden: Risse, herabstürzende Teile

7 Größere Gebäudeschäden, Gebäude stürzen ein

8 Verstärkter Gebäudeeinsturz. Schäden an Straßen, Leitungen und Gleisen. Es bilden sich Erdrisse

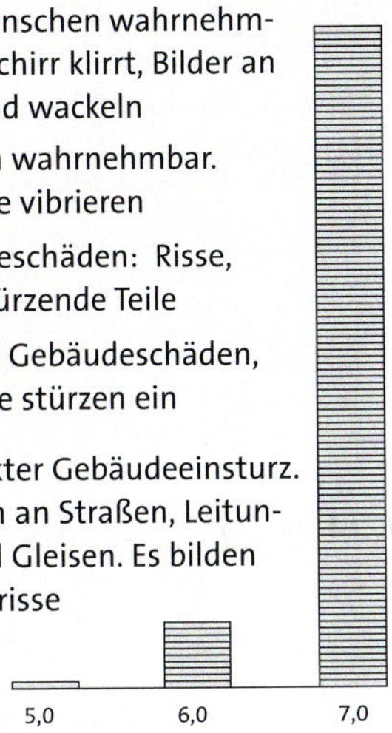

5

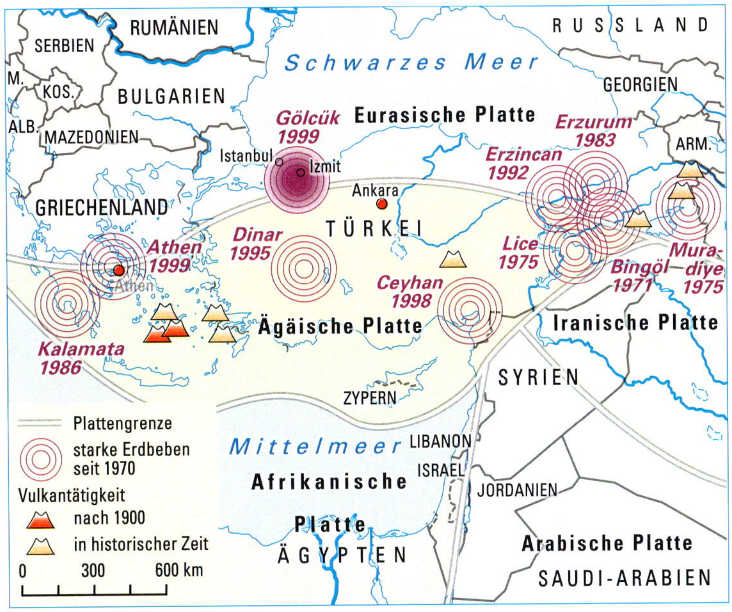

7 **Erdbebengebiet um Gölcük**

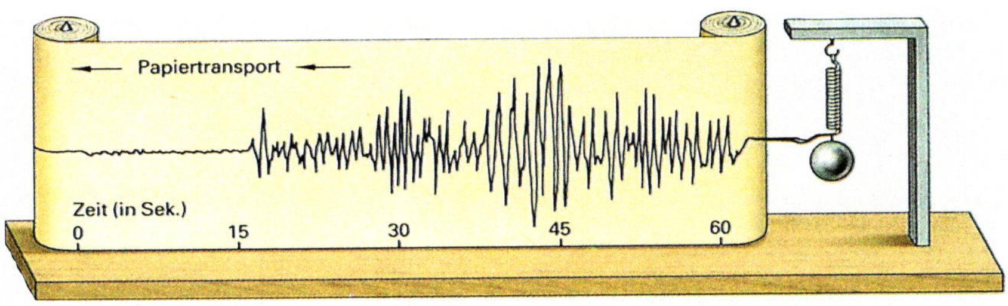

Wenn der Boden schwankt, bewegt sich die schwere Kugel kaum, da sie federnd aufgehängt ist. Auf dem Papierstreifen werden die Schwankungen aufgezeichnet, da sich die übrigen Teile des Gerätes mit dem Boden bewegen.

6 **So funktioniert ein einfacher Seismograph (Messgerät, das Erdbeben aufzeichnet)**

Weltweit treten jährlich rund 50 000 Beben der Stärken 3 oder 4, etwa 800 Beben der Stärken 5 oder 6 und durchschnittlich ein Erdbeben der Stärke 8 auf.

Bisher stärkste Erdbeben

1960	Chile	9,5
1964	Alaska / USA	9,2
2004	Indonesien	9,1

Wie entstehen Erdbeben?

Es ist heute gesicherte Erkenntnis, dass die Erdkruste keine geschlossene Gesteinshülle ist, sondern sich aus vielen Teilen, großen und kleinen Krustenteilen, zusammensetzt und diese in ständiger Bewegung sind. Dort, wo zwei Krustenteile aneinander vorbeigleiten, „verhaken" sich diese und die Bewegungsenergie „staut" sich. Dabei wird Spannung aufgebaut. Löst sich diese schlagartig, kommt es zu ruckartiger Krustenbewegung. Die Folge ist ein Erdbeben.

1 Ablauf des Erdbebens in Gölcük:

a) Erstelle eine Tabelle zu Text 3:

vor ...	während ...	nach ...
...	...	...

b) Notiere Auswirkungen des Bebens.

2 Karte 7 und Text:

a) Beschreibe, wie das Beben von Gölcük entstanden ist.

b) Fertige eine einfache Lageskizze an.

Zur Vertiefung

3 Partnerarbeit zu Material 5 und 6:

a) Erkläre deinem Partner die Wirkungsweise eines Seismographen.

b) „Ab Stärke 6 besteht Lebensgefahr." Nehmt Stellung.

c) Um wie viel stärker ist ein Beben der Stärke 7 als eines der Stärke 6 (Stärke 5)?

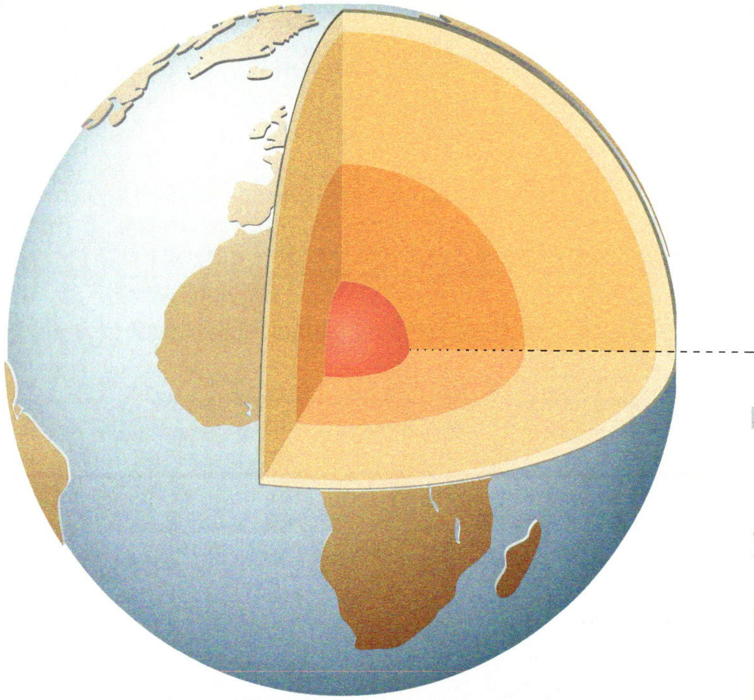

1

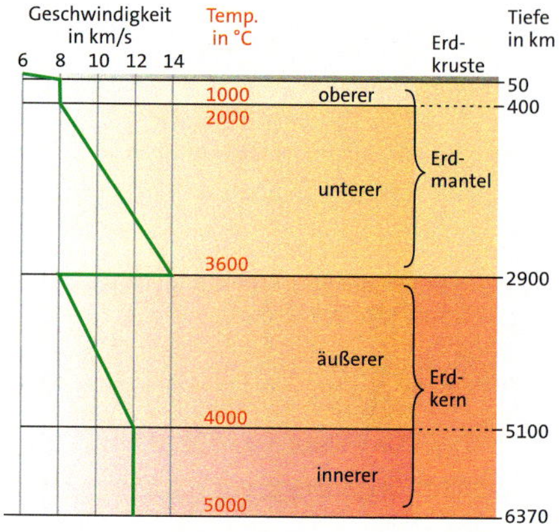

3 **Erdbebenwellen zeichnen ein „Röntgenbild“ der Erde**

Schalenbau der Erde

Blick ins Innere der Erde

Die „Reise zum Mittelpunkt der Erde“ ist zwar ein alter Menschheitstraum, doch in Wirklichkeit ist die Wissenschaft diesem Traum bis heute wenig näher gekommen. Nur 12 262 m hinab reichte der bisher tiefste Bohrversuch, der auf der Halbinsel Kola in Russland gelang.

Um sich ein Bild vom Innern der Erde zu machen, bedient man sich heute der Seismologie. Das ist die Wissenschaft von der Erschütterung der Erde bei Erdbeben und deren Messung sowie der Ausbreitung von Erdbebenwellen im Erdkörper. Seismologen werteten die Aufzeichnungen natürlicher und darüber hinaus zahlreicher künstlich erzeugter Erdbeben aus. Die Auswertung der Seismogramme erlaubt Rückschlüsse auf die Wege und auf die Geschwindigkeit von Erdbebenwellen. Ändern Erdbebenwellen plötzlich Geschwindigkeit und Richtung, so weist dies auf einen Wechsel bei den Gesteinsschichten hin. Generell gilt: Je dichter ein Gestein, desto schneller wird es von Erdbebenwellen durchlaufen. Seismologen konnten sich auf diese Weise Kenntnisse vom Aufbau der Erde erarbeiten.

4

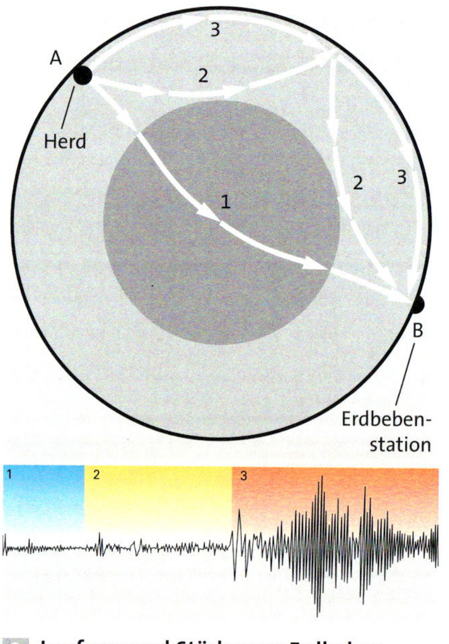

2 **Laufweg und Stärke von Erdbebenwellen**

Lernen im Netz
Animation Aufbau der Erde
104311-0603

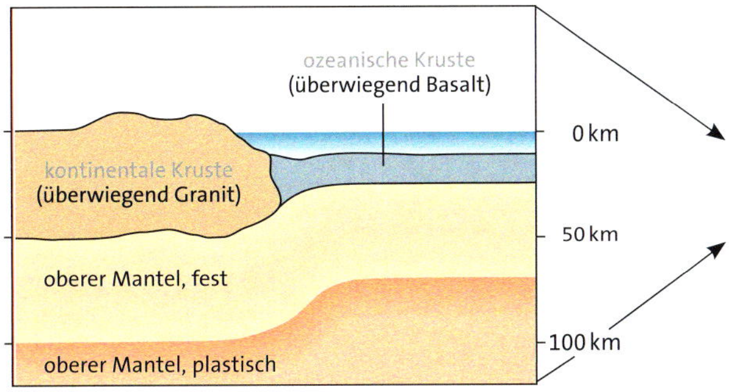

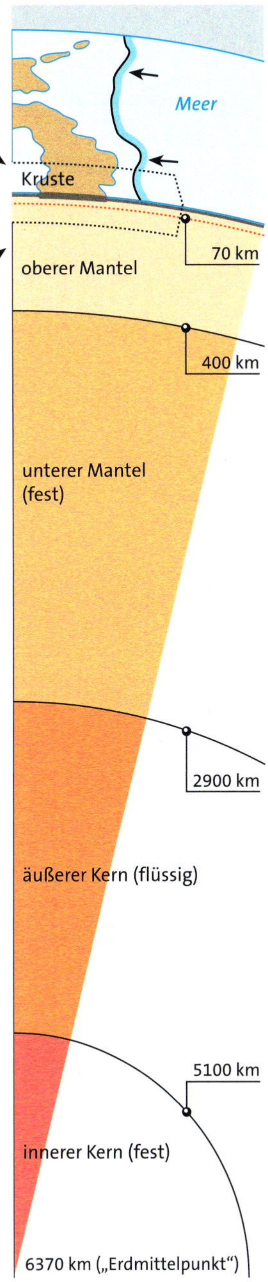

5 **Schalenbau der Erde**

Die Erde besteht aus Schichten

Die äußere sehr dünne Schicht aus festem Gestein wird als **Erdkruste** bezeichnet. Diese hat einen zweigeteilten Aufbau: Der obere Teil, die kontinentale Kruste, ist leichter. Sie besteht hauptsächlich aus leichterem Granitgestein. Der untere Teil, die ozeanische Kruste, ist schwerer. Sie besteht hauptsächlich aus schweren Basalten.

Unter der Erdkruste liegt der **Erdmantel**. Der obere Teil des Erdmantels besteht aus relativ festem Gestein. Er bildet zusammen mit der Erdkruste die **Gesteinshülle** der Erde, auch als Lithosphäre bezeichnet. Sie ist 40–70 km mächtig.

Die darunterliegende Schicht des Erdmantels, die Fließzone oder Asthenosphäre, weist Temperaturen von über 1000 °C auf, so dass dort die Gesteine zu schmelzen beginnen. Diese glutrote, zähflüssige Gesteinsschmelze wird Magma genannt. Die Fließzone ist nur wenige 100 km mächtig und steht unter großem Druck. Vom Erdmantel in Richtung Erdmittelpunkt nimmt die Temperatur von etwa 1000 °C auf 3000 °C zu.

In einer Tiefe von etwa 3000 km schließt sich der **Erdkern** an. Er ist durch eine feste, der Erdkruste ähnlichen Gesteinsschicht vom Erdmantel getrennt. Der äußere Erdkern ist eine Gesteinsschmelze, die über 3000 °C heiß ist. Man nimmt an, dass der innere Erdkern hingegen fest ist. Hier hat die Erde ihre größte Dichte, da die schweren Elemente Eisen und Nickel zur Entstehungszeit der Erde hierher abgesunken sind. Die Temperatur wird auf über 5000 °C geschätzt. Der hohe Druck verhindert ein Schmelzen der Gesteine des inneren Erdkerns.

1 Schalenbau der Erde:
a) Fertige eine Skizze zum Schalenbau der Erde wie in Grafik 5 an, einschließlich der Begriffe und Kilometerangaben.
b) Trage die Temperaturangaben des Textes an richtiger Stelle ein.

2 Formuliere einen Merksatz zum Begriff Gesteinshülle (Lithosphäre) der Erde.

Zur Vertiefung

3 Text 4 und Zeichnung 3: Erkläre, wie man den Schalenbau der Erde erforscht hat.

4 „Die Stärke einer Erdbebenwelle gibt Hinweis auf ihren Laufweg.“ Belege die Aussage anhand von Diagramm 2.

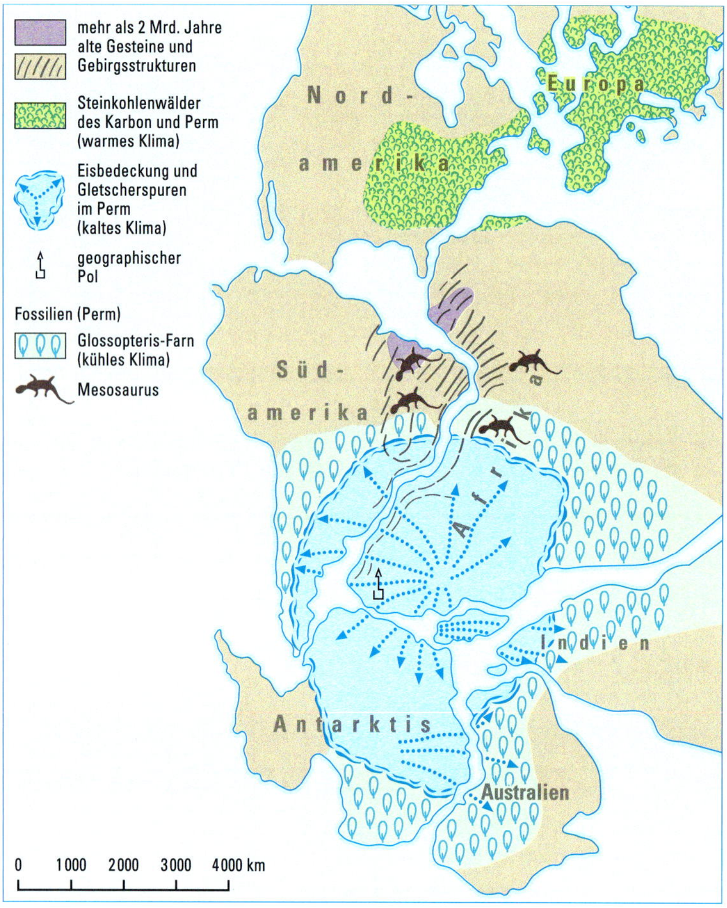

1 **Wegeners Untersuchungsergebnisse**

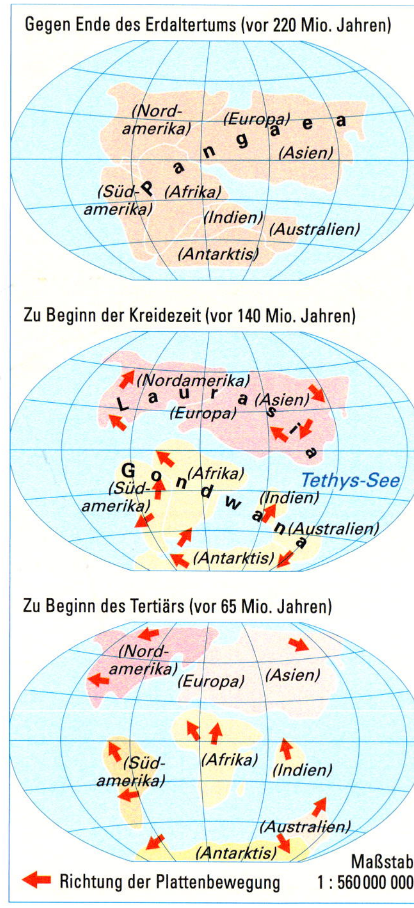

2 **Das Bild der Erde im Wandel**

Alfred Wegener
- geboren 1880 in Berlin
- studierte Physik, Astronomie und Meteorologie
- arbeitete als Privatdozent und Professor
- nahm von 1906–1930 an vier Grönlandexpeditionen teil
- starb 1930 in Grönland

Die Erde – ein Riesenpuzzle

Schon Ende 1910 machte sich Alfred Wegener, ein deutscher Geowissenschaftler, erste Gedanken über Verschiebungen von Kontinenten. Im Januar 1911 schrieb er an Else Köppen, seine spätere Frau: „Mein Zimmernachbar Dr. Take hat zu Weihnachten den großen Handatlas von Andree bekommen. Wir haben stundenlang die prachtvollen Karten bewundert. Dabei ist mir ein Gedanke gekommen. Sehen Sie sich mal die Weltkarte an: Passt nicht die Ostküste Südamerikas genau an die Westküste Afrikas, als ob sie früher zusammengehangen hätten? Noch besser stimmt es, wenn man die Tiefenkarte des Atlantischen Ozeans ansieht und nicht die jetzigen Kontinentränder, sondern die Ränder des Absturzes in die Tiefen vergleicht. Dem Gedanken muss ich nachgehen."

1912 trat Wegener dann mit der These über die Kontinentverschiebung an die Öffentlichkeit. Er behauptete, es habe ursprünglich nur einen Kontinent gegeben: Pangäa. Dieser Urkontinent sei in zwei, später in weitere Teile zerbrochen. Die Kontinente würden wie „Eisschollen im Meer" auf dem zähflüssigen Gestein des Erdinneren „schwimmen". Allerdings konnte Wegener die Ursache der Bewegungen nicht erklären. Seine Theorie wurde nicht ernst genommen und geriet in Vergessenheit.

Surftipp
Alfred-Wegener-Institut Bremerhaven
104311-0604

Lernen im Netz
Animation Plattentektonik
104311-0605

3 Die Gliederung der Erdkruste

Theorie der Plattentektonik

Erst Ende der 1960-er Jahre entwickelten Wissenschaftler die Theorie der **Plattentektonik**. Sie besagt, dass die Gesteinshülle (Lithospäre) der Erde aus sieben großen und 18 kleineren Teilstücken, **Platten** genannt, wie ein Riesenpuzzle zusammengesetzt ist. Die Platten tragen sowohl die Kontinente als auch die Meeresböden. Sie „treiben" auf der heißen, zähflüssigen Schicht des oberen Erdmantels, der so genannten Fließzone. Platten bewegen sich mit Geschwindigkeiten von 3 cm (Afrikanische und Eurasische Platte) bis 10 cm (Pazifische Platte) im Jahr.

Tektonik
Lehre vom Bau der Erdkruste und von den Bewegungen und Kräften, die den Bau der Erdkruste erzeugt haben

1 Karte 1 und Text:
a) Welche Beobachtungen brachten Alfred Wegener zu seiner Theorie der Kontinentverschiebung?
b) Welche Frage konnte Wegener nicht beantworten?

2 Beschreibe die Theorie der Plattentektonik: Wie ist eine Platte aufgebaut? Wie kommt es zur Plattenbewegung? Was weiß man über Bewegungsgeschwindigkeiten?

3 Karte 3: Notiere die sieben Großplatten der Erde.

Zur Vertiefung

4 Partnerarbeit zu den Karten 2:
Erstellt einen „Kontinent-Stammbaum":

```
               Pangäa             (vor 220 Mio. Jahren)
            /          \
         ...            ...       (vor 140 Mio. Jahren)
        / | \         / | | \
     ... ... ...   ... ... ... ...  (vor 65 Mio. Jahren)
```

5 Wenn sich Afrika und Südamerika pro Jahr 3 cm voneinander entfernen, wie viele Kilometer sind dies in einer Million Jahren?

1

2 Riss durch Island

Platten in Bewegung: Erdkruste entsteht

Bei der Erforschung des Meeresbodens und durch neue Vermessungsmethoden mit Satelliten machten die Wissenschaftler sensationelle Entdeckungen: Am Meeresboden der großen Ozeane erstrecken sich gewaltige Gebirge, 3000 bis 4000 m hoch und fast 2000 km breit. Der größte Teil liegt durchschnittlich 2000 bis 3000 m unter Wasser. Nur an wenigen Stellen ragen diese untermeerischen Gebirge, die **Ozeanischen Rücken**, über die Wasseroberfläche hinaus, z.B. Island oder die Azoren im Bereich des Mittelatlantischen Rückens. Tiefseeforscher entdeckten, dass in der Mitte der Rücken ständig Magma nach oben steigt und unter Wasser ständig Vulkane ausbrechen. Messungen ergaben, dass sich der Atlantische Ozean im Jahr um etwa 2–6 cm ausdehnt.
Wie sind solche gewaltigen Gebirge am Meeresboden entstanden? Und warum vergrößert sich der Atlantische Ozean?

Neue Kruste entsteht
Die Ozeanischen Rücken markieren die Grenze zwischen zwei Platten, die sich voneinander weg bewegen. Hier bricht die Erdkruste auf. In Spalten steigt Magma nach oben, das beim Austritt und Kontakt mit dem Wasser sofort erstarrt. Dadurch entsteht neue ozeanische Kruste. Da ständig neues Magma aufsteigt, reißt die neue Kruste wieder auf und erkaltet sofort. Dieser Vorgang wiederholt sich ständig. Er wird als **Meeresbodenausbreitung** oder Seafloor-Spreading bezeichnet. In der Mitte der Rücken, der eigentlichen Plattengrenze, bildet sich ein Rift (Grabenbruch).
Island ist ein kleiner Teil des Mittelatlantischen Rückens, der aus dem Ozean herausragt. Mitten durch die 500 km breite Insel verläuft die Grenze zwischen Nordamerikanischer und Eurasischer Platte. Sie bewegen sich auseinander. Island wächst dadurch pro Jahr um etwa zwei Zentimeter.

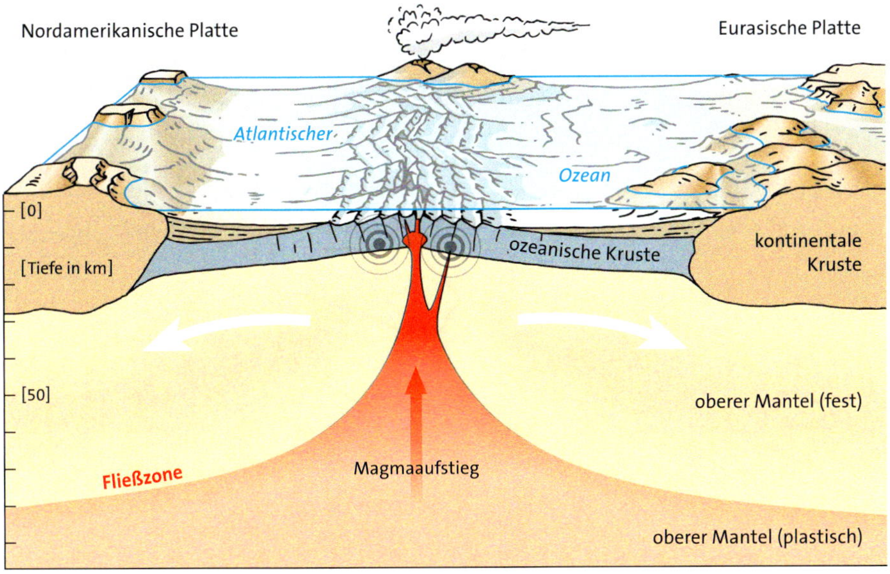

3 Vorgänge am Mittelatlantischen Rücken

Motor der Plattenbewegung
Die großen Temperaturunterschiede zwischen Erdkern und Erdmantel verursachen den Aufstieg von Magma. Im Bereich Ozeanischer Rücken dringt Magma in die Ozeanische Kruste ein und bildet neuen Ozeanboden. Ein Teil des aufsteigenden Materials fließt im Bereich des oberen Mantels (Fließzone) seitlich ab. Dabei werden die darüber liegenden Platten „mitgeschleppt".

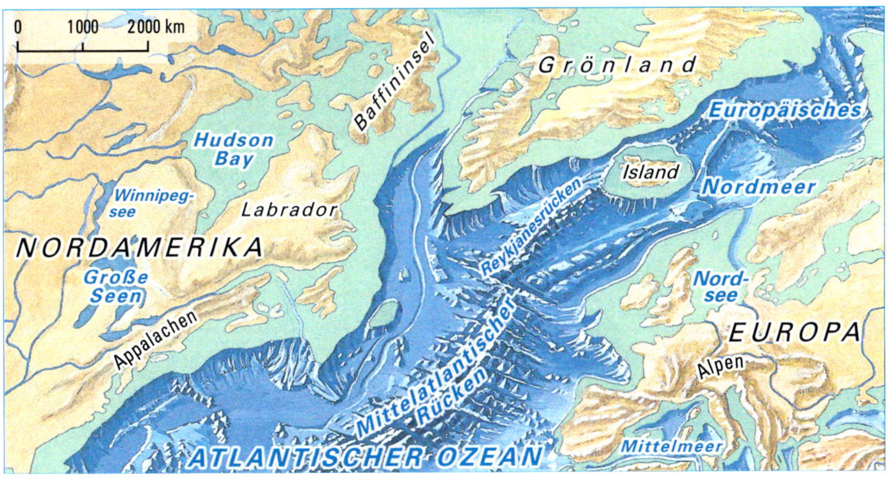

4 Mittelatlantischer Rücken

1 Karte 4:
a) Verfolge den Verlauf des Mittelatlantischen Rückens.
b) Bestimme die Länge und die durchschnittliche Breite des Rückens.

2 Grafik 3:
a) Beschreibe die Vorgänge am Mittelatlantischen Rücken.
b) Erstelle eine beschriftete Skizze und einen Erklärungstext.

3 „Island liegt in der Gipfelzone." Was ist damit gemeint?

Zur Vertiefung

4 Karte 3, Seite 107 und Atlas: Nenne vier weitere Ozeanische Rücken.

5 „Wenn stetig neue Ozeanische Kruste entsteht, wird dann die Erdoberfläche stetig größer?" Bei der Antwort hilft dir Grafik 4, Seite 111.

1

2 **Vulkan Ontake**

Platten in Bewegung: Erdkruste verschwindet

Seebeben in Asien
Am Morgen des 26. Dezember 2004 verursachte ein Seebeben der Stärke 9,1 vor der Küste Sumatras rundum gewaltige Tsunamis. Die Platten verschoben sich ruckartig um bis zu 30 Meter.
Über 200 000 Menschen wurden durch die verheerenden Flutwellen getötet. Unter den Opfern waren auch Touristen aus Deutschland. Millionen Menschen wurden obdachlos.

Tsunami
(japanisch = große Welle im Hafen)

Während Platten an der einen Stelle auseinanderdriften, stoßen sie an anderer Stelle zusammen. Beim Zusammenstoß taucht die schwerere ozeanische Kruste unter die leichtere kontinentale Kruste ab. Man nennt den Bereich, in dem dies stattfindet, **Abtauchzone** (Subduktionszone). Der dabei entstehende Graben heißt **Tiefseegraben**. Gelangt die ozeanische Kruste in die Fließzone, so wird sie aufgeschmolzen. Das dabei entstehende Magma übt einen großen Druck auf die darüber liegenden Gesteinsschichten aus. Es kommt zu Brüchen, Magma dringt in die entstehenden Krustenspalten ein. Teils erstarrt es dann in der Kruste, teils tritt es an der Erdoberfläche als Lava aus. Die in der Abtauchzone entstehenden **Hochgebirge** sind deshalb sehr vulkan-, aber auch erdbebenreich.
Liegt ein Erdbebenherd unter dem Meeresboden, spricht man von **Seebeben**. Für die Entstehung gilt dasselbe wie für Erdbeben: Platten verhaken sich. Beim plötzlichen Lösen der Spannung kommt es zu Erschütterungen. Diese können große Flutwellen, **Tsunamis** genannt, auslösen. Sie können Geschwindigkeiten von über 1 000 km/h und Höhen bis zu 35 m erreichen. 90 % aller Erd- und Seebeben entstehen im Bereich der Abtauchzonen.

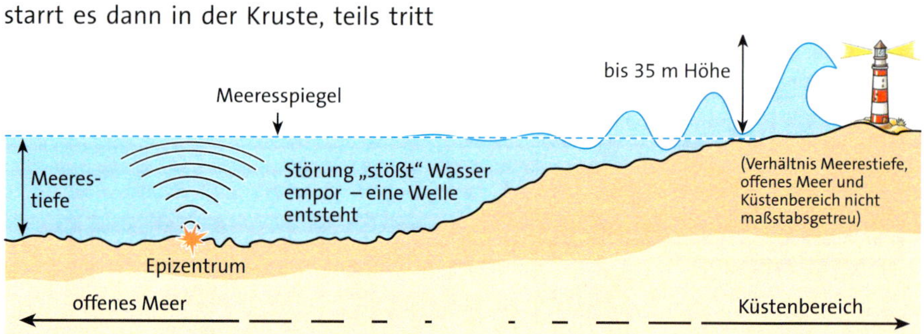

3 **Entstehung von Tsunamis durch Erdbeben**

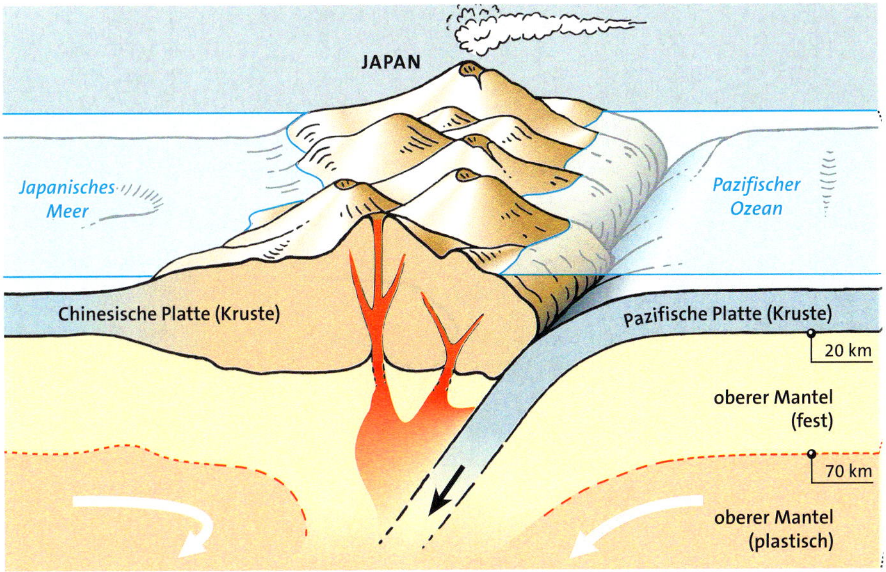

4 **Schnitt durch die Erdkruste und oberen Erdmantel bei Japan**

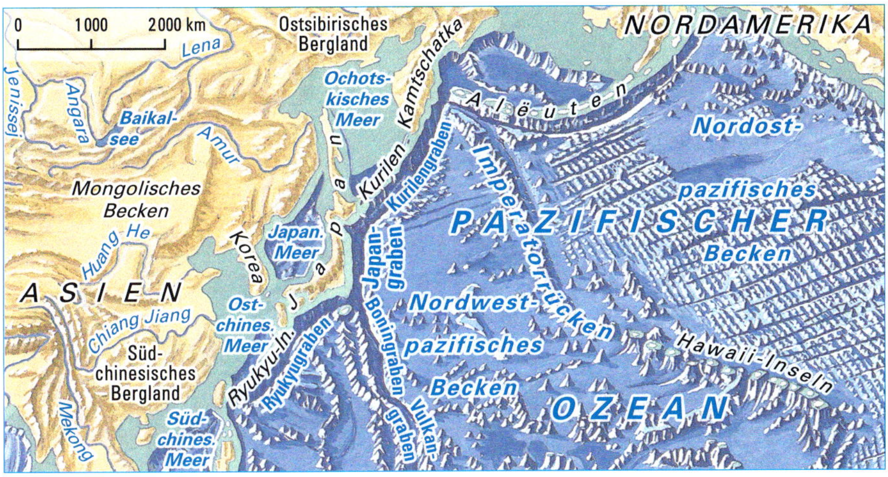

5 **Japangraben und benachbarte Gräben**

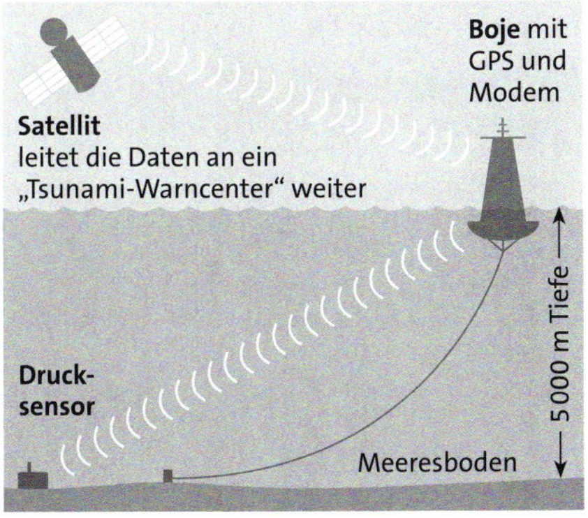

6 **Tsunami-Warnsystem**

1 Karte 5: Verfolge den Verlauf der Abtauchzone bei Japan.

2 Beschreibe die Vorgänge in Abtauchzonen (Subduktion). Erstelle eine beschriftete Skizze.

3 Erkläre, warum Japan so viele Vulkane hat.

Zur Vertiefung

4 Vergleiche die Entstehung der Vulkane in Japan mit jenen in Island.

5 Erkläre die Entstehung eines Tsunami.

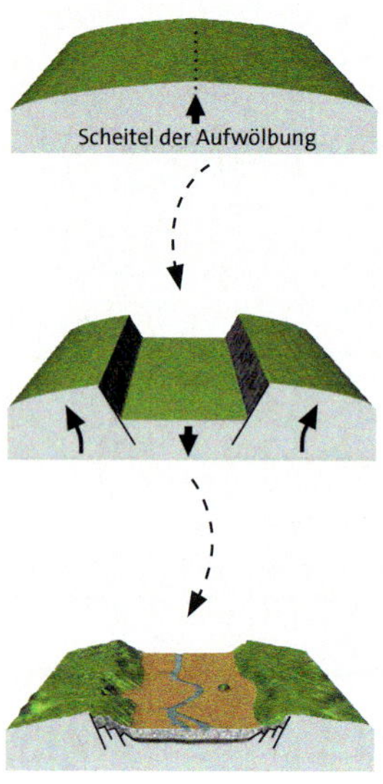

Die Entstehung des Rheingrabens hängt mit der Bildung der Alpen zusammen. Die Last des Hochgebirges ist so groß, dass unter ihm der Erdmantel eingedrückt wird. Diesem Druck weicht der plastische Erdmantel aus und wölbt die nördlich der Alpen gelegene Erdkruste auf. Im Scheitel dieser Aufwölbung reißt die starre Erdkruste auf.

Entlang tief nach unten reichender Verwerfungen sank der 35 km breite Graben ab. Innerhalb des Rheingrabens ist die Erdkruste in viele Schollen zerbrochen. In der Mitte des Rheingrabens sind diese über 3 km in die Tiefe abgesunken. Die westliche und östliche Grabenschulter aber wurde herausgehoben.

1 **Entstehung des Rheingrabens**

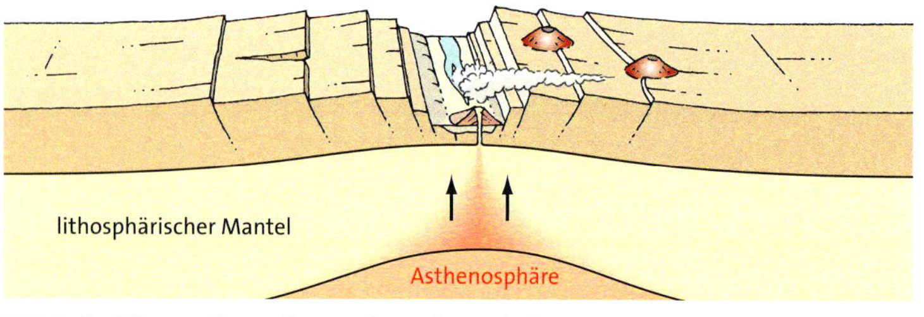

2 **Aufwölbung des Erdmantels und Bruch der Erdkruste**

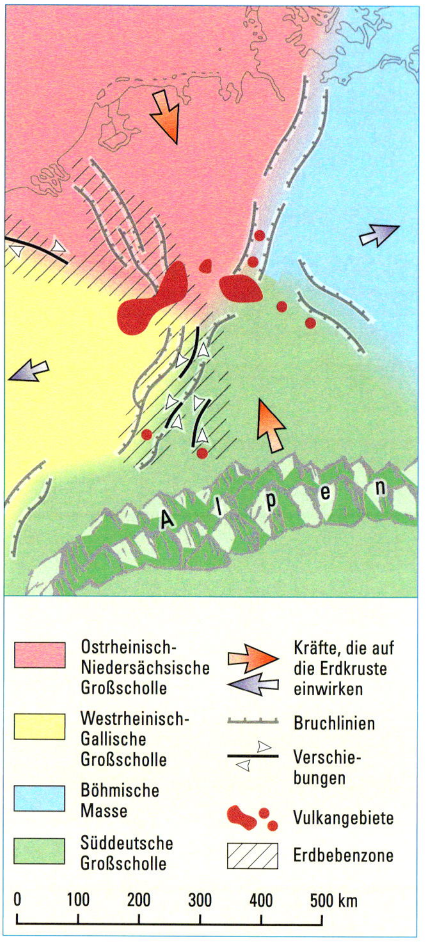

3 **Kräfte in der Erdkruste Europas**

Kraft aus der Tiefe

Schon ein Blick auf die Karte von Deutschland genügt, um das Oberrheinische Tiefland als eine besondere Landschaft zu erkennen. Die Karte verrät aber nicht, dass die Entstehung dieses Tieflandes einem tektonischen Graben zu verdanken ist, dem Rheingraben.

Ein Graben trennt Europa

Grabenbrüche sind Bauformen der Erdkruste, sie sind lange Einsenkungen der Erdoberfläche. Sie werden von herausgehobenen Grabenschultern flankiert, die zum Graben hin steil, nach außen hin aber flach abfallen. Der Rheingraben ist ein Musterbeispiel für einen kontinentalen **Grabenbruch**. Er ist Teil eines großen Grabensystems, das vom Mittelmeer bis einerseits zur Nordsee und andererseits bis nach Skandinavien reicht. Entlang dieser Schwächezone in der Erdkruste zerbricht der Kontinent. Das westliche Europa wird in Millionen von Jahren von der europäischen Kontinentalplatte abgetrennt sein.

Surftipp
Erdwärmekraftwerk Landau
104311-0606

Das erste Erdwärmekraftwerk
Die Grenze zwischen Erdkruste und Erdmantel liegt in den Kontinenten normal bei 40–60 km Tiefe. Im Rheingraben aber liegt sie in nur 29 km, unter dem Kaiserstuhl-Vulkan sogar nur in 24 km Tiefe. Dies hat zur Folge, dass die Temperatur in der Erdkruste mit der Tiefe schneller zunimmt. Im Mittel erhöht sich die Temperatur zum Erdinneren hin alle 100 m um 3°C, im Rheingraben aber sind es 6–9°C. Deshalb lässt sich die **Erdwärme** oder die Geothermie zur Gewinnung von Energie nutzen.
„Unser Kraftwerk ist die Erde" – unter diesem Motto betreibt eine GmbH in Landau in der Pfalz seit 2007 das erste industrielle Erdwärmekraftwerk Deutschlands. Dieses fördert durch eine Bohrung Heißwasser von 160 °C aus einer Tiefe von über 3 km. Mithilfe eines Generators gewinnt man Strom für 6 000 Haushalte und nutzt das Thermalwasser zum Heizen von 300 Wohneinheiten. Danach wird das abgekühlte Wasser in einer zweiten Tiefbohrung ins Erdinnere zurückgeleitet.
Bald folgen weitere Kraftwerke. An vielen Stellen des Rheingrabens bestehen bereits bergrechtliche Bohrgenehmigungen. Seit 2004 herrscht ein regelrechter „Boom", weil die Nutzung der Erdwärme – eine alternative Energiequelle – staatlich gefördert wird.

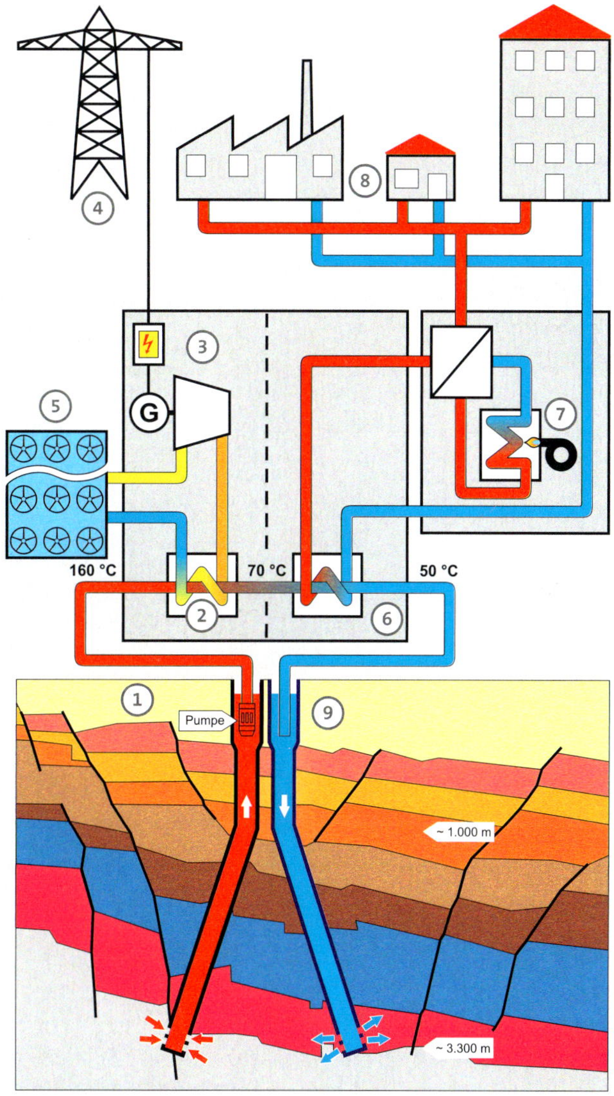

4 **Schema des Erdwärmekraftwerks in Landau**

1 Karte 3 und Atlas:
a) Bestimme Länge und Breite des Rheingrabens.
b) Nenne die Mittelgebirge, die die Grabenschulter des Rheingrabens bilden.

2 Grafik 4: Fertige Beschreibungstexte zu den Zahlen 1–9. Verwende dabei die folgenden Begriffe: Förderbohrung, Wärmetauscher, Generator, Stromversorgung, Kühldach, Warmwasserpumpe, beheizte Gebäude, Rücklaufbohrung.

3 Weshalb wird die Technik zur Nutzung der Erdwärme öffentlich gefördert?

Zur Vertiefung

4 Material 1 und Grafik 2:
Erkläre das Entstehen des Rheingrabens.

5 Text und Grafik 2:
a) Begründe, weshalb sich der Rheingraben zur Nutzung von Erdwärme eignet.
b) Am Rand des Rheingrabens häufen sich Heilbäder mit Thermalquellen. Nenne Beispiele und erkläre, weshalb sie dort vorkommen.

6 Das Thema „Kraft aus der Tiefe" hat eine doppelte Bedeutung. Erkläre.

In Erdkunde befassen wir uns in der Regel im Klassenzimmer mit weit entfernt liegenden Räumen. Es gibt aber auch Themen, die das „Lernen vor Ort“ ermöglichen. Das Thema Vulkanismus zum Beispiel lässt sich vor Ort erkunden. Eine Exkursion ist dafür gut geeignet.

1 Eifelmaare bei Daun

Eine Exkursion planen: Vulkaneifel

Der nächste Wandertag steht bevor. Die Idee, eine Exkursion in das Vulkangebiet der Eifel zu unternehmen, findet in der Klasse großen Beifall. In der Eifel haben nämlich rund 350 Vulkanausbrüche in der Landschaft deutliche Spuren hinterlassen: Vulkane, Schlackenkegel, Maare, Lavaströme, Bimsablagerungen und sprudelnde Quellen. Der jüngste Ausbruch fand erst vor rund 13 000 Jahren statt.
Aber wohin soll die Exkursion in dem 2 200 km² großen Gebiet der Vulkaneifel führen? Wie soll die Tagesfahrt dorthin durchgeführt werden?

Vulkanparks und Vulkanstraße
In drei Vulkan- und Geoparks wird die Vulkangeschichte der Eifel verständlich gemacht. Seit 2005 sind sie unter dem Dach „Nationaler Geopark Vulkanland Eifel“ vereint. Die Deutsche Vulkanstraße verbindet 39 Stationen. Sie beginnt am Laacher See und führt auf 280 km Länge durch Osteifel, Hocheifel, östliche und westliche Vulkaneifel. Beschilderte Wander-, Rad- und Autorouten führen zu den vulkanischen Highlights.

Eine Exkursion planen

Eine Exkursion ist fachlich vorzubereiten, sorgfältig durchzuführen und gründlich nachzubereiten. Sie zeichnet sich aus durch direkte Anschauung und eigene Tätigkeit, dem „Lernen vor Ort“.

Surftipp
Vulkanland Eifel
104311-0607

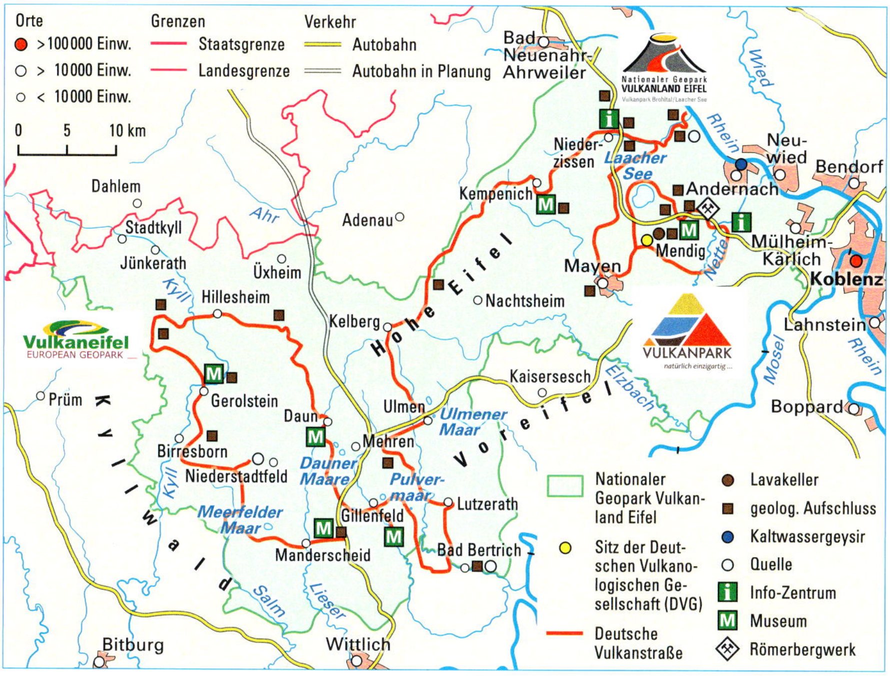

2 Vulkanland Eifel

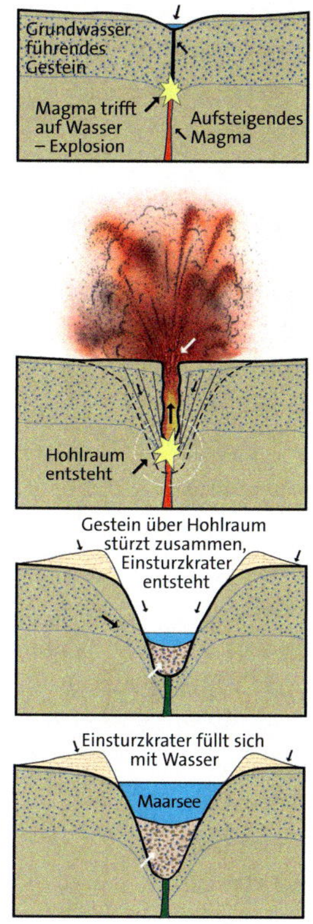

3 Entstehung eines Maares

1. Schritt: Vorbereitung
- Zielgebiet und Lernorte festlegen
- Informationsmaterial, Karten und Pläne besorgen und auswerten
- Thema, Route und Zeitplan festlegen
- Themen der einzelnen Arbeitsgruppen formulieren
- Literaturstudium, Internetrecherche,
- Arbeitsmaterialien vorrichten
- Kontakt aufnehmen, z.B. mit einem Museum

2. Schritt: Durchführung
- Zeitplan einhalten
- selbstständig arbeiten und dabei z.B. schreiben, zeichnen, fotografieren, sammeln, interviewen und nachfragen
- Fragen für die Nacharbeitung notieren

3. Schritt: Nachbereitung
- Sachfragen klären
- Präsentationsmedien richten
- Erkundungsergebnisse darstellen

1 Was unterscheidet eine Exkursion von einem Klassenausflug?

2 Plant in der Klasse einen Exkursionstag in die Vulkaneifel bei Daun:
a) Plant den Tagesablauf mit Wanderung zu den Maaren und zum Museum.
b) Legt fest, wie das „Lernen vor Ort" durchgeführt werden soll.
c) Legt fest, wie die Exkursion nachbereitet werden soll.

Zur Vertiefung

3 Plant einen Exkursionstag zum Laacher See und zum Lava-Dome in Mendig. Nutzt dazu die Adressen unter dem Online-Link.

4 Maare sind besondere Formen des Vulkanismus.
a) Finde mithilfe von Literatur und Internet heraus, wie sie entstanden sind.
b) Erkläre die Entstehung mithilfe von Grafik 3.

TERRA TRAINING

Wichtige Begriffe
Abtauchzone (Subduktionszone)
Endogene Kräfte
Erdbeben
Erdkern
Erdkruste
Erdmantel
Erdwärme (Geothermie)
Eruption
Gesteinshülle (Lithosphäre)
Grabenbruch
Hochgebirge
Lava
Magma
Meeresbodenausbreitung (Seafloor-Spreading)
Ozeanischer Rücken
Platte
Plattentektonik
Richterskala
Schalenbau
Seebeben
Seismograph
Tiefseegraben
Tsunami

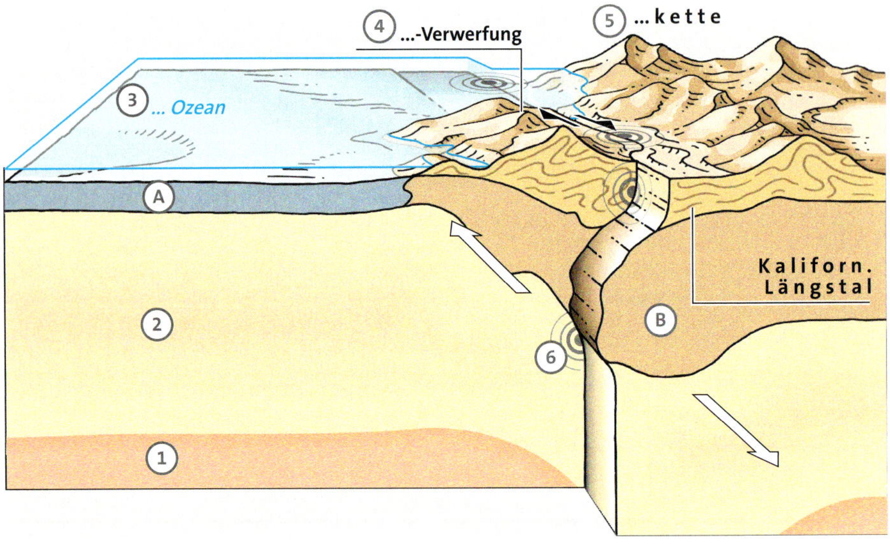

1 Vorgänge an der San-Andreas-Verwerfung

2 San-Andreas-Verwerfung in Kalifornien

Orientieren

1 Großformen der Erde

Arbeite mit Karte 3 und dem Atlas:

a) Nenne die sieben Großplatten der Erde. Welche dieser Platten besteht nur aus ozeanischer Kruste?

b) Nenne die mit 1 bis 5 bezeichneten Ozeanischen Rücken.

c) Nenne die Hochgebirge A bis F und die Tiefseegräben a–d.

d) Was heißt „circumpazifischer Feuerring“?

Kennen und Verstehen

2 Finde die richtigen Begriffe.

a) strömt im Erdmantel auf- und seitwärts,

b) über 1 000 °C heiße, zähflüssige Gesteinsschmelze an der Erdoberfläche,

c) junge untermeerische Hochgebirge,

d) leichterer Teil der Erdkruste,

e) Gerät, das Erdbeben aufzeichnet,

f) durch Erdbeben ausgelöste Flutwelle im Meer

3 Außenseiter gesucht

Welcher Begriff passt nicht in die Reihe? Begründe, weshalb.

a) Lava – Erdkruste – Gesteinsbrocken – Asche,

b) Erdbeben – Gesteinshülle – Richterskala – Seismograph,

c) Erdkern – Erdkruste – Erdmantel – Eruption,

d) Ozeanischer Rücken – Rift – Subduktion – Meeresbodenausbreitung,

e) Abtauchzone – Hochgebirge – Konvektionsstrom – Tiefseegraben,

f) Erdwärme – Geothermie – Magma – Erdwärmekraftwerk

Anwenden

4 Kalifornien in Gefahr

Grafik 1 und Atlas:

a) Beschreibe und verorte die Abbildung.

b) Benenne die mit Zahlen und Buchstaben bezeichneten Objekte.

c) Begründe, weshalb Kalifornien ständig von Erdbeben bedroht ist.

Lernen im Netz
Lückentext Plattentektonik
104311-0608

Lernen im Netz
Quiz Unruhige Erde
104311-0609

Material
Bogen zur Selbsteinschätzung
104311-0610

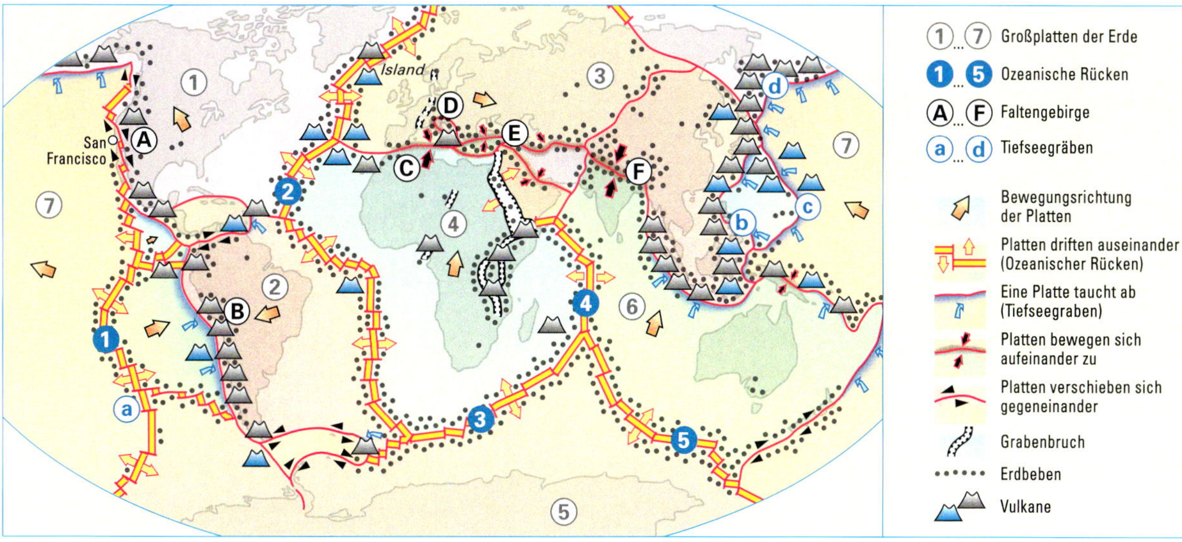

3

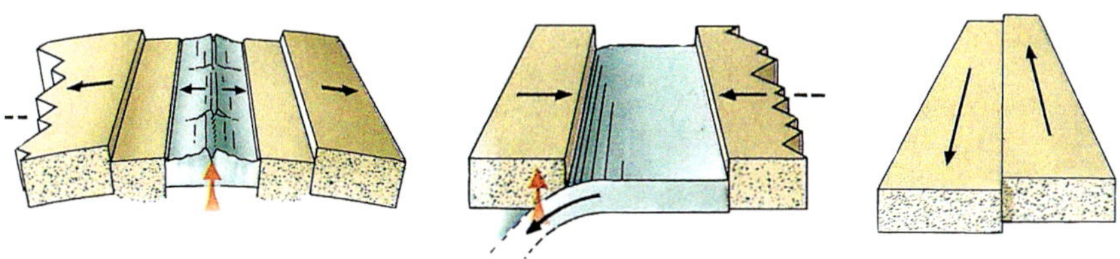

4 **Drei Grundvorgänge der Plattentektonik**

Teste dich selbst
mit den Aufgaben 2 und 3.

5 Typen von Plattenbewegungen

a) Übertrage die Skizzen 4 in dein Heft.
b) Ordne jeder Skizze die richtige Unterschrift zu: Plattenscherung, Plattendivergenz, Plattenkonvergenz.
c) Formuliere zu jedem Typ eine Erklärung und nenne je ein Beispiel.

6 Die Erde in 100 Millionen Jahren

Werte die Karten 5 aus. Beschreibe, wie sich die Lage der Kontinente auf der Erde verändert hat.

7 Zum Nachdenken und Nachforschen

a) Was haben Tokyo, San Francisco, Istanbul und Mexiko City gemeinsam?
b) Erdbeben im Meeresboden lösen oft Flutkatastrophen aus.
c) Obwohl ständig neuer Meeresboden entsteht, wird die Erdoberfläche nicht größer.
d) Zahlreiche Wein- und Obstbauern leben an den Hängen von Vulkanen.

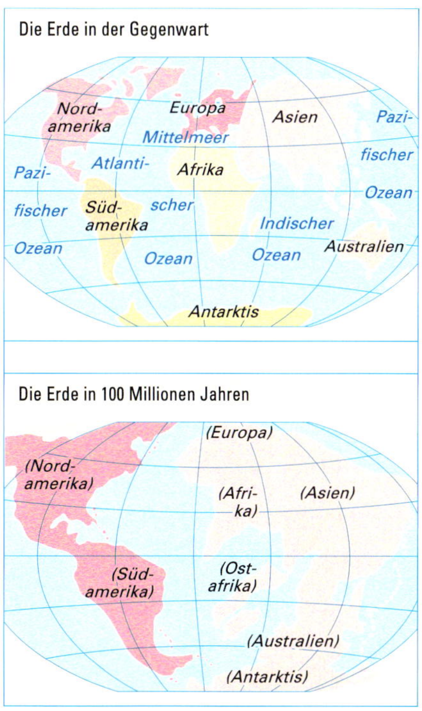

5 **Die Erde in der Gegenwart und in 100 Millionen Jahren**

7

Naturkräfte am Werk

Die endogenen Kräfte des Erdinneren prägen die Rohform der Erdoberfläche. Die weitere Ausgestaltung der Reliefformen aber bewirken Naturkräfte wie Wasser, Eis, Wind oder Schwerkraft. Sie wirken von außen auf die Erdoberfläche ein und werden deshalb als **exogene Kräfte** bezeichnet.

Sanddünen in der Sahara (Marokko)

Der Lernweg durch das Kapitel:

Die Wirkung von fließendem Wasser ist überall zu beobachten. Besonders eindrucksvoll aber erkennst du die Flussarbeit an Rhein und Mosel.

↓

Ist dir bekannt, dass das Eis große Landschaften in Nord- und Süddeutschland geformt hat?

↓

Weißt du, wie das Meer die Küsten Deutschlands gestaltet?

↓

Der Wind erscheint dir meist harmlos. Aber wie gefährlich kann er werden, wenn er zum Hurrikan wird?

↓

Die Naturkräfte wirken stetig und überall. Aber in welchen Regionen der Erde gefährden sie das Leben der Menschen besonders?

Murenabgang in Vorarlberg (Österreich)

Algarve (Portugal)

Aletschgletscher
(Schweiz)

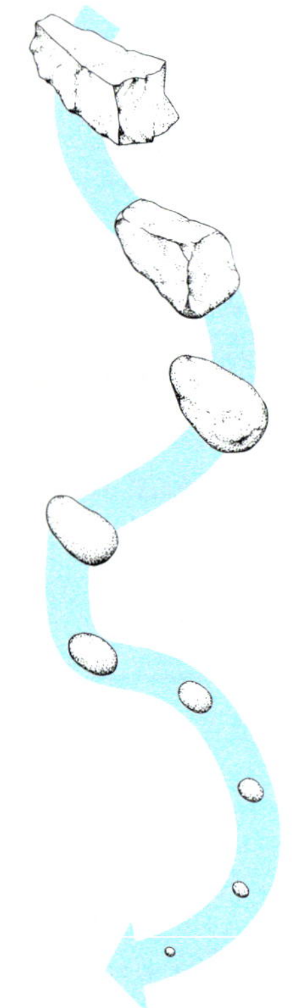

1 Vom Felsbrocken zum Kiesel

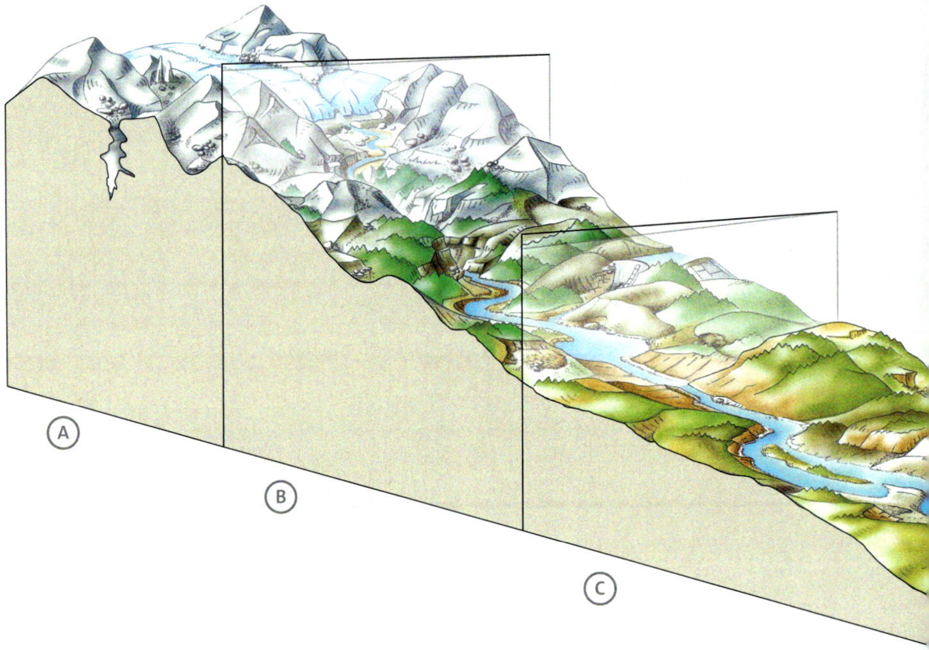

2 Flussabschnitte von der Quelle bis zur Mündung

Flüsse gestalten die Landschaft

Erosion
lat.: erodere = ausnagen; Abtragung von Material

Akkumulation
lat.: accumulare = anhäufen; Ablagerung von Material

Der Grand Canyon ist das größte Naturwunder, das ein Fluss auf der Erde geschaffen hat. Aber nicht nur am Colorado im US-Bundesstaat Arizona ist zu erkennen, dass fließendes Wasser den größten Anteil an der Gestaltung der Erdoberfläche hat. Auch der Rhein, die Donau und die Elbe schufen imposante Flusslandschaften. Und ebenso die kleinen Bäche im Wiesengrunde.

Von der Quelle bis zur Mündung ...
... bearbeitet fließendes Wasser den Untergrund unaufhörlich. In seinem Flussbett zerkleinert es Steinblöcke zu Geröll, zu Sand und schließlich zu

1 Material 3:
a) Beschreibe die in den Fotos dargestellten Talformen.
b) Ordne die Talformen den Flussabschnitten in Blockbild 2 zu.
c) Erkläre die Entstehung der Talformen.

2 Blockbild 2:
a) Bezeichne die Flussabschnitte A–D mithilfe von Tabelle 4.
b) Übertrage Tabelle 4 in dein Heft und ergänze sie.

Zur Vertiefung

3 Erkläre die Abfolge der Geröllformen 1 und ordne swie dem Blockbild 2 zu.

4 Beschreibe die Flussabschnitte des Rheins von der Quelle zur Mündung mithilfe einer Atlaskarte.

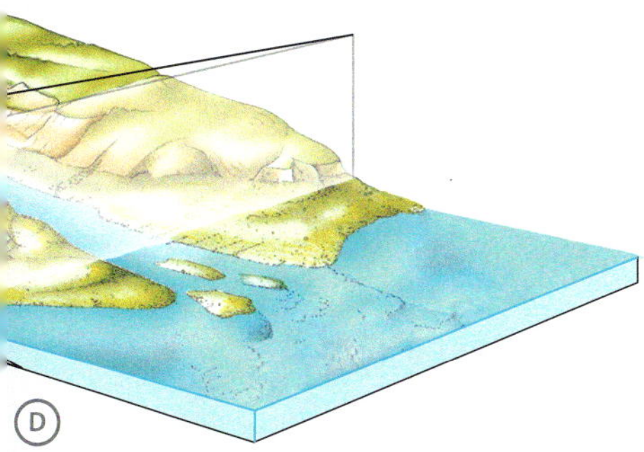

schlammigem Ton. Mit diesem Transportmaterial bewehrt, schneidet sich der Fluss selbst in den härtesten Felsuntergrund ein. Diese **Abtragung** durch fließendes Wasser wird als **Erosion** bezeichnet.
Bäche und Flüsse schneiden sich in die Tiefe ein, erodieren aber auch an der Seite und verbreitern somit das Flussbett. Die Talform ist bedingt vom Ausmaß der Tiefen- und der Seitenerosion. Auf die Gestaltung der Täler hat auch der Gesteinsuntergrund großen Einfluss. Zwischen Quelle und Mündung wechselt die Talform auch deshalb, weil das Gefälle und damit die Fließgeschwindigkeit vom Oberlauf zum Unterlauf abnimmt. Im steilen Oberlauf überwiegt die Erosion, im flachen Unterlauf die **Ablagerung** oder **Akkumulation**.

3 **Talformen**

Flussabschnitte und ihre Eigenschaften

	Oberlauf	Mittellauf	Unterlauf	Mündung
Gefälle		gering		
Fließgeschwindigkeit				
transportiertes Material	Wackerstein bis Grobkies			
Erosion / Akkumulation	Erosion vorherrschend			
Talform / Form				Delta

4 **Flussabschnitte und ihre Eigenschaften**

1 **Mittelrheintal bei St. Goarshausen**

Wie entstand das Mittelrheintal?

2

Die Loreley
ist ein mächtiger, 132 m hoher Schieferfelsen bei St. Goarshausen.
An dieser Stelle ist der Rhein nur 113 m breit. An seinen Stromschnellen ist schon manches Schiff auf Grund gelaufen und gesunken. So kam die Sage auf, die schöne Jungfrau Loreley würde mit ihrem Gesang die Schiffer ins Verderben locken.

Wer mit dem Zug von Mainz nach Koblenz reist, dem steht in der einstündigen Fahrt ein ganz besonderes Erlebnis bevor: Er reist durch eines der schönsten Flusstäler in Deutschland. Das Engtal des windungsreichen Stromes zieht Besucher aus Deutschland, Europa und auch aus Übersee an.
Die Bahnstrecke folgt am schmalen Ufer den Mäanderbögen des Rheins. Man blickt auf steile Felshänge, an denen jede Nische vom Weinbau genutzt wird. Malerische Orte, in denen sich die grauen Schieferdächer eng scharen, reihen sich an beiden Ufern auf. Auf Felsvorsprüngen thronen zahlreiche Burgen über dem Fluss. Seit 2002 ist das Obere Mittelrheintal zwischen Bingen-Rüdesheim und Koblenz von der UNESCO als Weltkulturerbe anerkannt. Aber welche Naturkräfte haben dieses schöne Tal geschaffen?

Wie das Mittelrheintal entstand
Das Rheinische Schiefergebirge wird von Gesteinen des Erdaltertums gebildet. Die Gesteine wurden vor 300 Mio. Jahren zu einem Hochgebirge gefaltet, ähnlich wie es die Alpen heute sind. Dieses Gebirge erstreckte sich von Südwest nach Nordost quer durch Mitteleuropa. Gesteine wie Schiefer, Sandstein und sehr harter Quarzit bauen es auf.
In der folgenden Zeitspanne wurde dieses alte Hochgebirge fast auf Meeresniveau abgetragen. Vor 200 Mio. Jahren war es nur noch ein Rumpfgebirge. Als vor 50 Mio. Jahren in Europa die Bildung der Alpen begann, wurde durch die endogenen Kräfte der Gebirgsrumpf wieder gehoben. Dabei zerbrach er in große Schollen, die zur Ausbildung der heutigen Gebirge Eifel, Westerwald, Hunsrück und Taunus führten.
Aufgrund weiterer Hebung bildete sich vor 20 Mio. Jahren das Flussnetz aus. Durch **Seitenerosion** schufen die Flüsse breite Täler, in denen Rhein, Mosel und Lahn mäandrierten. In diesen Hochtälern finden sich alte Flussterrassen mit Geröllen. Breite Verebnungen, etwa 140 m über dem heutigen Rhein gelegen, stellen die Hauptterrasse dar.

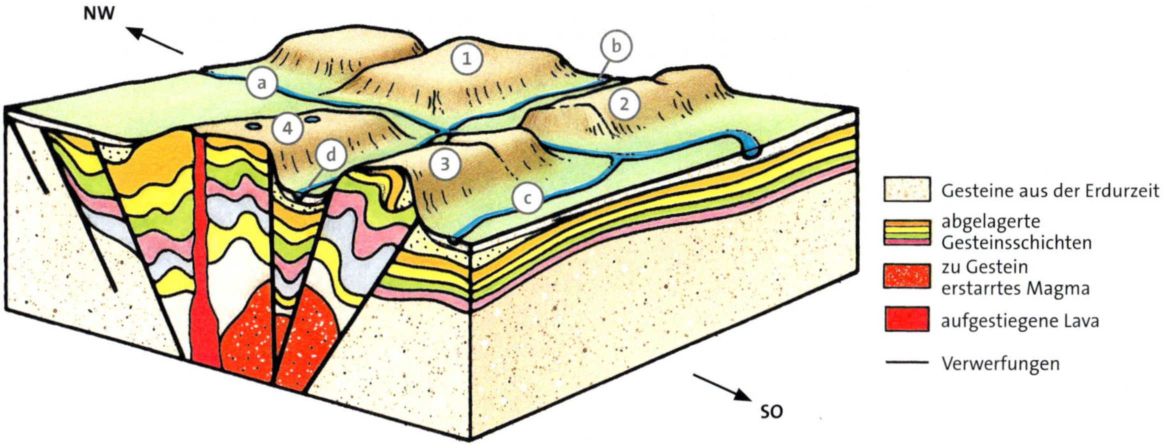

3 **Blockbild des Rheinischen Schiefergebirges**

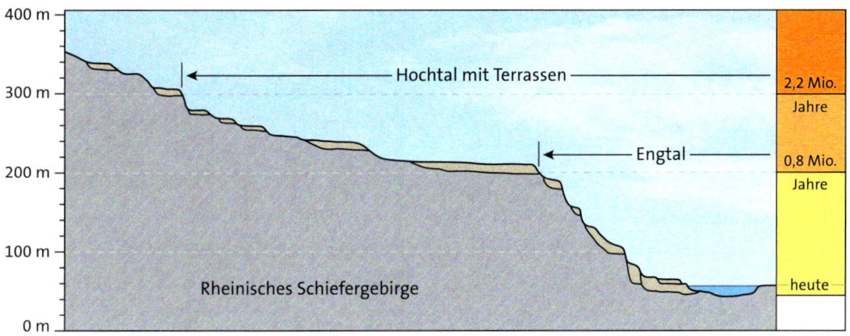

4 **Profil des Mittelrheintals**

In der letzten Phase der Talbildung wurde das Rheinische Schiefergebirge kräftig herausgehoben. Dies zwang die Flüsse, sich durch verstärkte **Tiefenerosion** in das Gebirge einzuschneiden. So entstand das steile Engtal des Mittelrheins. Es ist ein **Durchbruchstal**, denn der Rhein fließt, vom Rheingraben kommend, durch die Gebirgsbarriere hin zum Tiefland der Niederrheinischen Bucht.

1 Grafik 3 und Atlas: Ordne den Buchstaben a–d die Namen der Flüsse und den Zahlen 1–4 die Namen der Gebirge zu.

2 Fertige zum Foto 1 eine Skizze an. Beschrifte diese mit den Begriffen Engtal, Hochtal, Talmäander.

3 An der Bildung des Mittelrheintals sind endogene und exogene Naturkräfte beteiligt. Erkläre dies genauer.

Zur Vertiefung

4 Am Mittelrhein unterscheidet man zwischen Hochtal und Engtal. Erkläre.

5 Arbeite mit der Grafik 4: Berechne, wie „schnell" sich der Rhein durch Tiefenerosion in das Gebirge eingeschnitten hat.

6 Arbeite mit einer physischen Karte von Deutschland im Atlas: Nenne drei weitere Durchbruchstäler.

Topografische Karten stellen Siedlungen, Verkehrswege, Gewässer, Bodennutzung und Geländeformen dar. Am gängigsten sind Karten im Maßstab 1 : 25 000 und 1 : 50 000. Sie gibt es flächendeckend für ganz Deutschland. Wegen ihres großen Maßstabes sind sie bestens geeignet, sich im Gelände zu orientieren oder etwas zu planen.

1 **Moseltalbrücke**

Mit der topografischen Karte planen

Der Ausbau des Autobahnnetzes in Rheinland-Pfalz machte eine Verbindung des Rhein-Neckar-Gebietes mit dem Raum um Köln notwendig. Die zu planende A 61 konnte unmöglich durch das enge Mittelrheintal geführt werden. Sie musste vielmehr über die Höhen von Hunsrück und Eifel gebaut werden. Dazu galt es, das tief eingeschnittene Moseltal unweit von Koblenz zu überqueren. Aber wo genau sollte die Moseltalbrücke entstehen?
Bei der Planung musste beachtet werden: Einerseits sollte die Trasse weit genug von Wohnorten entfernt sein, aber wiederum nahe genug an den Großstadtraum Koblenz heranführen. Andererseits sollte der Bau kostengünstig erfolgen durch bestmögliche Ausnutzung der Geländesituation.
Die Moseltalbrücke wurde dann in den Jahren 1969 bis 1972 gebaut. Damals war sie die höchste Autobahnbrücke in Europa mit einer maximalen Höhe über der Mosel von 136 m.

Planung einer Brücke über die Mosel
Denkt euch in der Klasse in die Rolle von Planern ein. Arbeitet in Gruppen und findet heraus, wie die Trasse der Autobahn zwischen den Punkten A und B am besten verlaufen und wo genau der Standort der Brücke sein soll.

1. Schritt: Karte studieren
Betrachtet die Karte. Stellt an mehreren Orten die Breite und die Tiefe des Moseltales fest. Entscheidet euch für den besten Standort einer Brücke.

2. Schritt: Profil zeichnen
Zeichnet für den gewählten Standort ein Querprofil von A nach B.

3. Schritt: Planungsskizze anfertigen
Legt Transparentpapier auf die Karte. Zeichnet darauf eure Autobahntrasse ein. Bestimmt die Länge der Gesamtstrecke und die Länge der Brücke.

4. Schritt: Planung begründen
Geht in eurer Begründung auf die im Text genannten Bedingungen ein.

5. Schritt: Planung überprüfen
Vergleicht euren Plan
a) mit den Ergebnissen der anderen Gruppen und
b) mit der tatsächlichen Bauausführung anhand der aktuellen Karte (Online-Link).

Material

Aktuelle topografische Karte des Moseltales
104311-0701

2 **Topografische Karte des Moseltales von 1960**

1 Führt die Schritte 1–5 anhand der Karte 2 aus.

2 Wofür eignen sich topografische Karten besonders gut? Nenne zwei Beispiele.

Zur Vertiefung

3 Kaum zu glauben: Vor 800 000 Jahren floss die Mosel in der Höhe der Autobahn.

a) Berechne den Betrag ihres jährlichen Einschneidens in das Gebirge.

b) Vergleiche die Entstehung des Moseltales mit der des Mittelrheintales (Seite 122/123).

1 **„Kleiner Markgrafenstein“ bei Fürstenwalde:** Granit-Findling aus Schweden (Höhe 5,7 m; Umfang 21,6 m; Volumen 103 m³)

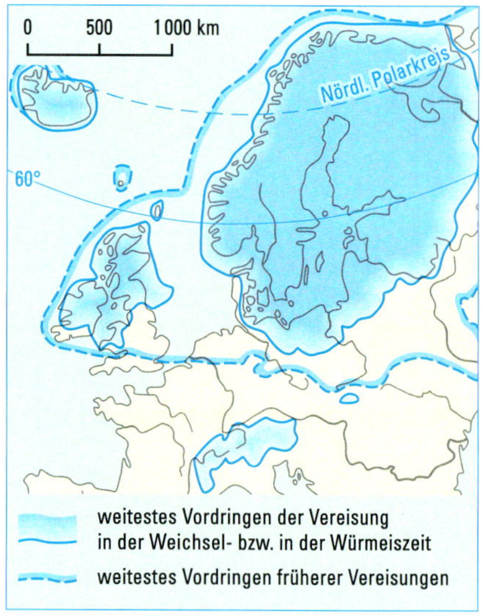

4 **Ausdehnung der Inlandvereisung in Europa**

2 **Gletscherschrammen im Kalkgestein**

Das Rätsel um die Findlinge
Im Norddeutschen Tiefland finden sich verstreut kleine bis sehr große Steinblöcke wie der Markgrafenstein. Die massigen Steinblöcke sind fremd zu ihrem Untergrund aus Kies, Sand oder Lehm. Deshalb bezeichnet man sie als **Findlinge**. Ihre Heimat ist Skandinavien. Welche Kraft hat sie von dort nach Deutschland verfrachtet?
Zuerst nahmen die Naturforscher an, sie seien in der Vorzeit mit Eisbergen aus Nordeuropa nach Süden gedriftet. Damals sei Norddeutschland noch von einem Meer bedeckt gewesen. Beim Schmelzen sei die Gesteinsfracht gesunken.
Diese „Eisbergtheorie“ wurde 1875 von dem Schweden Otto Torell umgestoßen. Er fand in den Kalkfelsen bei Rüdersdorf den Beweis für seine „Inlandeistheorie“: Die Kalkfelsen dort weisen Schrammen auf, die nur vom Gletschereis herrühren können. Er wagte den Gedanken, dass das Norddeutsche Tiefland in der Vorzeit vom aus Skandinavien nach Süden vorrückenden Inlandeis bedeckt gewesen war. Mit seiner Theorie ließen sich auch viele andere Landschaftsformen erklären.

3

Vom Eis geprägt

Inlandeis, wie es heute noch in Grönland und in der Antarktis vorkommt, bedeckte im **Eiszeitalter** weite Teile Norddeutschlands. Die Ursache dafür waren Klimaschwankungen auf der Erde. Kaltzeiten, in denen die Temperaturen bis zu 15 °C niedriger waren als heute, wechselten mit Warmzeiten. In den Kaltzeiten kam es über einen langen Zeitraum hinweg zum Anwachsen des nordischen Inlandeises. In den letzten 700 000 Jahren bedeckte das Inlandeis Norddeutschland dreimal. In der letzten Vereisung, der Weichsel-Kaltzeit, entstand das lebhafte Relief des **Jungmoränenlandes**. In den beiden Kaltzeiten davor reichte das Inlandeis sogar bis zum Rand der Mittelgebirge. Aus dieser Zeit stammen die Formen des **Altmoränenlandes**.
Dort, wo das Eis gelegen hatte, findet sich heute die kuppige und seenreiche Landschaft der Grundmoräne. Infolge kleiner Klimaschwankungen verlagerte sich der Rand des Inlandeises vor und zurück. Es entstanden wallartige Höhenzüge von beachtlicher Höhe,

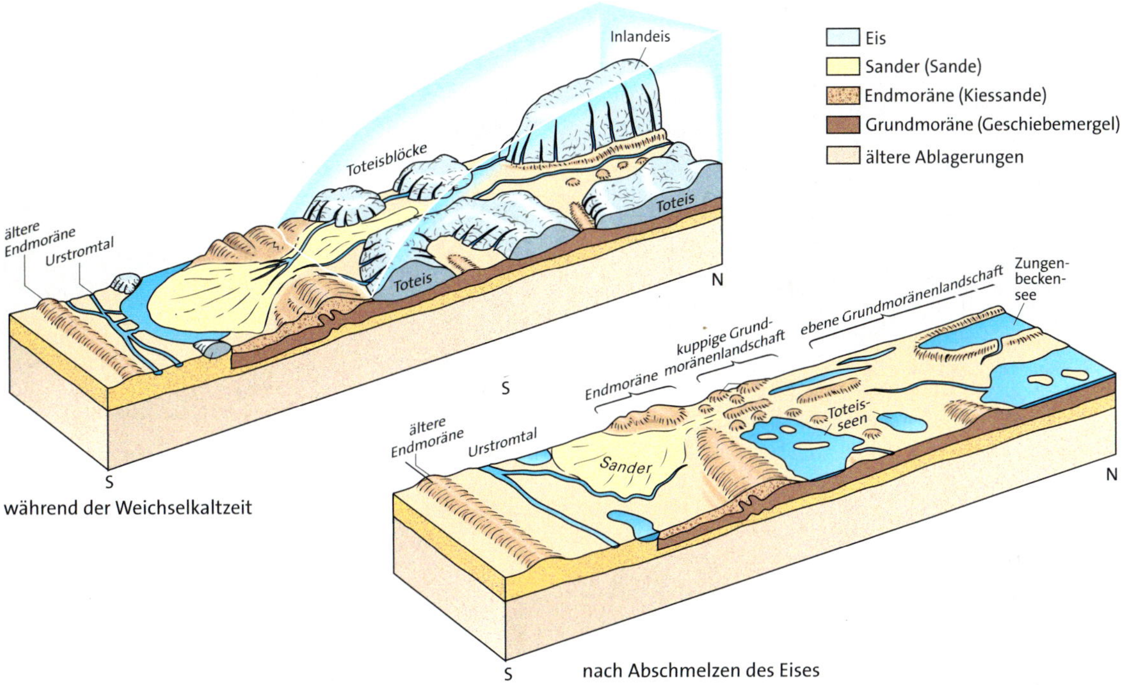

5 Entstehung der glazialen Serie in Norddeutschland

die Endmoränen, weil das Eis beim Abschmelzen den mitgebrachten Gesteinsschutt absetzte. Schmelzwasser führte Sand und Kies ins Vorland, dort finden sich heute ausgedehnte Sander. In breiten Tälern sammelte sich das Schmelzwasser und floss in den Urstromtälern zur Nordsee ab. Vom Inlandeis herabwehende Winde verwehten im Vorland feinen Sand zu Dünen. Den Staub trugen sie weiter und setzten ihn als **Löss** am Rand der Mittelgebirge ab. Die regelhafte Abfolge der vier Landschaftsformen Grundmoräne, Endmoräne, Sander und Urstromtal bezeichnet man als **glaziale Serie**.

6 Moränenlandschaft in Brandenburg

1 Erkläre, wie der Markgrafenstein an seinen Standort gelangt ist.

2 Grafik 5: Fertige eine Übersicht an. Gliedere nach Landschaftsform, Entstehungsweise und Beschaffenheit des Untergrundes.

Zur Vertiefung

3 Weshalb gibt es in Mecklenburg-Vorpommern viele Seen? Erkläre.

4 Arbeite mit einer Atlaskarte zu Norddeutschland.

a) Erkläre die Entstehung des südlichen und nördlichen Landrückens.

b) Wie unterscheiden sich beide?

Königssee

Rhônetal im Wallis

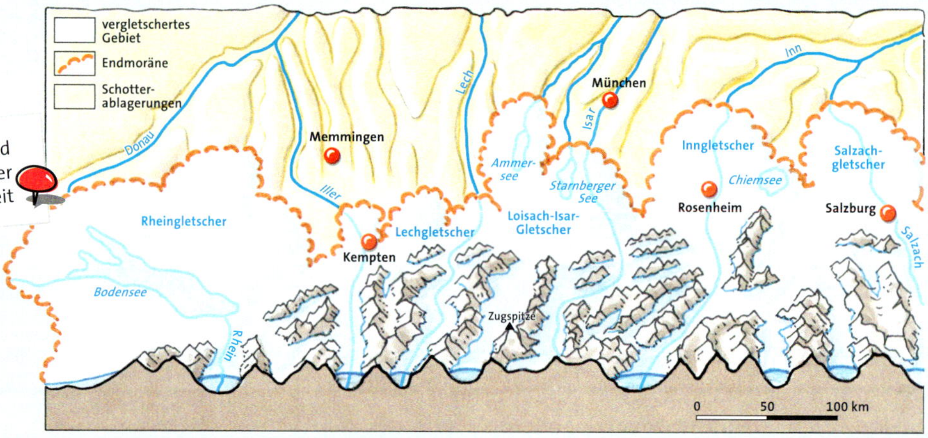

Alpen und Alpenvorland (Ausschnitt) während der letzten Kaltzeit

Entstehung eines Trogtales

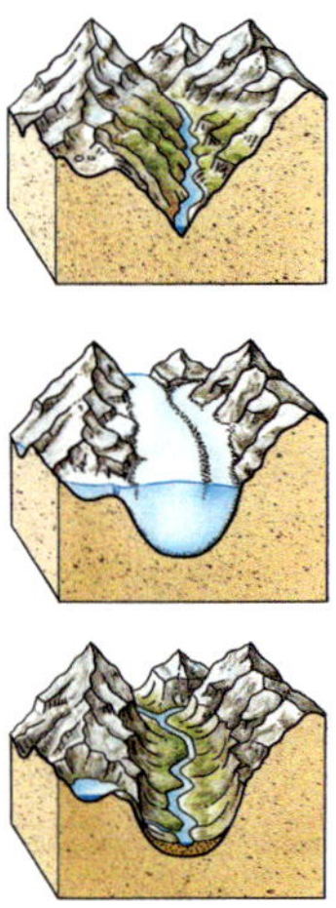

„Geschenke“ der Eiszeit

Im Eiszeitalter war der Norden Mitteleuropas vom Inlandeis bedeckt. Auch die Alpen waren stark vergletschert. Ihre bis zu drei Kilometer mächtigen Gletscher reichten weit ins Alpenvorland hinaus. Zwischen den im Norden und Süden Deutschlands vereisten Gebieten herrschte auf dem gefrorenem Untergrund eine Eiswüste oder Tundra, ähnlich wie heute im hohen Norden Europas.

Alpenseen als Vorzugslandschaften

Beim Abschmelzen der Alpengletscher in der Nacheiszeit entstanden am Alpenrand zahlreiche große und kleinere Seen. Am Nordrand der Alpen sind der Bodensee und Genfer See die größten, am Südrand der Alpen ist es der Gardasee.

Diese Seen sind **Zungenbeckenseen.** Die von den Gletscherzungen tief ausgeschürften Becken hinter der Endmoräne füllten sich beim Zurückweichen des Gletschers mit dem Schmelzwasser. Manche der Seen wie zum Beispiel der Königssee oder der Gardasee sind in das Gebirge eingetieft und ähneln den Fjorden in Norwegen. Die Ufer der Alpenseen nutzen die Menschen als bevorzugten Siedlungsraum. Die Seen selbst sind das Ziel für einen lebhaften Fremdenverkehr.

Lösswand

In der Börde

Trogtäler „öffnen" die Alpen

Während der Eiszeit hobelten die Gletscher die Täler zu breiten, U-förmigen **Trogtälern** aus. Bei ihrem Abschmelzen in der Nacheiszeit füllten die Gletscherbäche die Talböden mit Kies, Sand und Ton auf. Die Haupttäler „öffneten" das Hochgebirge für die Erschließung durch den Menschen. Die breiten Talböden boten sich für die Besiedlung an. Das Rhônetal in der Schweiz ist dafür ein Beispiel. Den Kanton nennen die Schweizer Wallis oder Valais, was einfach nur „Tal" bedeutet.

Auch die Erschließung der Alpen für den modernen Eisenbahn- und Straßenverkehr folgte den Trogtälern als Leitlinien. Zum Beispiel benötigen Autofahrer für die Nord-Süd-Passage von München zum Gardasee nur etwa zwei Stunden, weil die durchgehende Autobahn über den Brennerpass die breiten Täler von Inn, Eisack und Etsch nutzt.

Löss, Grundlage der „Kornkammern"

Das Schmelzwasser der Eismassen schüttete in Norddeutschland die großen Sander und im Alpenvorland die Schotterebenen auf. Vom Eis wehten kalte Fallwinde herab, die Staub aus den Schuttfächern ausbliesen. Wo die Kraft des Windes gebremst wurde, lagerte sich der mitgeführte Staub als Löss ab. Am Nordrand der Mittelgebirge, im Oberrheinischen Tiefland und auf Verebnungen im Windschatten der Mittelgebirge erreicht der Löss größere Mächtigkeit.

Die Klimaerwärmung in der Nacheiszeit ließ die Eismassen abschmelzen, In Deutschland breiteten sich wieder Laubwälder aus. In der jüngeren Steinzeit gingen die Menschen zum Ackerbau über. Dazu musste Waldland gerodet werden. Sie taten dies zuerst in den lössbedeckten Gebieten, weil dort der Ackerbau am ertragreichsten war. Diese alt besiedelten Landschaften bezeichnet man im Norden Deutschlands als **Börde** und im Süden als **Gäu**. Sie entwickelten sich zu „Kornkammern". Vor der Industrialisierung im 19. Jahrhundert waren sie die am dichtesten besiedelten Gebiete Deutschlands. Und auch in der Gegenwart sind die Lössgebiete für die Landwirtschaft wichtig. Sie eignen sich für den Anbau von Weizen und Zuckerrüben.

Auf Löss entstehen beste Böden, weil er
- reich an Kalk und Mineralien ist,
- wie ein Schwamm viel Wasser aufnehmen kann,
- leicht und tief von Pflanzen durchwurzelt werden kann.

1. Der Mensch hat der Eiszeit viel zu verdanken. Nenne Beispiele.
2. Erkläre die Entstehung eines Trogtales.
3. Nenne wichtige Alpenseen am Nord- und Südrand der Alpen. Ordne sie Staaten zu (Atlas).
4. Erkläre, weshalb man Börden und Gäue als „Kornkammern" bezeichnet.

1 Helgoland. Rechts im Vordergrund der Pfeiler „Lange Anna“

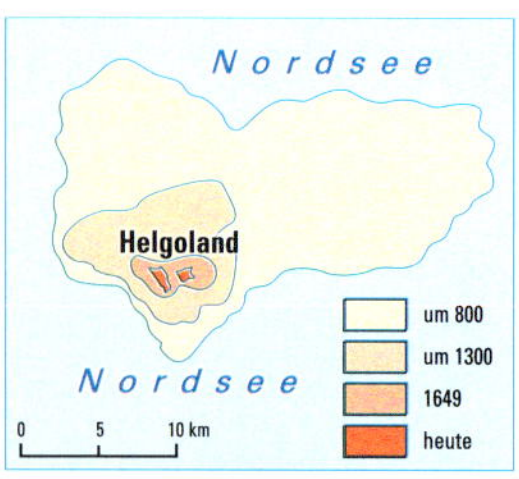

2 Schrumpfen der Insel Helgoland

Das Meer zerstört und baut auf

Zur letzten Eiszeit vor 20 000 Jahren lag der Meeresspiegel 120 m tiefer als heute. Die Nordsee hatte sich weit nach Nordwesten zurückgezogen, die Küste Europas befand sich nördlich der Doggerbank. Im gleichen Maß wie das nordische Inlandeis schmolz, stieg in der Nacheiszeit der Meeresspiegel an. Seither drängt die Nordsee die Küste zurück und baut Küstengebiete ab. Die großen Meeresbuchten an der deutschen Nordseeküste entstanden bei verheerenden Sturmfluten in den letzten tausend Jahren.

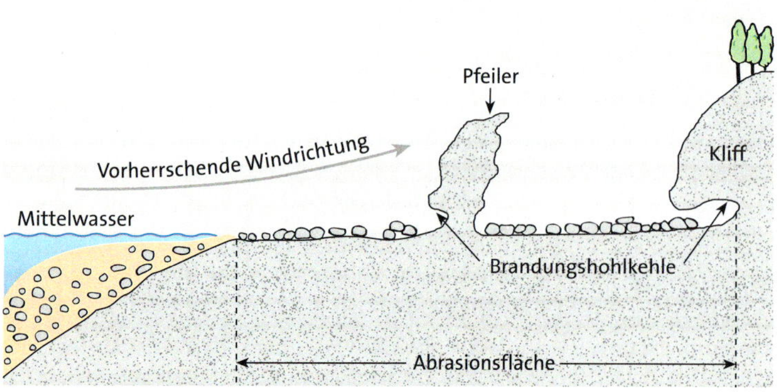

3 Brandungsplattform einer Steilküste

Stirbt Helgoland?

An der Insel Helgoland lässt sich dieser Zerstörungsprozess verfolgen. Nur noch zwei Quadratkilometer blieben von der ehemals viel größeren Insel übrig. Im Jahre 1720 trennte eine Sturmflut Helgoland von seiner Nachbarinsel Düne. Vor der roten Steilküste im Norden Helgolands erhebt sich trotzig der Felsenturm der „Langen Anna“. Wer weiß, wie er aussehen würde, wäre er nicht von einer Betonmauer geschützt. Besonders bei Sturmfluten rollen, vom Wind unterstützt, schwere Brecher an die **Steilküste**. Gewaltig ist die Druck- und Sogwirkung der Brandung. Vom Kliff abbrechende Gesteinsbrocken werden an die Steilküste geschleudert und verstärken die Abtragung durch das Meer, die Abrasion. An der Südküste Englands zum Beispiel weicht das Kliff um bis zu zwei Meter pro Jahr zurück.
Ob der Mensch in der Lage ist, die Insel Helgoland gegen die gewaltigen Naturkräfte auf Dauer zu verteidigen?

4 **Auf Usedom**

Ganz anders verlaufen die formenden Prozesse an **Flachküsten** wie zum Beispiel an der deutschen Ostseeküste. Hier wirken die Wasserwellen, die Küstenströmung, der Wind und der Küstenverlauf zusammen. An Flachküsten werden die Wellen gebremst, laufen langsam aus und lagern Sand und Kies ab. Unter dem Meeresspiegel entstehen dadurch das Riff und oberhalb die Strandwälle. Der Wind bläst Sand aus und häuft ihn zu Küstendünen auf. Die Küstenströmung wiederum transportiert Sand entlang der Küste. An gebuchteten Küsten erstreben die Naturkräfte einen gestreckten Küstenverlauf, es entsteht eine **Ausgleichsküste**.

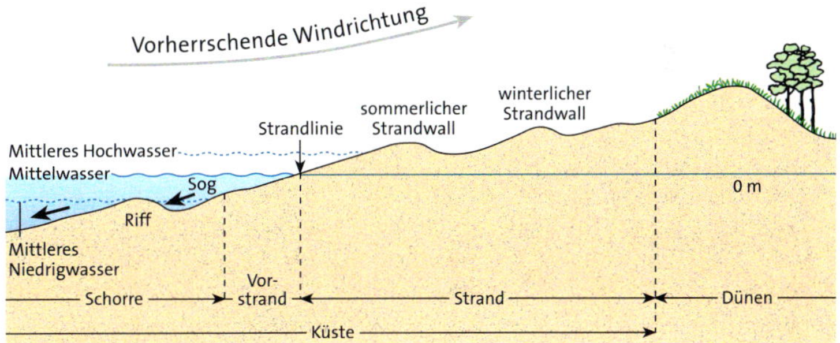

5 **Profil einer Flachküste**

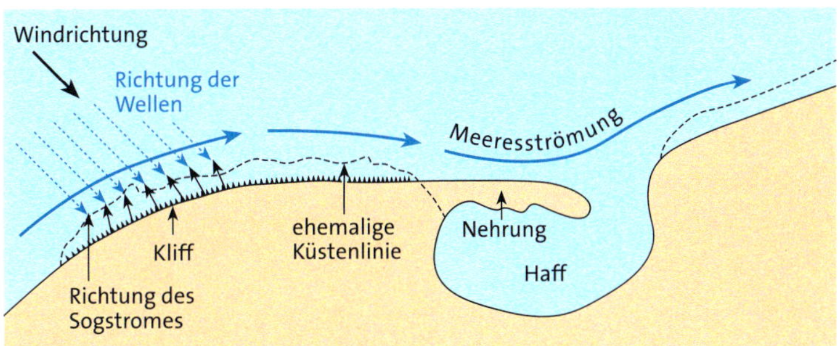

6 **Entstehung einer Ausgleichsküste**

1 Bestimme den Landverlust von Helgoland durch Abrasion: Zeichne die vier Küstenlinien in Karte 2 auf Transparentpapier. Lege dieses dann auf Karopapier und zähle jeweils die Karos.

2 Beschreibe mithilfe der Grafik 3 die Formenbildung an der Steilküste.

3 Flachküste:

a) Kläre mithilfe der Grafik 5 die Begriffe Flachküste, Strand, Vorstrand, Schorre.

b) Erkläre, weshalb es mehrere Strandwälle bei einer Flachküste gibt.

Zur Vertiefung

4 Beschreibe mithilfe von Grafik 6 die Entstehung einer Ausgleichsküste.

5 Wie eignen sich Flachküsten und Steilküsten für die menschliche Nutzung?

1 **Hurrikan „Hanna“ über den Bahamas, Hurrikans „Ike“ und „Josephine“ über dem Atlantik** (Radarbild vom 4.9.2008)

Hurrikans wüten in der Karibik
September 2008: Nach „Gustav“ zogen „Hanna“ und „Ike“ eine Schneise der Verwüstung durch die Karibik. Während in Texas Hunderttausende vor dem herannahenden Hurrikan „Ike“ fliehen, kämpfen die Menschen in Kuba und Haiti mit den Folgen. Die drei Hurrikans haben die Landwirtschaft weitgehend zerstört. Wassermassen schließen immer noch ganze Ortschaften von der Außenwelt ab.
„Ike“ zog längs über Kuba, seine Zerstörungskraft traf die ganze Insel. 30 000 Häuser sind zerstört, 170 000 schwer beschädigt. Fast alle Kubaner konnten ihr Leben dank Evakuierung retten, drei Menschen starben durch Einwirkung von „Ike“.
In Haiti sind nach UN-Angaben 800 000 Menschen auf Hilfe angewiesen. Aber diese Hilfe kann kaum zu den Bedürftigen gebracht werden. Ganze Landstriche stehen unter Wasser, Straßen sind durch eingestürzte Brücken oder Erdrutsche nicht befahrbar. Die Menschen sind ohne Trinkwasser und Strom in ihren Häusern gefangen. Nahrung, Kleidung, Wasser, Moskitonetze und Chlor werden am dringendsten benötigt.

2

Naturgewalt Hurrikan

Du öffnest das Fenster und bemerkst einen leichten Zug, denn frische Luft strömt von draußen ins Zimmer. Dieser Wind ist eine ausgleichende Strömung zwischen unterschiedlich erwärmten Luftmassen. **Wind** ist bewegte Luft. Mit wachsender Windstärke unterscheidet man Zug, Brise, Wind, Sturm und schließlich Orkan.
Die Wirkungen der Naturkraft Wind hängen sehr von der Windstärke ab. Bei Windgeschwindigkeiten über 75 km/h vermag Sturm dicke Äste zu brechen oder Dächer zu schädigen. In Orkanen treibt Luft mit Geschwindigkeiten von mehr als 118 km/h über Land und Meer.
Glücklicherweise treten zerstörerische Orkane in den gemäßigten Breiten nur selten auf. Aber in den warmen Tropen ist dies anders, denn dort wirken **Wirbelstürme** von vernichtender Stärke. Sie gehören zu den größten Wetterkatastrophen auf der Erde.

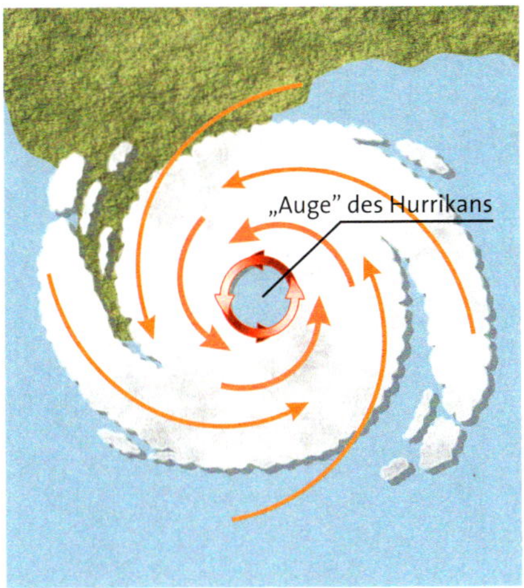

3 Hurrikan auf der Nordhalbkugel (Draufsicht)

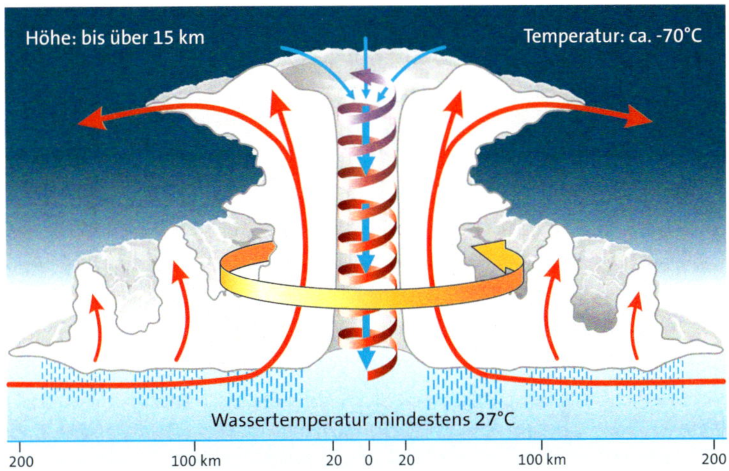

4 Hurrikan auf der Nordhalbkugel (Schnitt)

Ein Hurrikan entsteht

Auf der Nordhalbkugel beginnt die Hurrikan-Saison jedes Jahr im Juni und dauert bis November. Tropische Wirbelstürme entstehen nur über Ozeanen, deren Wasser 27 °C warm ist.

Die mit Feuchtigkeit gesättigte Luft erwärmt sich durch die Sonneneinstrahlung und steigt hoch. In größerer Höhe kondensiert der Wasserdampf. Es bilden sich gewaltige Wolkentürme. Durch die Kondensation wird immer mehr Energie frei. Die Luft steigt weiter und dreht sich unter dem Einfluss der Erdrotation spiralförmig aufwärts. Von unten her nachströmende Luft vergrößert den Luftwirbel. Ein **Hurrikan** wird geboren.

Während im Zentrum des normal 300–600 km großen Wirbelsturms, dem „Auge", relative Ruhe herrscht, wirbeln die Luftmassen an seinem Rand mit vernichtender Geschwindigkeit bis zu 360 km/h. Mit geringerem Tempo von 20–30 km/h bewegt sich der Hurrikan auf seiner Zugbahn vorwärts.

Gefährlich wird der Hurrikan, wenn er die Küste erreicht. Über dem Meer übt er einen Sog auf die Wasseroberfläche aus, dort bildet sich eine Kuppe von einem Meter Höhe. Aber im flachen Uferbereich entsteht daraus eine bis zu sechs Meter hohe Flutwelle. An Land richtet er schwere Verwüstungen an und heftiger Regen lässt die Flüsse ausufern.

Über dem Festland verliert der Hurrikan seine Kraft, dort verebbt er 5–10 Tage nach seinem Entstehen. Aber es drohen bereits seine Nachfolger, die auf abweichender Zugbahn auch andere Küstenregionen treffen. In der Regel wird die Bevölkerung vorgewarnt und kann sich auf die Naturgewalt Hurrikan vorbereiten.

Verschiedene Namen tropischer Wirbelstürme:

USA/Karibik:	Hurrikan
Ostasien:	Taifun
Indien:	Zyklon
Australien:	Willy-Willy
Mexiko:	Cordonazos

tai feng = chin.: großer Wind

1 Bericht 2 und Atlas: Tropische Wirbelstürme können sich als Naturkatastrophe auswirken. Beschreibe und begründe.

2 Erkläre die Entstehung eines Hurrikans. Fertige eine Skizze an.

Zur Vertiefung

3 Bild 1 und Atlas: Miss den Durchmesser der Hurrikans „Hanna" und „Ike".

4 Unterscheide Windgeschwindigkeit und Zuggeschwindigkeit eines Hurrikans.

5 Informiere dich im Internet über Auswirkungen von Orkanen in Deutschland.

TERRA ORIENTIERUNG

Die endogenen und exogenen Naturkräfte wirken überall auf der Erde. Zu Naturgefahren werden sie dort, wo sie das Leben der Menschen beeinträchtigen. Zum Beispiel wenn der Wind sich zum gefürchteten Orkan steigert oder wenn Erdbeben zerstörende Tsunamis auslösen. Vor allem in dicht bewohnten Gebieten wirken sie sich als Naturkatastrophen aus. Aber das Risiko, davon betroffen zu sein, ist auf der Erde sehr unterschiedlich.

Naturgefahren weltweit

Auf einer Weltkarte haben die Gebiete besonderer **Naturgefahren** ein ganz bestimmtes Verbreitungsmuster. Einige der möglichen Naturereignisse und ihre Ursachen hast du kennengelernt. Nicht immer können oder wollen die Menschen allen Risiken der Natur ausweichen. Besonders dort wirken sie sich als **Naturkatastrophen** aus. Die Münchner Rückversicherungsgesellschaft berichtet, dass die letzten Jahre einen zunehmenden Trend zu steigenden Schäden durch Naturkatastrophen feststellen lassen. Zwar gibt es seit etwa 1990 auf Initiative der UNO internationale Anstrengungen, um den Auswirkungen großer Naturkatastrophen entgegenzuwirken, aber der Kampf gegen die Hauptursachen, Bevölkerungs- und Städtewachstum, Nutzung gefährdeter Gebiete, Umweltveränderungen, ist fast aussichtslos. Immerhin ist es gelungen, Katastrophenmanagement, Frühwarnung und Vorbeugung zu verbessern.

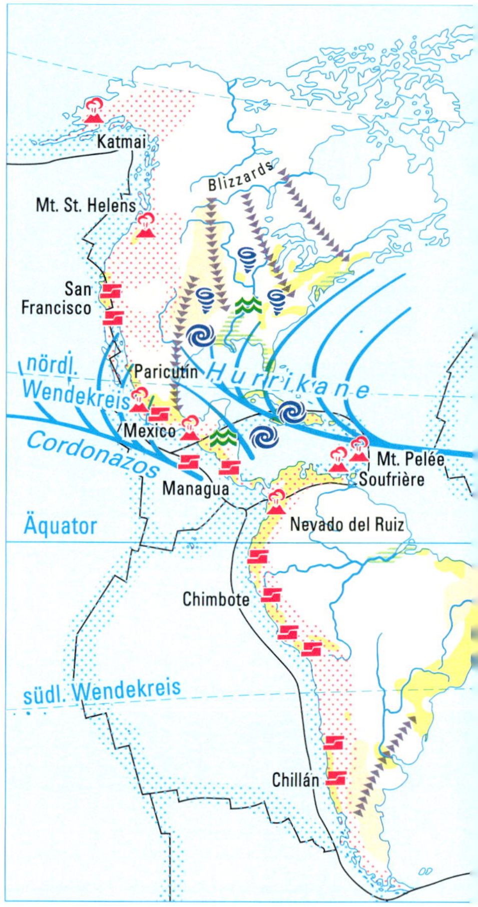

2 Von Naturereignissen betroffene Gebiete

Die folgenreichsten Naturkatastrophen (1970 bis 2008)

Nach Anzahl der Toten				Nach Schaden (in Mio. US-$)			
Jahr	**Staat**	**Ereignis**	**Tote**	**Jahr**	**Staat**	**Ereignis**	**Schaden**
1970	Peru	Erdbeben	67 000	1988	Armenien	Erdbeben	14 000
1970	Bangladesh	Sturmflut	300 000	1990	Europa	Winterstürme	15 000
1976	Guatemala	Erdbeben	23 000	1992	USA	Hurrikan	30 000
1976	China	Erdbeben	290 000	1993	USA	Überschwemmung	16 000
1985	Kolumbien	Vulkanausbruch	25 000	1995	Japan	Erdbeben	100 000
1988	Armenien	Erdbeben	25 000	1995	Nordkorea	Überschwemmung	15 000
1990	Bangladesh	Sturmflut	140 000	1996	China	Überschwemmung	24 000
1999	Türkei	Erdbeben	20 000	1998	China	Überschwemmung	30 000
2003	Europa	Hitze/Brände	20 000	2003	Europa	Hitze/Brände	13 000
2004	Südasien	Tsunami	300 000	2004	Japan	Erdbeben	28 000
2005	Nordpakistan	Erdbeben	86 000	2005	USA	Hurrikan	125 000
2008	Myanmar	Zyklon	128 000	2006	Java	Erdbeben	3 100
2008	China	Erdbeben	80 000	2007	Europa	Orkan	10 000

1

Material
Aktuelle Nachrichten zu Naturkatastrophen
104311-0702

Material
Umrisskarte der Erde
104311-0703

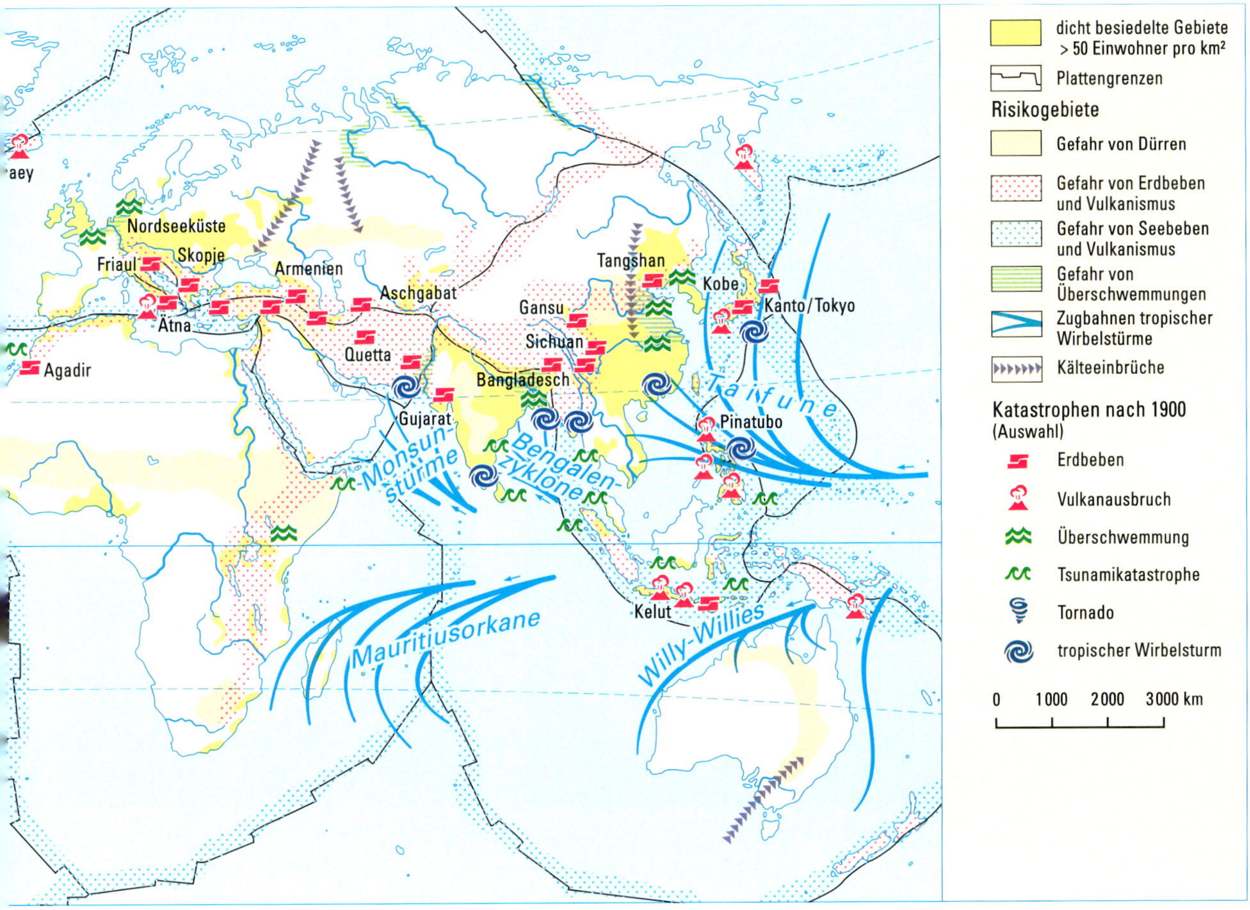

1 Ordne die in der Karte 2 genannten Katastrophen den endogenen oder exogenen Naturkräften zu.

2 Unterscheide und erläutere die Begriffe Naturgefahr und Naturkatastrophe.

3 Arbeite mit Karte 2:
a) Beschreibe die Verbreitung einzelner Erscheinungen (z. B. Vulkanismus) und nenne betroffene Staaten oder Landschaften.
b) Liste Gebiete auf, in denen sich die Gefährdungen durch unterschiedliche Naturereignisse überlagern.

4 Arbeite mit Tabelle 1:
a) Stelle fest, welche Naturgefahren die meisten Todesopfer fordern, welche die höchsten Sachschäden verursachen.
b) Stelle fest, welche Staaten/Regionen betroffen sind.
c) Vergleiche die Jahresangaben bei den Schäden. Was fällt dir auf?

Zur Vertiefung

5 Europa ist relativ gering betroffen. Ermittle mit einer Internetrecherche genauere Informationen über die in Tabelle 1 genannten Ereignisse.

6 Zusammenschau:
a) Zeichne eine Weltkarte (Umrisse) in dein Heft oder drucke dir die Umrisskarte aus (Online-Link).
b) Kennzeichne in deiner Karte (z. B. mit blauen und grünen Kreisen) die Gebiete aus Tabelle 1.
c) Trage die Gebiete aus der Aufgabe 3b in die Karte ein.

7

TERRA **TRAINING**

Wichtige Begriffe
Ablagerung
Abtragung
Akkumulation
Altmoränenland
Ausgleichsküste
Börde
Durchbruchstal
Eiszeitalter
Erosion
Exogene Kräfte
Findling
Flachküste
Gäu
Glaziale Serie
Hurrikan
Jungmoränenland
Löss
Naturgefahr
Naturkatastrophe
Seitenerosion
Steilküste
Tiefenerosion
Trogtal
Wirbelsturm
Wind
Zungenbeckensee

1 **Großglockner**

4 **Elbsandsteingebirge**

2 **Rügen**

5 **Nord-Jütland**

Reliefformung durch exogene Naturkräfte

Exogene Naturkraft	**Schwerkraft**	**Fluss**	**Meer**	**Eis**	**Wind**
Abtragungsprozess	Bergsturz	...	...	Glazialerosion	Auswehung
Abtragungsform	Abrissnische	...	Kliff	...	...
Ablagerungsform	Schutthalde	...	...	...	...

3

Kennen und Verstehen

1 Begriffe gesucht

a) abtragende Tätigkeit des Wassers,
b) vom Inlandeis hinterlassener Formenschatz,
c) vom Gletscher geprägtes Tal,
d) ortsfremde, vom Inlandeis abgelagerte Felsblöcke,
e) gelbbraune, staubfeine Ablagerung des Windes,
f) tropischer Wirbelsturm in der Karibik

2 Außenseiter gesucht

Welcher Begriff passt nicht ? Begründe, weshalb.

a) Erosion – Kerbtal – Klamm – Muldental,
b) Ablagerung – Abtragung – Auswehung – Erosion,
c) Gleithang – Klamm – Mäander – Prallhang,
d) Hurrikan – Orkan – Taifun – Zyklon,
e) Flachküste – Haff – Nehrung – Steilküste,
f) Endmoräne – Findling – Sander – Urstromtal

Lernen im Netz
Quiz Naturkatastrophen
104311-0704

Material
Bogen zur Selbsteinschätzung
104311-0705

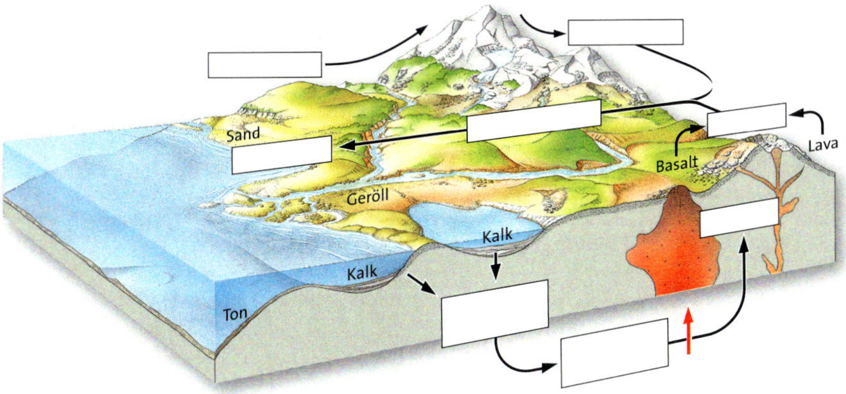

6 Schema zu exogenen und endogenen Vorgängen

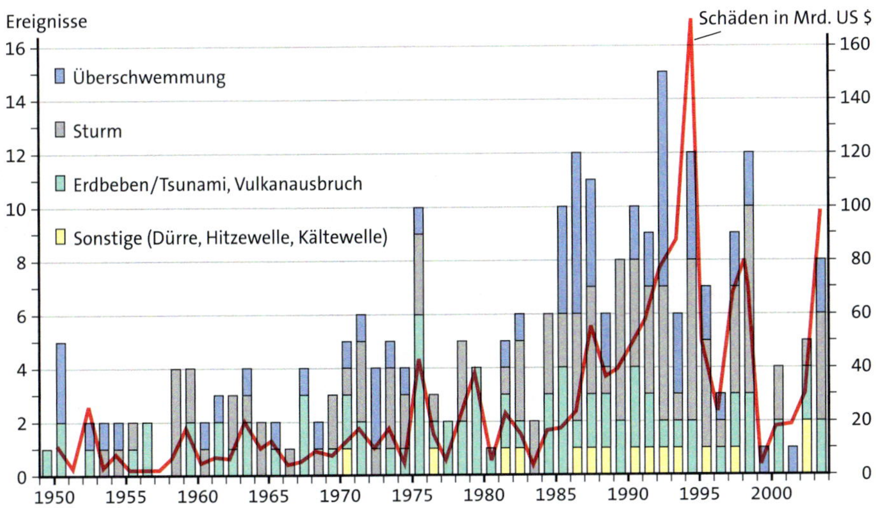

7 **Große Naturkatastrophen 1950–2004: Anzahl der Ereignisse und volkswirtschaftliche Schäden**

Teste dich selbst
mit den Aufgaben 1 und 2.

Anwenden

3 Schema 6

a) Beschreibe die Vorgänge in dem Schema.

b) Nenne die jeweiligen Prozesse und unterscheide zwischen endogenen und exogenen Kräften.

4 Fotos 1, 2, 4 und 5

a) Beschreibe die Oberflächenformen.

b) Nenne jeweils die landschaftsformende exogene Naturkraft.

5 Exogene Kräfte

Übertrage die Übersicht 3 in dein Heft und ergänze sie. Tipp: Nutze auch die wichtigen Begriffe in der Randspalte.

Bewerten und Beurteilen

6 Grafik 7: Naturkatastrophen

a) Vergleiche die Anzahl endogen und exogen verursachter Naturkatastrophen.

b) Vergleiche grob die von Naturkatastrophen verursachten Schäden der Zeiträume 1950–1975 und 1975–2000.

c) Finde Erklärungen für Unterschiede.

7 Naturkatastrophen: Ursache und Schutz

a) Welche Naturkatastrophen wurden vom Menschen mit verursacht oder verstärkt?

b) Vor welchen drohenden Naturkatastrophen kann der Mensch schützende Maßnahmen ergreifen?

Umwelt schützen

Wir alle wünschen uns die **Naturgüter** Luft, Wasser, Boden und Vegetation sauber und unbeschädigt. Doch häufig sieht die Wirklichkeit anders aus.

Der Lernweg durch das Kapitel:

Ein weltweites Programm, die Agenda 21, soll helfen, die Zukunft unseres Planeten zu sichern. Auch an deiner Schule ist ein Beitrag dazu möglich.

↓

Die Naturgüter sind besonders zu schützen. Dies gilt z. B. für die Luft in großen Städten.

↓

Staub belastet die Stadtluft. Erfrage die Hintergründe!

↓

Ohne sauberes Wasser und intakte Böden ist Leben schwer möglich. Wie sind diese Naturgüter zu schützen?

↓

Unsere Wälder sind gefährdet. Sie zeigen an, dass in der Luft zu viele Schadstoffe sind.

↓

In Schutzgebieten, z. B. in Nationalparken, hat der Naturschutz Vorrang.

Hannover
Kassel
Dortmund
Frankfurt-West
Köln
Wiesbaden
Frankfurt
Würzburg
Offenbach
Frankfurt-Süd

1 Das „nachhaltige Klassenzimmer“

Lokale Agenda 21

Agenda (lat.) =
„Was getan werden soll“

Nachhaltige Entwicklung
Schutz, Pflege und schonende Nutzung der natürlichen Lebensgrundlagen (Boden, Vegetation, Gewässer usw.), um sie für künftige Generationen zu erhalten

Die **Agenda 21** ist ein weltweiter Aktionsplan für das 21. Jahrhundert. Der Plan wurde 1992 von über 170 Staats- und Regierungschefs auf der Umweltkonferenz in Rio de Janeiro unterzeichnet. Ziel ist es, die Zukunft unseres Planeten zu sichern. Die größten Probleme sind die zunehmende Ungleichheit zwischen den Ländern dieser Erde, Armut, Hunger, mangelnde Bildung sowie die fortschreitende Schädigung der natürlichen Umwelt.
Die Staaten haben sich verpflichtet, im Bereich Entwicklung und Umwelt zusammenzuarbeiten und eine **nachhaltige Entwicklung** zu fördern.
Doch es reicht nicht, auf Regierungsebene Maßnahmen einzuleiten. Auch die Menschen in den Städten und Gemeinden sind aufgefordert, einen Beitrag zu leisten. Sie können sich aktiv an Projekten vor Ort beteiligen, z. B. an der lokalen Agenda 21. Auch in eurer Schule könnt ihr etwas dafür tun!

Spart Energie!
Schulalltag: Morgens rein, mittags raus, dazwischen: Lernen, Pausen, Lernen. Denkt ihr dabei an die Zukunft? Vielleicht ja. Aber an Energiesparen, weniger CO_2 in die Atmosphäre? Den ganzen Tag Beleuchtung in den Fluren, in der Klasse auch bei schönstem Sonnenschein, Stand-by-Betrieb von Geräten, ständig gekippte Fenster im Winter. Was geht das uns an?
Wenn ihr euch aktiv für die Umwelt einsetzen wollt: Startet das Programm „Energiesparen“!

Für die Erkundung

Checkliste Raumheizung

Wie und wann wird gelüftet?

Lüftungsart: ❑ Stoßlüften ❑ Daueröffnung — Häufigkeit: .... x am Tag .... h/Tag (insg.)

Werden die Außentüren nur bei Bedarf geöffnet?
❑ ja ❑ nein

Sind die Fenster während der großen Pausen die ganze Zeit geöffnet?
❑ ja ❑ nein

Sind die Temperaturwerte für die Schulräume entsprechend den Empfehlungen für Raumheizung eingestellt?
❑ ja ❑ nein

Kann die Raumtemperatur zentral je nach Bedarf (z. B. bei Abendveranstaltungen) eingestellt werden?
❑ ja ❑ nein

Stehen die Heizkörper frei oder werden sie durch Gegenstände verdeckt?
❑ frei ❑ verdeckt
Räume mit verdeckten Heizungen: ....

Können die Messfühler die Raumtemperatur ungestört erfassen?
❑ ja ❑ nein

Sind die Ventile an den Heizkörpern funktionsfähig?
❑ ja ❑ nein
Räume: ....

Kann das Heizungssystem die Vorlauftemperatur regeln?
❑ ja ❑ nein

2

Sparen in den Ferien

Ein Kühlschrank, der in der Schule rund um die Uhr arbeitet, verbraucht etwa 410 kWh elektrische Energie im Jahr. Durch ein Abschalten in den Ferienzeiten verbraucht er nur noch 300 kWh pro Jahr.

Ein Elektroboiler für die Heißwasserbereitung verbraucht in der Schulzeit 190 kWh. Ist er in der Ferienzeit nicht abgeschaltet, beträgt sein Energiebedarf 350 kWh im Jahr.

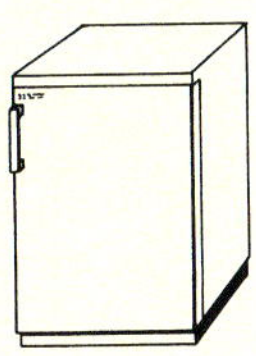

3

Um 1000 kwh elektrische Energie zu erzeugen, werden:

verbrannt	freigesetzt
1300 kg Braunkohle	1 167 kg CO_2
oder	
320 kg Steinkohle	666 kg CO_2
oder	
270 m^3 Erdgas	242 kg CO_2
oder	
220 l Heizöl	310 kg CO_2

4

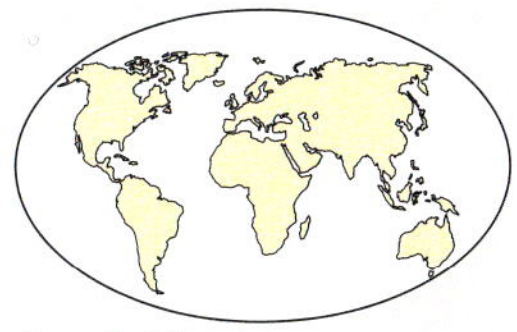

Agenda 21:
Ausgleich zwischen „Nord" und „Süd", Weltklimakonferenz, Weltsiedlungskonferenz, Leitbild der nachhaltigen Entwicklung

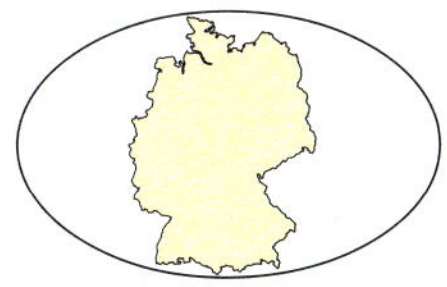

Nationale Agenda 21:
z. B. Entwurf eines umweltpolitischen Schwerpunktprogramms

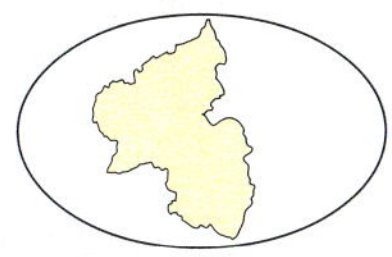

Landes-Agenda 21:
Unterstützung und Förderung nachhaltiger Strategien in Land, Stadt und Gemeinde

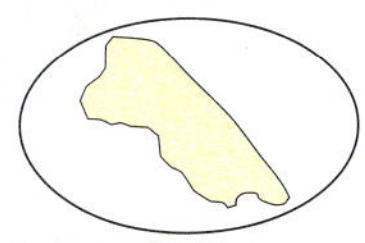

Lokale Agenda 21:
Aktionen im Sinne nachhaltiger Entwicklung in Stadt und Gemeinde, Zusammenarbeit der beteiligten Gruppen vor Ort

Persönliche Handlungsebene

5 **Ebenen der Agenda 21**

1 „Nachhaltigkeit im Klassenzimmer": Fertige eine Tabelle an und trage die Einsparmöglichkeiten ein, die sich hinter den Zahlen in Zeichnung 1 verbergen.

2 Energiesparen ist wichtig. Begründe dies mithilfe der Informationen 3 und 4.

3 Erarbeitet eine weitere Checkliste für die Beleuchtung und Gerätenutzung in eurer Schule. Startet eine Plakataktion mit Energiespartipps.

Zur Vertiefung

4 Arbeite mit Grafik 5.
a) Warum hat man die Agenda 21 ins Leben gerufen?
b) Beschreibe die verschiedenen Ebenen des Agendaprozesses.

5 Informiere dich in deinem Heimatort über Agenda-Aktivitäten.

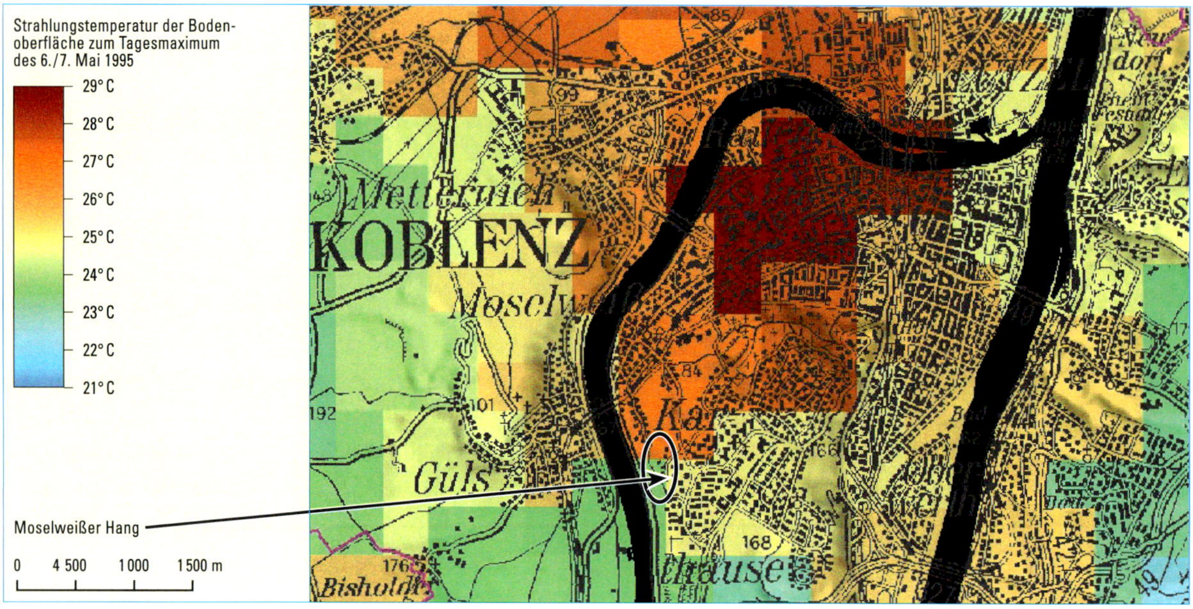

1 Thermalkarte von Koblenz am 6./7. Mai 1995, 16.00 Uhr

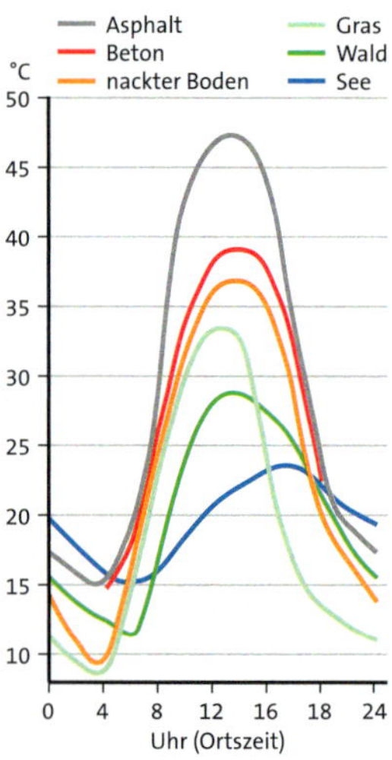

2 Temperaturen verschiedener Oberflächen an einem Hochsommertag

Frische Luft für Koblenz

Koblenz, die Großstadt an Rhein und Mosel, ist für viele eine sehenswerte Stadt. Doch die attraktive Tallage hat auch Nachteile. Vor allem in den warmen Sommermonaten besteht für die Koblenzer Innenstadt die Gefahr, dass der Wind nicht genügend Kaltluft in den „Kessel" hineinführt. Dadurch erwärmt sich die Innenstadt stark, wodurch ein **Belastungsklima** für die Menschen entsteht.

Der „Kühlschrank" von Koblenz

Der Moselweißer Hang ist eine 20 ha große Wiesen- und Ackerfläche mit einzelnen Obstbäumen im Stadtteil Moselweiß. Er liegt etwa drei Kilometer südwestlich von der Koblenzer Innenstadt entfernt.

Inmitten dieser Landschaft befindet sich ein bedeutsames Entstehungsgebiet für Kaltluft. Diese frische kalte Luft wird von der Koblenzer Innenstadt gebraucht, besonders bei Wetterlagen mit geringer Luftbewegung wie im Hochsommer.

Im Moselweißer Hang kann Kaltluft entstehen, weil die Oberfläche in der Nacht stark abkühlt. Deshalb bezeichnet man das Gebiet auch als „Kühlschrank" von Koblenz.

Kaltluftentstehung und Transport

Die Voraussetzungen für das Einströmen von Kaltluft sind unterschiedliche Luftdruckverhältnisse. Am Entstehungsort herrscht wegen der kalten absinkenden Luft hoher Luftdruck am Boden. Im dicht bebauten und fast baumfreien aufgeheizten Innenstadtbereich hingegen herrscht durch die aufsteigende Warmluft am Boden niedriger Luftdruck.

Über unbebaute **Kaltluftbahnen**, z. B. große Straßenzüge oder Bahnlinien, kann sauerstoffreiche Kaltluft aus dem Moselweißer Hang Richtung Innenstadt strömen.

Die Bedeutung des Moselweißer Hangs für die Koblenzer Innenstadt ist den Menschen bekannt. Dennoch wurde in den letzten Jahren immer wieder

3 Baumneupflanzung

4 Baumumpflanzung

überlegt, den Moselweißer Hang weiter mit Häusern zu bebauen.

Bäume – wichtig für unsere Städte
Zur Verbesserung des Stadtklimas tragen auch Bäume, vor allem Laubbäume bei. Sie filtern Staub und liefern große Mengen an Sauerstoff, den wir zum Atmen benötigen.
In Koblenz werden seit Jahren an viel befahrenen Straßen immer mehr Stadtbäume gepflanzt. Um ausgewachsene Bäume bei neuen Bauvorhaben nicht fällen zu müssen, werden sogar Umpflanzungen vorgenommen. Spezialmaschinen umklammern dabei das Wurzelwerk, heben den Baum aus dem Erdreich und transportieren ihn zum neuen Standort. Zur Luftverbesserung gehört allerdings auch das Fällen kranker Bäume. Nicht immer erscheint dies einsichtig, doch Baumsachverständige prüfen zuvor genau, ob der Baum krank bzw. umsturzgefährdet ist.

- Eine große Buche speichert in ihrem Leben 3,5 t Kohlendioxid.
- An einem sonnigen Tag produziert sie etwa 10 000 l Sauerstoff.
- Ein Baum erhöht die Luftfeuchtigkeit und spendet durch seine Verdunstung vor allem im Sommer Schatten und Kühle.
- Ein Baum filtert im Jahr bis zu 700 kg Staub (= 1 400 Staubsaugerfüllungen).
- Ein Baum nimmt bis zu 70 000 Liter Wasser auf. Diese Menge verbraucht ein Mensch in etwa 1,5 Jahren als Brauchwasser.
- Ein Baum ist Wind-, Sicht- und Lärmschutz.

5 „Leistungen" eines Baumes

1 Karte 1: Beschreibe die Temperaturverteilung am 6./7.5.95 in den Stadtteilen.

2 Moselweißer Hang:
a) Erkläre, warum am Moselweißer Hang Kaltluft entsteht.
b) Begründe, warum die Bebauung des Moselweißer Hangs Nachteile für die Koblenzer Innenstadt hat.

3 Nenne die Aufgaben von Bäumen in einer Stadt.

Zur Vertiefung

4 Fotografiere Stadtbäume in deiner Nähe. Bestimme sie mithilfe eines Baumführers und fertige eine Collage an.

5 Recherchiere den Begriff Fotosynthese und schreibe die Erklärung in dein Heft.

6 Manche Stadtbewohner sind über Baumneupflanzungen nicht erfreut. Begründe.

Willst du etwas genau wissen, so wendest du dich an einen Experten. Im Gespräch mit ihm erhältst du Einblicke und Hintergründe zu einem Thema. Doch wie gewinnst du für deine Befragung einen Experten? Wie bereitest du ein Interview vor und wie führst du es durch? Und wie gehst du mit den gesammelten Informationen um?

1

Eine Expertenbefragung durchführen: Feinstaub als Belastung

In immer mehr Städten wird unsere Atemluft durch feinen Staub verunreinigt. Diese **Luftverschmutzung** kann zu gesundheitlichen Schäden wie Atemwegserkrankungen führen. Untersuchungen ergaben, dass mit **Feinstaub** belastete Luft die durchschnittliche Lebenserwartung in Deutschland um etwa zehn Monate senkt. Feinstaub sind kleinste Partikel in der Luft, die vor allem während der Verbrennung von Diesel- und Benzinkraftstoff anfallen.

Besonders in den Großstädten ist die Feinstaubbelastung hoch. Städte und Kommunen haben deshalb als Umweltschutzmaßnahme so genannte **Umweltzonen** eingerichtet. In diesen kann seit 2007 für Autos ein Fahrverbot ausgesprochen werden.

Eine Expertenbefragung durchführen

1. Schritt: Vorbereitung

Arbeite dich in das Thema ein. Nutze dazu z. B. das Internet. Häufig wirst du dort mit Informationen überflutet, erstelle deshalb einen Stichwortzettel. So strukturierst du die Informationen und kannst dir einen ersten fachlichen Überblick verschaffen.

Finde einen Experten zum Thema. Beim Thema Feinstaub bieten sich als Gesprächspartner die Mitarbeiter des Umweltamtes oder des TÜV an.

Formuliere Fragen, die du dem Experten stellen willst: Erstelle ein „Fragengerüst“, sodass ein roter Faden erkennbar ist. Die Fragen sollten kurz und verständlich formuliert sein.

Überlege, wie die Ergebnisse der Expertenbefragung festgehalten werden sollen. Du kannst eine Mitschrift anfertigen oder mit Zustimmung des Befragten ein Diktiergerät oder ein Handy nutzen.

2 Feinstaubplakette in einem Fahrzeug

3 Hinweisschilder auf eine Umweltzone

2. Schritt: Durchführung

Du hast dich auf einen Experten festgelegt und einen Befragungstermin vereinbart. Leite deine Befragung freundlich ein. Stelle dich kurz vor und nenne die Gründe der Befragung. Schaue beim Gespräch den Experten immer an. Nutze für die Befragung den vorbereiteten Fragenkatalog. Wenn deine Fragen nicht eindeutig beantwortet werden, dann habe Mut und frage gezielt nach.

3. Schritt: Nachbereitung

Nach der Befragung weißt du mehr als vorher, du bist damit ein kleiner „Feinstaubexperte".
Dieses Fachwissen sollst du nun an andere weitergeben. Erstellt in Gruppen Plakate zum Thema und präsentiert sie auf einem Elternabend. Verfasst Berichte für die Schülerzeitung oder bereitet eine Ausstellung z.B. im Schulfoyer vor.

Expertenbefragung
am ... , von ... Uhr bis ... Uhr
Ort: ...
Teilnehmer: ...
Thema: Feinstaub in Städten

Fragenbereiche:
a) Feinstaub, z. B.:
 – Was ist Feinstaub?
 – Wieso sind Stäube in der Luft gefährlich?
b) Umweltzone, z. B.:
 – Was ist eine Umweltzone?
 – Woran erkennt man eine Umweltzone?
c) Umweltplakette, z. B.:
 – Welche Arten von Umweltplaketten gibt es?
 – Benötigt ein Mofa auch eine Plakette?
d) Eigenerfahrungen/Einstellungen, z. B.:
 – Wie beurteilen Sie die Einführung von Umweltzonen?

4 Fragenkatalog

Die Einteilung von Fahrzeugen richtet sich nach dem Ausstoß an Feinstaub.
Fahrzeuge ohne geregelten Katalysator erhalten keine Plakette. Je weniger Feinstaub ein Auto ausstößt, desto höher ist die Einordnung in eine Schadstoffgruppe.
Schadstoffgruppe 1 = ohne Plakette,
Schadstoffgruppe 2 = rote Plakette,
Schadstoffgruppe 3 = gelbe Plakette ,
Schadstoffgruppe 4 = grüne Plakette

5 Einteilung in Schadstoffgruppen

1 Sammelt Informationen über die Feinstaubproblematik in deutschen Städten.
2 Entwickelt weitere Fragen für eine Expertenbefragung.
3 Führt eine Befragung zur Feinstaubproblematik durch.

1 **Hainbach bei Walsheim (A) und Triefenbach bei Edenkoben (B)**

Unsere Bäche: zerstört oder lebendig?

Wer der Deutschen Weinstraße zwischen Edenkoben bis Klingenmünster folgt, der sieht Bäche in naturbelassenem Zustand fließen, mit einer vielfältigen Pflanzen- und Tierwelt im Gewässer und am Ufersaum. Er nimmt aber auch zerstörte und betonierte Bachlaufabschnitte wahr, die an „tote Ablaufrinnen" erinnern. Doch warum gibt es solche Bachabschnitte, die ökologisch wertlos sind?

Die Ursachen

Um hohe Gewinne zu erzielen, nutzten die Landwirte bis vor wenigen Jahrzehnten jeden Quadratmeter Fläche zum Anbau ihrer Produkte. Die Landnutzung wurde bis hin zu den Bachauen ausgedehnt, denn der Uferbewuchs hatte die Flächen verkleinert, Schatten erzeugt und damit den Ertrag verringert. Wo der Bach besonders störte, wurde er umgeleitet oder nach Belieben eingeengt. Manchmal wurde ein Bachabschnitt sogar unterirdisch in eine Rohrleitung verbannt.

Ein geradliniger Bachlauf diente auch hygienischen Zielen. Eingeleitete Abwässer und Abfälle wurden so schneller weggeführt, denn es gilt: Je geradliniger ein Bachverlauf, desto schneller die Fließgeschwindigkeit. Auch Flüsse wurden in der Vergangenheit immer wieder begradigt. Dadurch konnten die Fahrbedingungen für die Schifffahrt verbessert werden.

Die Folgen

Bäche und Flüsse in natürlichem Zustand sind gekennzeichnet durch einen geschwungenen Lauf und durch eine vielseitige Ufervegetation. Bei Starkregen fließt das Hochwasser langsam durch die Windungen. Dabei wird ein Teil des Wassers von den Blättern und Wurzeln der Pflanzen zurückgehalten.
An begradigten Gewässern fehlt die Strauch- und Baumvegetation weitgehend. Dadurch gibt es auch weniger Tiere. Der rasche Abfluss von Hochwasser führt zudem vermehrt zu Überschwemmungen.

Surftipp
Bachpatenschaft
104311-0801

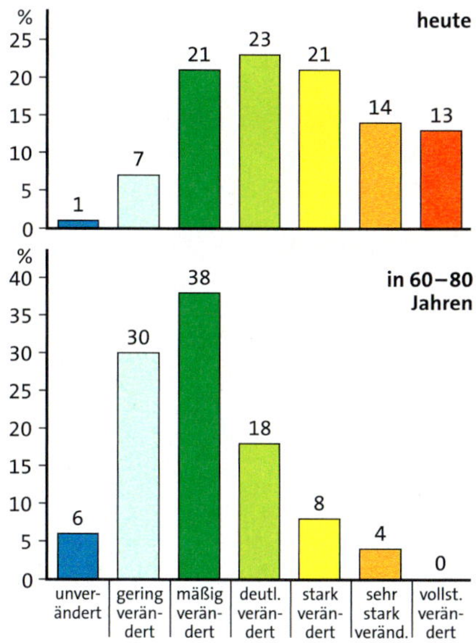

2 Gewässerstrukturgüteklassen in Rheinland-Pfalz

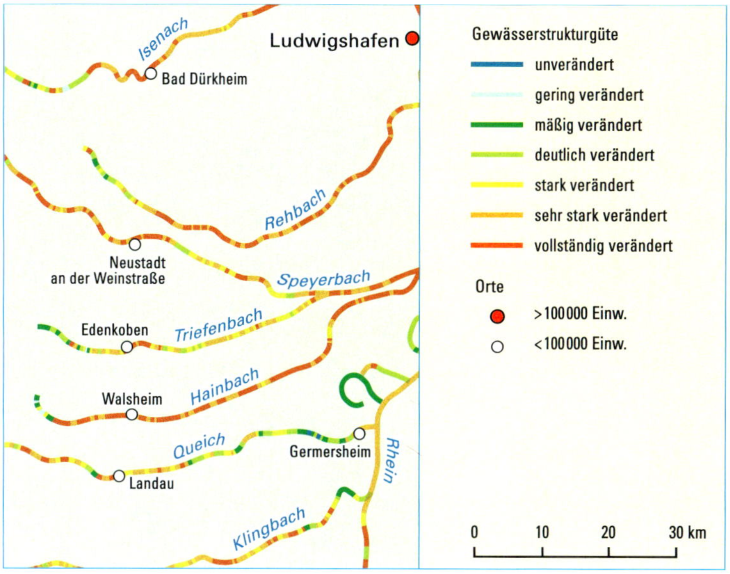

3 Ausschnitt aus der Gewässerstrukturgütekarte von Rheinland-Pfalz 2005

Aktion Blau

Seit einigen Jahren hat man erkannt, dass stark veränderte Bachabschnitte wieder in einen naturnahen Zustand überführt werden müssen. Dieser Vorgang wird als **Gewässerrenaturierung** bezeichnet. Einen Beitrag hierzu und damit zum **Landschaftsschutz** leistet auch das 1994 in Rheinland-Pfalz ins Leben gerufene Programm „Aktion Blau". Dessen Motto lautet: Naturferne Gewässer in naturnahe Gewässer verwandeln.

Europäische Wasserrahmenrichtlinie

Renaturierungsmaßnahmen sind aufwändig und teuer: Uferbestigungen müssen entfernt oder Wehre neu gestaltet werden. In welchem Zustand sich ein Gewässer befindet, zeigt die Gewässerstrukturgüte an. Noch vor einigen Jahren waren bundesweit etwa 80 % aller Gewässer der Kategorie 3 und darunter zuzuordnen, in Rheinland-Pfalz fielen die Werte ähnlich aus.
Doch trotz ergriffener Renaturierungsmaßnahmen zeigen Bäche noch immer unbefriedigende Zustände wie die Queich und ihre Seitenarme zwischen Annweiler und Landau. Nach der Europäischen Wasserrahmenrichtlinie müssen bis 2015 alle Bäche und Flüsse einen guten ökologischen und chemischen Zustand aufweisen.

1 Beschreibe die Fotos 1 A und B.
2 Begründe, warum man früher Bäche und Flüsse begradigt hat.
3 Erkläre den Zusammenhang zwischen Begradigung und Hochwassergefahr.
4 Welche Maßnahmen ergreift der Mensch, um Fließgewässer zu renaturieren?

Zur Vertiefung

5 Beschreibe die Gewässerstrukturgüte in Karte 3.
6 Beschreibe die Grafiken 2.
7 Informiere dich im Internet über das Programm „Aktion Blau" (Online-Link). Erstelle eine Übersicht über bereits abgeschlossene Maßnahmen und über zukünftige Ziele.
8 Erkunde selbst einen Bach in deiner Nähe und überprüfe seine durch menschliche Eingriffe verursachten Veränderungen.

1 Klärwerk der BASF Ludwigshafen

Klärwerk der BASF Ludwigshafen
Abwassermenge:
320 000 m³ pro Tag, davon 84 % werkseigen, 16 % kommunal;
mechanische Reinigung:
– Rechenanlage,
– 4 Vorklärbecken;
biologisch-chemische Reinigung:
– 5 Belebungsbecken,
– 15 Nachklärbecken;
Zeitdauer der Reinigung: etwa 25 Stunden;
Klärschlamm:
– 400.000 t pro Jahr,
– Stromgewinnung und Abgabe von Fernwärme durch Verbrennen

2

Ist Rheinwasser auch Reinwasser?

Du gehst zur Toilette, betätigst die Spülung, wäschst dir die Hände, schließt die Tür. Fertig ist das „Geschäft“, für dich – für andere fängt es erst an.

Wohin mit dem Abwasser?
Durch das Kanalnetz fließt das Abwasser dem **Klärwerk** der Entsorgungswerke zu. Dort wird es in drei Stufen mechanisch, chemisch und biologisch gereinigt. Das Klärwasser fließt dann über Nebenflüsse zum Rhein. Doch dies war nicht immer so.
Bis in die 1970er Jahre gelangte das **Abwasser** aus Wohnhäusern zuerst in hauseigene Sammelgruben. Diese hielten zwar den groben Anteil zurück, aber der trübe Überlauf floss durch Kanäle in Bäche und Flüsse. Das hatte zur Folge, dass sich die **Gewässergüte** von Flüssen von der Quelle bis zur Mündung zunehmend verschlechterte.
Dieser Zustand herrschte an allen Nebenflüssen des Rheins. Hinzu kam das Abwasser aus den Gewerbe- und Industriebetrieben. Die Wasserqualität sank auf ein sehr bedenkliches Maß, der ehemals fischreiche Rhein drohte vollständig zu verschmutzen, zur „Kloake Europas“ zu werden.

Eine Katastrophe bringt die Wende
1986 brannte eine Lagerhalle einer Chemiefirma in Basel. Löschwasser schwemmte hochgiftige Stoffe in den Rhein. Dies verursachte ein Fisch- und Kleintiersterben bis Koblenz. Die Entnahme von Trinkwasser an den Ufern des Rheins wurde gestoppt. Die Rheinanliegerstaaten beauftragten die Internationale Kommission zum Schutz des Rheins (IKSR), einen Plan zur Rettung des Stromes zu erstellen.
Dadurch wurde bis zum Jahr 2000 erreicht, dass fast alle Kommunen und Betriebe an Klärwerke angeschlossen waren und keine direkte Einleitung von Abwasser in den Rhein mehr erfolgte.
Ebenso sorgten Betriebe für die Klärung ihres Abwassers. So zum Beispiel das Chemiewerk der BASF in Ludwigshafen: 1974 wurde ein Klärwerk in Betrieb genommen, das auch Abwasser der Städte Ludwigshafen und

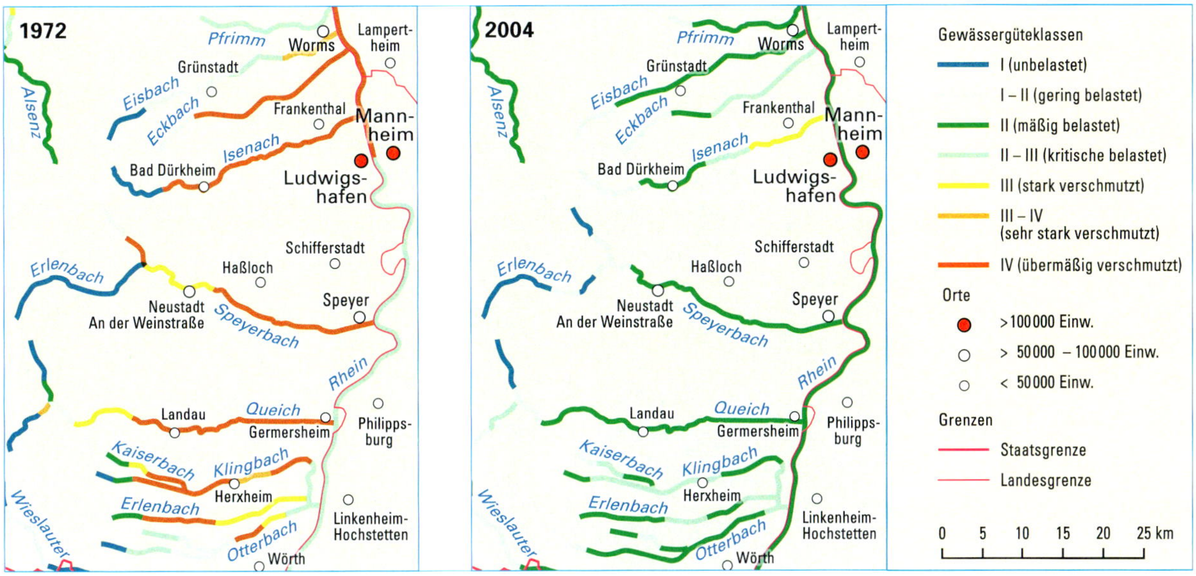

3 **Gewässergüte des Rheins und seiner Zuflüsse 1972 und 2004 (Ausschnitte)**

Frankenthal entsorgt. Damit ist es eines der größten Klärwerke in Europa, denn es bewältigt eine Abwassermenge entsprechend einer Großstadt von sieben Millionen Einwohnern.

Der Erfolg der Maßnahmen zeigt sich heute. Mit 63 Arten ist die Fischfauna des alten Rheins wieder fast komplett vorhanden und ihr Bestand gut erholt. Wanderfische wie Lachs und Meerforelle werden am Oberrhein und seinen Zuflüssen wieder gesichtet. Die meisten Rheinfische sind zum Verzehr geeignet.

Die neue Vision: „Rhein 2020"

Trotz des Erreichten gibt es noch Probleme mit der indirekten Einleitung von Schadstoffen: Stickstoff, Pflanzenschutzmittel und manche Schwermetalle sickern aus landwirtschaftlich genutzten Böden in die Fließgewässer. Mit diesen gelangen sie zur Nordsee und verstärken dort das Algenwachstum.

„Rhein 2020" lautet der Titel der neuen Vision der IKSR zum **Gewässerschutz**. Ziel ist, alte Flussauen an den Rheinufern wieder zu beleben und damit die Artenvielfalt rheintypischer Tiere und Pflanzen zu erhöhen. Dies verringert auch die Gefahr von Hochwasser. Die Maßnahmen entsprechen den Zielvorgaben der Europäischen Wasserrahmenrichtlinie.

4 **Heimische Fischarten im Rhein**

1 Gewässergüte im Rhein:
a) Beschreibe drei Etappen des Zustandes der Gewässergüte im Rhein und in seinen Zuflüssen.
b) Vergleiche die Karten 3.

2 Beschreibe die getroffenen Maßnahmen zum Gewässerschutz des Rheins.

3 Informiere dich, was mit dem Abwasser in deinem Wohnort geschieht.

Zur Vertiefung

4 Foto 1 und Daten 2:
a) Beschreibe das Klärwerk der BASF.
b) Nutze das Internet für die Klärung von von Begriffen und für weitere Informationen.

5 Recherchiere im Internet, was die Abkürzung EU-WRRL bedeutet.

1 Bodenversiegelung

3 Bodenverdichtung

Was uns der Boden übel nimmt

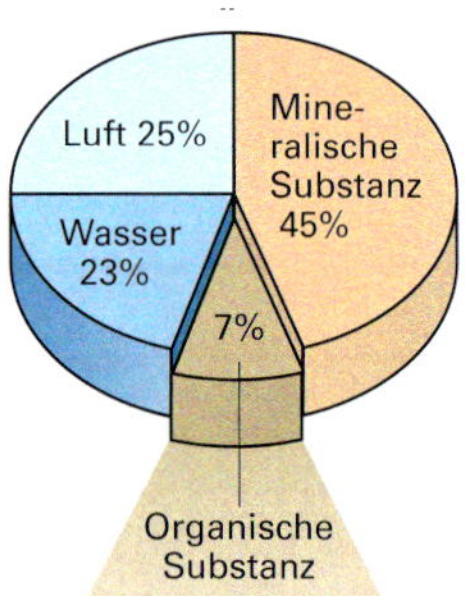

2 Zusammensetzung des Bodens

Der Boden – er überzieht unser Festland wie eine dünne Haut. Ohne den Boden wäre ein Leben auf der Erde nicht möglich. In ihm wurzeln und wachsen Pflanzen, von denen sich wiederum Menschen und Tiere ernähren. Doch immer mehr Bodenflächen gehen verloren, verschuldet durch den Menschen.

Versiegelte und verdichtete Böden
Deutschland ist ein dicht besiedeltes Land. Neben den Siedlungen beansprucht vor allem der Verkehr große Flächen. 4,4 Mio. Hektar Boden, etwa 14% der Staatsfläche, sind unter Asphalt, Beton oder Schotter verschwunden. Durch diese **Bodenversiegelung** werden die Bodenflächen luftdicht verschlossen.
Auch die **Bodenverdichtung**, z.B. durch den Einsatz schwerer Maschinen in der Landwirtschaft, führt zu Problemen. Manchmal wird der Boden so stark verdichtet, dass kein Wasser mehr versickern kann. Dadurch erhöht sich bei Starkregen die Gefahr von Hochwasser und Überschwemmungen.

Vergiftete Böden
Bis in die 1970er Jahre ging man mit der Beseitigung von Abfall und gefährlichen Stoffen häufig sorglos um. Oftmals wurden giftige Abfälle auf Grundstücken entsorgt, auf denen dann Jahre später Siedlungen errichtet wurden. Immer wieder lösten die **Altlasten** beim Menschen schwere Krankheiten aus. Mancherorts mussten sogar neuwertige Häuser abgerissen werden.

Der staatliche Bodenschutz
Man hat erkannt, dass der Boden ein für den Menschen lebenswichtiger Lebensraum ist. Im Jahr 1985 wurde von der Bundesregierung zum Schutz des Bodens daher folgendes festgelegt:
- Erhaltung der vorhandenen naturbelassenen Flächen,
- Begrenzung des Flächenverbrauchs,
- Sanierung belasteter Böden.

4 **Altlasten auf ehemaligem Militärgrundstück**

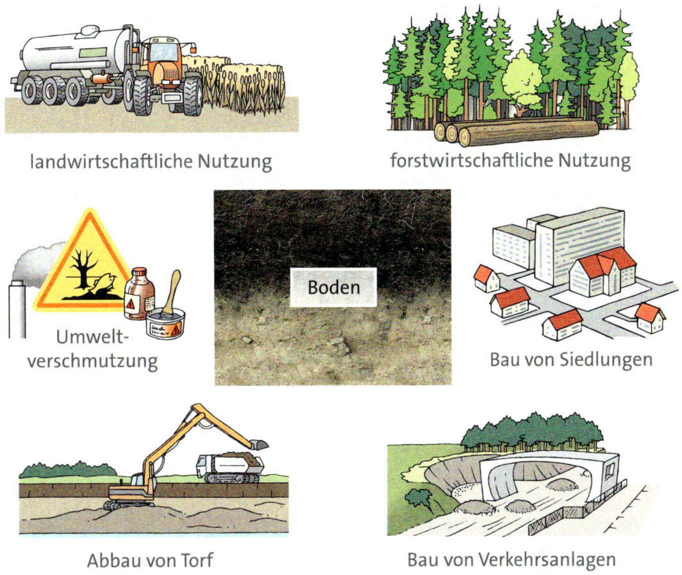

5 **Ursachen für Bodenbelastungen**

Weil der Bodenschutz jedoch nicht konsequent umgesetzt wurde, trat 1999 das Bundesbodenschutzgesetz in Kraft. Das Ziel dieses Gesetzes besteht u.a. darin, eine Trendwende im Landschaftsverbrauch herbeizuführen.

Maßnahmen zur Verbesserung

Heute werden versiegelte Flächen wieder entsiegelt, indem sie von Asphalt und Beton befreit werden. In einigen Fällen sind entsiegelte Flächen mit einheimischen Pflanzen begrünt oder mit wasserdurchlässigen Gittersteinen versehen worden. Dennoch: Im Sinne der Agenda 21 ist unser Flächenverbrauch immer noch zu hoch.

6 **Rasengittersteine**

7 **Entsiegelter Schulhof**

Bodennutzung in Rheinland-Pfalz in 1000 ha

	1978	**2007**
Siedlungs- und Verkehrsfläche	191	281
Landwirtschaftsfläche	970	837
Waldfläche	767	829
Sonstige, darunter Wasserflächen	57	38
Bodenfläche gesamt	**1985**	**1985**

8

1 Nenne Beispiele für Flächenverbrauch in Deutschland.

2 Erkläre die Begriffe Bodenversiegelung und Bodenverdichtung.

3 Grafik 5: Formuliere Aussagen zu Ursachen der Bodenbelastungen.

4 Welche Ziele verfolgt der staatliche Bodenschutz?

Zur Vertiefung

5 Erforscht auf eurem Schulgelände versiegelte Flächen. Wie könnten die Flächen neu gestaltet werden?

1 Nicht geschädigter und stark geschädigter Nadelwald

2 Geschädigte Fichtenzweige

3 Geschädigter Buchenzweig

Verlichtung
Begriff aus der Forstwirtschaft. Wenn Bäume verlichten, dann verlieren sie Nadeln oder Blätter.

Gefährdete Wälder

Wer in den Wald geht, sucht Erholung und Ruhe. Kaum jemand bemerkt jedoch, wie schlecht es unseren Wäldern geht. Auch früher schon wurden sie großflächig vernichtet, z. B. durch lange Frostperioden, Dürren, Massenvermehrung von Schädlingen, Brände oder Sturmschäden. Seit 1982 häufen sich jedoch die Meldungen über die Zunahme neuartiger **Waldschäden**. Waren anfangs ausschließlich Nadelbäume betroffen, so zeigten später auch Laubbäume Schäden. Es verbreitete sich das Schreckgespenst vom „Waldsterben“.

Ursachen von Waldschäden
Die Ursachen der kranken Wälder sind noch nicht in allen Einzelheiten geklärt. Als gesichert jedoch gilt, dass der Mensch mit seiner Lebensweise ein Verursacher der Waldschäden ist.
Bei der Verbrennung von Heizöl oder Kohle wird Schwefeldioxid freigesetzt, welches mit den Abgasen aus den Schornsteinen der Wohnhäuser und Industrieanlagen in die Luft gelangt. Mit Wasserdampf und Sauerstoff entsteht aus dieser Emission Schwefelsäure. Aus Verbrennungsmotoren von Fahrzeugen werden Stickoxide emittiert, die sich unter Einwirkung der Sonnenstrahlung zu giftigem Ozon umwandeln. In Verbindung mit Wasserdampf bilden die Stickoxide Salpetersäure. Gelangen Schwefelsäure und Salpetersäure mit dem Regen auf die Erde, spricht man von **saurem Regen**.

Woran erkennt man kranke Bäume?
Schwefeldioxid, Stickoxide und Ozon schädigen die Nadeln und Blätter von Bäumen. Dadurch wird die Fotosynthese gestört, die Blätter welken.
Am deutlichsten ist dies an Nadelbäumen zu beobachten. Bei gesunden Nadelbäumen sind die Baumkronen sehr dicht und die Zweige bis in Stammnähe benadelt. Geschädigte Bäume dagegen weisen lichte Baumkronen und Zweige auf. An der Oberseite der Äste wachsen kleine Triebe, Angsttriebe genannt. Je nach Schadstufe können die jüngeren Nadeln bereits verfärbt oder aber verformt sein. Die Baumrinde ist bei erkrankten Bäumen sehr oft aufgerissen und deformiert. Je deutlicher diese Merkmale auftreten, desto stärker ist der Baum gefährdet. Wie bei Nadelbäumen sind auch bei Laubbäumen Waldschäden beobachtbar.

Surftipp
Daten des Umweltbundesamtes
104311-0802

4 Windbruch nach Durchzug eines Orkans

7 Borkenkäfer

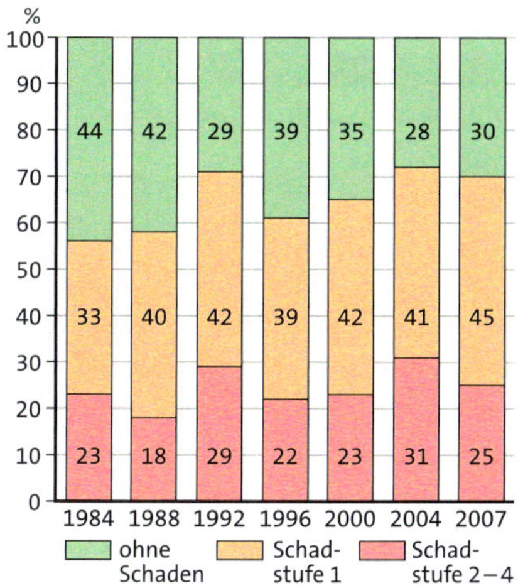

5 Entwicklung der Waldschäden

6 Bodenkalkung im Pfälzerwald

Kranke Bäume – schwache Bäume
Ein geschädigter, geschwächter Wald kann sich Schädlingen, Frost und Sturm nicht widersetzen. Besonders bedroht sind Fichtenwälder in Monokultur. Dort führt Borkenkäferbefall oft zu großflächigem Baumsterben. Schädlinge zerstören das Holz und schwächen den Baum, sodass es bei schweren Stürmen zu Windbruch kommt.

Das Ausmaß der Baumerkrankung wird in Schadstufen ausgedrückt. Dazu wird der Nadel- bzw. der Blattverlust eines erkrankten Baumes bestimmt. Des Weiteren hilft ein Vergleich der Gelbfärbung oder Vergilbung zu einem gesunden Baum bei der Bestimmung.
Zum Schutz der Wälder werden seit einigen Jahren Kalkungen durchgeführt, um die Bodenversauerung aufzuhalten.

1 Beschreibe, woran man kranke Bäume erkennen kann.

2 Der Mensch ist ein Verursacher von Waldschäden. Erläutere.

3 Erkläre den Begriff „saurer Regen“.

Zur Vertiefung

4 Formuliere ein Ergebnis zu Diagramm 5.

5 Erkunde Anzeichen von Waldschäden in deiner Umgebung.

Deutschland genießt in Europa den Ruf eines Landes „mit grünem Herzen“. Dies liegt auch an den 14 Nationalparken, in denen die Landschaft streng geschützt wird. Darin kann der Mensch unberührte Landschaften sowie seltene Tier- und Pflanzenarten sehen.

1 Nationalpark Eifel

2 Nationalpark Sächsische Schweiz

Geschützte Landschaften in Deutschland

Der **Nationalpark** Eifel, 65 km südwestlich von Köln gelegen, ist einer von 14 Nationalparks im Jahre 2009 in Deutschland. Auf einer Gesamtfläche von etwa 110 km² soll sich Natur ohne Einwirken des Menschen entwickeln. Auf ausgesuchten Wegen und unter fachkundiger Führung können Besucher faszinierende Waldlandschaften und romantische Bachtäler sowie artenreiche Wiesenlandschaften erkunden. Für Kinder werden Wildnistouren angeboten.

Ursprung der Nationalparkidee

1872 wurde in den USA mit dem Yellowstone-Nationalpark der erste Nationalpark gegründet. Um wertvolle Landschaften unserer Heimat vor menschlichen Veränderungen und Zerstörungen zu schützen, sind seitdem weltweit viele hinzugekommen. Die ersten europäischen Nationalparke wurden 1909 in Schweden und 1914 in der Schweiz gegründet. In Deutschland entstand der erste Nationalpark 1969 im Bayerischen Wald. Im Jahr 2009 gab es in 120 Ländern über 2 200 Nationalparks.

Auch Menschen dürfen den Nationalpark in den Randbereichen besuchen, um die Ziele der Nationalparkidee und das Schutzgebiet kennzulernen. Mit den Einnahmen finanzieren die Nationalparks Tier- und Pflanzenschutzmaßnahmen.

In manchen Nationalparks ist auf 25 % der Fläche sogar eine wirtschaftliche Nutzung wie Jagen, Fischfang oder Schlagen von Brennholz erlaubt.

Um eine Balance zwischen umweltgerechter Landnutzung und Tourismus einerseits und dem Landschaftsschutz andererseits herzustellen, wurde 1948 die übergeordnete Organisation ICUN (International Union for Conservation of Nature and Natural Ressources) gegründet. Selbstständige Nationalpark-Verwaltungen kümmern sich im Sinne der Nachhaltigkeit sowohl um die Erhaltung von Naturlandschaften als auch um die Interessen der Menschen.

Naturschutz findet in Deutschland nicht nur in Nationalparks statt.

In **Naturschutzgebieten** sind alle Pflanzen, Tiere und Landschaftsteile geschützt, Eingriffe sind nur zu Pflegezwecken erlaubt. Besucher müssen auf den Wegen bleiben, in bestimmten Teilgebieten ist das Betreten vollständig verboten.

Landschaftsschutzgebiete dienen dem Erhalt einer vielfältigen naturnahen Kulturlandschaft. Land- und Forstwirtschaft sind erlaubt, gewerbliche Nutzungen dagegen nicht. Baugenehmigungen sind streng beschränkt.

Biosphärenreservate schützen besondere, „unverwechselbare“ Kulturlandschaften, in denen der Mensch „naturangepasst“ lebt und wirtschaftet.

3 **Stufen des Naturschutzes**

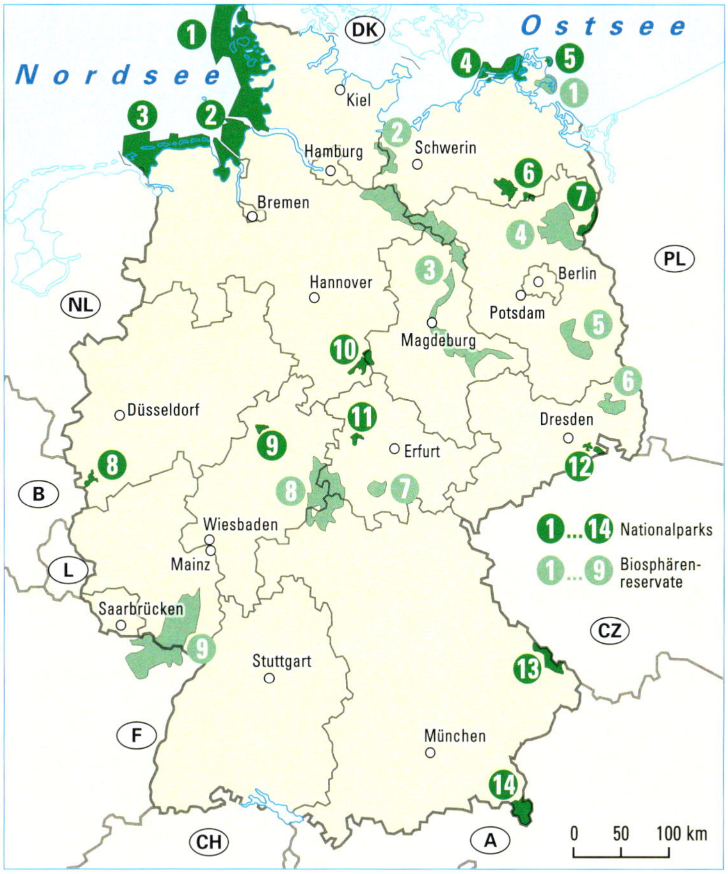

5 **Nationalparks und Biosphärenreservate in Deutschland**

4 **Junior-Ranger erkunden den Nationalpark Harz**

6 **Ausstellung für Besucher des Nationalparks Berchtesgaden**

1 Beschreibe die Fotos 1 und 2 mit jeweils fünf Adjektiven.

2 Karte 5 und Atlas:
a) Bestimme die Nationalparks 1–14.
b) Ordne die Nationalparks den Großlandschaften Norddeutsches Tiefland, Mittelgebirgsland, Alpenvorland und Alpen zu.

3 Notiere mithilfe des Textes
a) Schutzziele der Nationalparkidee und
b) Nutzungsmöglichkeiten eines Nationalparkes durch den Menschen.

4 Menschliche Aktivitäten sind in den Schutzgebieten unterschiedlich eingeschränkt. Erläutere.

5 Erstelle mithilfe des Internets einen Steckbrief eines Nationalparks deiner Wahl.

TERRA TRAINING

Wichtige Begriffe
Abwasser
Agenda 21
Altlast
Belastungsklima
Biosphärenreservat
Bodenverdichtung
Bodenversiegelung
Feinstaub
Gewässergüte
Gewässerrenaturierung
Gewässerschutz
Kaltluftbahn
Klärwerk
Landschaftsschutz
Landschaftsschutzgebiet
Luftverschmutzung
Nachhaltige Entwicklung
Nationalpark
Naturgüter
Naturschutzgebiet
Saurer Regen
Umweltzone
Waldschäden

1 **Wasserkreislauf**

Orientieren

1 Landschaftsschutz
Arbeite mit einer geeigneten Atlaskarte. Benenne Schutzgebiete in Rheinland-Pfalz.

Kennen und Verstehen

2 Begriffe gesucht
a) führen kalte Luft, z.B. in warme Stadtregionen,
b) von vielen Städten zum Schutz der Atemluft eingerichtet,
c) 1992 in Rio de Janeiro beschlossen,
d) es ist gut, wenn Abwasser dorthin gelangt,
e) wenn Bäume Nadeln oder Blätter verlieren,
f) hierzu gehören Wasser, Luft, Boden und Vegetation.

3 Bilderrätsel
Löse das Bilderrätsel und erkläre den gesuchten Begriff.

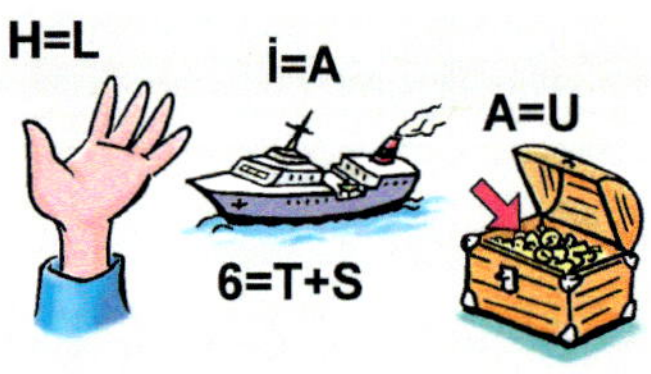

4 Richtig oder falsch?
Verbessere die falschen Aussagen und schreibe alle richtig auf.
a) Bäume verpesten die Stadtluft.
b) Die Feinstaubprobleme treten besonders häufig in ländlichen Regionen auf.
c) Bodenversiegelung meint die Abdeckung des Bodens mit einer undurchlässigen Schicht.
d) Die Gewässergüte eines Flusses zeigt an, wie verbaut ein Gewässer ist.

Anwenden

5 Grafik auswerten
Beschreibe Grafik 1. Verwende die angegebenen Fachbegriffe.

6 Boden versiegeln? Entsiegeln!
a) Grafik 2: Stelle die Folgen der Bodenversiegelung in einem zusammenhängenden Text dar.
b) Bodenflächen wieder entsiegeln! Erläutere ausführlich eine Möglichkeit.

7 Umwelt schützen
Recherchiere, wo es Schutzgebiete in deiner Gemeinde gibt und was in diesen Gebieten schützenswert ist.

Material
Bogen zur Selbsteinschätzung
104311-0803

Teste dich selbst
mit den Aufgaben 2 und 3.

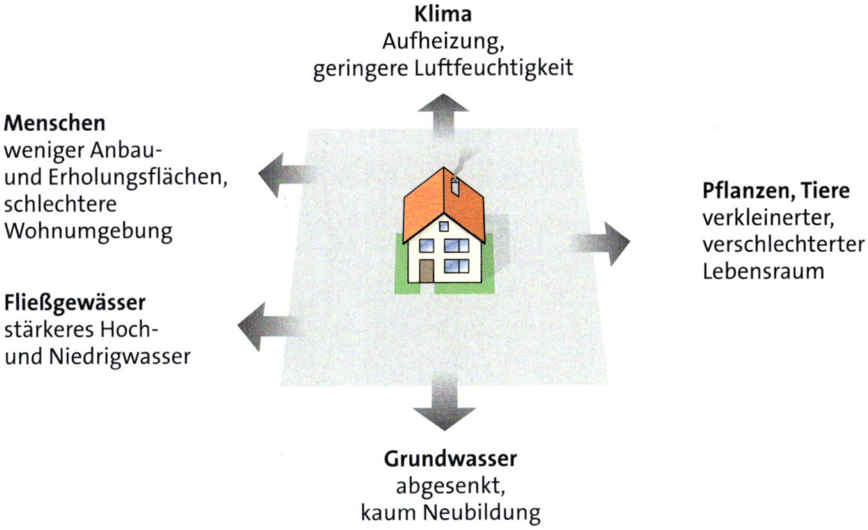

2 **Folgen der Bodenversiegelung**

Bewerten

8 Lokale Agenda 21

In einer Gemeinde werden nachstehende Maßnahmen durchgeführt. Schreibe diejenigen heraus, die sich an dem Leitbild der nachhaltigen Entwicklung orientieren. Begründe bei den anderen Maßnahmen, weshalb sie nicht zum Leitbild der Agenda 21 passen.

a) Im Ortszentrum werden Straßen verkehrsberuhigt und neue Bäume gepflanzt.
b) An einer Sportanlage wird der Autoparkplatz erweitert. Dafür planiert man ein anliegendes Wiesengelände und versieht es mit einer Teerdecke.
c) Das Dach einer Sporthalle erhält Solarkollektoren zur Brauchwassererwärmung.
d) Ein neues Nahverkehrszentrum mit guten Busverbindungen zu den umliegenden Orten und zum nächstgelegenen Bahnhof wird eingerichtet.
e) In einem Naherholungsgebiet an einem großen See in der Umgebung wird ein Teil des Schilfgürtels entfernt, um eine Badestelle zu vergrößern.

9 Karikatur

Was will der Zeichner mit Karikatur 3 aussagen? Notiere Stichpunkte.

3 **„Ich jedenfalls verleihe nie wieder etwas!“**

9 Arbeitsanhang

In diesem Anhang findet ihr wertvolle Hilfen für die selbstständige Arbeit im Erdkundeunterricht.

Strukturdaten ausgewählter Staaten

Staat	Fläche in 1 000 km[2]	Einwohner 2007 in Millionen	Jährliches Bevölkerungswachstum	Geburtenrate 2006 in %	Sterberate 2006 in %	Lebenserwartung 2007 in Jahren	Anteil der Bevölkerung unter 15 Jahren 2006 in %	Anteil der Bevölkerung über 65 Jahren 2006 in %	Städtische Bevölkerung 2006 in %	Wirtschaftsleistung je Einwohner 2006 in US-$[2]	Erwerbstätige in der Industrie[3] 2005 in % der Erwerbstätigen insgesamt	Erwerbstätige in Dienstleistungen[3] 2005 in % der Erwerbstätigen insgesamt	Anteil der Industrie[3] am BIP 2006 in %	Anteil der Dienstleistungen[3] am BIP 2006 in %	Arbeitslose 2006 in %	Energieverbrauch je Einwohner 2005 in kg Öleinheiten[1]	Analphabeten 2006 in %	Kalorienversorgung je Einwohner und Tag 2006	Einwohner je Arzt 2006	Internet-Nutzer 2006 je 1000 Einwohner
Europa																				
Albanien	29	3,2	0,8	1,4	0,6	78	24,8	8,9	45	3 021	14,0	28,0	18,6	58,4	13,8	k.A.	1	2 920	845	k.A.
Belgien	31	10,6	0,1	1,1	1,0	79	16,7	17,4	97	35 445	24,4	73,5	24,1	74,9	8,2	6 650	k.A.	3 720	244	461
Bosnien-Herzegowina	51	3,8	0,0	0,9	0,9	78	15,5	14,4	46	2 327	k.A.	k.A.	30,8	55,0	45,5	1 136	1	3 030	716	206
Bulgarien	111	7,7	-0,5	1,0	1,5	73	13,9	17,4	71	4 545	32,8	57,1	31,0	60,0	9,0	2 620	1	2 640	283	206
Dänemark	43	5,5	0,2	1,2	1,0	78	18,7	15,2	72	49 314	23,8	73,2	24,3	73,9	3,9	3 170	k.A.	3 510	285	526
Deutschland	357	82,3	-0,2	0,8	1,0	79	14,1	19,5	75	36 646	29,9	67,8	29,4	69,7	8,4	3 930	k.A.	3 620	269	454
Estland	45	1,3	-0,2	1,1	1,3	72	15,2	17,2	69	11 437	32,5	61,3	30,1	66,1	5,9	k.A.	0.	3 170	320	519
Finnland	338	5,3	0,2	1,1	0,9	79	17,1	16,2	62	38 249	25,9	69,2	29,4	67,6	7,7	4 880	k.A.	3 270	317	630
Frankreich	544	61,7	0,4	1,3	0,9	81	18,3	16,4	77	33 901	24,2	71,9	22,0	75,8	9,4	4 310	k.A.	3 670	294	432
Griechenland	132	11,2	0,0	1,0	0,9	79	14,3	19,0	59	20 754	22,4	65,1	21,0	73,9	8,9	3 020	k.A.	3 790	211	176
Großbritannien	243	61,0	0,3	1,2	1,0	79	17,5	15,7	90	36 240	22,1	76,5	24,2	75,2	5,3	3 770	k.A.	3 460	457	629
Irland	70	4,4	0,9	1,5	0,7	78	20,9	11,5	60	61 245	27,8	66,3	46,0	49,0	4,4	3 580	k.A.	3 710	363	276
Italien	301	59,3	0,0	1,0	0,9	80	13,8	19,7	68	29 542	30,7	65,3	30,3	67,7	6,8	3 140	1	3 700	159	480
Kroatien	57	4,4	-0,2	1,0	1,2	75	16,2	16,8	56	8 672	28,5	54,2	31,5	62,1	12,7	1 976	1	2 800	542	319
Lettland	65	2,3	-0,5	1,0	1,4	72	14,0	16,4	68	7 953	27,0	59,2	26,9	69,3	6,8	1 881	0	2 860	344	447
Litauen	65	3,4	-0,4	0,9	1,3	74	15,5	15,4	67	8 489	27,8	57,4	33,8	61,0	5,6	2 430	0	3 390	256	357
Luxemburg	3	0,5	0,4	1,2	0,8	79	18,9	14,6	83	80 040	21,4	77,2	14,4	84,6	4,7	9 472	0	3 550	361	677
Montenegro	14	0,6	0,4	1,2	0,9	k.A.	17,9	15,1	64	k.A.	34,2	58,4	k.A.	k.A.	14,7	k.A.	1	2 800	518	k.A.
Niederlande	42	16,4	0,3	1,1	0,8	79	18,0	14,2	65	37 464	20,6	76,1	24,4	73,4	3,9	5 800	k.A.	3 320	317	616
Norwegen	324	4,7	0,4	1,3	0,9	80	19,3	14,8	78	61 255	20,7	76,0	42,7	55,3	3,5	9 740	k.A.	3 410	289	390.
Österreich	84	8,3	0,0	0,9	0,9	79	15,4	17,1	67	37 033	27,8	66,8	31,2	67,1	4,8	4 200	k.A.	3 820	243	489
Polen	313	38,1	0,0	1,0	1,0	75	15,9	13,3	62	8 091	29,7	53,2	30,7	64,6	13,8	2 400	k.A.	3 420	436	260
Portugal	92	10,7	0,0	1,0	1,0	78	16,5	17,2	55	17 883	30,5	57,7	28,4	66,5	7,7	2 180	k.A.	3 750	298	280
Rumänien	238	21,6	-0,2	1,0	1,2	72	15,7	14,7	55	3 653	30,8	36,5	36,2	54,3	7,3	1 840	2	3 430	505	208
Russland	17 075	141,7	-0,5	1,0	1,5	66	14,2	14,5	73	4 673	29,4	61,9	38,8	56,1	7,8	4 720	0	3 050	210	152
Schweden	450	9,1	0,2	1,2	1,0	81	16,7	17,6	84	41 553	21,9	75,8	28,6	70,0	7,0	5 500	k.A.	3 190	334	755
Schweiz	41	7,5	0,2	1,0	0,8	81	16,3	15,6	68	50 532	23,0	73,0	34,0	64,5	4,0	3 760	k.A.	3 460	266	496
Serbien	88	9,5	0,0	1,1	1,2	75	17,9	15,1	52	k.A.	34,2	58,4.	24,2	63,5	18,8	1 991	1	2 800	381	186
Slowakei	49	5,4	0,0	1,0	1,0	75	16,7	12,0	56	9 703	38,3	55,8	28,2	69,1	13,4	3 380	k.A.	3 160	270	463
Slowenien	20	2,0	0,0	0,9	0,9	77	13,8	15,7	49	19 510	37,5	53,7	36,6	60,6	6,0	3 518	k.A.	3 210	427	554
Spanien	505	45,3	0,3	1,1	0,8	80	14,4	17,8	77	27 810	296	65,1	30,1	66,1	8,5	3 400	k.A.	3 371	227	354
Tschechische Republik	79	10,3	0,0	1,0	1,0	76	14,4	14,4	74	14 823	39,5	56,4	40,2	56,4	7,1	4 340	k.A.	3 220	288	500
Ukraine	604	46,5	-0,6	1,0	1,6	68	14,1	16,6	68	1 666	30,0	51,0	46,3	35,3	2,5	2 980	1	3 040	212	98
Ungarn	93	10,1	-0,3	1,0	1,3	73	15,6	15,2	65	13 453	32,4	62,8	31,0	65,5	7,5	2 470	k.A.	3 570	300	297
Weißrussland	208	9,7	-0,5	0,9	1,4	70	15,7	14,6	73	3 101	34,1	54,6	30,2	61,0	1,6	2 430	1	2 990	217	348.
Amerika																				
Argentinien	2 780	39,4	1,2	1,9	0,8	76	25,2	10,7	89	5 549	19,9.	78,8.	35,9	54,8	10,6	1 720	3	3 200	316	178
Bolivien	1 099	9,8	2,1	2,9	0,8	66	35,0	4,6	63	1 260	19,7	76,9	36,0	51,8	11,7	504	7	2 300	2806	52
Brasilien	8 547	189,3	1,4	2,1	0,6	72	25,8	6,1	81	4 145	20,9	58,4	39,4	52,4	8,9	1 040	12	3 060	378	120
Chile	757	16,6	1,0	1,5	0,5	77	24,7	8,2	88	7 065	23,6	63,0	49,0	45,0	7,0	1 660	4	2 910	770	180

[1] 1 kg Öleinheit = Energie von 1 kg Erdöl (etwa 10 000 Kalorien). Mit dieser Maßeinheit kann man verschiedene Energiearten untereinander vergleichen. [2] Gemeint ist das Bruttoinlandsprodukt (BIP) = Maß für die wirtschaftliche Leistung eines Landes; misst den Wert der im Inland hergestellten Waren und Dienstleistungen, soweit diese nicht vorher für die Produktion anderer Waren und Dienstleistungen verwendet werden. [3] Der Anteil der Landwirtschaft ergibt sich, indem man die Anteile der Industrie und Dienstleistungen addiert und von 100 subtrahiert. - k.A. keine Angaben. Quellen: Statistisches Jahrbuch für das Ausland 2007; The World Factbook, Fischer Weltalmanach 2008.

Ecuador	284	13,5	2,0	2,6	0,6	77	33,0	5,1	62	2777	21,4	69,3	31,4	60,6	7,9	640	8	2460	626	47
Guatemala	109	13,4	2,8	3,4	0,6	70	41,1	3,4	47	2206	20,0	38,0.	k.A.	k.A.	7,5	608	25	2340	1322	60
Haiti	28	9,0	1,8	2,9	1,1	57	42,4	3,4	36	468	k.A.	k.A.	k.A.	k.A.	k.A.	270	k.A.	2190	k.A.	61
Honduras	112	7,1	2,1	2,7	0,6	69	39,9	3,4	48	1204	21,0	41,0	31,8	54,5	27,5	522	20	2450	3865	32
Kanada	9985	32,9	0,3	1,1	0,7	80	17,6	13,4	81	33011	22,3	75,0	27,5	70,2	6,8	9840	k.A.	3240	475	624
Kolumbien	1139	46,2	1,5	2,0	0,6	72	30,3	4,2	72	2746	19,7	59,3	34,8	53,1	11,8	620	7	2630	729	104
Kuba	111	11,2	0,3	1,1	0,8	77	19,1	10,6	76	2586.	20,0	53,0	25,7	68,4	4,1	1000	0	2580	161	17
Mexiko	1964	106,5	1,7	2,1	0,5	76	30,6	5,8	75	7344	24,8	58,8	26,2	70,2	3,5	1410	8	3180	836	174
Peru	1285	27,9	1,5	2,1	0,6	70	30,9	5,4	73	2741	20,6	78,7	25,6	66,0	9,7	470	7	2630	820	165
USA	9631	302,2	0,6	1,4	0,8	78	20,4	12,4	79	45172	20,8	77,6	21,6	77,3	5,1	7790	k.A.	3800	334	630
Venezuela	912	27,5	1,7	2,2	0,5	73	29,1	5,2	88	5152	20,0	69,0	42,4	53,6	18,0	2590	7	2360	692	88
Afrika																				
Ägypten	1002	73,4	2,1	2,7	0,6	72	32,6	4,5	43	1164	21,0	52,0	35,7	49,4	9,9	770	29	3420	1605	68
Algerien	2382	34,1	1,7	2,1	0,4	74	28,1	4,8	58	3640	26,0	53,3	60,1	29,9	15,3	1030	30	2960	876	58
Äthiopien	1112	77,1	2,5	4,0	1,5	49	43,7	2,7	16	180	22,5.	69,6	10,2	43,4	5,0	299	k.A.	1880	k.A.	2
Burkina Faso	274	14,8	3,0	4,5	1,5	49	46,8	2,5	16	429	k.A.	k.A.	19,0	51,7	k.A.	k.A.	71	2560	k.A.	5
Ghana	239	23,0	2,3	3,3	1,0	59	38,8	3,5	44	512	14,0	31,0.	25,2	38,0	20,0	400	42	2750	k.A.	18
Kenia	582	36,9	2,8	4,0	1,2	55	42,6	2,3	19	554	k.A.	k.A.	18,5	64,1	40,0	494	26	2213	7427	32
Kongo, Dem. Rep.	2345	62,6	3,0	5,0	1,9	57	47,4	2,5	32	94	k.A.	k.A.	k.A.	k.A.	40,0	293	32	1550	k.A.	2
Libyen	1760	6,2	2,0	2,4	0,4	77	33,6	4,2	85	6515	k.A.	k.A.	51,4	41,5	30,0	3191	k.A.	3350	k.A.	36
Mali	1249	12,3	3,3	4,8	1,6	50	48,2	3,0	31	510	k.A.	k.A.	k.A.	k.A.	14,6	k.A.	80	2390	k.A.	5
Marokko	459	31,7	1,5	2,1	0,6	71	31,6	5,0	55	1575	20,2	35,9	36,0	43,4	11,0	378	53	3070	1961	146
Niger	1267	14,2	3,4	4,8	1,5	44	46,9	2,4	17	310	k.A.	k.A.	k.A.	k.A.	k.A.	k.A.	71	2130	35806	2
Nigeria	924	144,4	2,5	4,3	1,8	47	42,3	3,1	44	856	k.A.	k.A.	50,5	24,9	2,7	777	k.A.	2790	k.A.	4
Ruanda	26	9,3	2,7	4,1	1,8	49	41,9	2,5	17	290	k.A.	k.A.	23,4	37,3	43,0	k.A.	35	2110	k.A.	5
Sambia	753	11,5	1,9	4,1	2,2	38	46,3	2,4	35	560	k.A.	k.A.	29,6	50,2	50,0	592	34	1920	k.A.	20
Südafrika	1219	47,9	0,8	2,3	1,5	42	29,7	5,3	53	6189	24,5	65,2	30,9	66,2	26,6	2510	17	2920	1355	108
Tansania	884	38,7	2,6	4,0	1,5	51	43,7	2,7	23	402	3,0	15,0	19,0	39,8	25,0	465	30	2020	k.A.	9
Tunesien	162	10,2	1,1	1,7	0,6	75	24,6	6,8	65	3399	32,0	49,0.	31,0	56,1	14,2	837	26	3330	1202	95
Asien																				
Bangladesch	148	149,0	1,9	2,7	0,8	63	32,9	3,5	23	462	10,0	24,0	k.A.	k.A.	k.A.	110	k.A.	2210	3714	2
China, VR	9597	1325,4	0,5	1,2	0,7	73	20,8	7,8	44	1972	22,7	20,7	46,8	41,2	6,1	1200	9	3120	708	84
Indien	3287	1131,9	1,6	2,4	0,8	69	30,8	4,9	28	769	k.A.	k.A.	27,3	54,5	7,2	340	39	2550	1708	54
Indonesien	1923	231,6	1,4	2,1	0,7	70	28,8	5,4	42	1293	13,2	43,5	46,5	40,5	8,7	510	9	2960	7368	72
Irak	438	29,0	2,5	3,6	1,1	69	39,7	3,0	67	1272	31,2	45,3.	68,2	25,2	18,0	943	26	2180	1648	1
Iran	1630	71,2	1,2	1,8	0,6	71	26,1	4,9	67	2954	k.A.	k.A.	43,4	45,6	11,5	2330	23	3020	2192	101
Israel	22	7,3	1,5	2,1	0,6	80	26,3	9,8	92	24792	22,6	75,6	30,0	67,6	9,0	3086	3	3580	263	466
Japan	378	127,7	0,0	0,9	0,9	82	14,1	20,1	79	43249	28,4	67,0	25,3	73,1	4,4	4100	k.A.	2790	485	502
Kasachstan	2725	15,5	0,9	2,0	1,0	67	23,0	8,2	57	3233	17,0	47,8	39,4	54,3	7,1	3630	0	2560	274	27
Korea, Republik	100	48,5	0,4	0,9	0,5	77	18,9	9,2	82	16428	27,5	64,3	41,2	55,7	3,7	4690	k.A.	3090	588	684
Malaysia	330	27,2	1,8	2,3	0,5	73	32,6	4,8	62	7316	30,1	55,1	44,6	47,7	3,6	2390	11	2960	1377	424
Pakistan	796	169,3	2,3	3,1	0,8	64	39,0	4,1	34	702	21,0	37,0	26,0	53,3	7,7	350	55	2490	1314	68
Philippinen	300	88,7	2,1	2,7	0,5	71	35,0	4,0	48	1097	15,6	47,0	33,7	52,4	7,4	300	7	2410	2762	53
Saudi-Arabien	2250	27,6	2,7	3,0	0,3	76	38,2	2,4	81	10914	21,0	74,0	62,5	34,7	13,0	6340	22	2870	699	66
Singapur	0,7	4,6	0,6	1,0	0,4	82	15,6	8,3	100	25216	23,0	76,0	33,3	66,7	2,6	11120	7	3160	645	400
Syrien	185	19,9	2,5	2,8	0,4	71	37,0	3,3	50	1760	27,0	43,0	24,2	52,4	10,0	986	20	3080	699	58
Taiwan	36	22,9	0,3	0,9	0,6	78	19,4	9,8	78	17246	33,1	61,1	26,8	71,5	4,1	4420	k.A.	3120	666	582
Thailand	513	65,7	0,7	1,4	0,7	73	22,0	8,0	33	3028	20,5	37,2	44,7	45,9	1,4	1360	7	2520	3569	110
Türkei	779	74,0	1,2	1,9	0,6	73	25,5	6,8	66	5041	23,0	43,0	30,2	58,4	9,9	1240	12	3380	725	219
Vietnam	332	85,1	1,3	1,9	0,5	71	27,0	5,9	27	636	17,4.	24,7.	42,0	38,4	4,2	544	9	2580	1637	127
Australien																				
Australien	7692	21,0	0,6	1,3	0,6	81	19,6	13,1	91	31334	21,2	75,0	27,5	68,5	5,1	5840	k.A.	3160	391	704
Neuseeland	271	4,2	0,7	1,4	0,7	79	21,1	11,8	86	26086	22,7	69,8	27,1	68,8	3,7	4333	k.A.	3250	456	589

Klimastationen

Europa		J	F	M	A	M	J	J	A	S	O	N	D	Jahr
Berlin, 57 m	°C	−1	0	3	8	13	16	18	17	14	8	4	1	8
	mm	49	33	37	42	49	59	80	57	48	43	42	42	581
Athen, 105 m	°C	9	10	11	15	19	23	27	26	23	19	14	11	17
Griechenland (Küste)	mm	54	46	33	23	20	14	8	14	18	36	79	64	406
Lissabon, 96 m	°C	10	11	13	14	17	19	21	22	20	17	14	11	16
Portugal (Westküste)	mm	86	83	86	78	45	14	4	6	33	61	92	110	698
London, 36 m	°C	3	4	6	9	12	16	17	17	14	10	6	4	10
Großbritannien	mm	50	37	38	40	48	52	62	58	55	70	56	48	614
Reykjavik, 5 m	°C	−1	−1	−1	2	6	9	11	10	8	4	1	−1	4
Island (Südwestküste)	mm	98	84	69	62	48	49	48	51	90	87	95	89	870
Archangelsk, 4 m	°C	−13	−12	−8	−1	6	12	16	13	8	1	−5	−10	−1
Russland (Weißes Meer)	mm	33	28	28	28	39	59	63	57	66	55	44	39	539
Moskau, 144 m	°C	−10	−8	−4	4	13	16	19	17	11	4	−2	−7	4
Russland (obere Wolga)	mm	28	23	31	38	48	51	71	74	56	36	41	38	535
Asien														
Bombay, 11 m	°C	24	25	27	29	30	29	28	27	28	29	28	26	28
Indien (Westküste, Halbinsel)	mm	1	1	1	2	11	579	703	443	269	56	17	7	2090
Djakarta, 8 m	°C	25	25	26	26	26	26	26	26	26	26	26	26	26
Indonesien (Java)	mm	270	241	175	131	139	105	72	65	146	169	183	185	1881
Hongkong, 33 m	°C	16	15	17	21	25	27	28	28	27	24	21	17	22
China (Südküste)	mm	33	46	69	135	305	401	356	371	246	130	43	28	2163
Hyderabad, 542 m	°C	22	25	28	32	33	29	27	26	27	26	23	22	77
Indien (Hochland von Dekkan)	mm	6	9	16	17	40	116	155	163	152	97	29	3	803
Irkutsk, 459 m	°C	−21	−18	−9	1	8	14	18	15	8	1	−11	−18	−1
Russland (Baikalsee)	mm	13	10	8	15	33	56	79	71	43	18	15	15	376
Jerusalem, 745 m	°C	8	9	13	16	21	23	24	24	23	21	17	11	18
Israel	mm	104	135	28	25	3	0	0	0	0	5	30	74	404
Peking, 38 m	°C	−4	−2	6	13	21	24	27	25	21	13	4	−2	12
China	mm	3	5	5	15	38	36	211	155	64	18	8	3	561
Shanghai, 7 m	°C	3	4	8	13	19	23	27	27	23	17	12	6	15
China (Jangtse–Mündung)	mm	48	58	84	94	94	180	147	142	130	71	51	36	1135
Tokyo, 6 m	°C	4	4	7	13	17	20	24	26	22	16	11	6	14
Japan	mm	56	66	112	132	152	163	140	163	226	191	104	56	1561
Werchojansk, 99 m,	°C	−50	−45	−30	−13	2	12	15	11	2	−14	−37	−47	−16
Russland (Ostsibirien)	mm	4	3	3	4	7	22	27	26	13	8	7	4	128
Antarktis														
Südpol, 2800 m	°C	−29	−40	−54	−59	−57	−57	−59	−59	−59	−51	−39	−28	−49
US-Station	mm													
Australien														
Darwin, 31 m	°C	29	28	29	29	28	26	25	26	28	29	30	29	28
Nordküste	mm	389	343	244	104	15	3	3	3	13	51	119	249	1536
Perth, 59 m	°C	23	23	22	19	16	14	13	13	14	16	19	22	18
Südwestküste	mm	8	10	20	43	130	180	170	143	86	56	20	15	881
Sydney, 44 m	°C	22	22	21	18	15	13	12	13	15	18	19	21	17
Südostküste	mm	90	114	122	140	127	121	118	73	71	70	71	70	1187
Afrika														
Addis Abeba, 2450 m	°C	14	16	17	17	17	16	14	14	15	14	14	13	15
Äthiopien	mm	13	38	66	86	86	135	279	300	191	20	15	5	1234
Algier, 59 m	°C	12	13	15	16	20	23	26	27	25	21	17	14	19
Algerien (Nordküste)	mm	110	83	74	41	46	17	2	4	41	80	128	135	762

		J	F	M	A	M	J	J	A	S	O	N	D	Jahr
In Salah, 273 m	°C	13	15	20	24	30	34	37	36	33	27	20	14	25
Algerien (Sahara)	mm	3	2	0	0	0	0	0	0	1	0	4	3	13
Kairo, 33 m	°C	12	13	16	20	24	27	27	27	25	22	18	14	20
Ägypten (Nil-Delta)	mm	5	5	5	3	3	0	0	0	0	3	3	5	32
Kapstadt, 12 m	°C	22	22	21	18	16	14	13	13	14	17	19	21	18
Südafrika	mm	13	15	23	48	94	112	91	84	58	41	28	20	632
Kisangani, 460 m	°C	26	26	26	26	26	25	25	25	25	25	25	25	25
D. R. Kongo	mm	95	115	152	181	167	115	100	186	174	228	177	114	1 804
Lagos, 2 m	°C	27	29	29	28	28	27	26	26	26	27	28	28	27
Nigeria (Südküste)	mm	28	41	106	145	268	443	273	63	128	193	75	30	1 793
Ouagadougou, 316 m	°C	25	28	31	33	31	29	27	26	27	29	28	26	28
Burkina Faso	mm	0	3	8	19	84	118	193	265	153	37	2	0	882

Nord- und Mittelamerika

		J	F	M	A	M	J	J	A	S	O	N	D	Jahr
Edmonton, 658 m	°C	–14	–11	–5	4	11	14	16	15	10	5	–4	–10	3
Kanada (Alberta)	mm	21	18	19	23	43	80	82	60	34	18	18	19	435
Eismitte, 3 012 m	°C	–42	–47	–39	–31	–20	–15	–11	–18	–22	–36	–43	–39	–30
Grönland	mm	keine Angaben												
Fairbanks, 152 m	°C	–25	–18	–12	–2	8	15	16	13	6	–3	–16	–22	–3
USA (Alaska)	mm	19	12	21	7	14	36	47	42	40	19	17	17	291
Los Angeles, 103 m	°C	12	13	14	15	17	19	21	21	20	18	16	13	17
USA (Kalifornien)	mm	78	84	70	26	11	2	0	1	4	17	30	66	389
Miami, 2 m	°C	20	20	22	23	25	27	28	28	27	26	23	21	24
USA (Florida)	mm	64	48	58	86	180	188	135	163	226	229	84	43	1 504
New York, 96 m	°C	–1	–1	3	9	16	20	23	23	19	13	7	2	11
USA (Ostküste)	mm	91	105	90	83	81	86	106	108	87	88	76	90	1 091
New Orleans, 16 m	°C	12	14	17	20	24	27	27	27	26	21	16	13	20
USA (Mississippi-Delta)	mm	108	116	118	135	115	151	159	144	130	82	81	120	1 459
St. Louis, 173 m	°C	–1	1	6	13	19	24	26	25	21	14	7	1	13
USA (mittl. Mississippi)	mm	94	86	93	95	92	98	77	76	74	69	94	84	1 032
Havanna, 19 m	°C	2	22	23	24	26	27	28	28	27	26	24	23	25
Kuba (Nordküste)	mm	76	38	43	43	130	142	109	109	127	178	81	61	1 137
Mexiko-Stadt, 2 282 m	°C	13	15	17	18	19	18	17	17	17	16	15	14	16
Mexiko	mm	6	10	12	18	52	117	110	95	130	36	17	8	611

Südamerika

		J	F	M	A	M	J	J	A	S	O	N	D	Jahr
Antofagasta, 94 m	°C	21	21	20	17	16	14	14	15	15	16	18	20	17
Chile (Atacama-Wüste)	mm	0	0	0	1	0	0	0	0	0	0	0	0	1
Buenos Aires, 25 m	°C	23	23	20	16	13	10	9	11	13	16	19	22	16
Argentinien	mm	78	71	98	122	71	52	54	56	74	85	101	102	964
La Paz, 3 570 m	°C	11	11	11	10	9	7	7	8	9	11	12	11	9
Bolivien (Altiplano)	mm	114	107	66	33	13	8	10	13	28	41	48	91	572
Lima, 158 m	°C	23	24	23	21	19	17	16	16	16	17	19	21	19
Peru (Küstensaum)	mm	0	0	1	1	2	6	9	10	10	5	3	1	48
Manáus, 44 m	°C	26	26	26	26	26	26	27	27	28	28	27	27	27
Brasilien (Amazonas)	mm	262	249	274	277	201	112	69	38	61	119	155	226	2 043
Quito, 2 850 m	°C	13	13	13	13	13	13	13	13	13	13	13	13	13
Ecuador	mm	107	109	132	188	127	38	23	38	76	94	97	97	1 126
Santiago, 520 m	°C	20	19	17	14	11	8	8	9	12	14	17	19	14
Chile	mm	2	3	4	14	62	85	76	57	29	15	6	4	357

Klimakarte der Erde

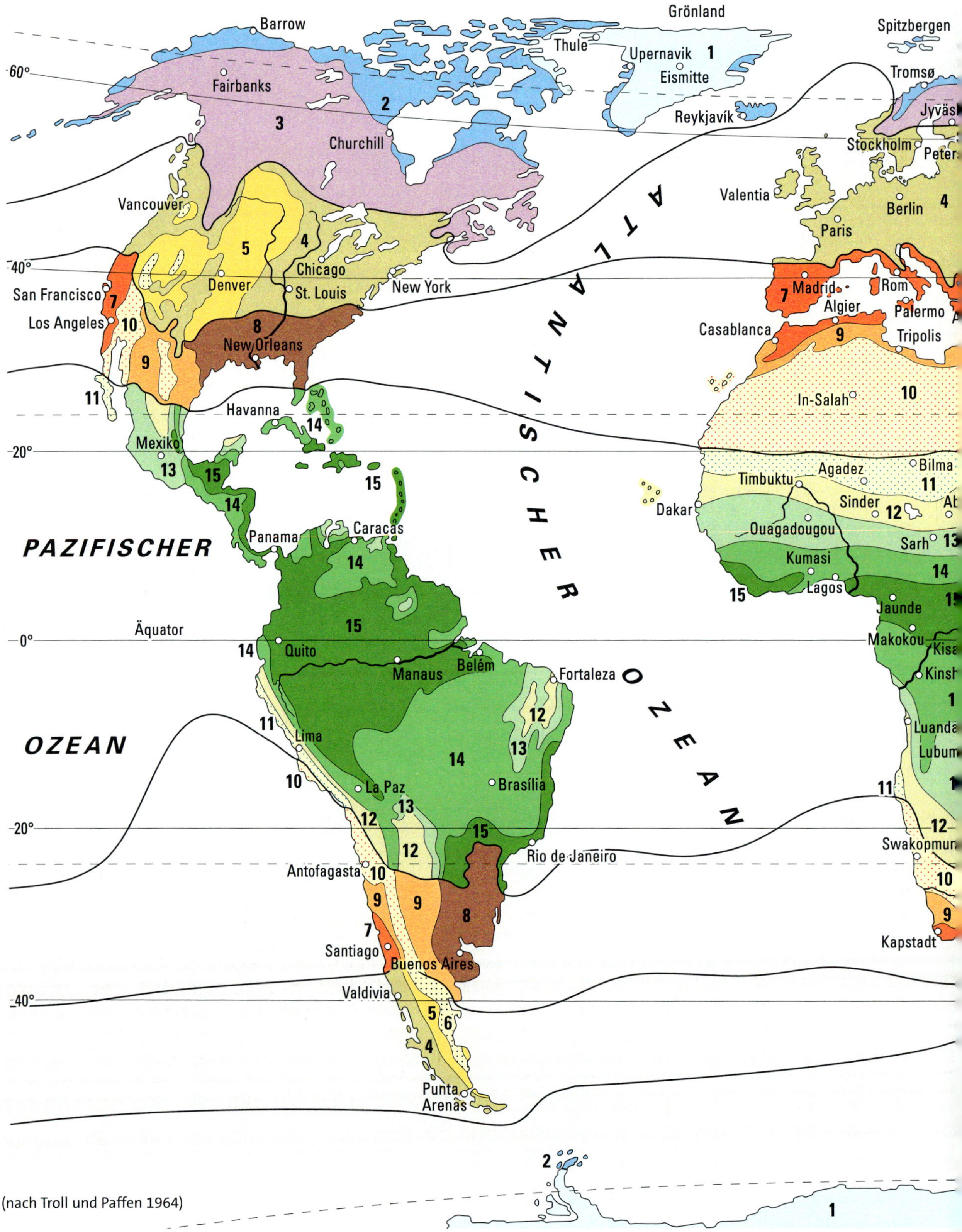

(nach Troll und Paffen 1964)

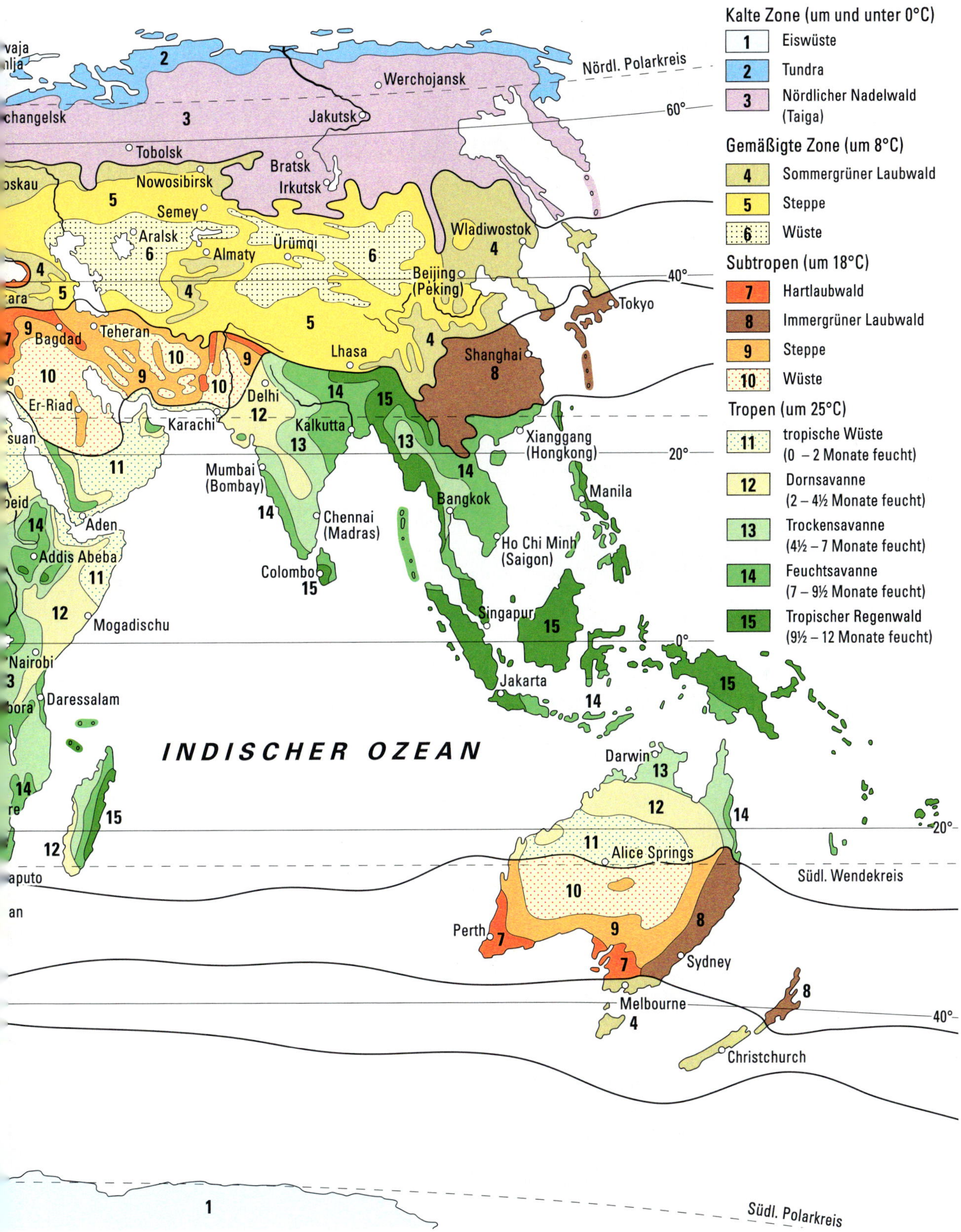

Kalte Zone (um und unter 0°C)
1 Eiswüste
2 Tundra
3 Nördlicher Nadelwald (Taiga)
Gemäßigte Zone (um 8°C)
4 Sommergrüner Laubwald
5 Steppe
6 Wüste
Subtropen (um 18°C)
7 Hartlaubwald
8 Immergrüner Laubwald
9 Steppe
10 Wüste
Tropen (um 25°C)
11 tropische Wüste (0 – 2 Monate feucht)
12 Dornsavanne (2 – 4½ Monate feucht)
13 Trockensavanne (4½ – 7 Monate feucht)
14 Feuchtsavanne (7 – 9½ Monate feucht)
15 Tropischer Regenwald (9½ – 12 Monate feucht)
Nördl. Polarkreis
60°
40°
20°
0°
Südl. Wendekreis
Südl. Polarkreis
INDISCHER OZEAN
Werchojansk
Jakutsk
Tobolsk
Bratsk
Irkutsk
Nowosibirsk
Semey
Aralsk
Almaty
Ürümqi
Wladiwostok
Beijing (Peking)
Tokyo
Teheran
Bagdad
Lhasa
Shanghai
Delhi
Karachi
Er-Riad
Kalkutta
Xianggang (Hongkong)
Mumbai (Bombay)
Manila
Bangkok
Aden
Chennai (Madras)
Ho Chi Minh (Saigon)
Addis Abeba
Colombo
Mogadischu
Singapur
Nairobi
Jakarta
Daressalam
Darwin
Alice Springs
Perth
Sydney
Melbourne
Christchurch

9 Klima- und Vegetationszonen der Erde

Neben der Temperatur ist der Niederschlag wichtigster Klimafaktor.
Die vier großen Temperaturzonen der Erde werden deshalb weiter untergliedert in 15 **Klimazonen** (Karte Seite 164/165).
Die Pflanzen haben sich den Bedingungen des Klimas angepasst. Deshalb dient die natürliche Vegetation als bester Klimaanzeiger. Den Klimazonen entsprechen die **Vegetationszonen** der Erde.
Ein Flug vom Äquator in Afrika über Europa in Richtung Nordpol gibt einen Überblick.

1 Tropischer Regenwald

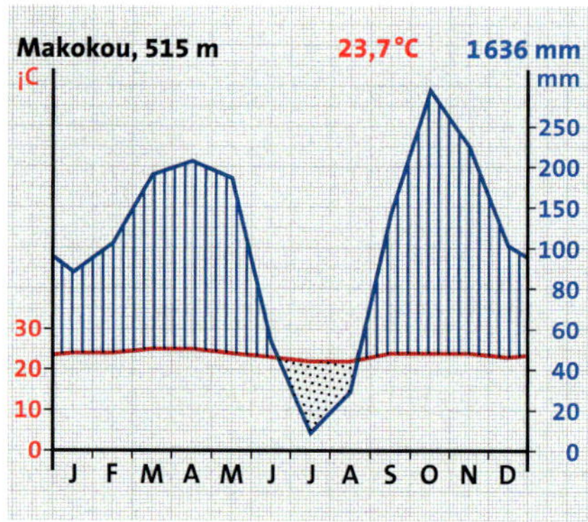

2 Feuchtsavanne

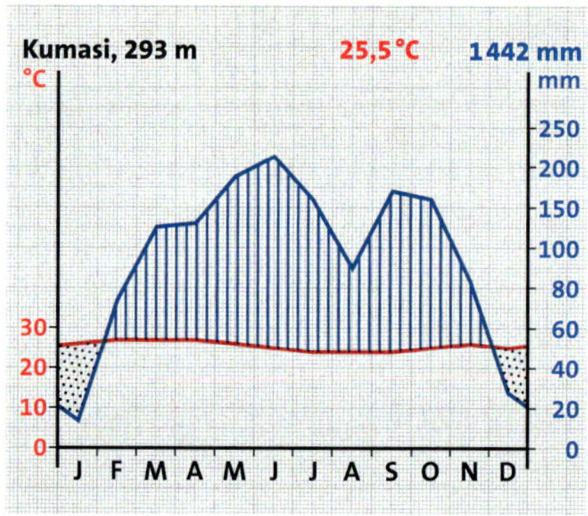

3 Trockensavanne

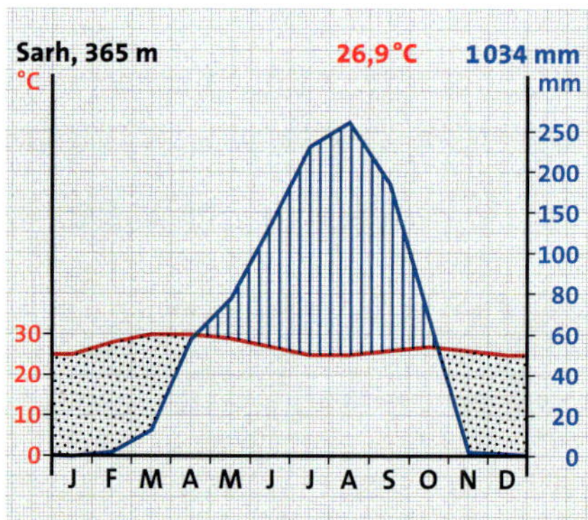

4 Dornsavanne

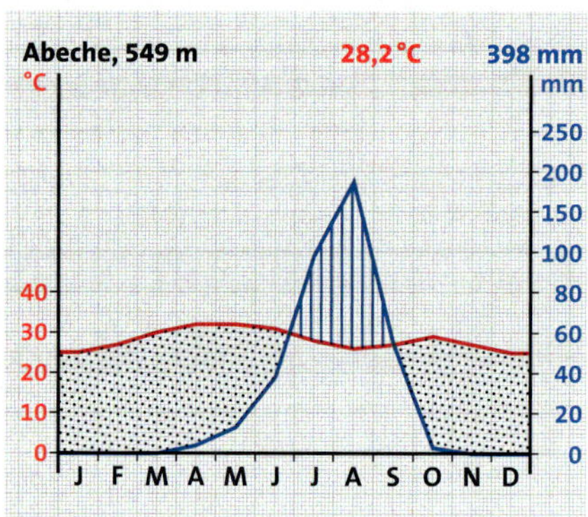

Lernen im Netz
Memo Kllimazonen
104311-0901

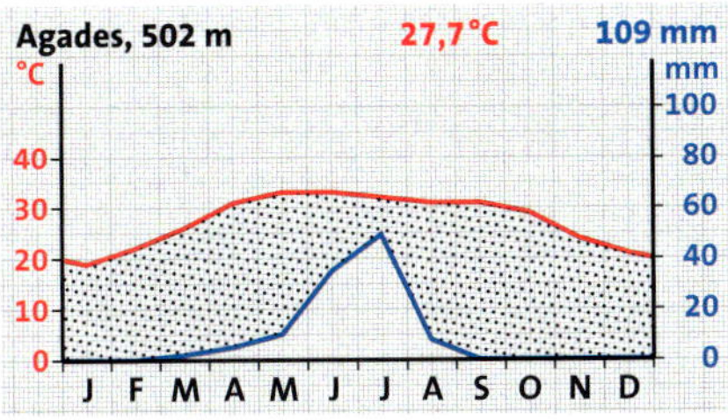

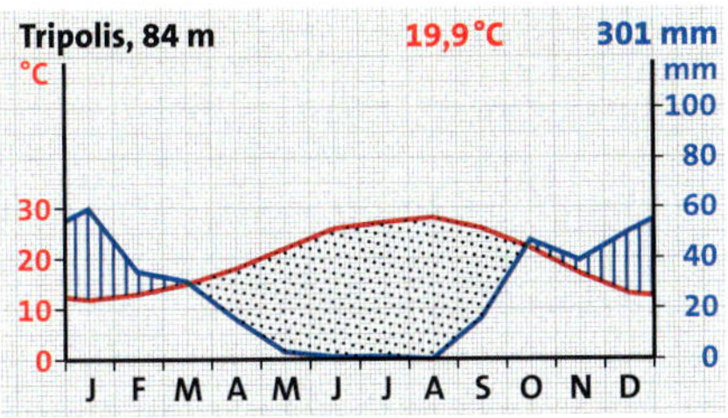

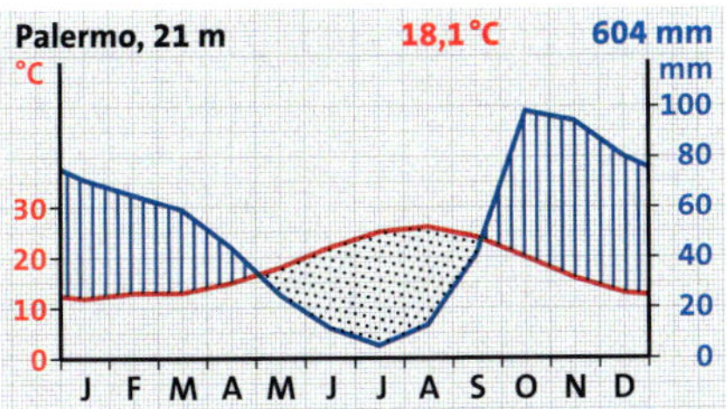

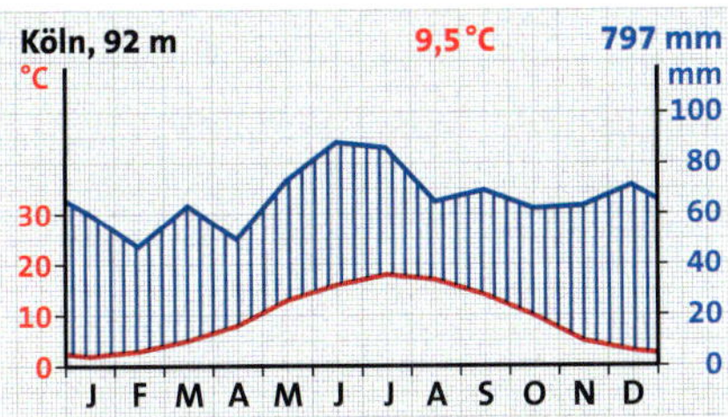

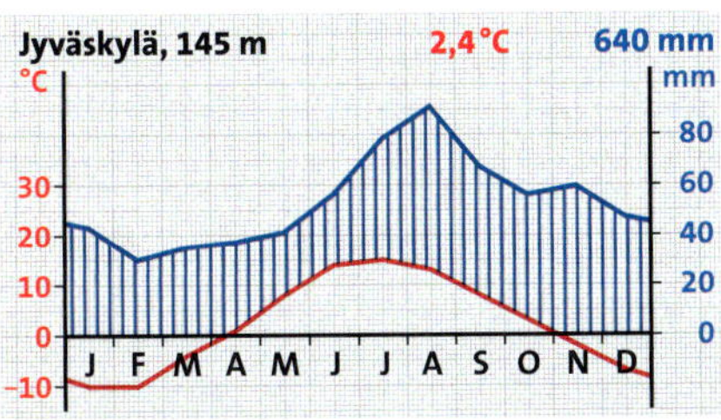

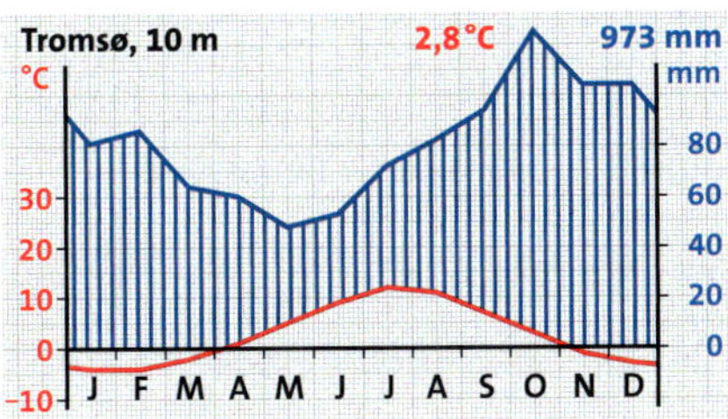

5 **Wüste**

6 **Subtropische Steppe**

7 **Subtropischer Hartlaubwald**

8 **Laubmischwald**

9 **Nördlicher Nadelwald**

10 **Tundra**

1. Vergleiche die Fotos und Klimadiagramme mit der Karte auf Seite 164/165.
   a) Ordne die Klimastationen den Temperaturzonen zu.
   b) Nenne die Zonen, die hier nicht abgebildet sind.
2. Lege in deinem Heft eine Tabelle der zehn Vegetationszonen an. Notiere die Merkmale des Klimas sowie die Merkmale der im Bild ersichtlichen Vegetation.

Beispiel Nördlicher Nadelwald:

Klima:
Jahresdurchschnittstemperatur: 2,4°C
Jahresniederschlag: 973 mm
aride Monate: 0
humide Monate: 12

Vegetation:
Nadelbäume (Lärchen, Tannen, Fichten, Kiefern)

Methoden im Überblick

Portfolio anlegen (Band 1, Seiten 10/11)

1. Schritt: Deckblatt und Ordner gestalten
– A4-Blatt zeichnen oder bekleben
– als erste Seite abheften

2. Schritt: Inhaltsverzeichnis gestalten
–Tabelle mit den Spalten Datum, Thema, Seitenzahl anlegen
– jede abgeheftete Seite eintragen

3. Schritt: Persönlichen Teil gestalten
– selber vorstellen
– Lage des Wohn- und Schulortes beschreiben
– Reisebeschreibungen sammeln
– mit Fotos verzieren

4. Schritt: Hauptteil gestalten
– Materialien und Arbeitsergebnisse abheften
– Auswahl begründen

5. Schritt: Testteil gestalten
– Tests abheften

6. Schritt: Umgang mit dem Portfolio
– sauber und ordentlich führen
– regelmäßig ergänzen
– Standort: Bücherregal zu Hause

Kartenskizze zeichnen (Band 1, Seiten 20/21)

1. Schritt:
– Kartenrahmen auf Transparentpapier zeichnen

2. Schritt:
– Grenzen in rot, große Flüsse in blau grob nachzeichnen

3. Schritt:
– Mittelgebirge braun nachzeichnen

4. Schritt:
– ausgewählte Städte mit rotem Punkt markieren

5. Schritt:
– Karte beschriften

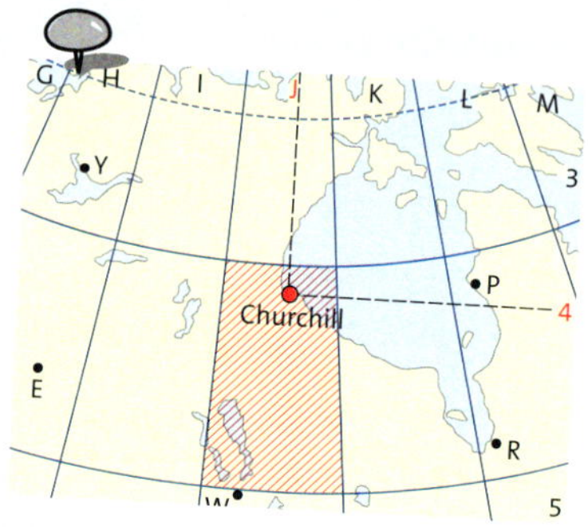

Mit dem Atlas arbeiten (Band 1, Seiten 34/35)

Geographische Namen finden

1. Schritt: Kartenseite und Gradnetzfeld ermitteln
– Namen im Register suchen und angegebene Seite aufschlagen

2. Schritt: Lage auf der Karte bestimmen
– Gradnetzfeld suchen

3. Schritt: Objektangaben entnehmen
– Angaben in der Legende lesen

Bestimmte Karten finden

1. Schritt: Karte suchen
– im Inhaltsverzeichnis oder in der Kartenübersicht

2. Schritt: Karte prüfen
– enthält die Karte die gesuchten Informationen?

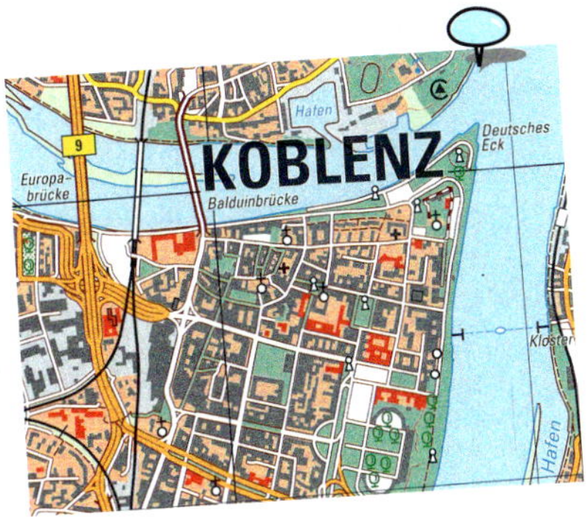

Luftbild und Karte (Band 1, Seiten 48/49)

1. Schritt: Bestimmen
– von Bild-Art und Karten-Art

2. Schritt: Verorten
– mithilfe des Atlas

3. Schritt: Beschreiben
– einzelner Objekte
– der Raumnutzung
– Bild gliedern

4. Schritt: Deuten
– Beziehungen der Bildelemente beschreiben
– Veränderungen beobachten
– weitere Informationen einholen

5. Schritt: Darstellen
– in Text und Skizze

Betrieb erkunden (Band 1, Seiten 62/63)

1. Schritt: Organisation
– Welcher Betrieb?
– Wann erkunden?
– Wie hinkommen?

2. Schritt: Vorbereitung
– Was wollen wir wissen?
– Wie erkunden wir das?
– Wie teilen wir die Arbeit auf?

3. Schritt: Durchführung
– Fragen stellen
– den Anweisungen folgen
– Gefahrenstellen beachten

4. Schritt: Auswertung und Präsentation
– Präsentation der Arbeitsgruppen
– gemeinsame Diskussion
– gemeinsame Darstellung der Ergebnisse

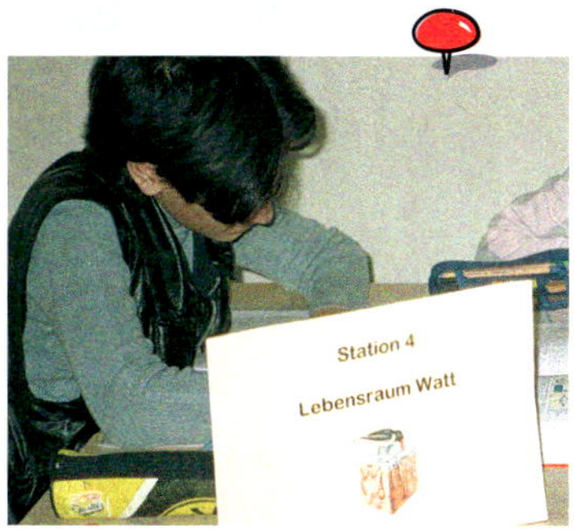

Lernen an Stationen (Band 1, Seiten 68/69)

1. Schritt: Arbeitsregeln erstellen
– Verhalten während der Stationsarbeit

2. Schritt: Stationen gestalten
– Klassenzimmer umbauen
– Stationsschilder zeichnen
– Materialien bereitlegen

3. Schritt: Stationszettel anfertigen
– A4-Blatt mit Gliederung in Nummer der Station, Thema, benötigte Zeit

4. Schritt: An den Stationen arbeiten
– Aufgaben lösen und Lösungen überprüfen
– Wahlaufgabe lösen

5. Schritt: Ergebnisse präsentieren und kritisch betrachten

Methoden im Überblick

Bild auswerten (Band 1, Seiten 92/93)

1. Schritt: Betrachten
– von Bildart, Aufnahmestandort, Zeitpunkt, Motiv

2. Schritt: Beschreiben
– auffälliger Objekte oder Linien
– in Stichworten aufschreiben
– Bild gliedern

3. Schritt: Verorten und Einordnen
– Wo aufgenommen?
– Thema des Bildes

4. Schritt: Strukturskizze zeichnen

5. Schritt: Erklären
– räumliche Ordnung, Beziehungen, raumwirksame Prozesse („Das" ist „dort", weil ...)

6. Schritt: Ergebnisse darstellen
– Text zur Strukturskizze schreiben

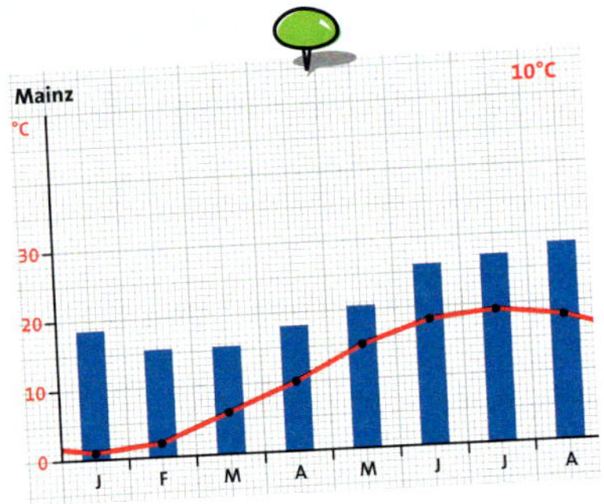

Klimadiagramme zeichnen (Band 1, Seiten 118/119)

1. Schritt:
– auf Millimeterpapier waagerechte Grundlinie zeichnen
– Anfangsbuchstaben der Monate in 1-cm-Abständen darunter schreiben

2. Schritt:
– links senkrechte Temperaturlinie zeichnen
– rot beschriften: Grundlinie: 0°C, bei 10 mm: 10 °C, bei 20 mm: 20 °C u.s.w.
– bei Minustemperaturen Linie nach unten verlängern

3. Schritt:
– Temperaturwerte eintragen
– Punkte rot verbinden

4. Schritt:
– rechts senkrechte Niederschlagslinie zeichnen
– mit blau beschriften: Grundlinie: 0, bei 10 mm: 20 mm (Niederschlag), bei 20 mm: 40 mm (Niederschlag) u.s.w.

5. Schritt:
– Niederschlagswerte als 4 mm breite Säulen einzeichnen

6. Schritt:
– Ort, Jahresmitteltemperatur und Jahresniederschlag eintragen

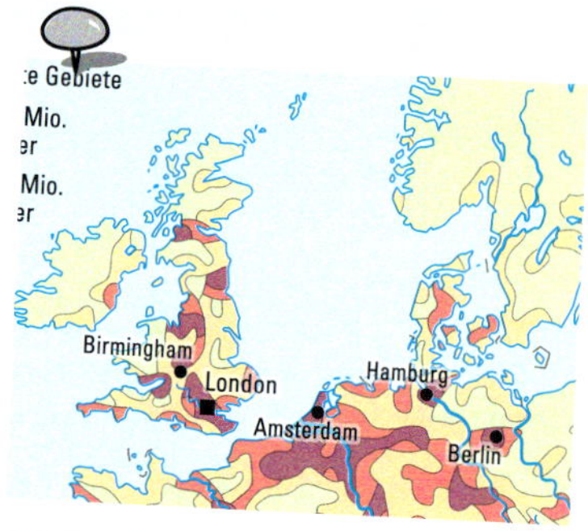

Thematische Karte auswerten (Band 1, Seiten 154/155)

1. Schritt: Raum und Inhalt
– erkennen

2. Schritt: Legende lesen
– Bedeutung der Farben, Linien, Symbole
– Maßstab

3. Schritt: Inhalt beschreiben
– Verteilung: Regelmäßigkeiten und Unterschiede erkennen

4. Schritt: Inhalt erklären
– Ursachen für unterschiedliche Verteilung
– weitere Karten und Informationsquellen hinzuziehen

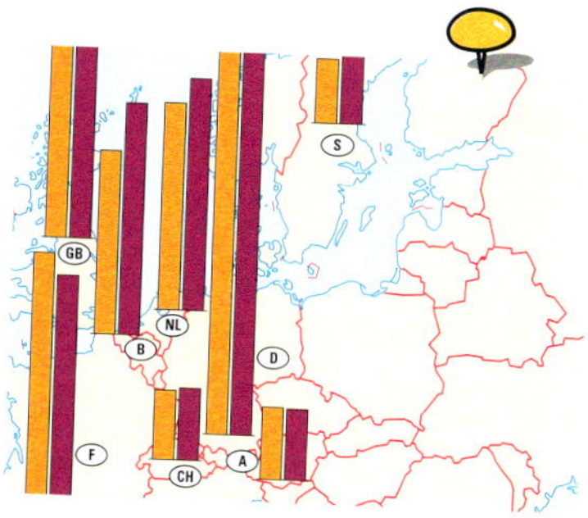

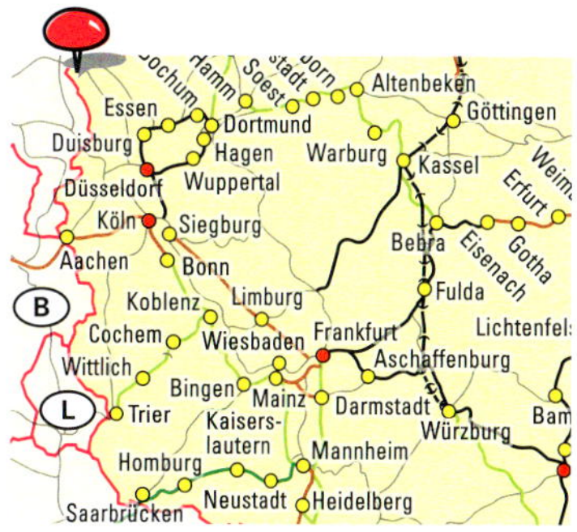

Rollenspiel (Band 1, Seiten 168/169)

1. Schritt:
- Worum geht es?
- Arbeitsgruppen bilden und Informationen sammeln
- Rollenkarten erstellen
- „Rollenspieler" bestimmen

2. Schritt:
- Situation spielen
- über Streitfall abstimmen

3. Schritt:
- Diskussion über Verhalten und Argumente der „Rollenspieler"
- Diskussion der Methode

Kartogramm erstellen (Band 1, Seiten 194/195)

1. Schritt: Kartengrundlage erstellen
- Kartenskizze anfertigen, z. B. nach Atlaskarte

2. Schritt: Darstellung festlegen
- Zahlen als Kreisdiagramme, Säulendiagramme ... darstellen
- Maßstab bestimmen

3. Schritt: Kartogramm gestalten
- Diagramme in Kartenskizze übertragen

4. Schritt: Kartogramm beschriften
- Überschrift, Legende ergänzen

5. Schritt: Erläuterungstext anfertigen

Netzpläne lesen (Band 1, Seiten 208/209)

1. Schritt: Netzplan besorgen
- am Bahnhof, Ticketschalter ...

2. Schritt: Struktur erkennen
- Legende erfassen
- Strecken und Knotenpunkte erkennen

3. Schritt: Start- und Zielort finden

4. Schritt: Fahrtroute festlegen
- ohne umzusteigen
- landschaftlich reizvoll ...

5. Schritt: Umsteigeorte einprägen
- Knotenpunkte sind Umsteigeorte.

6. Schritt: Netzplan für Weiterfahrt besorgen

Wichtige Begriffe

A

Ablagerung (oder **Akkumulation**): Absetzen oder Ausscheiden von festen Stoffen, den sogenannten Sedimenten oder Ablagerungen.
Abtragung: Sammelbegriff für die zur Erniedrigung und Einebnung der Oberflächenformen des Festlandes führenden geomorphologischen Vorgänge. Man unterscheidet zwischen linienhafter Abtragung (→ Erosion) und flächenhafter Abtragung.
Agenda 21: Ein Plan, der beschreibt, mit welchen Maßnahmen sich im 21. Jahrhundert weltweit eine → Nachhaltige Entwicklung verwirklichen lässt. Er wurde im Jahr 1992 auf der Umweltkonferenz in Rio de Janeiro (Brasilien) beschlossen, an der Vertreter fast aller Staaten teilnahmen.
Agrobusiness: Landwirtschaftliche Großbetriebe in den USA, die mit hohem maschinellen Aufwand ein begrenztes Angebot an Produkten herstellen (Spezialisierung).
Antarktis: Das Südpolargebiet, das aus dem Kontinent Antarktika und den benachbarten Meeresteilen und Inseln besteht. Auf dem Festland liegt eine bis zu 4,7 km dicke Eisschicht.
Arktis: Das Nordpolargebiet, das aus dem Nordpolarmeer und den nördlichsten Teilen Amerikas, Asiens und Europas besteht. Die nördlichen Meere sind weitgehend von driftendem Eis bedeckt. Das Treibeis ist zum Pol hin zum Packeis zusammengesch oben.
Artenvielfalt: Prägendes Merkmal für den → Tropischen Regenwald. Hier entwickelte sich eine bis heute unbekannte Zahl von Pflanzen- und Tierarten.

B

Bewässerungsfeldbau: Form der landwirtschaftlichen Bodennutzung in Gebieten, die für den Anbau von Nutzpflanzen zu wenig Niederschlag erhalten. Das in niederschlagsarmen Monaten fehlende Wasser wird Flüssen oder dem Grundwasser entnommen und mithilfe von Bewässerungsanlagen auf die Felder geleitet. Beispiele: Furchenbewässerung in Oasen Nordafrikas, Tropfenbewässerung in spanischen Huertas.
Bodenerosion: So nennt man eine über das natürliche Maß hinausgehende → Abtragung des Bodens durch Wasser und Wind, welche in erster Linie auf den Einfluss des Menschen zurückzuführen ist. Im Gegensatz zu der natürlichen → Abtragung (→ Erosion) wird diese durch die Bewirtschaftung des Bodens ausgelöst, z. B. durch Abholzen von Wäldern, Umpflügen der Grassteppen oder Zerstörung der Vegetation durch → Übernutzung (Überweidung). Durch Maßnahmen zum Bodenschutz, wie z. B. Anlegen von Windschutzstreifen oder Konturpflügen, versucht der Mensch, das Ausmaß der Bodenerosion zu verringern.

C

Cash crops: Feldfrüchte, die ausschließlich für den Verkauf erzeugt werden. Wichtige cash crops für den Weltmarkt sind Kaffee, Tee, Kakao, Bananen, Erdnüsse, Ölfrüchte und Baumwolle. Das Gegenteil sind landwirtschaftliche Erzeugnisse, die hauptsächlich der Eigenversorgung der Bevölkerung dienen.

D

Dauerfrostboden: Bis in tiefere Schichten ganzjährig gefrorener Boden. Nur die obere, wenige Dezimeter dicke Schicht taut in den kurzen Sommern auf. Etwa ein Fünftel der Erdoberfläche ist vom Dauerfrostboden bedeckt. Er reicht stellenweise bis in eine Tiefe von 1 000 Metern. Weil Niederschläge und Schmelzwasser nicht versickern können, kommt es in diesen Gebieten zu starker Sumpfbildung.
Desertifikation: wörtlich: Wüste machen. Übernutzung einer Landschaft durch den Menschen, wodurch die natürliche Vegetation beseitigt wird und was die Ausbreitung von Wüsten zur Folge hat. Besonders gefährdet sind große Bereiche der → Dorn- und Trockensavanne im Sahel.
Dornsavanne: Vegetationszone der Tropen. Es überwiegen einzeln stehende Busch- und Baumarten mit Dornen. Eine geschlossene Grasdecke bildet sich nicht. Die Regenzeit mit sehr geringen Niederschlägen dauert zwei bis vier Monate.

E

Endogene Kräfte: Naturkräfte, die aus dem Erdinneren wirken, z. B. → Vulkanismus, → Erdbeben und Plattentektonik.
Erdbeben: Erschütterungen an der Erdoberfläche, die durch ruckartige Bewegungen von Gesteinsschichten im Erdinneren hervorgerufen werden.
Erdkruste: Bestandteil des → Schalenbaus der Erde. Sie stellt die äußere erstarrte Schicht dar, die bis in eine Tiefe von 60 km unter den Kontinenten und 15 km unter den Tiefseebecken reicht. Unter der Erdkruste folgen der Erdmantel und der Erdkern.

Erosion: linear wirkende, einschneidende und ausräumende Tätigkeit des fließenden Wassers.
Exogene Kräfte: Naturkräfte, die an der Erdoberfläche wirken, z. B. Wasser, Wind, Eis, Sonne oder Pflanzen. Sie verändern und formen die Erdoberfläche permanent.

F

Feuchtsavanne: Die Feuchtsavanne bildet die Vegetationszone im Anschluss an den → Tropischen Regenwald. Sie weist hohes Gras und größere Baumgruppen auf. In der Feuchtsavanne dauert die Regenzeit 7 bis 9 Monate.
Flussoase: In dieser Oasenform kann das Wasser eines → Fremdlingsflusses zur Bewässerung der Kulturpflanzen genutzt werden. Beispiele sind die Niloase, die Bewässerungsgebiete am Indus und Niger, an Euphrat und Tigris sowie am Syrdarja und Amurdarja, den Zuflüssen des verlandenden Aralsees.
Fremdlingsfluss: Fluss, der ein Trockengebiet durchfließt und nur Wasser führt, weil er aus einem niederschlagsreichen Gebiet kommt.

G

Gemäßigte Zone: Die Gemäßigte Zone befindet sich zwischen der → Kalten Zone und der → Subtropischen Zone. Kennzeichen der Gemäßigten Zone sind die deutlich ausgeprägten vier Jahreszeiten. Je nach Meeresnähe herrschen Land- oder Seeklima vor. Die durchschnittliche Jahrestemperatur liegt bei etwa 8 °C.
Gewässerrenaturierung: Wiederherstellung von Bach- und Flussläufen, die durch wirtschaftliche und technische Tätigkeiten des Menschen stark verändert oder zerstört wurden. Anders als bei der Rekultivierung wird dabei versucht, eine möglichst natürliche Landschaft zu schaffen.

H

Hochgebirge: Gebirge, das eine Höhe von mehr als 2 000 m erreicht bzw. bis über die Waldgrenze hinausragt. Die Gipfel sind steil und schroff. In den am höchsten gelegenen Gebieten sind häufig Gletscher anzutreffen. Nach ihrer Entstehung bezeichnet man die Hochgebirge als Faltengebirge. Sie entstehen in Bereichen, wo Platten der → Erdkruste aufeinander treffen. Besonders eindrucksvolle und heute noch aktive Faltengebirge sind der Himalaya und die Alpen.
Höhenstufen: Die Abfolge unterschiedlicher Vegetation mit zunehmender Höhe. Ursache für die Ausbildung der Höhenstufen sind die mit der Höhe sinkenden Temperaturen und zunehmenden Niederschläge.

I

Inuit: die Ureinwohner der → Arktis. In Grönland leben etwa 45 000 Inuit, in Alaska und Kanada je 32 000 sowie einige Tausend in Sibirien.

K

Kalte Zone: Klimazone, in der das Jahresmittel der Temperatur um oder unter 0 °C liegt und die Winter kalt und lang sind.

L

Löss: Gelbliches, feinkörniges und kalkhaltiges Ablagerungsgestein. In Mitteleuropa entstand der Löss in den Kaltzeiten des Eiszeitalters. Der Wind wehte aus den damals pflanzenlosen Grundmoränen und Sandern feines Material aus. Dadurch entstanden, vor allem an den Nordrändern der Mittelgebirge, sehr fruchtbare Böden. In ähnlicher Weise weht der Wind heute Staub aus den innerasiatischen Wüsten bis nach Nordchina. Wird Löss durch Wasser abgetragen, transportiert und an anderer Stelle abgelagert, bezeichnet man diese → Ablagerungen als Schwemmlöss.

M

Monokultur: großflächiger Anbau eines bestimmten landwirtschaftlichen Produktes über einen längeren Zeitraum hinweg auf derselben Parzelle. Diese Wirtschaftsweise kann zu Problemen führen: → Bodenerosion, erhöhter Schädlingsbefall.

N

Nachhaltige Entwicklung: Man versteht hierunter eine Entwicklung, die darauf achtet, dass bei der Nutzung von Naturgütern, wie z. B. Wasser, Wald und Bodenschätze, diese in ihrem Bestand nicht gefährdet werden und damit langfristig für weitere Generationen erhalten bleiben.
Nährstoffkreislauf: Abgestorbene Pflanzenteile zersetzen sich und geben Nährstoffe frei, die im Boden gespeichert und wieder durch die Wurzeln aufgenommen werden. Im → Tropischen Regenwald läuft dieser Kreislauf sehr rasch ab.

Nationalpark: Ein großräumiges Schutzgebiet, das wegen seiner Schönheit, Eigenart bzw. Einmaligkeit als besonders schützenswert gilt. Es bestehen strenge Schutzbestimmungen, um die vorhandene Tier- und Pflanzenwelt in ihrem natürlichen Lebensraum zu erhalten.

Naturkatastrophe: Kommen bei einem Naturereignis Menschen oder Dinge zu Schaden, spricht man von einer Naturkatastrophe.

Nördlicher Nadelwald: Vegetationszone der Nordhalbkugel, in der aufgrund langer, kalter Winter ein artenarmer Nadelwald (Fichten, Kiefern, Tannen, Lärchen) als natürliche Vegetation vorherrscht. In Nordasien wird dieser Nadelwald Taiga genannt. Als Laubbaum ist die Birke verbreitet. Der spärliche Unterwuchs des Waldes besteht aus Zwergsträuchern, Gräsern, Moosen und Flechten.

O

Ozeanischer Rücken: Durch aufsteigendes Magma kommt es zu einer Ausweitung des Meeresbodens, was zum Auseinanderdriften der Erdplatten führt („seafloor spreading"). Dadurch entstehen ozeanische Rücken (z. B. Mittelatlantischer Rücken) und → Tiefseegräben (z. B. Marianengraben).

P

Polarkreise: begrenzen bei 66,5° südlicher bzw. nördlicher Breite die Polargebiete. Jenseits der Polarkreise treten → Polarnacht bzw. Polartag auf.

Polarnacht/Polartag: Erscheinungen in den Polargebieten, die durch die Schrägstellung der Erdachse gegenüber der Erdbahnebene entstehen. In der Zeit der Polarnacht bleibt die Sonne ständig unter dem Horizont, in der Zeit des Polartages ständig über dem Horizont.

R

Raubbau: Wirtschaftsform, bei der ohne Rücksicht auf die Zukunft die natürlichen Ressourcen stark geschädigt oder zerstört werden (z. B. Überweidung, Abholzung von tropischen Wäldern).

S

Savanne: Vegetationszone der wechselfeuchten Tropen. Nach Dauer der Regen- und → Trockenzeiten unterscheidet man die → Feuchtsavanne, → Trockensavanne und → Dornsavanne.

Schalenbau: Innerer Aufbau der Erde. Seismische Messungen haben ergeben, dass das Erdinnere aus mehreren Schichten aufgebaut ist. Man unterscheidet drei Hauptschichten (Hauptschalen): die → Erdkruste, den Erdmantel und den Erdkern.

Subtropische Zone: Die Subtropen sind die Klimazone zwischen der → Tropischen Zone und der → Gemäßigten Zone auf der nördlichen und südlichen Halbkugel. In den Subtropen gibt es deutliche Temperaturunterschiede im Jahresverlauf. Die durchschnittliche Jahrestemperatur beträgt etwa 18 °C.

T

Tageszeitenklima: herrscht in Regionen der Erde mit gleichbleibenden Durchschnittstemperaturen von 25 bis 27 °C über das gesamte Jahr. Temperaturschwankungen treten nur innerhalb eines Tages auf.
Den Gegensatz dazu bildet das Jahreszeitenklima unserer Breiten.

Temperaturzonen: grobe, fast breitenkreisparallele Einteilung der Erde in Gebiete mit etwa gleichen Durchschnittstemperaturen. Sie basieren auf einer unterschiedlichen Sonneneinstrahlung. Man unterscheidet vier Temperaturzonen: → Kalte Zone, → Gemäßigte Zone, → Subtropische Zone und → Tropische Zone.

Tiefseegraben: langgestreckte, rinnenförmige Einsenkung des Meeresbodens, wobei Tiefen bis über 11 000 m erreicht werden können (größte Tiefe: Marianengraben mit 11 022 m). Sie entstehen dann, wenn es bei Aufeinandertreffen von Platten zum Abtauchen einer Platte unter die andere kommt. Die Bereiche des Tiefseegrabens werden deshalb auch als Abtauchzone bezeichnet.

Trockengrenze: Grenzlinie des Ackerbaus, bis zu der ein Anbau ohne künstliche Bewässerung möglich ist, also Regenfeldbau betrieben werden kann. Die Trockengrenze verläuft in jenen Grenzräumen der Erde, in denen feuchtes (semihumides) Klima in trockenes (semiarides) Klima übergeht. Aufgrund von Niederschlagsschwankungen ist diese Grenze aber nicht genau festzulegen.

Trockensavanne: Die Trockensavanne kommt als Vegetationszone zwischen → Feucht- und → Dornsavanne vor. Sie stellt ein Grasland mit etwa 1 m hohen Gräsern sowie vereinzelten kleineren Baumgruppen dar. Die Regenzeit beträgt vier bis sieben Monate.

Trockenzeit: regelmäßig wiederkehrende, niederschlagsarme oder niederschlagslose Zeiten (aride Zeit) innerhalb der wechselfeuchten Tropen und Subtropen.
Tropische Zone: Die Tropen sind die wärmste Klimazone beiderseits des Äquators. Die durchschnittliche Jahrestemperatur liegt bei etwa 25 °C. Wegen der über das ganze Jahr gleichbleibend hohen Temperaturen gibt es in den Tropen keine Jahreszeiten.
Tropischer Regenwald: Waldtyp der immerfeuchten Tropen. Gekennzeichnet durch großen Artenreichtum, üppiges Wachstum und Stockwerkbau der Pflanzen. Wichtiger Sauerstofflieferant und Klimaregulator der Erde.
Tundra: Gebiet nördlich der Taiga mit niedrigem Pflanzenwuchs (Moose, Flechten, Gräser und Zwergsträucher). Das kalte Klima mit kurzen, kühlen Sommern lässt keinen Baumwuchs zu. Der Boden ist ständig gefroren und taut auch im Sommer nur oberflächlich auf (→ Dauerfrostboden).

U

Übernutzung: bezeichnet eine zu intensive Nutzung eines Ökosystems durch den Menschen, die sich negativ auf dieses System auswirkt, da sich die Grundlagen der Nutzung nicht mehr regenerieren können.
Ein Beispiel der Übernutzung ist die Überweidung: Aufgrund überhöhten Viehbesatzes können sich die Weideflächen als natürliche Grundlage nicht mehr ausreichend regenerieren. Die Folgen sind → Bodenerosion und → Desertifikation.

V

Vegetationszeit: Zeit des Pflanzenwachstums. Pflanzen wachsen nur an Tagen mit einer Tagesmitteltemperatur von 5 °C. Die Vegetationszeit ist in den Vegetationszonen unterschiedlich.
Vulkanismus: zusammenfassende Bezeichnung für alle geologischen Vorgänge, die mit dem Aufstieg und dem Austritt fester, flüssiger oder gasförmiger Stoffe aus dem Erdinneren an die Erdoberfläche zusammenhängen. Die Förderung der Stoffe hat ihren Ausgangspunkt in Magmaansammlungen der → Erdkruste. Auswurf- bzw. Ausflussmaterialien sind Lava, Lockermaterial (Asche, Lapilli, Bomben) und Gase. An der Erdoberfläche entstehen Formen wie Kegel-, Schicht- oder Schildvulkan, Maar, Caldera oder Härtlinge aus Ergussgestein. Vulkanismus und → Erdbeben treten gehäuft an den Plattengrenzen der Erde auf.

W

Wendekreise: die Breitenkreise, an denen die Sonne jeweils einmal jährlich ihren Höchststand erreicht, also im Zenit steht. Bei 23,5 ° Nord befindet sich der Nördliche Wendekreis, bei 23,5 ° Süd der Südliche Wendekreis. Zwischen den Wendekreisen erreicht die Sonne zweimal jährlich den Höchststand.
Wirbelsturm: Tropische Wirbelstürme sind Drehwinde mit einem starken Druckgefälle. Im Zentrum des Wirbels, im „Auge", herrscht fast Windstille. Tropische Wirbelstürme entstehen über der warmen Meeresoberfläche und haben je nach Verbreitungsgebiet unterschiedliche Bezeichnungen (z. B. Hurrikan).

Z

Zenit (arabisch Scheitelpunkt): Der Punkt, am Himmel, der sich senkrecht über dem Beobachter auf der Erdoberfläche befindet. Wenn die Sonne im Zenit steht, dann treffen ihre Strahlen im rechten Winkel auf die Erdoberfläche auf. Die Sonne kann nur zwischen den beiden → Wendekreisen im Zenit stehen.

Sachverzeichnis

Alle **fett** gedruckten Begriffe sind als „Wichtige Begriffe“ hier im Anhang erläutert.

Teste dich selbst – Lösungen

Seiten 16/17

1 a) 1: Kalte Zone, 2: Gemäßigte Zone, 3: Subtropen, 4: Tropen, 5: Subtropen, 6: Gemäßigte Zone, 7: Kalte Zone;
b) A: Nördlicher Polarkreis, B: Nördlicher Wendekreis, C: Äquator, D: Südlicher Wendekreis, E: Südlicher Polarkreis

2
- falsch: Um die Erde dreht sich nur der Mond, nicht die Sonne. Die Erde dreht sich um die Sonne.
- richtig,
- falsch: Es gibt viel mehr Vegetationszonen als Temperaturzonen.
- falsch: In den Tropen und in den Polargebieten gibt es keine vier Jahreszeiten.
- richtig,
- falsch: Bei uns steht die Sonne nie im Zenit.

3
- Tropen
- Lichtjahr
- Galaxie
- Südlicher Wendekreis
- Planeten

Seiten 40/41

2 a) Tropischer Regenwald, b) Feuchtsavanne, c) Trockensavanne, d) Dornsavanne, e)Wüste

3 a) Desertifikation, b) Übernutzung bzw. Überweidung, c) Bodenerosion, d) Erschließung bzw. Raumerschließung, e) Agrarkolonisation

4
a) richtig,
b) falsch: Die Böden der Tropischen Regenwälder sind wenig fruchtbar.
c) falsch: Der Regenwald hat Tageszeitenklima.
d) richtig

Seiten 58/59

1 a) z. B.

Kontinent	Staaten (Beispiele)
Europa	Portugal, Spanien, Frankreich, Italien, Kroatien, Montenegro, Albanien, Griechenland, Zypern
Afrika	Marokko, Algerien, Tunesien, Namibia, Südafrika
Asien	Türkei, Syrien, Libanon, Israel, Iran, Südchina
Australien	Australien (Süden), Neuseeland (Norden)
Südamerika	Argentinien, Uruguay, Chile
Nordamerika	Mexiko, USA (Kalifornien)

3 a) Fremdlingsfluss, b) künstliche Bewässerung oder Bewässerungsfeldbau, c) Wasserkraftwerk

Seiten 76/77

3 a) Agrobusiness, b) Wüste, c) Megacity, d) Seeklima (ozeanisches Klima), e) Bodenerosion, f) Raumnot, g) Ballungsraum

4
a) falsch: Beim Agrobusiness muss die ganze Familie nicht mitarbeiten.
b) richtig
c) richtig
d) falsch: Die natürliche Vegetation in Deutschland ist Laub- und Mischwald.

Seiten 96/97

4 a) Antarktis, b) Südlicher Polarkreis, c) indigene Völker, d) Kahlschlag, e) Inlandeis

5 Dauerfrostboden ist in der Tiefe ganzjährig gefrorener Boden, der nur im Sommer an der Oberfläche auftaut.

7
a) falsch: Die Arktis ist kein Kontinent, sondern besteht überwiegend aus Meeresfläche.
b) richtig,
c) richtig,
d) falsch: Südpol und Antarktis sind nicht dasselbe.

Seiten 116/117

2 a) Magma, b) Lava, c) Ozeanische Rücken, d) kontinentale Kruste, e) Seismograph, f) Tsunami

3 a) Erdkruste, kein Vulkanmaterial; b) Gesteinshülle, kein Erdbebenvorgang; c) Eruption, keine Schale der Erde; d) Subduktionszone, keine Form der Magma-Aufstiegszone; e) Konvektionsstrom, keine Oberflächenform, f) Magma, keine Energienutzung

Seiten 136/137

1 a) Erosion, b) Glaziale Serie, c) Trogtal, d) Findlinge, e) Löss, f) Hurrikan

2 a) Erosion, keine Talform; b) Ablagerung, Gegenteil der Abtragungsvorgänge; c) Klamm, keine Mäanderform; d) Zyklon, kein tropischer Wirbelsturm; e) Steilküste, Gegensatz zu Flachküstenformen; f) Findling, keine Oberflächenform

Seiten 156/157

2 a) Kaltluftbahnen, b) Umweltzonen, c) Agenda 21, d) Klärwerk, e) Waldschäden, f) Naturgüter

3 Landschaftsschutz ist der Schutz von Natur- und Kulturlandschaften, um Naturgüter (z. B. Pflanzen, Tiere und Gewässer), aber auch Kulturgüter (z. B. Weinbergterrassen oder historische Gebäude) zu erhalten.

Das Hermann Maier Trainingsprogramm

Heinrich Bergmüller
mit Knut Okresek

Das Hermann Maier Trainingsprogramm

NP
BUCHVERLAG

Inhalt

Vorwort von ÖSV-Präsident Prof. Peter Schröcksnadel

Richtig kennen gelernt habe ich Heini Bergmüller Anfang der Neunzigerjahre, kurz nach meinem Amtsantritt als ÖSV-Präsident. Ich erinnere mich noch genau an diese hitzige Sitzung im Pitztal. Mitten in der Diskussion platzte Heini der Kragen, und in seiner forschen Art verließ er mit den Worten: „Dann macht's euch euren Krempel selber" den Raum. Alpindirektor Hans Pum lief ihm nach und versuchte die Wogen zu glätten. Es half aber nichts und wenig später trennten sich unsere Wege. Nein, Diplomatie zählte noch nie zu Heinis Stärken.
Aber ein Sturschädel wie er setzt seine Ideen durch. So baute Heini Bergmüller mit viel Idealismus, Engagement und auf eigenes Risiko den Olympiastützpunkt Obertauern auf. Anfangs wurde er für seine Ideen noch belächelt, doch der Erfolg gab ihm schnell Recht. Und für den Flachauer Hermann Maier war der Olympiastützpunkt vor der Haustür ein echter Glücksfall – und umgekehrt. Man muss erst einmal einen talentierten Athleten finden, der ein Trainingsprogramm mit dieser einzigartigen Konsequenz 365 Tage im Jahr durchzieht. Und einen Betreuer, der selbst am Heiligen Abend am Ergometer steht und Laktatwerte misst. In diesem Umfeld reifen mittlerweile die Stars der Zukunft heran. Ich ziehe meinen Hut vor Heinis ungebremstem Einsatz.
Inzwischen habe ich Heini Bergmüller längst wieder in unser Boot geholt und ich bin froh darüber. Der ÖSV-Olympiastützpunkt wurde zu einer Eliteschmiede,

um die uns nicht wenige Nationen beneiden. Für unsere Ärzte, Trainer und Therapeuten ist das Trainingszentrum am Tauern eine wertvolle Anlaufstelle. Nicht zuletzt machen die innovativen Ideen und Forschungsprojekte genau das aus, wofür der Österreichische Ski-Verband bekannt ist: Wir sind der Konkurrenz immer einen Schritt voraus!

Was ich an Heini Bergmüller noch schätze, sind die Visionen, die er nie aus den Augen verliert. Bei einer sind wir uns völlig einig: Wir müssen unser Knowhow auch dem Breitensport zugänglich machen. Und dabei ist dieses Trainingsbuch ein großer Schritt, der möglicherweise auch Ihr Leben verändern wird. Tauchen Sie ein in die Hermann-Maier-Trainingsphilosophie und Sie werden schnell bemerken, wie leicht die grundlegenden Elemente auch für Sie umzusetzen sind.

Also, worauf warten Sie noch? Setzen Sie sich auf den Ergometer und radeln Sie los. Glauben Sie mir, es ist nie zu spät! Ich selbst musste 61 Jahre lang auf meinen ersten Weltmeistertitel warten. Bleibt mir nur noch, Ihnen zu wünschen, dass das Hermann Maier Trainingsprogramm auch für Sie ein unbezahlbarer Gewinn sein wird.

Hermann Maier: Mein Trainer Heini Bergmüller

Es gibt nur wenige Personen, die ich wirklich an mich heranlasse. Heini Bergmüller ist eine davon. Ich hab vom ersten Tag an seine Methoden geglaubt – oder sagen wir besser: vom zweiten Tag an.
Als ich im Sommer 1996 zum ersten Mal in Obertauern trainierte, war Heini gerade in Japan und ich war ehrlich gesagt froh darüber. Ich habe Heini aus seiner Zeit als Landeskadertrainer gekannt. Damals ist jeder zusammengezuckt, wenn's geheißen hat: „Der Bergmüller kommt!" Dann waren nämlich immer mühsame Sachen wie „Häschenhüpfen" angesagt. Heinis gefürchtete 300-Meter-Bergsprints oder die Monster-Radtouren waren wirklich nicht jedermanns Sache. Ich war nach den Bergmüller-Kursen so fertig, dass ich die Stiegen nur mehr verkehrt runtergehen konnte. Wer konnte ahnen, dass dieser Bergmüller seine Trainingsphilosophie total geändert hat?
Ursprünglich bin ich nur zum Krafttraining nach Obertauern gekommen. Im Olympiastützpunkt war ich mein eigener Trainer. Ich hab ordentlich Gewichte aufgelegt und mein Programm durchgezogen. Natürlich ist mir aufgefallen, dass die anderen Skirennläufer wie Mario Reiter oder Heinz Schilchegger dort ganz anders trainierten. Bei denen war alles auf die Ausdauer ausgerichtet, und dann gab's interessante Trainingshilfen wie die Compex-Geräte, mit denen sie ihre Muskeln elektrisch stimulierten. Ich ließ mich davon jedenfalls nicht beirren und startete in meine erste Weltcupsaison. Bis ich mir im Jänner '97 in Chamonix die Hand brach. Danach hab ich mich im Olympiastützpunkt aufs Rad gesetzt und Heini hat mir zum ersten Mal das Laktat gemessen. Er hat es sofort geschafft, mich zu überzeugen. Lockeres Radfahren – richtig dosiert – war die ganze Hexerei. An meiner Skitechnik hab ich ohnehin nie gezweifelt. Ein paar Wochen später hab ich in Garmisch mein erstes Rennen gewonnen.

Ich war das perfekte Versuchskaninchen für ein im Skisport völlig neues Trainingskonzept

Ich hatte immer hundertprozentiges Vertrauen zu Heini und war bereit, alles dem Training unterzuordnen. Ich war eigentlich total unverbraucht – eine bessere Ausgangsposition hätte es kaum geben können. Also war ich das perfekte Versuchskaninchen für ein im Skisport völlig neues Trainingskonzept. Was sich schon damals „Olympiastützpunkt" nennen durfte, war eigentlich nur ein Stützpunkt-Keller. Beim Radeln habe ich die stickige Luft geatmet und ein Leuchtspot hat mir aufs Hirn gebrannt. Vielleicht

hat mich gerade das mental stark gemacht. Eine Schule fürs Leben sozusagen. Jedenfalls ist konditionell irrsinnig viel weitergegangen. Heini hat getüftelt und getüftelt. Ich glaub, er ist mit meinen Programmen schlafen gegangen. Es ist kaum ein Tag vergangen, an dem er nicht mit neuen Ideen dahergekommen ist. Und wir haben verdammt viel Zeit miteinander verbracht. Heini ist oft der erste, mit dem ich in der Früh spreche, und der letzte, von dem ich mich am Abend verabschiede. Wir sind gemeinsam auf (Trainings-)Urlaub gefahren, und als es mir nach dem Unfall so dreckig ging, ist er an meinem Krankenbett gesessen. Da hat sich natürlich im Laufe der Jahre so was wie eine Vater-Sohn-Beziehung entwickelt. Du musst deinem Trainer vertrauen und er dir. Das Gefühlsleben ist etwas, das ein guter Trainer in seine Planung mit einbezieht. Dazu braucht er sehr viel Fingerspitzengefühl. Bei all seinem Fanatismus um Laktatwerte, Herzfrequenzen und Watt-Widerstände: Das schätze ich an ihm. Und es taugt mir, wenn er uns wieder einmal beweisen will, dass er noch immer ganz gut in Form ist und neben uns in die Pedale tritt. Damit wir nicht vergessen, dass er ja auch einmal um Olympiamedaillen gekämpft hat. So ist er immer einer von uns geblieben.
Ich wünsche Heini, dass viele Leute sein einfach strukturiertes, aber genial durchdachtes Programm entdecken und für sich nützen können. Ich hab auch nichts dagegen, wenn dieses Buch meinen Konkurrenten in die Hände fällt. Ich vergönn ihnen, dass auch sie ähnlich gute Ausdauerwerte wie ich haben – zum Glück ist Skirennfahren nicht zuletzt auch eine Frage der Technik. In diesem Sinne, hoffe ich, dass auch Sie von unserem Trainingsprogramm profitieren.

hm1.com

Kapitel 1

Zwischen Leben und Tod

Freitag, 24. August 2001. Einer dieser sonnenklaren, fast schon kitschigen Sommertage, wie es sie am Tauern nur selten gibt. Hermann tauchte kurz vor 16 Uhr in meinem Büro im Olympiastützpunkt auf. Da er erst vor zwei Tagen vom Schneetraining aus Chile zurückgekommen war, hatte ich darauf bestanden, dass er länger schlafen sollte. Er war ausgeruht und sah blendend aus, braun gebrannt wie ein Sommerurlauber, entspannt und guter Dinge. Und er strotzte vor Kraft. In Portillo hatte er seine Teamkollegen in Grund und Boden gefahren, eine Bestzeit nach der anderen in den Höhenschnee gezaubert. Seine Werte auf dem Ergometer waren besser denn je. Noch nie hatten wir das harte und manchmal auch mühsame Aufbautraining so gut über die Runden gebracht wie diesmal. Jede Ausdauereinheit schien ein Spaziergang, das Krafttraining lockere Routine. Ja, Hermann war so gut drauf, wie man es sich von einem Athleten nur wünschen kann.

Hermann Maier war in der Form seines Lebens, als das Unglück passierte

Wie jeden Tag ließ er seine Blutwerte in unserem Labor durchchecken. Alles im grünen Bereich. Er zog seine Radlerhose an, setzte sich auf seinen Lieblingsergometer und trat in die Pedale. 30 Minuten bei 250 Watt Widerstand. Puls 110. Die ersten Schweißperlen traten aus den Poren und tropften auf den Boden. Der Stich ins Ohr bestätigte, was man ihm ansah: Hermann war in der Form seines Lebens. Laktat 1,1 – wenn unsere Krankenschwester die Treppe heraufkommt, erreicht sie locker den doppelten Wert.

Noch zweimal 30 Minuten. Nach einer entspannenden Magnetfeldtherapie-Einheit und einer halben Stunde Dehnen kam Hermann in mein Büro zurück. Wir plauderten noch einmal über das Training in Chile und Hermann war froh darüber, dass alles so gut lief. Wie er später zugeben sollte, war es ihm bereits zu diesem Zeitpunkt unheimlich, dass der Saisonaufbau diesmal so reibungslos funktionierte.

Er verabschiedete sich von unseren Mitarbeitern und verschwand. Wenig später ließ er den Kickstarter seiner einer Harley nachempfundenen Eigenbaumaschine nach unten schnalzen und zog noch vor dem Eingang seine Show ab. Das spektakuläre Gefährt, mit dem er an diesem verhängnisvollen Freitag zum ersten Mal in

Obertauern aufgetaucht war, war Gesprächsthema Nummer eins bei uns am Berg. Denn im Sommer, wenn die Kühe auf den Pisten grasen, tut sich hier nichts.

Hermanns Rucksack mit harter Kunststoffschale rettete ihm vermutlich das Leben

Ich wunderte mich noch über Hermanns Rucksack: ein seltsames Ding mit einer harten Kunststoffschale, auf der man im Schnee zu Tal rodeln konnte. Nur eine halbe Stunde später sollte ihm dieser Rückenpanzer das Leben retten.

Mit verhallendem Motorengetöse verschwand Hermann ins Wochenende. Und ich setzte mich mit einem mulmigen Gefühl vor meinen Computer. Da war sie wieder, diese Stimmung, diese düstere Vorahnung. Ähnlich wie damals im Jänner 1991, oben am Start der Lauberhornabfahrt, als mein Freund und Schützling Gernot Reinstadler tödlich verunglückt war. Es war das schrecklichste Erlebnis meiner Betreuerkarriere gewesen.

Es fiel mir ein, dass ich mich noch gar nicht bei Hermanns Skitrainer Andi Evers über das Schneetraining in Chile informiert hatte. Ich griff zum Telefon und ließ mir schildern, wie unglaublich gut es Hermann am Schnee gegangen war. Es klang fast zu gut, um wahr zu sein … Während wir plauderten, klopfte es in der Leitung. Offensichtlich wollte mich jemand dringend erreichen. Gleich nachdem ich aufgelegt hatte, läutete es. Es war Barbara Zechner, unsere Geschäftsführerin. Ich merkte sofort, dass etwas passiert sein musste. „Bitte ruf sofort den Harald an. Hermann hat's mit dem Motorrad erwischt!" Meine Vorahnung! Wie betäubt rief ich unseren Chefarzt Harald Aufmesser an: „Wie geht's ihm?"

„Es sieht schlimm aus. Der Hubschrauber kommt gerade. Warte, ich gebe dir den Hermann selbst." Der wirkte verstört, aber gefasst: „Mich hat einer abgeschossen, mein Fuß ist total kaputt."

„Hast du starke Schmerzen?"

„Eigentlich nimmer so arg."

„Lass den Kopf nicht hängen, wir werden alles daran setzen, dass du wieder gesund wirst. Machs gut!" Der Helikopterlärm machte dem Gespräch ein Ende.

„Ich bin dagelegen, habe den Fuß in der Hand gehalten. Er hat nicht dorthin geschaut, wo er hinschauen sollte. Der untere Teil des Unterschenkels ist weggehangen, dass die Jeans einen Knick gemacht hat. Ich habe alles gesehen: die Knochen, die einem entgegenstehen, den Fuß, der nur an ein paar Muskeln hängt. In dem Moment habe ich gedacht: Amputation! Dann habe ich geschaut, dass ich mich zurücklehne und Ruhe gewinne." Hermann Maier

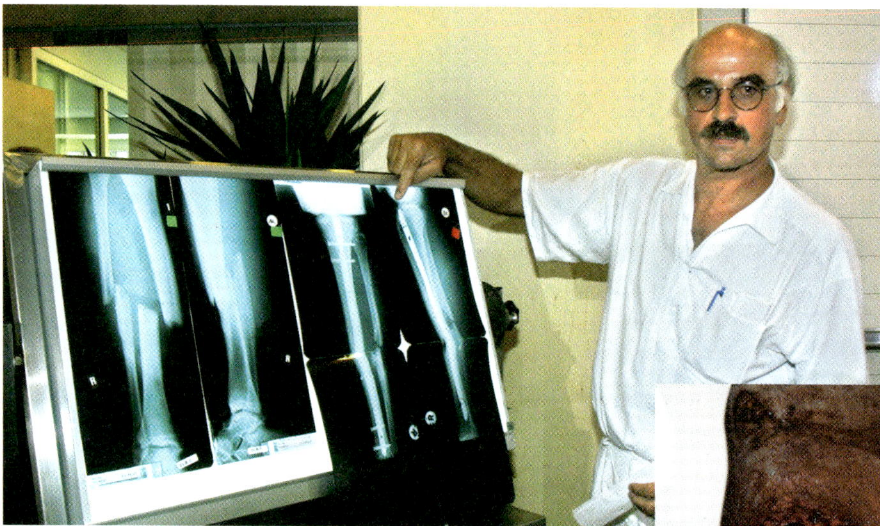

Offener Unterschenkelbruch! Dr. Trost erklärt die Röntgenbilder vor und nach der Operation

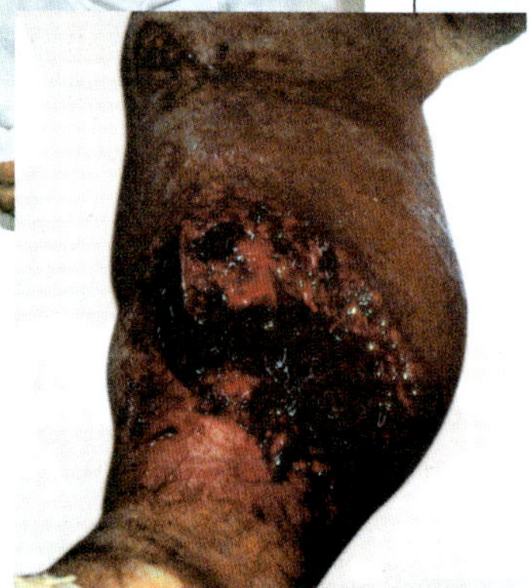

Ich war vollkommen fertig, schaute ins Leere. Ich hätte keinen Menschen anrufen können, nicht einmal meine Frau. Was hätte ich ihr auch sagen sollen? Immer wieder fragte ich mich: „Warum hat das passieren müssen? Ist jetzt alles aus?“ Ich nahm alle Kraft zusammen, um diesen Gedanken zu verdrängen. Dann hatte ich nur noch ein Bild vor Augen: Ich bringe Hermann zurück. Gemeinsam kommen wir auch da durch. Dann riss mich das Telefon aus meinen Gedanken. Harald Aufmesser, Johannes Zeibig, Artur Trost: Unsere Ärzte meldeten sich in regelmäßigen Abständen. Artur hatte im Unfallkrankenhaus Salzburg alles für die Notoperation vorbereitet. „Es sieht schlimm aus. Wir werden aber alles daran setzen, das rechte Bein zu retten.“ Es ging also wirklich um Leben und Tod. Und trotzdem musste ich diese Frage einfach stellen: „Wird er jemals wieder Ski fahren können?“ „Kann ich nicht sagen. Ruf mich nach Mitternacht wieder an, ich muss in den OP.“

„Ich hab sofort nach ehrlichen Antworten gesucht und sie auch bekommen. ‚Kann man den Fuß noch retten?‘, wollte ich von Artur Trost wissen. ‚Ja‘, hat er gemeint, „es handelt sich allerdings um eine sehr schwere Verletzung.‘ Das war die erste positive Nachricht für mich, da hat alles gleich ganz anders ausgesehen.“

Im Unfallkrankenhaus Salzburg kämpften sieben Ärzte um das Bein. 100 Kilometer entfernt saßen wir die halbe Nacht im Olympiastützpunkt-Restaurant und

philosophierten. Was wollte uns das Schicksal sagen? Wir versuchten verzweifelt, dem Ganzen etwas Positives abzuringen, und schmiedeten sogar schon Comebackpläne. Meine Theorie: „Jeder Tiefschlag hat auch was Positives. Hermann wird zurückkommen – und zwar stärker als vor dem Unfall." Mir war bewusst, dass wir vor der größten Herausforderung seit der Gründung des Olympiastützpunkts standen. Aber ich war mir sicher: Wir schaffen das.

Glück im Unglück

Hermann fährt täglich an der Unfallstelle an der Katschberg-Bundesstraße in Radstadt vorbei. Immer wieder wird ihm klar, wie viel Glück er eigentlich im Unglück hatte. Nachdem ihm durch den Zusammenprall nach dem falschen Linksabbiegemanöver des deutschen Unglückslenkers fast der rechte Unterschenkel abgerissen worden war, flog Hermann, dicht an einem Laternenmast vorbei, in den Straßengraben. Heute weiß er: „Viel hätte nicht gefehlt und ich wäre unten gelegen und mein Bein oben." Aber von diesem Augenblick an lief alles für ihn: Nur 200 Meter von der Unfallstelle entfernt liegt die Klinik der Familie Aufmesser. Harald Aufmesser ist medizinischer Leiter des Olympiastützpunkts; sein Bruder Werner war nur wenige Minuten nach dem Unglück zur Stelle und transportierte Hermann zur Erstversorgung in die Klinik, noch bevor die ersten Pressefotografen anrückten. Und Artur Trost, der schon 1997 nach dem Sturz in Chamonix Hermanns Unterarm operiert hatte, bereitete im Unfallkrankenhaus Salzburg den Eingriff vor, während der Helikopter im Anflug war. Mit Christoph Papp befand sich einer der besten plastischen Chirurgen Österreichs in der Stadt; er war sofort bereit, die notwendige Hautlappentransplantation während der Erstoperation durchzuführen. Ein Risiko, das sich, wie wir heute wissen, gelohnt hat.

Hermann gehörten inzwischen die Hauptschlagzeilen im Fernsehen und im Radio. Abwechselnd meldeten sich Reporter und Freunde. Immer wieder dieselbe Frage: „Wird es sich noch für Olympia ausgehen?" Die Olympischen Spiele in einem halben Jahr in Salt Lake City – und wir bangten um Hermanns Bein! Wieder rief ich im Krankenhaus an, und wieder bekam ich dieselbe Antwort vom

Portier: „Sie operieren noch.“ Professor Christoph Papp, eine Koryphäe der plastischen Chirurgie, war mittlerweile zu Stelle. Nachdem die Knochen mittels 37 Zentimeter langem Marknagel aus Titan zusammengeschraubt waren, ersetzte Papp das zerfetzte Gewebe durch einen aus Hermanns linkem Oberarm entnommenen „freien Hautlappen“. Erst nach sieben Stunden – um halb sieben Uhr morgens – hatte das Warten ein Ende. Artur Trost meldete via Telefon, dass das Schlimmste vorerst überstanden sei. Dann der Dämpfer: „Ob er jemals wieder Ski fahren kann, werden die nächsten Tage zeigen. Es hängt sehr viel davon ab, wie der Heilungsprozess verläuft und wie er das psychisch verkraftet.“ Ich fiel erschöpft ins Bett, um zumindest noch eine Stunde zu schlafen. Bevor mir die Augen zufielen, dachte ich: „Hermann kommt zurück.“

Er spürte vom Bauch abwärts nichts mehr: Verdacht auf Querschnittlähmung!

Der nächste Tag war ernüchternd. Hermann lag in der Intensivstation in einem Raum mit fünf schwerverletzten Unfallopfern, die alle mit dem Tod rangen. Fast unerträglich für mich: Wir durften nicht zu ihm. Er hatte über die Ärzte ausrichten lassen, dass er niemanden sehen wollte, nicht einmal seine Mutter. Zur Untätigkeit verdammt saßen alle im Warteraum, verzweifelt. Dann der Schock: Die Nierenfunktion versagte und Hermann spürte vom Bauch abwärts nichts mehr. Er konnte seine Zehen nicht bewegen! Verdacht auf Querschnittlähmung! Während draußen Dutzende Reporter, Fotografen und TV-Teams lauerten, wurde der Skistar mit Hilfe eines Ablenkungsmanövers heimlich aus der Klinik geschleust, quer durch die Stadt in die Neurologie gebracht und dort in eine Magnetresonanzröhre geschoben.

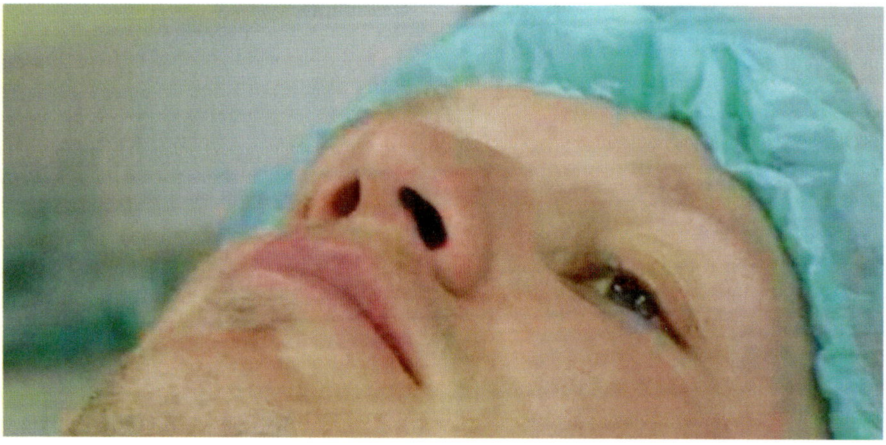

„Es war der schlimmste Moment, den ich je erlebt habe. Mit den Prellungen am Rücken und am Hintern konnte ich nicht liegen und rühren konnte ich mich in der engen Röhre auch nicht. Dazu die Geräte, die dauernd gepiepst haben. Ich bekam Schweißausbrüche, ich war total verzweifelt. Dann hab ich geglaubt, ich halt's nicht mehr aus. Ich hab den roten Knopf gedrückt in der Hoffnung, dass sie mich erlösen."

Am Abend kam Gott sei Dank Entwarnung: Die Lähmungserscheinungen waren durch die riesigen Hämatome, massive Einblutungen ins Muskelgewebe und Quetschungen des Nervengewebes, hervorgerufen worden. Tags darauf durften wir endlich zu ihm. Wir – Hermanns Eltern und sein Bruder Alex, seine damalige Freundin Gudrun, sein Trainer-Freund Andreas Evers und ich – besprachen die Lage und ließen uns für den Besuch in der Intensivstation einweisen. Ich war schockiert, wie Hermann so dalag. Kraftlos, hilflos. Er, der scheinbar Unbesiegbare. Sein Körper war aufgedunsen. Überall Schläuche. Ich hatte den Eindruck, er wusste gar nicht genau, was mit ihm los war. Hermann war misstrauisch. Offenbar glaubte er, dass man ihm nicht die ganze Wahrheit gesagt hatte. Er sah mich verzweifelt an: „Glaubst du, dass es wieder wird?" Ich riss mich zusammen und spielte diese ernste Situation bewusst herunter: „Ja sicher, du schaust gar nicht so schlecht aus. Du musst jetzt nur tapfer sein." Während ich zwischen den Schwerverletzten hinausging, dachte ich: „Eigentlich hatte er Riesenglück, dass ihm am Kopf nichts passiert ist…" Da kam mir Hermanns Mutter entgegen, die Optimistin in unserem Team. Nachdem man sie endlich ins Zimmer gelassen hatte, versuchte sie, das Ganze positiv zu sehen: „Er schaut nach vorn. Wenn wir ihm Hoffnung machen und viel Kraft geben, wird's schon wieder."

„Als sie den Verband heruntergegeben haben und ich meinen Fuß zum ersten Mal gesehen hab, war ich den Tränen nahe. Mein Unterschenkel war dicker als der Oberschenkel. Ich dachte: ‚Der soll in einen Skischuh? Das wird nie, nie wieder was!'"

Die nächsten Tage pendelte ich zwischen dem Olympiastützpunkt in Obertauern und dem Krankenhaus in Salzburg. Mit jedem Tag wuchs meine Hoffnung. Inzwischen überschlugen sich die Medien mit Sensations- und Horrormeldungen. Während die Ärzte in der Intensivstation versuchten, Hermanns Zustand zu stabilisieren, spekulierte ein Nachrichtenmagazin bereits über ein Comeback im Dezember. Am Tag neun nach dem Unfall durfte sich die Öffentlichkeit erstmals

ein Bild darüber machen, wie schlimm es Hermann tatsächlich erwischt hatte. Gerade als das ORF-Interview mit Sportchef Elmar Oberhauser und einem mit den Tränen kämpfenden Hermann Maier über meinen Bildschirm im Büro flimmerte, läutete das Telefon. Eine deutsche Firma hatte genau das Gerät, das ich für das erste Training im Spitalsbett suchte: einen Handkurbelergometer. Dann dieser Satz im Interview, der mir noch immer im Ohr klingt: „Ich werde zurückkommen – nicht gleich stark; wenn's geht, stärker als zuvor!"

Hätten wir Hermann die Quälerei mit dem Handkurbelergometer im Krankenbett ersparen sollen?

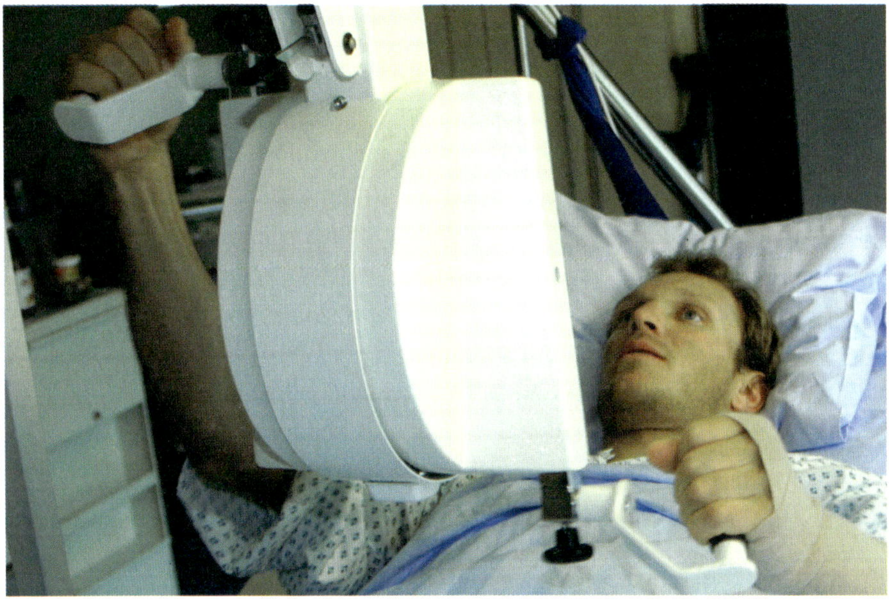

Über die ersten Trainingseinheiten mit dem Handkurbelergometer im Bett ist viel geschrieben und diskutiert worden. Hermann selbst sieht das Experiment jetzt kritisch: „Es war eigentlich ein Irrsinn. Im Nachhinein muss ich sagen, dass das total falsch war. Mein Körper hat dagegen angekämpft, aber ich habe mitgemacht, weil ich unbedingt zurück wollte." Hätten wir ihm diese Quälerei nicht besser ersparen sollen? Wollen Sie meine ehrliche Meinung dazu wissen? Das Handkurbelergometer-Training war ein wichtiger erster Schritt auf dem Weg zurück. Versuchen Sie sich in Hermanns Lage zu versetzen: Er war es gewohnt, sich sechs bis acht Stunden am Tag sportlich zu bewegen, und das immer mit

einem Ziel vor Augen. Mit einem Schlag war er plötzlich zum Nichtstun verurteilt. Mit neuen, auch in diesem Zustand realisierbaren Zielen (zum Beispiel zweimal zehn Minuten Handradeln, später dreimal zehn Minuten und so weiter) versuchte ich, ihn abzulenken, ihm eine erste Trainingsaufgabe zu stellen. Das war eine enorm wichtige psychologische Maßnahme.

Und war es nötig, auch dieses Training medizinisch zu steuern? Ich sage wiederum: ja! Als Spitzensportler war es Hermann gewohnt, konkrete Vorgaben und Ziele zu verfolgen. Die hatte er nun wieder. Sein Wille war ja ungebrochen. Und ich sagte mir immer wieder: Wir dürfen ihn nur nicht in ein großes schwarzes Loch fallen lassen. Also nahm ich ein Laktatmessgerät mit ins Krankenhaus und ließ Hermann nach jeder Serie ins Ohr stechen, um aus dem entnommenen Blutstropfen den Grad der Anstrengung festzustellen. Wenn ich keine Zeit hatte, übernahm Andi Evers, der ebenfalls täglich bei ihm war, diesen Job.

Hermann wollte auch im Krankenhaus schneller sein als die anderen

Und Hermann war ganz heiß auf seine Laktatwerte. Die verbesserten sich täglich. Wie auf dem herkömmlichen Radergometer konnten wir den Widerstand steigern. Hermann wollte auch im Krankenhaus schneller sein als die anderen.

Zwei Wochen nach der Operation kämpfte sich Hermann immerhin bereits mit Krücken alleine zur Toilette. Aber alles war überschattet durch die Qualen, die er erleiden musste. Seine Muskelberge waren wie Styropor. Wenn ich mit dem Finger in die Oberschenkelmuskulatur drückte, blieb ein Loch. Ich machte mir Sorgen. Noch ein beunruhigendes Erlebnis: Hermann wollte mit den Krücken vom Bett aus ohne Hilfe aufstehen und knickte mit dem linken Bein nach vorne weg. Nur mit Mühe konnte ich die fast 90 Kilogramm Körpergewicht auffangen und einen Sturz verhindern. Da wurde mir bewusst, dass auch mit dem – an sich gesunden – linken Bein etwas nicht stimmte. Wie sich später herausstellte, hatten die Hämatome den Hauptnervenkanal im Hüftbereich abgedrückt.

„Man kann sich nicht vorstellen, wie ich ausgesehen habe. Wie ein Michelin-Männchen. Ich bin wie ein Sack im Bett gelegen. Richtiggehend aufgedunsen, da ich, um meine Nieren auszuschwemmen, am Tag zehn Liter Wasser getrunken habe."

Am 14. September, drei Wochen nach dem Unfall, wurde Hermann in die Privatklinik Aufmesser nach Radstadt überstellt. Dort wollten wir die Rehabilitation

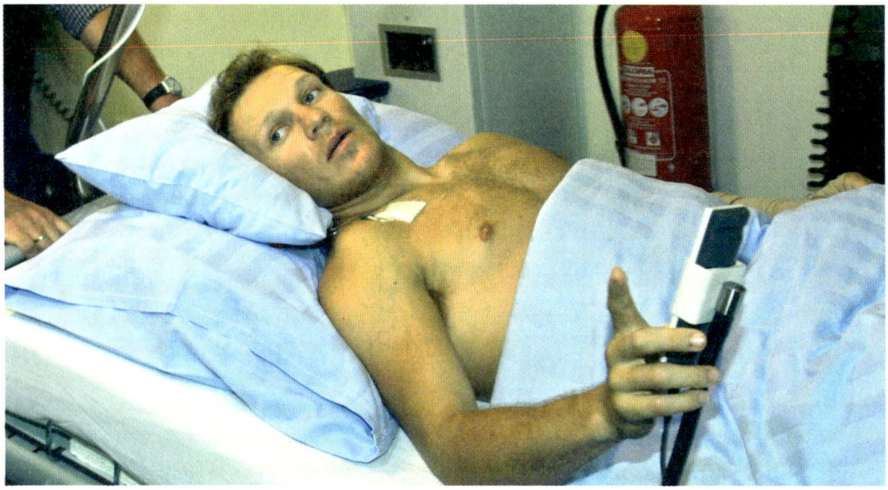

Für den Fotografen macht Hermann gute Miene: „In Wahrheit bin ich wie ein Sack im Bett gelegen."

langsam in ein moderates Training übergehen lassen. Zwei Krankenzimmer wurden zu Trainings- und Physiotherapieräumen umfunktioniert. In einem stand Hermanns Radergometer aus Obertauern. Ja, Hermann trat wieder in die Pedale. Allerdings war sein rechter Unterschenkel so dick, dass er fast den Rahmen gestreift hätte. Und alles wirkte wie in Zeitlupe. Hermann war von 94 auf 77 Kilogramm abgemagert. Sein Organismus war vollkommen geschwächt. Kein Wunder nach dem enormen Blutverlust, der komplizierten Operation, dem Aufenthalt in der Intensivstation und der Belastung durch die vielen Medikamente. Er konnte sich kaum am Rad halten und nach zehn Minuten mussten wir eine längere Pause einlegen. In diesem Zustand wäre es ihm unmöglich gewesen, in der Höhenlage von Obertauern mit dem Training zu beginnen. Auf 1800 Meter ist jede sportliche Leistung anstrengender, durch den Sauerstoffmangel sinkt die Leistung um etwa 10 bis 20 Prozent. Bei gesunden Athleten sprechen wir hier vom „Höhentraining", einem zweifellos positiven Effekt.

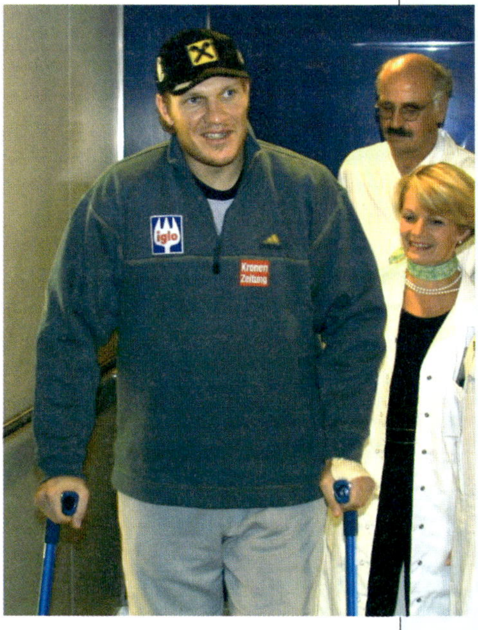

14. September 2001: Hermann Maier wird aus dem UKH Salzburg entlassen

„Alles war extrem mühsam. Sogar beim Essen kam ich ins Schwitzen. Und beim Schwitzen juckte es am ganzen Körper. Ich konnte mich nicht einmal richtig abtrocknen. Ich hatte das Gefühl, dass alles aus mir rauswollte. Die Medikamente, alles. Und seit dem Unfall hatte ich nie wirklich richtig geschlafen. Durch die Medikamente war ich ständig wie in Trance."

Hermann fing also mit dem Training unten in Radstadt an. In erster Linie musste er wieder richtig gehen lernen. Neben zwei, drei Physiotherapieeinheiten pro Tag stellte ich Koordinations- und leichte Kräftigungsübungen zusammen. Dazu kamen ein bis zwei kurze Ausdauereinheiten auf seinem geliebten Ergometer. Dabei lieferte er mir die frustrierende Erkenntnis: Mit der Anstrengung, mit der er normalerweise oben in Obertauern bei 330 bis 360 Watt Widerstand in die Pedale trat, schaffte er jetzt unten in Radstadt, wo normalerweise alles leichter geht, gerade mal 70 Watt. Alles eine Quälerei. Doch er kämpfte weiter. Während einer Übung mit einem kleinen Ball der nächste Rückschritt: Hermann konnte seinen „gesunden" linken Fuß nur mit größter Kraftanstrengung heben. Die Ansteuerung der Muskulatur durch die Nerven funktionierte nicht!

Hermanns Unfall hatte die Routine am Olympiastützpunkt gehörig durcheinander gebracht. Seit dem 24. August waren mitunter drei Mitarbeiter zugleich abgestellt, um sich „vor Ort" um Hermann zu kümmern. Der war jedenfalls 14 Stunden am Tag beschäftigt, die restliche Zeit schlief er. Vielleicht war es diese Rund-um-die-Uhr-Betreuung, die ihn immer an ein Comeback glauben ließ. Hermann hatte gar keine Zeit, ans Aufgeben zu denken.

Die ersten Schritte ohne Krücken. Die Angst am Motorrad überwinden

Seine Fortschritte waren für Laien und Experten unglaublich. Am Tag 16 machte er seine ersten Schritte ohne Krücken – die Videobilder lassen mir noch heute die Gänsehaut über den Rücken rieseln. Unserem Physiotherapeuten Vincent Vermeulen war das immer noch zu wenig. Er wollte Hermann noch vor der Entlassung nach Obertauern im Garten der Aufmesser-Klinik laufen sehen. Dieses Wunder wurde Wirklichkeit. Auch Hermann setzte seinen Willen durch. Er überwand sein Unfalltrauma, indem er sich von seinen Freunden aufs Motorrad heben ließ und eine Runde drehte. Er zeigte der Angst die Zähne!

Am 26. September, fünf Wochen nach dem Unfall, war Hermann dann so weit. Er durfte wieder dort trainieren, wo er fünf Jahre zuvor die Basis für seinen Siegeszug gelegt hatte: im Olympiastützpunkt Obertauern.

Zurück in Obertauern. Um das Transplantat zu schützen, muss Hermann am rechten Bein immer einen Stützstrumpf tragen

„Die ganze Muskelmasse war weg. Ich war um 17 Kilo abgemagert, mein Ruhepuls war viel zu hoch und meine Leistung auf dem Ergometer lächerlich. Mein Körper hat nicht mehr funktioniert. Er war wie tot."

Unsere Physiotherapieräume wurden extra für Hermann umgebaut und für normale Patienten gesperrt. Um die Anstrengung in der Höhenlage zu verringern, keuchte Hermann in eine Sauerstoffmaske. Und er trat in die Pedale, Tag für Tag. Grundlagenausdauer, Koordination, Kraft, Kraftausdauer, später dann die ersten Schnelligkeitsübungen. Auch die gesamte Rehabilitation wurde auf die typischen Olympiastützpunkt-Trainingssäulen gestellt: Koordination – Ausdauer – Kraft (siehe Kapitel 2).

Woche für Woche verglich ich Hermanns Werte; sie wurden deutlich besser. Das Training war allerdings eine Gratwanderung. Immer wieder kämpfte mein bedauernswerter Freund mit persönlichen Krisen. Als es ganz schlimm wurde, ließ ich den Ergometer ins Freie stellen und Hermann in der warmen Herbstsonne radeln. Aber auch das hob seine Stimmung nur für kurze Zeit.

Zum ersten Mal kamen mir Bedenken wegen eines Comebacks vor den Olympischen Spielen. Als idealen Wiedereinstieg hatten die ÖSV-Chefs Hans Pum, Toni Giger und Hermanns Skitrainer Andi Evers den Super-G in Garmisch Ende Jänner angepeilt. In regelmäßigen Abständen trafen sie sich bei mir zu einer Lagebesprechung. Die Situation war ernst: Bis Olympia blieben uns nicht einmal mehr zwei Monate. An Skifahren war im November nicht zu denken. Ich hoffte auf ein Wunder. Am ehesten war so etwas in einem warmen Klima möglich. Dubai erschien mir dafür ideal. Sonne, Strand und Meer, keine Zeitverschiebung und nur fünf Stunden Flug. Also setzte ich mich mit Hermann ins Flugzeug und hoffte, so nebenbei auch die nervalen (nervenbedingten) Probleme im linken Bein in den Griff zu bekommen.

Für Olympia rannte uns die Zeit davon. Wir hofften auf ein Wunder

Das „Trainingscamp" wurde ein Fiasko. Hermann musste seine ersten Laufversuche am Strand (eine Minute Laufen, fünf Minuten Gehen und so weiter) wegen Schmerzen abbrechen. In der Nacht klagte er über massive Schlafstörungen. Die einzigen Ausdauereinheiten blieben ausgiebige Spaziergänge morgens und abends. Tagsüber ließen wir uns im feudalen Jumeira Beach Hotel verwöhnen, nach Ausflugstouren war uns nicht zumute. Das einzige Highlight war

Märchenhafter Sonnenuntergang in Dubai: im Hintergrund das Jumeira Beach Hotel

der Besuch in der „Water World“, wo sich Hermann der ersten Mutprobe seit dem Motorradunfall stellte: Auf einer Furcht erregenden, fast 200 Meter langen und extrem steilen Wasserrutsche brauste er, die Füße voran, mit 80 Stundenkilometer Richtung Becken. Ich selbst musste mich überwinden: dabei sollte mir als ehemaligem Bobfahrer ein solcher Kanal doch vertraut sein …

Sonne, Sand und Palmen. An Training ist leider nicht zu denken

Zurück in Obertauern versuchte ich den Misserfolg des Dubai-Tripps zu verdrängen. Während Hermanns Kollegen in Colorado über die spektakulärste Piste im Abfahrtsweltcup rasten, organisierte ich für Hermann Langlaufskier. Gemeinsam mit Andreas Evers tüftelte ich am Ski-Countdown. Langlaufen war die erste wichtige Vorstufe. Bei minus 20 Grad und bei Einbruch der Dunkelheit legte Hermann auf der Gnadenalm-Loipe bei Obertauern in gemächlichem Tempo los. Trotzdem schnellte sein Puls sofort auf 160, 170 Schläge pro Minute. Die vielen Medikamente hatten sein Herz-Kreislauf-System völlig durcheinander gebracht.

„Ich hatte mein Gefühl für den Ski komplett verloren. Meine Oberschenkel waren wie Soletti und die Touristen haben mich überholt. Aber es war irgendwie schön, wieder in der Natur zu sein.“

Im Dunkeln wagt sich Hermann auf die Langlaufloipe

Mittlerweile war das linke Bein deutlich dünner als das rechte. Da der Nervenkanal im linken Hüftbereich abgedrückt war, blieb die Muskulatur energetisch unterversorgt. Und kein Arzt konnte uns sagen, ob und wann sich das Problem lösen würde. So holte ich mit meinem alten Schulfreund Alexander Holleis einen Kinesiologen (dieser spürt mit Muskelfunktionstests zum Beispiel Energieblockaden auf) ins Behandlungsteam. Er half unter anderem, das Unfalltrauma aufzuarbeiten und die Muskulatur wieder mit Energie zu versorgen. Schließlich galt es, Hermann auf den ersten echten Pisteneinsatz einzustellen.

Der erste Versuch auf Skiern 144 Tage nach der Beinahe-Amputation. Streng geheim!

Eine Woche vor dem Heiligen Abend war es endlich so weit. Die Sonne ließ die weißen Bergspitzen über Obertauern im morgendlichen Licht erstrahlen. Minus 16 Grad, pickelharte Pisten. Der Lift hinter dem Seekar-Haus ratterte diesmal früher los. Nur für Hermann. Der erste Versuch auf Skiern. Streng geheim! Hermann tanzte in voller Rennmontur an – und fuhr los, als ob nichts gewesen wäre. Von wegen Bogenfahren zum Eingewöhnen! Meine Befürchtungen waren unbegründet gewesen.

Fünf Tage später legte er dann offiziell los, am Grießenkar, seinem Haushang in Flachau. Fünf TV-Kameras kamen mit auf die Piste, dazu Fotografen und drei Dutzend Reporter. Hermann hatte Angst – nicht vor dem Skifahren, sondern vor der Meute, die ihm ins Tal folgte. Und das völlig zu Recht. Ein unfähiger Kameramann ratterte ihm sogar über die Ski, schrammte wenige

21. Dezember 2001: Der erste – offizielle – Gehversuch auf Alpin-Skiern ...

Zentimeter am lädierten Unterschenkel vorbei. Nicht auszudenken, was passieren hätte können.

Die Weltpresse war mit der Vorstellung jedenfalls zufrieden und überschlug sich mit Sensationsmeldungen. Für einen Laien sah es aus, als hätte Hermann Maier nie pausiert. Wahrscheinlich steht wirklich kein Skifahrer so genial auf dem Ski wie er. Und wer sonst hätte schon bereits in der Intensivstation wieder ans Training gedacht? Nur so war das Wunder – 144 Tage nach der Beinahe-Amputation zurück auf der Piste – möglich. Ein Normalsterblicher wäre noch Monate danach mit Krücken herumgehumpelt.

Nur Hermann selbst konnte die Tragweite der Verletzung abschätzen

Bis zur Eröffnung der Olympischen Spiele blieben uns nur sechs Wochen, und trotzdem glaubten zu diesem Zeitpunkt fast alle im Olympiastützpunkt, dass es sich noch ausgehen könnte. Wahrscheinlich konnte nur Hermann selbst die tatsächliche Tragweite der Verletzungen abschätzen. Das linke Bein funktionierte noch immer nicht. Das durch eine nervliche Fehlfunktion hervorgerufene Problem beeinträchtigte sowohl die Muskelversorgung als auch die im Skirennsport so wichtige Feinkoordination. Wenn wir noch eine Chance hatten, dann nur, wenn wir jetzt das Ausdauertraining vernachlässigten und dafür Kraft und nervales Schnelligkeitstraining forcierten. So baute ich Übungen wie sechsmal sechs Sekunden maximales Treten im Ergometerleerlauf oder Tapping („Beintrippeln") am Stand ein, wobei die Kontaktzeiten elektronisch gemessen wurden. Die Fortschritte hielten sich in Grenzen. Dazu kamen noch die fast unerträglichen Schmerzen, über die Hermann tagtäglich klagte. Sie ließen auch keinen normalen Schlafrhythmus zu. Diese Probleme sollte sich erst nach Monaten lösen. Aber so lange wartete man in Salt Lake City nicht.

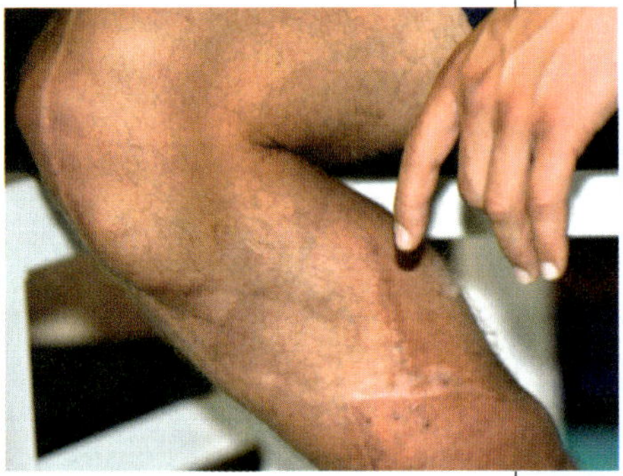

Das handtellergroße Transplantat am rechten Unterschenkel, entnommen vom linken Oberarm

Anfang Jänner mussten wir Olympia 2002 endgültig abschreiben. Und ich wusste zum ersten Mal nicht weiter. Wie konnte ich Hermann jetzt noch motivieren?

Die Lösung: Ich ließ ihn für ein paar Wochen zum Haifischtauchen in die Karibik fliegen. Sechs Wochen lang tat er nur das, was ihm Spaß machte. Danach kämpfte er weiter. Er wollte zumindest wieder ganz gesund werden.

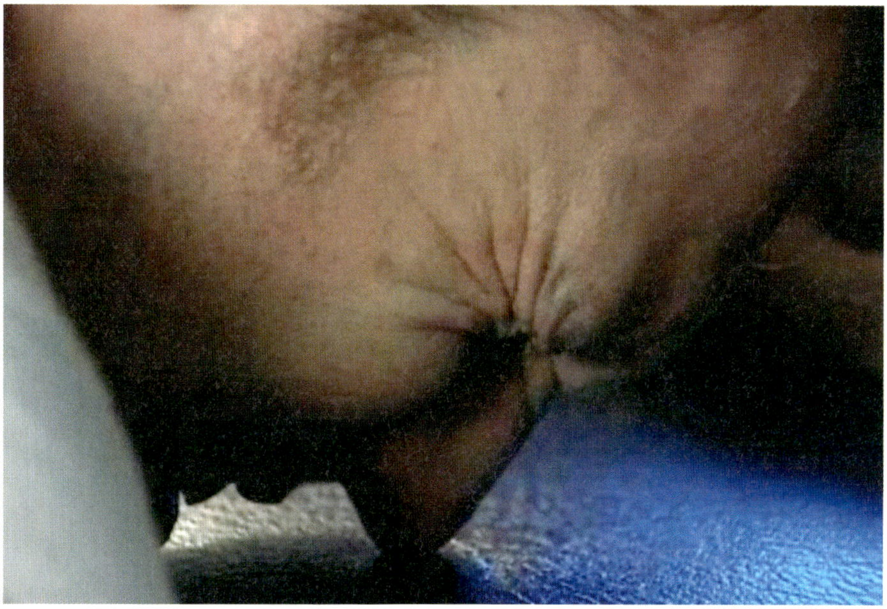

Der Kampf ums Comeback – was Sie aus Hermanns Rückschlägen lernen

1. Wille ist die beste Therapie. Das bestätigt auch eine US-Studie unter 1200 Unfallopfern: Jene, die während der Rehabilitation aktiv mithalfen, erzielten merkbar größere Heilungsfortschritte. Hermanns fixe Idee, all seine Energie in das Comeback zu investieren, bewahrte ihn zudem vor einem in dieser Situation fast unvermeidlichen psychischen Tief.

2. Setzen Sie sich nach Tiefschlägen sofort neue Ziele.

- Kurzfristig: Für sein erstes Ziel, allein auf die Toilette zu gehen, hat Hermann schon im Spitalsbett ernsthaft zu trainieren begonnen.
- Mittelfristig: Hermann wollte ins Leben zurückfinden, wieder normal Ski fahren. Das hat er dank seines Durchhaltevermögens nach ein paar Monaten erreicht. Die Hoffnung Olympia war eine Krücke, auf die sich Hermann bis zuletzt stützte. Er sagt selbst: „Ohne dieses Ziel hätte ich während der schlimmen Reha-Zeit nie die Konsequenz für das Training aufgebracht."
- Langfristig: Bei Hermann war es das Comeback als Skirennläufer. Für Hobbysportler kann dieses Ziel zum Beispiel „Mein erster Marathon" heißen, für Reha-Patienten „Ich will wieder richtig gehen" bis hin zur Bergtour nach einem Jahr.

3. Akzeptieren Sie Ihr Schicksal. Hermann hat nie über den deutschen Unglückslenker geschimpft. Er hat seinen Körper auf seinem Weg zurück bewusster wahrgenommen und dadurch noch besser kennen gelernt. Nützen Sie Verletzungsrückschläge als zweite Chance. Geben Sie Ihrem Körper die Gelegenheit, sich einem „Generalservice" zu unterziehen. Sie werden gesünder denn je und als Persönlichkeit gestärkt zurückkommen!

4. Schalten Sie ab, wenn nichts mehr geht. Verkrampfen Sie nicht. Ordnen Sie Ihre Prioritäten neu. Nach der Olympia-Absage flog Hermann in die Karibik und machte den Tauchschein. Am Tag der Olympia-Abfahrt lernte er Haifische kennen. Das nenne ich Auszeit!

5. Ändern Sie Ihr Leben. Beginnen Sie mit dem HERMANN MAIER TRAININGSPROGRAMM, bringen Sie System in Ihr Bewegungstraining.

„Du darfst dich nie hängen lassen! Ich habe immer nach vorne geblickt und versucht, wieder auf eigenen Füßen zu stehen. Hass und Selbstmitleid habe ich sofort verdrängt. Damit hätte ich zu viel wertvolle Energie verschleudert."

HERMANN MAIER

Hermann – hier beim Beuger-Training mit Heinrich Bergmüller – arbeitet verbissen an seinem Comeback

Kapitel 2

Trainieren wie Hermann Maier – was ich davon mitnehmen kann

Haben Sie sich schon einmal gefragt, wieso Hermann Maier jeden Tag mehrere Stunden auf dem Hometrainer verbringt?
Lassen Sie uns eine Wette abschließen: Nach diesem Kapitel haben auch Sie einen Ergometer im Wohnzimmer stehen!

Ich kann mich noch gut an den zwölfjährigen Hermann Maier erinnern, der mir im Salzburger Landeskader als besonders talentiert und ehrgeizig aufgefallen war. Im Gegensatz zu seinem späteren Weltcup-Zimmerkollegen Andreas Schifferer: Der hatte sich bei einem Orientierungslauf hinterm Busch versteckt, kurz vor dem Ziel Hermann aufgelauert und ihm die Infos abgeluchst, um danach mit ihm gemeinsam durchs Ziel zu laufen.

Das „Viech" Maier trieb in der Kraftkammer nur Unsinn

Als er 1996, vor seiner ersten Weltcup-Saison, in Obertauern auftauchte, war Hermann 23 Jahre alt und wirkte von seiner Ausstrahlung her ziemlich unscheinbar und wortkarg. Körperlich war er ein „Viech". Die Kraft hatte er sich unter anderem als Maurer am Bau geholt. Es interessierte mich, wie jemand trainierte, der es im Alleingang in den Weltcup geschafft hatte. Ich sah gleich, dass er mit dem übertriebenen Krafttraining viel Unsinn trieb. Er bunkerte sich in unserer Kraftkammer ein und lud Gewichte auf, dass einem übel wurde. Ich ließ ihn werken.
Was ich damals nicht wusste: Hermann hatte die von mir in Obertauern betreuten ÖSV-Läufer Thomas Sykora, Mario Reiter, Christian Maier, Michael Tritscher und Heinz Schilchegger mit Argusaugen beobachtet. „Die waren ständig unter Kontrolle und arbeiteten nach Plänen", schrieb Hermann später in seiner Autobiografie. „Sie wurden ständig von ihren Betreuern kontrolliert und machten auch einmal eine Pause. Das kam für mich nie in Frage, immerhin war ich ja zum Trainieren und nicht wegen der Pausen da." Inzwischen hat sich Hermanns Einstellung zum Training deutlich geändert. Er weiß jetzt, dass er sich ständig im Zustand einer permanenten Trainingsüberbelastung befand. Und er gibt zu: „Man hätte mich eigentlich bremsen und von Zeit zu Zeit aus der Kraftkammer werfen sollen."

Im Jänner 1997 hatte Hermann Maier dann das Schlüsselerlebnis seiner Karriere. Es begann mit einem bösen Sturz. So hart es klingen mag: Ohne die gebrochene Hand bei der Weltcup-Abfahrt in Chamonix wäre Hermann wohl nie der Knopf aufgegangen. Er kreuzte mit der eingegipsten Hand bei mir in Obertauern auf und meinte: „Was soll ich heute trainieren?“

„Was hast auf dem Plan?“, fragte ich und wusste schon die Antwort: „Kraft!“ Da nahm ich ihn das erste Mal ins Gebet: „Wenn du länger nicht trainiert hast, ist Krafttraining sinnlos, überhaupt nach der Operation. Trainier lieber Ausdauer!“

Er setzte sich auf den Technogym-Ergometer Nr. 02 – auf *seinen* Ergometer, der damals noch im Olympastützpunkt-Keller stand. Bis heute darf auf diesem Gerät kein anderer in die Pedale treten. An seinem ersten Trainingstag unter Bergmüller strampelte Hermann 30 Minuten bei einem Pulsschlag von 120 Schlägen pro Minute. Die Ergometerleistung lag bei 120 Watt. Ich stach ihn ins Ohr. Das Ergebnis: 1,7 mmol Laktat. Ein jämmerlicher Ausdauerwert (heute schafft er bei gleicher Anstrengung auf demselben Ergometer locker 360 Watt). Hermann sah das Entsetzen in meinem Gesicht und meinte ratlos: „Wos moch ma jetzt?“

Warum verbringt Hermann Maier zehnmal so viel Zeit auf dem Ergometer wie auf der Piste?

„Wir nützen die Verletzungspause zum Ausdauertraining.“

Mir ging es darum, mit gesteuertem Training das Grundlagenniveau bis zum nächsten Weltcup-Einsatz ein wenig zu heben. Das funktionierte hervorragend: Nur sechs Wochen später wurde er in Garmisch unglaublicher Zweiter, den zweiten Super-G am Tag darauf gewann er sogar. Hermann Maier wurde als *die* Ski-Sensation gefeiert. Vom Maurer zum Weltcup-Star …

Schon am Tag nach dem Triumph erkundigten sich einige Insider bei mir nach seinem Training. Womit wir bei der meistgestellten Frage meiner Trainerlaufbahn wären: Was hat Rad fahren mit Ski Alpin zu tun? Warum verbringt Hermann Maier zehnmal so viel Zeit auf dem Ergometer wie auf der Piste? Warum schleppt er das Zimmerfahrrad sogar zu den Überseerennen nach Amerika mit?

Wie haben sie uns – mein anfangs kleines Team um den ostdeutschen Leistungsdiagnostiker Dr. Bernd Pansold – doch verhöhnt. „Der Bergmüller spinnt sich da oben am Berg aus, und der Maier ist blöd genug und macht, was er sagt.“ Dabei war das Gegenteil der Fall: Hermann hatte als einer der ersten durchschaut, worauf es beim Skifahren tatsächlich ankommt: auf die Ausdauerbasis.

Skifahren ist kein Kraftsport! Er hat auch wenig mit Schnelligkeit zu tun. Allein der Ski macht diesen Sport schnell. Der Schlüssel ist die optimale Kombination von Ausdauer, Koordination, Kraftausdauer und Schnellkraft.

Bevor ich Ihnen unsere Ausdauerphilosophie näher bringe, lassen Sie mich jene drei Säulen aufstellen, auf denen jedes erfolgreiche Trainingshaus stehen sollte:

1. **Ausdauer**
2. **Koordination**
3. **Kraft**

Das Olympiastützpunkt-Ausdauerprogramm

Unser Zauberwort heißt Ausdauer – und zwar in allen Lebensbereichen. Womit wir genau dort wären, wo das HERMANN MAIER TRAININGSPROGRAMM auch Ihr Leben verändern wird. Mit konsequentem Ausdauertraining versorgen Sie ihren Körper nicht nur besser mit Sauerstoff, Sie erhöhen auch die Aktivierung und die Verwertung von Fettsäuren. Sie heben Ihren Fitnesslevel. Sie werden es merken, weil Sie plötzlich locker jedes Novembertief überstehen und morgens leichter aus dem Bett kommen. Sie bleiben nicht nur gesund, Sie gewinnen psychisch an Stärke, und: Sie sehen einfach besser aus!

Das Zauberwort heißt Ausdauer – in allen Lebensbereichen

Nach vier bis sechs Wochen fängt unser Programm zu wirken an und Sie werden ein neuer Mensch.

1. Ihr Körper schüttet Glückshormone (Endorphine) aus. Das macht Sie zufriedener und glücklicher.
2. Sie werden selbstbewusst. Bei dieser Figur passen Bikini und Lieblings-Jeans plötzlich wieder.
3. Sie bekommen Ausstrahlung und Charisma. Denken Sie nur an den Hermann Maier von einst.
4. Sie werden athletischer – und das ganz ohne Hanteln.
5. Konsequenz ist Ihr neuer Freund. Sie bekommen ein schlechtes Gewissen, wenn Sie Ihr Training einmal vernachlässigen. Knut, mein Ko-Autor, hat seit Juli 2001 keinen Tag ohne Laufen erlebt!
6. Im Job wird man Sie nicht wiedererkennen. Sie werden kreativer. Ihr Gehirn wird besser mit Sauerstoff versorgt. Sie können besser mit Stress umgehen. Am Ergometer oder beim Laufen kommen Ihnen die besten Ideen.
7. Sie erholen sich schneller, da das Sauerstoffangebot in Ihrem Körper größer wird. Sauerstofftransport und Verwertung funktionieren besser.
8. Ihre psychische Belastbarkeit steigt. Konzentration und Merkfähigkeit verbessern sich.
9. Sie bekämpfen die freien Radikale in Ihrem Körper und beugen so Zellschädigungen vor. Dadurch verlängern Sie Ihr Leben auf natürliche Weise. Vergessen Sie die schweineteuren „Anti-Aging“-Pillen!
10. Ihre Hautprobleme sind unter Kontrolle, Ihr Bindegewebe wird straffer. Hautpeelings und Zaubersalben brauchen Sie nicht mehr anzurühren. Sie beginnen Ihren Körper von innen zu heilen.
11. Ihr Hormonstoffwechsel wird wieder in Schwung gebracht. Sie halten durch. Nicht nur im Bett! Ihren Viagra-Vorrat können Sie verschenken …
12. Sie bleiben gesund. Die Krankenkasse sollte Ihnen eigentlich einen Bonus auszahlen oder weniger Beiträge kassieren.

Hermann Maier ist wohl das beste Beispiel dafür, wie effektiv unser Ausdauerprogramm wirkt. „Früher hab ich mich nie richtig fit gefühlt, ich war dauernd verkühlt und hatte während der Saison diverse Wehwehchen“, gibt Hermann heute selbst zu. „Inzwischen weiß ich, es lag daran, dass ich ständig im Übertraining war.“

Was ist Übertraining?

Übertraining ist mitunter das Schlimmste, was einem Leistungssportler passieren kann. Es bedeutet nicht nur, dass das Training unwirksam war (keine Leistungsverbesserung), meist macht der Athlet sogar einen großen Rückschritt. Übertraining ist manchmal gefürchteter als eine hartnäckige Verletzung. Auch Hobbysportler geraten oft, ohne es zu wissen, ins Übertraining.

Wie erkenne ich diesen Zustand?

- Erhöhter Ruhepuls
- Kopfschmerzen
- Appetitlosigkeit
- Schwindel
- Schlaflosigkeit
- Infektanfälligkeit
- Rapider Leistungsabfall

Was tun bei Übertraining? Pausieren Sie (Ausnahme: Dehn- und Lockerungsübungen), verwöhnen Sie Ihren Körper mit viel Schlaf, Regenerationsmaßnahmen wie Sauna, Massage, Magnetfeld- und Lichttherapie sowie bewusster Ernährung!

Ich wage zu behaupten, dass jede der rund 3000 Trainingseinheiten, die Hermann inzwischen unter meiner Kontrolle absolviert hat, effektiv wirkte. Und ich kann mich nicht erinnern, wann er das letzte Mal krank war. Ganz abgesehen von seiner Persönlichkeitsentwicklung: Hermanns ehemalige Kollegen von der Maurerschicht erkennen das Bürschchen, das in der Mittagspause um die Leberkässemmel und ums Bier geschickt wurde, nicht mehr wieder. Er hat Charisma. Seine fast schon legendäre Schlagfertigkeit hat er dabei zum Glück nicht verloren.

Wie funktioniert also das so erfolgreiche Hermann Maier Trainingsprogramm?

Natürlich könnten wir Ihnen die Illusion eines perfekten Trainingsplans vorgaukeln. Nichts wäre leichter, als Ihnen ein angeblich hochwissenschaftlich ausgeklügeltes Trainingsmenü vorzulegen. Kommt Ihnen das bekannt vor? In jedem Lifestyle-Magazin finden wir schon so genannte Expertentipps, die sich wie Kochrezepte umsetzen lassen. Die klingen dann etwa so: „20 Minuten

Vergessen Sie Instant-Programme: Es gibt nur Ihren individuellen Trainingsplan!

Einlaufen bei Puls 120, 20 Minuten Mittlerer Dauerlauf bei Puls 160“ oder so genannte Intervalltrainings wie „10 mal 3 Minuten mit 90 Prozent der maximalen Herzfrequenz und 3 Minuten Trabpause“ und so weiter. Glauben Sie mir: Wenn Sie solche Instant-Programme stur durchziehen, ist es natürlich möglich, dass Sie Ihre Fitness steigern; genau so gut können Sie damit allerdings in Ihrem Körper mehr kaputt machen, als sie glauben.

Jede Trainingseinheit wird per Laktatcheck kontrolliert

Lassen Sie sich nicht für dumm verkaufen: *Den* Trainingsplan gibt es nicht, es gibt nur das ganz individuell auf *Ihre* Bedürfnisse abgestimmte Programm. Und wie kann das bei Ihnen funktionieren?

Dazu muss ich Ihnen zunächst unsere Philosophie näher bringen. Der Schlüssel zu Erfolg ist **Trainingssteuerung**. Ohne sie könnten wir das ausgeklügelte Olympiastützpunkt-Erfolgsprogramm vergessen. Im Hinterkopf habe ich immer den Spruch, den mir Bernd Pansold zu Beginn unserer Zusammenarbeit ins Trainingsbuch geschrieben hat:

„Optimaler Trainingserfolg wird erzielt, indem äußere Belastung (durch Trainingsmaßnahme gesetzt) und innere Beanspruchung (Wie reagiert der Organismus?) in Einklang gebracht werden. Das wiederum ist nur mit Trainingssteuerung möglich."

Trainingssteuerung bedeutet nichts anderes, als dass jeder Trainingsschritt streng nach unserem medizinisch-wissenschaftlichen Konzept überwacht, also von unseren Mitarbeitern kontrolliert wird. Bei den im Olympiastützpunkt betreuten Profis gehen wir sogar noch einen Schritt weiter und holen uns jeden Morgen vor dem Training alle relevanten Blutwerte. Was manchen Nachtvögeln mitunter recht unangenehm ist: Wer über die Stränge geschlagen hat, der fliegt beim Laborcheck auf!

Laktat und Blutparameter: So steuern wir das Training

Bewege ich mich im wirksamen Ausdauerbereich?

Wir kontrollieren jeden Ihrer Schritte (Tritte) am Laufband, Ruder- oder Radergometer per Laktat- und Herzfrequenzmessung. Das funktioniert auch auf vermessenen oder nicht vermessenen Laufwegen, auf der Straße (Rad) und auf der Langlaufloipe. In der Praxis sieht das so aus, dass ich Hermann zum Beispiel 3 mal 20 Minuten im Kompensierungsbereich (KB) um Laktat 1,5 mmol/l (siehe Seite 40 bis 45) laufen lasse. Alle 20 Minuten entnimmt meine medizinische Assistentin Blut aus seinem Ohr und kontrolliert per Laktatcheck, ob er sich im richtigen Bereich bewegt. Ist er zu schnell oder zu langsam unterwegs, muss er das Tempo reduzieren oder erhöhen. So besteht nie die Gefahr, dass sich unsere Athleten über- oder unterfordern. Sie bewegen sich immer im wirksamen Bereich.

Stimmt die Intensität des Krafttrainings?

Mittels Blutcheck werden Laktat, Ammoniak und Harnsäure kontrolliert. Laktat lässt auf die Intensität der jeweiligen Kraftübung schließen, Ammoniak, das „Ermüdungsmolekül", auf den Grad der muskulären Beanspruchung. Harnsäure gibt uns Aufschluss über die Belastungsverträglichkeit; erhöhte Werte lassen auf zu hohe Intensität oder auf Fehlernährung schließen.

Stimmen Gesamtbelastung und Erholungsfähigkeit überein?

Durch die Messung von Creatinkinase (CK), Kreatinin und Harnstoff/Harnsäure checken wir die Gesamtwirkung aller eingesetzten Trainingsmittel im Wochenverlauf. Kreatinin ist ein wichtiger Parameter für die Nierentätigkeit. Erhöhte Harnstoff- und Harnsäurewerte deuten u. a. auf zu hohe Trainingsumfänge und Intensitäten in Summe hin. Das Muskelenzym CK gibt über die Leistungsbereitschaft der Muskelzelle Auskunft. Der CK-Wert liefert wertvolle Hinweise über die Intensität und signalisiert die Zerstörung von Zellen (etwa nach zu intensivem Training). Auch bei Muskelkater und Verletzungen (Zerrung, Muskelfasereinriss etc.) ist der CK-Wert um ein Vielfaches erhöht. Ein Bespiel aus dem Galopp-Rennsport: In England dürfen Rennpferde bei erhöhtem CK-Wert nicht an den Start. Für uns hat der CK-Wert als Steuergröße vor Wettkämpfen größte Bedeutung. Ein Beispiel aus der Ski-Weltcup-Praxis: Am Tag vor dem Riesentorlauf in Park City 2000 versuchten wir durch entsprechende Trainingsmaßnahmen Hermanns CK-Wert nach oben zu bringen, was uns leider nicht gelang. Hermann, damals Seriensieger, wurde nur Dritter. Ein Poster in unserem Restaurant, das Hermanns gequälten Gesichtsausdruck zeigt, erinnert an dieses Krampf-Rennen.

Gequälter Gesichtsausdruck: Maiers CK-Wert stimmt nicht

Was passiert mit den Kohlehydratspeichern?

Durch Bestimmung des Harnstoffs decken wir Kohlehydratmangel und Ernährungsfehler bei intensivem Training auf. Per Blutgasanalyse werden Parameter wie Hämoglobin (roter Blutfarbstoff) und Säure-Basen-Haushalt festgestellt. Hämoglobin ist verantwortlich für den im Ausdauersport so wichtigen Sauerstofftransport im Blut. Der Säure-Basen-Check verrät, ob die Ernährung stimmt oder ob Ihr Organismus auf Grund von vorherigen Belastungen noch nicht wieder vollständig wiederhergestellt (regeneriert) ist.

Wie Sie schon im Eingangskapitel erfahren haben, lässt Hermann Maier wie alle unsere Athleten jeden Tag, unmittelbar nachdem er den Olympiastützpunkt betreten hat, wichtige Blutparameter checken. Der Sinn liegt darin, dass wir sehen, wie das Training der vergangenen Tage gewirkt hat bzw. wie es vom Sportler verkraftet wurde. Auf dieser Grundlage wird der individuelle Tagesplan erstellt.

Ein Trainingstag von Hermann Maier*

8.45 Hermann erscheint im Olympiastützpunkt. Sein erster Weg führt ins Labor. Dort werden alle relevanten Blutparameter (CK, Harnstoff, Blutgas) per Stich in den Finger gemessen. Die Werte werden sofort ausgedruckt.

9.00 Trainingsbesprechung. Anhand der Labordaten wird der Tagestrainingsplan erstellt.

9.30 **Trainingsbeginn:**

Ausdauertraining am Ergometer bei 75 Umdrehungen/Minute

25 Minuten bei Herzfrequenz 120 und 175 Watt Widerstand (danach Laktatmessung: 1,4 mmol/l Blut)

25 Minuten bei Herzfrequenz 130 und 215 Watt (1,5 Laktat)

25 Minuten bei Herzfrequenz 135 und 235 Watt (1,9 Laktat)

Serienpause: fünf Minuten

11.15 **Koordinationstraining.** Gleichgewichtsübungen mit Physiotherapeutin

11.45 **Krafttraining** mit unserem Kraft-Spezialisten. Laktatmessungen. 25 Minuten Elektromyostimulation (elektrische Stimulation der Muskeln).

13.00 **Mittagessen** im Olympiastützpunkt-Restaurant, danach **Mittagsruhe.**

16.00 **Ausdauertraining:**

Laufen (870-Meter-Runde um den Grünwaldsee auf 2000 Meter Seehöhe); drei Serien mit je fünf Minuten Serienpause.

Vier Runden in 23:22 Minuten; Herzfrequenz 130; Laktat 1,8

Vier Runden in 21:39 Minuten; Herzfrequenz 140; Laktat 1,6

Vier Runden in 20:00 Minuten; Herzfrequenz 145; Laktat 2,2

17.45 **Dehn- und Lockerungsübungen**

18.30 **Physiotherapie, Massage**

Trainingsende: Hermann verlässt den Olympiastützpunkt und fährt mit dem Auto heim ins 32 Kilometer entfernte Flachau.

*) *Beispiel aus der Rehabilitationsphase*

Nicht nur Fußballprofis und Skistars treten bei uns in die Pedale – jeder kann sein Training steuern lassen

Selbstverständlich handelt es sich bei diesem Tagesprogramm nur um ein „Fine Tuning". Lange im vorhinein wird in Abstimmung mit den verantwortlichen Skitrainern ein Langzeitplan erstellt. Der unterteilt sich in so genannte Mesozyklen (Vierwochenpläne) und Mikrozyklen (Einwochenpläne). Vereinfacht ausgedrückt sieht das so aus, dass auf jeweils drei intensive Wochen eine Regenerationswoche folgt, in der Hermann zwar bis zu 900 Ausdauerminuten trainiert, dies allerdings bewusst im moderaten (= aeroben) Bereich. Diese Wochen nutzen wir dann für leistungsdiagnostische Untersuchungen. Dabei stellen wir das aktuelle Niveau des Athleten fest und überprüfen gleichzeitig die Wirksamkeit der durchgeführten Trainingsmaßnahmen. Wir bekommen die Antwort auf die entscheidende Frage: Ist es zu den erwarteten Anpassungen im Organismus gekommen?

Kann auch ich mein Training steuern lassen?

Natürlich! Ich würde Ihnen sogar dringend dazu raten. Es ist keine Hexerei. Alles, was sie benötigen, sind der Wille und die Überzeugung, etwas in Ihrem Leben zu ändern, sowie etwas Zeit. Im Folgenden möchte ich Sie quasi Schritt für Schritt in ein neues – gesundheitsbewusstes – Leben führen.

Erster Schritt: Bestandsaufnahme

Lassen Sie einen umfangreichen Gesundheitscheck inklusive EKG und Labortest über sich ergehen. Dabei werden entscheidende Fragen geklärt: Wie weit bin ich überhaupt sporttauglich? Habe ich Beschwerden am Bewegungsapparat oder muskuläre Defizite? Falls ich mich bereits zu den ambitionierten Hobbysportlern zähle: Habe ich in der Vergangenheit zu viel oder zu hart trainiert?

Wo kann ich mich durchchecken lassen?

Im Idealfall natürlich im ÖSV-Olympiastützpunkt in Obertauern oder in Flachau. Sonst wenden Sie sich an eines unserer Partnerinstitute. Lassen Sie sich bitte von den Kosten (ab ca. 120 Euro sind Sie dabei) nicht abschrecken! Wie schnell investieren Sie einen Hunderter in einen netten Pullover oder in ein feines Abendessen? Bei diesem Check handelt es sich um eine Investition fürs Leben. Und Vorsicht: Vergessen Sie die Gesundheitsstraßen diverser Krankenkassen und Versicherungen, wo man Ihr Leistungsvermögen ohne Laktatbestimmung feststellen und Ihnen dann persönliche Trainingsvorgaben geben will. Das ist Schwachsinn. Ohne Laktatcheck geht gar nichts. Da können Sie ihre Herzfrequenzen gleich erwürfeln. Nicht der Puls ist entscheidend, sondern das Laktat, das die Herzfrequenz steuert.

Ihr Laktat steuert die Herzfrequenz

Lassen Sie mich einen Vergleich bringen: Ihre Muskeln sind jene Orte, an denen Energieproduktion stattfindet und Arbeit geleitstet wird. Sozusagen Ihre persönlichen Fabriken. Die Art der Arbeit (aerob oder anaerob) und die benötigten Brennstoffe (Kohlehydrate, Fette usw.) bestimmen das Verkehrsaufkommen zwischen den Fabriken. So wird klar, dass nicht die Herzaktivität bzw. das Herz-Kreislauf-System den Betrieb im Muskel bestimmt, sondern dass die Sache umgekehrt sein muss. In Bezug auf unseren Parameter *Laktat* heißt das, dass nicht die Herzfrequenz den Laktatwert vorgibt, sondern umgekehrt. Ich bestimme doch nicht das Verkehrsaufkommen, wenn ich wissen will, was in der Fabrik passiert. Deshalb versuchen wir, in den Muskel hineinzuschauen, um Ihnen optimale Trainingsvorschläge bieten zu können.

Zweiter Schritt: Laktat-Stufentest

Wenn alles mit Ihnen in Ordnung ist, lassen wir Sie auf einem speziellen Fahrradergometer losradeln oder auf dem Diagnostikband laufen. Sicher haben Sie schon von einem so genannten „Laktattest“ bei Leistungssportlern gehört. An dem führt auch beim gesundheitsbewussten Hobbysportler kein Weg vorbei.

Was geschieht bei einem Laktat-Stufentest?

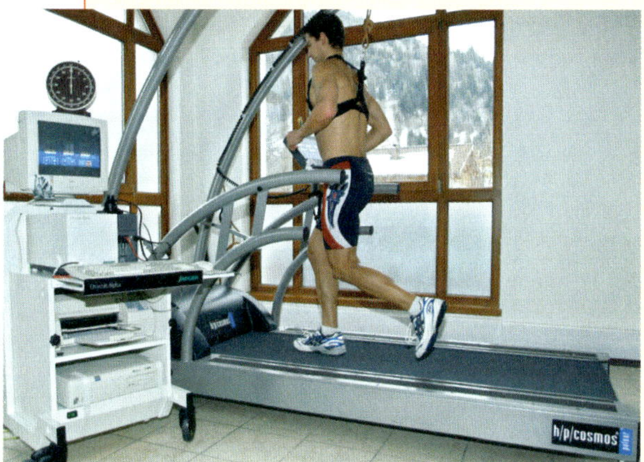

Dabei müssen Sie auf dem Laufband oder am Ergometer laufen/radeln, wobei nach dem Ende jeder Stufe Geschwindigkeit bzw. Widerstand konstant gesteigert werden und nach jeder Stufe Laktat (Blutabnahme durch Stich ins Ohr) und Pulsfrequenz registriert werden. Das „Laktat“ – chemisch gesehen handelt es sich um das Salz der Milchsäure im Blut – ist der Blutparameter für Ihre tatsächliche muskuläre Beanspruchung. Vereinfacht gesagt: Je niedriger das Laktat im Blut, desto geringer die muskuläre Beanspruchung. Ein Beispiel: Während sich ein gut trainierter Marathonläufer locker zwei Stunden mit 15 Stundenkilometer bei Laktat 1,5 mmol/l bewegen kann, wird der Laktatwert eines untrainierten Normalverbrauchers schon bei 10 bis 12 Stundenkilometer schnell über 4 mmol/l schießen. Genau das ist die „Übersäuerungsschwelle“, die – einmal überschritten – rasche Erschöpfung zur Folge hat.

Prinzipiell geht es beim Stufentest darum, zwei wesentliche Ausdauereckdaten zu ermitteln: die **aerobe Schwelle** und die **anaerobe Schwelle**. Seit kurzem suchen wir im Olympiastützpunkt eine bisher kaum beachtete, aber umso wichtigere dritte Kenngröße: die **Fettstoffwechsel-Basisschwelle** (siehe Kapitel 4).

Was sagt uns die aerobe Schwelle?

Leistungsfähigkeit bei Laktat 2 mmol/l Blut. Dieser Wert gibt an, bis zu welcher Geschwindigkeit oder Watt-Leistung die Energiebereitstellung vorrangig aus dem sehr ökonomischen Fettstoffwechsel, also „aerob“, erfolgen kann (Obergrenze des „Fettverbrennungstempos“). Das heißt: Wenn ich mich in einer Trainingsintensität lange genug unter Laktat 2 bewege, verbessere ich Produktion und Verwertung von Fettsäuren; ich verbrenne vorwiegend Fette. Positiver Nebenaspekt: Wer sich lange genug in diesem Bereich bewegt, nimmt effektiv ab, und zwar gesund! Voraussetzung dafür ist aber richtige Ernährung.

Nur wer sich lange genug unter Laktat 2 bewegt, nimmt effektiv und gesund ab

Richtig abnehmen

Es gibt Studien über effektive Gewichtsreduktion, die nachweisen, dass der wirksamste Effekt mit regelmäßigem Training im – intensiveren – Kohlehydratstoffwechsel (also zwischen Laktat 2 und 4) erzielt wird. Davor möchte ich sie ausdrücklich warnen! Bei mäßiger Basis zerstören Sie Ihre letzten Ausdauer-Grundlagen. Immunsystem und Bewegungsapparat werden entsprechende Signale senden. Das Gleiche passiert, wenn mäßig Trainierte ihr Fitness-Heil in Aerobicstunden suchen. Aerobic hat nämlich nichts mit aerobem Training zu tun und müsste eigentlich Anaerobic heißen!

Befolgen Sie lieber das Olympiastützpunkt-Erfolgsprogramm, das Programm der kleineren bis mittleren Schritte. In den ersten Schritten, bei denen das Fettstoffwechsel-Training klar überwiegt, sollten Sie auch unsere Ernährungsempfehlungen strikt einhalten. Wenn sich die erwartete Verbesserung eingestellt hat, denken wir gemeinsam über die nächsten – mittleren und größeren – Schritte nach.

Was sagt uns die anaerobe Schwelle?

Leistungsfähigkeit bei Laktat 4 mmol/l. Diese Größe beschreibt das Niveau, bis zu dem die Ausdauerleistungsfähigkeit noch im „aeroben Stoffwechsel“, jedoch unter Verwendung von Kohlehydraten erbracht werden kann (Obergrenze des

aeroben Kohlehydratstoffwechsels). Das heißt: Wenn ich mit einer Trainingsintensität zwischen 2 und 4 mmol/l laufe oder Rad fahre, verbrenne ich vorwiegend Kohlehydrate, was allerdings nicht mehr so ökonomisch ist. Sie werden rascher müde.

Dritter Schritt: Umsetzung und Trainingseinstellung

Aus dem Ergebnis des Stufentests errechnen wir Laktat-Leistungskurve und Laktat-Herzfrequenzkurve, welche die Grundlagen für Ihre individuellen Trainingsvorgaben (Umfang und Intensität) bilden. Am Tag nach dem Stufentest lassen wir Sie 20 bis 30 Minuten in unseren relevanten Trainingszonen laufen und kontrollieren noch einmal, ob Laktatwerte und Herzfrequenz mit der ermittelten Prognoseleistung des Laktat-Stufentests übereinstimmen. Zusätzlich untersuchen wir Ammoniak. Anhand dieses „Ermüdungsmoleküls“ erhalten wir im Zusammenhang mit den anderen Parametern wertvolle Hinweise auf Ihre Belastbarkeit im Training. Damit sind wir beim Kernstück der Olympiastützpunkt-Trainingsphilosophie:

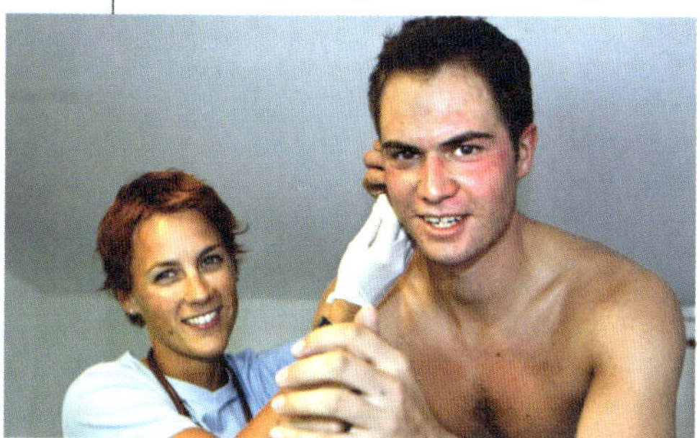

Laktatcheck per Stich ins Ohr

Nur wenn Ihr Training auf Ihre persönlichen leistungsphysiologischen Parameter abgestimmt wird, werden Sie optimale Fortschritte erzielen.

Das gilt auch für Rehabilitationspatienten und für Gesundheitssportler, denen es schlicht und einfach ums Abnehmen geht. Nur wer sich lange genug im optimalen Fettverbrennungsbereich bewegt, verbrennt auch richtig Fett. Aber das wissen Sie ja bereits.

Welche Trainingsbereiche sind für mich ausschlaggebend?

Beim Stufentest werden drei individuelle Trainingsbereiche festgelegt:

1. Kompensierung (KB) = bis Laktat 2 mmol/l
2. Stabilisation (SB) = Laktat 2 bis 4 mmol/l
3. Entwicklung (EB) = Laktat 4 bis 6 mmol/l

Diesen Begriffen werden Sie in unserem Buch immer wieder begegnen. Wenn ich vom „Training im KB-Bereich“ spreche, dann meine ich, dass Sie sich bei moderater Herzfrequenz bewegen, also im aeroben Bereich.

*) Diese Prozentangaben (vom Gesamt-Trainingsumfang) variieren und werden individuell auf den Sportler abgestimmt.

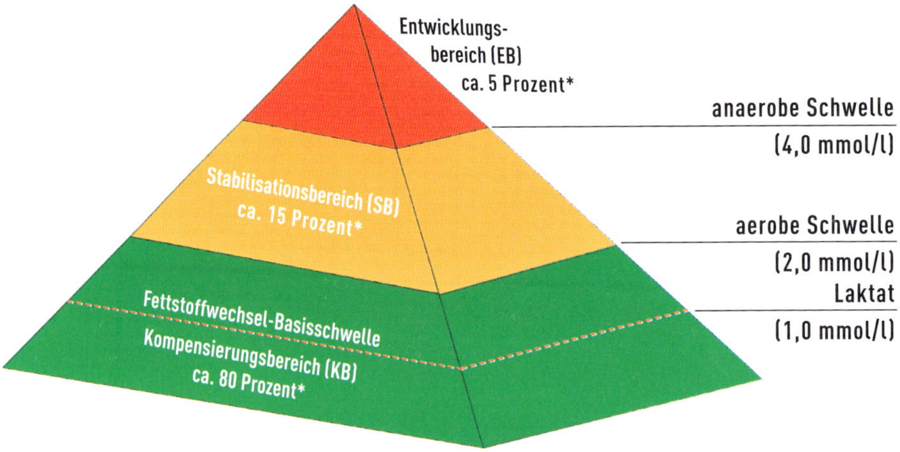

1. Kompensierungsbereich („Aufbauzone")

Dabei handelt es sich um den sehr moderaten Grundlagenausdauer-Bereich unter der aeroben Schwelle (Laktat 2). Es wird vorwiegend im Fettstoffwechsel-Bereich trainiert; der Körper lernt dabei, die Energie vorwiegend aus dem körpereigenen Fettvorrat bereitzustellen. Die gute Nachricht für alle Figurbewussten: Wenn Sie lange genug im KB-Bereich laufen oder radeln, bauen Sie vermehrt Fett ab. KB bildet die Grundlage für alle anderen Trainingsbereiche und muss unabhängig vom Ausgangsniveau den Großteil Ihres Ausdauertrainings umfassen (bis zu 90 Prozent des Gesamtumfangs; siehe unten). Auch Hermann Maier absolviert einen großen Teil seiner rund 900 wöchentlichen Ausdauerminuten im KB-Bereich (siehe Trainingsplan). Er sitzt mehrere Stunden täglich am Ergometer (oder er läuft) und liest dabei, sieht fern oder erledigt zusätzlich schwierige Denkaufgaben, die besonders unter Trainingsbelastung eine Ausgeglichenheit der beiden Gehirnhälften fördern.

Die gute Nachricht: Wer sich lange genug in diesem Bereich bewegt, baut vermehrt Fett ab

Der Leistungssportler sollte seine grundlagenausdauer-orientierten KB-Einheiten bei Laktat 1,5, regenerative Einheiten und Ausradeln oder Auslaufen nach intensiven Belastungen bei Laktat 1,0 absolvieren.

Beispiel für ein „KB-Training“ am Ergometer:
3 mal 30 Minuten (Puls 125/130/135 bei 88 bis 90 Umdrehungen/Minuten) mit jeweils 5 Minuten Pause, in denen ich Dehn- und Lockerungsübungen empfehle.

2. Stabilisationsbereich („Anpassungszone“)

In diesem Bereich stabilisiere ich meine Grundlagenausdauer. Er beinhaltet mittelintensive Trainingsinhalte. Die Experten sprechen vom so genannten aerob-anaeroben Übergang oder vom so genannten „Steady State“. Das ist der Gleichgewichtszustand oder das Fließgleichgewicht zwischen dem aeroben („fetten“) und dem anaeroben (Kohlehydrat-) Stoffwechsel. SB ist also jener Bereich zwischen aerober und anaerober Schwelle, in dem der Körper, noch ohne anaerob zu arbeiten, also bei ausreichendem Sauerstoffangebot, Energie gewinnt und die Grundlagenausdauer festigt. Hier liegt beispielsweise bei sehr gut trainierten Läufern das Marathon-Tempo (um 2 bis 2,5 Laktat). Normalverbraucher sollten sich im Training an der für Laktat 2,5 relevanten Herzfrequenz orientieren. Für Sportler mit höherem Niveau ist der Puls bei Laktat 3,0 relevant.

Hier liegt bei gut trainierten Läufern das Marathon-Tempo

Beispiel für ein Training mit KB und SB-Elementen (Ergometereinheit bei 88 bis 90 Umdrehungen/Minuten): 25 Minuten Einradeln KB mit 120 Puls; 7 Minuten SB bei Puls 155/5 Minuten Pause/8 Minuten SB bei Puls 160/5 Minuten Pause/10 Minuten SB bei Puls 160/5 Minuten Pause; 25 Minuten Ausradeln KB (Puls 110). Achtung: Bei Pulsangaben handelt es sich lediglich um Richtwerte – sie sind bei jedem Athleten individuell (nach Laktateinstellung).

3. Entwicklungsbereich („Rote Zone“)

Dabei handelt es sich um den im Leistungssport so wichtigen „entwickelnden“ Kohlehydratstoffwechsel-Trainingsbereich. Der Muskel gewinnt seine Energie fast ausschließlich aus Kohlehydraten. Ein großer Teil der Verbrennung der Kohlehydrate erfolgt aber bereits anaerob. Das heißt, dass der Körper die Kohlehydrate zum Großteil unter Säurebildung (Laktat) verarbeitet. Der EB-Bereich ist eigentlich nur besser trainierten Athleten vorbehalten – wie die höheren Tourenzahlen bei leistungsfähigen Sportwagen. Für einen Diesel-Golf sind 6000 Umdrehungen auch nicht zumutbar. So ist der EB-Bereich für die

In dieser Zone machen sich Anfänger und schlecht Trainierte kaputt!

meisten tabu! Wer dennoch regelmäßig zu intensiv trainiert, hat negative Auswirkungen auf die Grundlagenausdauer und das Immunsystem zu befürchten. Das beste Negativ-Beispiel sind die vielen keuchenden Hobbyläufer, die sich – ohne es zu wissen – permanent im dieser roten Zone bewegen.

Das beste Negativbeispiel sind die vielen keuchenden Hobbyläufer

Beispiel für ein Training auf dem Ergometer (88 bis 90 Umdrehungen/Minute) mit KB, SB und EB-Elementen (nur für gut Trainierte!): 25 Minuten Einfahren KB (Puls 120); 10 Minuten SB (Puls 160/5 Minuten Pause); 2 mal 6 Minuten EB (Puls 175/5 Minuten Pause); 25 Minuten Ausradeln KB (Puls 105).

Was muss ich vor dem Laktat-Stufentest beachten?

- Unterlassen Sie in den drei Tagen davor intensive Trainingseinheiten. Wenn Sie gewohnt sind, mehrmals wöchentlich zu trainieren, am Tag vor der Diagnostik keinen Ruhetag einlegen.
- Kommen Sie ausgeruht zum Check (kein schweres Abendessen, kein Alkohol am Vorabend!).
- Frühstücken Sie wie immer, allerdings drei Stunden vor Ihrem Checktermin. Trinken Sie ausreichend (Kaffee und Tee lasse ich nicht als Getränk gelten, im Gegenteil; Koffein entzieht Ihnen Wasser).
- Beachten Sie, dass Sie sich vor dem Check einer ärztlichen Untersuchung mit EKG und labormedizinischen Tests unterziehen müssen.
- Kommen Sie gesund zum Check. Wenn Sie erkältet oder gar verletzt sind, verschieben Sie den Test!

Jetzt ist Ihnen hoffentlich bewusst, dass das Hermann Maier Trainingsprogramm auch für Sie umsetzbar ist. Wenn Sie sich an die einfachen Vorgaben halten, werden Sie bereits innerhalb von vier bis acht Wochen deutliche Fortschritte erzielen. Doch bevor Sie losstarten, um ein Heimfahrrad zu kaufen, melden Sie sich bitte zu einem sportmedizinischen Check an! Denken Sie daran: Wie alle von uns betreuten Hobby- und Spitzensportler beginnt auch Hermann Maier jede Trainingsphase mit einem Laktat-Stufentest, von dem die weiteren Trainingsschritte abgeleitet werden.

Hermann Maier: Das Geheimnis seines Erfolgs

Hermann ist aus einem anderen Holz geschnitzt als alle Stars, die mir bislang begegneten. Zu Riesentalent und Rohkraft kommen Ehrgeiz und Konsequenz, wie man sie selten findet. Hermann ist keiner, der sich anpasst. Er ging immer seinen Weg. Sein Siegeswille grenzt an Fanatismus. Manchmal ärgert er sich sogar über einen ersten Platz, weil er ständig auf der Suche nach dem perfekten Lauf ist. Einige behaupten sogar, er spinne – aber ich glaube, dass ihn genau das von der Masse abhebt. Was ist es also, das Geheimnis seines einzigartigen Erfolgs?

Seine Anlagen. Er bringt geniales Erbgut für einen Leistungssportler mit und wäre auch ein Weltklasse-Zehnkämpfer geworden. Was die meisten übersehen ist, dass Hermann besser am Ski steht als die Masse der Zweitplatzierten.

Seine Vorgeschichte. Er hat einen Beruf gelernt und so seinem Körper die Zeit gegeben, Kraft zu entwickeln. „Ziegelschupfen" eignete sich dafür geradezu ideal.

Seine Konsequenz. Er zieht seinen Plan mit Hingabe durch – und wenn das Training bis zehn in der Nacht dauert. Es gibt Tage, da würde ich ihn am liebsten aus dem Olympiastützpunkt rauswerfen, schließlich habe ich ja auch ein Recht auf Privatleben. 1997 absolvierte er den fälligen Laktat-Stufentext beispielsweise exakt nach Programm – am Heiligen Abend.

Seine Regenerationsfähigkeit. Er gibt seinem Körper exakt die Pause, die er braucht. So lässt Hermann keinen negativen Stress an sich heran. Auch wenn sich vor dem Olympiastützpunkt die Rotorblätter des Helikopters drehen und zum nächsten Termin mahnen, zieht Herr Maier seine 30 Minuten Dehn- und Lockerungsübungen in aller Seelenruhe durch. Damit hat er schon manchem Mitarbeiter den Nerv gezogen.

Seine Trainingsintelligenz. Einfach alles wird von ihm hinterfragt. Dadurch kennt sich Hermann meist schon besser aus als so mancher Sportmediziner.

Sein Freiheitsdrang. Andere Trainer versuchen ihre Sportler zu vereinnahmen. Ich gebe ihm zwar ein Trainingsschema vor, lasse ihm aber daneben alle Freiheiten. Er hat sich immer viel Zeit gelassen und sehr viele schöpferische Pausen eingelegt. Ich ließ das immer zu, weil ich wusste, daraus schöpfte er viel mentale Kraft. Ich versuchte nie, seinen Rhythmus zu verändern oder ihn anzutreiben.

Seine Ehrlichkeit. Nämlich zu sich selbst. Auch wenn das in Interviews oft anders klingen mag, zu seinen Betreuern sagt er immer, was Sache ist. Er gesteht dabei auch Fehler ein.

Seine Unnahbarkeit. Wie jeder Star seiner Preisklasse errichtet Hermann eine

Mauer um sich, um seine Privatsphäre zu schützen. „Ich will nicht zu gläsern werden.“ Und wenn er auf manche arrogant wirkt, halte ich's nach dem Motto: „Nice Guys Don't Win!“ Nette Jungs sind selten Siegertypen …

Seine Egozentrik. Hermann ordnet alles seinem Leistungsstreben unter und erwartet deshalb auch, dass sich seine Umwelt diesem Willen unterzuordnen hat. So muss zum Beispiel die Physiotherapeutin ihre Mittagspause abbrechen oder bis in die Nacht warten. Er hat da eben seine eigene Zeitrechnung. Dadurch lässt sich auch sein notorisches Zuspätkommen erklären …

Das Olympiastützpunkt-Koordinationsprogramm

Dass Hermann Maier besser als jeder andere Rennläufer auf dem Ski steht, hat er seiner perfekten Koordination zu verdanken. Dass dies nicht immer so war, wird Ihnen sein ehemaliger Fußball- und jetziger Skitrainer Andreas Evers versichern. „Als Fußballer konnte Hermann seinen linken Fuß nur zum Stehen gebrauchen“, formuliert es Andi überspitzt. Wir hatten jedenfalls viel zu tun, Hermanns Koordination auf Weltklasseniveau zu bringen.

Wird die Kraft richtig enfaltet? Die Koordination regelt das muskuläre Zusammenspiel

Warum ist Koordination so wichtig?

Bei dieser oft unterschätzten Komponente geht es um das muskuläre Zusammenspiel, das ausschlaggebend dafür ist, ob der Athlet seine Kraft vollständig entfalten kann oder nicht. Das gilt sowohl für den Freizeit- als auch für den Leistungssport. Ein Hobbyläufer, der die einfachen Laufschulübungen nicht beherrscht, wird vermutlich bald Probleme mit dem Bewegungsapparat bekommen. Und ein Skiprofi, bei dem die Koordination jener Muskeln, die das Kniegelenk strecken und beugen, nicht optimal funktioniert, kann seinen Beruf überhaupt vergessen. Durch derartige Dysbalancen steigt nicht nur das Sturzrisiko bei jedem Trainingslauf, es werden sogar akute und chronische Verletzungen provoziert!

Wie kann ich meine Koordination verbessern?

Da die Skitechnik im Höchstmaß im Sprunggelenk umgesetzt wird, geht es beim Skirennläufer in erster Linie darum, das Sprunggelenk zu aktivieren. Genau da lag das Problem nach Hermanns Unfall: Durch die lange Ruhigstellung und das Gewebetransplantat und durch den 37 Zentimeter langen Marknagel im verletzten rechten Bein war die Aktivität des Sprunggelenks enorm eingeschränkt, Gefühl und Bewegungsfreiheit waren gleichermaßen beeinträchtigt. Schon wenige Wochen nach dem Unfall haben wir ihm nach dem Okay der Ärzte Übungen verordnet, die dem Lauftraining sehr ähnlich sind.

Denksportaufgaben oder Suchbildrätsel am Ergometer

Später brachten wir ihm wieder das „Gaberln“ bei – vielleicht erinnern Sie sich an die TV-Bilder, die Hermann beim Üben mit einem Tennisball zeigten. Dabei sprechen wir von „Feinstkoordination“, die eigentlich nur im Spitzensport trainiert wird. Bei Hermann versuchen wir dabei alle Möglichkeiten auszuschöpfen. Da Koordination auch enorm viel mit dem Zusammenspiel von rechter und linker Gehirnhälfte zu tun hat, lassen wir Hermann während leichter Ergometereinheiten oft Denksportaufgaben, Mathematikbeispiele oder Suchbildrätsel lösen. Diese Übungen haben ihm zweifellos geholfen, als es vor Jahren darum gegangen ist, ein skitechnisches Problem bei einer bestimmten Phase des Schwungs in den Griff zu bekommen. Im Bedarfsfall nehmen wir sogar Gehirnpotenzialmessungen vor.
Hobbysportler kommen natürlich ohne diese Hightech-Tricks aus. Sehr wohl beachten sollten Sie aber unsere Koordinationsübungen im Anhang.

Was kann ich für meine Koordination tun?

Fangen Sie mit ganz einfachen Laufübungen, dem so genannten „Lauf-ABC“ oder der „Laufschule“, an. Ihr Gleichgewichtsgefühl können Sie mit speziellen, im Sportfachhandel angebotenen Geräten verbessern: Stabilisierungsübungen mit Kreisel, Kippbrettern usw. lassen sich auch in den eigenen vier Wänden problemlos durchführen. Stimulieren Sie Ihre Fußsohlensensoren bei jeder Gelegenheit. Deshalb ist es auch wichtig, immer barfuß und niemals mit Schuhen zu üben! Suchen Sie sich zum Beispiel Bretter, auf denen Sie daheim mit offenen und später mit geschlossenen Augen balancieren. Spazieren Sie im Sommer barfuß durch den Garten. So nehmen Sie die oft schon verkümmerten Sinnesreize über die Fußsohle bewusst wahr – auch das kann ein wichtiges Puzzleteil für ein neues Lebensgefühl sein.

Das Olympiastützpunkt-Kraftprogramm

Würde es sich bei meinen Athleten um die Hasen aus der Batteriewerbung handeln, die länger als die anderen laufen, so wären wir mit unserem Ausdauerprogramm vermutlich unschlagbar. Und zwar weltweit. Meines Wissens gibt es kaum eine Institution wie unsere, die jeden Trainingsschritt steuert und parallel noch zahlreiche Laborparameter berücksichtigt (dazu kommt auf Grund der Höhenlage in Obertauern ein zusätzlicher Trainingseffekt). Allerdings sind neben

der Ausdauer noch Koordination und Muskelkraft gefragt. Wer es schafft, die Komponenten Ausdauer, Koordination und Kraft optimal zu koordinieren, wird sein Leistungspotenzial maximal ausschöpfen.

Auch wenn Sie es kaum glauben: Im Gegensatz zu früher verbringt Hermann Maier lediglich einen Bruchteil seiner Trainingszeit in der Kraftkammer. Warum ist der Herminator dann so muskulös? Die Rohkraft hat er sich vermutlich am Bau antrainiert. Außerdem ist er von seiner Veranlagung her ein muskulöser Typ und hat, wie bereits erwähnt, vor Beginn seiner Karriere sicher zu viel Kraft trainiert.

In regelmäßigen Abständen erscheinen in den Medien Fotos, auf denen Hermann seinen wunderbar austrainierten Adonis-Körper zur Schau stellt. Wie Hermann zu so einem Traum-Body kam, werden Sie sich fragen. Durch Ausdauertraining und ein genau durchdachtes Rumpfkräftigungsprogramm! Wir arbeiten ohne Gewichte (Ausnahme: Kurzhanteln bis fünf Kilogramm), mit Medizinbällen, großen Gymnastikbällen, Therabändern und ähnlichen Hilfsmitteln. Mit speziellen Übungen kräftigen und stabilisieren wir Bauch-, Rücken- und Schultermuskulatur. Auf herkömmliche Kraftübungen für den Oberkörper (zum Beispiel auf das beliebte „Bankdrücken“) verzichten wir – das wird vielleicht einmal später interessant, wenn Hermann seinen Saisonhöhepunkt auf die Badesaison verlegt.

So lange es ihm darum geht, Spitzenleistungen im Sport zu erbringen, wird sich Hermann Maier an das Olympiastützpunkt-Kraftprogramm halten. Das steht auf drei Säulen.

1. Allgemeines Krafttraining

Allgemeines Krafttraining ist ein wesentlicher Bestandteil im Jahreszyklus. Die Schwerpunkte liegen dabei in der Vorbereitungsphase (mindestens fünf Einheiten pro Woche). Dabei werden von unserem Team isometrische, dynamische und reaktive Rumpfübungen zusammengestellt (zum Beispiel Halten der Abfahrtshocke, Sit-ups auf wackeligem Untergrund; siehe Anhang). Die dienen vor allem der Kräftigung und Stabilisierung der Rumpfmuskulatur.

Wer sollte der Kräftigung der Rumpfmuskulatur spezielles Augenmerk schenken?

Jeder! Denn vorwiegend sitzende und stehende Tätigkeiten (muskuläre Dysbalancen) sowie Bewegungsmangel führen nicht selten zu Rückenbeschwerden. Da sich die Rumpfmuskulatur vorwiegend aus roten, „langsamen“, Muskelfasern

zusammensetzt, ist gerade der aerobe Stoffwechsel (= Grundlagenausdauer) von enormer Bedeutung. Dazu kommt, dass Rumpfübungen bei schlecht Trainierten zu hoch anaeroben Belastungen führen können. Das stellt die Wirksamkeit diverser Übungsprogramme in Frage. Dazu könnte ich Ihnen seitenweise Beispiele aus der Olympiastützpunkt-Praxis bringen. Bei zahlreichen Patienten, aber auch bei Hobby- und Leistungssportlern, stellten wir einen engen Zusammenhang zwischen Rückenproblemen und Grundlagenausdauer-Mängeln fest. Gerade deshalb sollten Sie sich die Chance auf ein neues Lebensgefühl geben! Lassen Sie sich ein entsprechendes Gesamtsanierungskonzept auf den Leib schneidern. Wir stimmen ein stoffwechselwirksames Ausdauer-Reha-Programm in Verbindung mit Physiotherapie auf Ihre persönlichen Bedürfnisse ab. Alles, was wir dazu brauchen, sind Ihre Eckdaten, Ihr Wille und etwas Zeit.

Unser Rumpftraining funktioniert ohne Gewichte

2. Spezielles Krafttraining

Hier geht es um die zielorientierte Verbesserung der Leistungsfähigkeit der Muskulatur. Die hilft Ihnen als Normalverbraucher nicht nur bei sportlichen Tätigkeiten wie Skifahren, Laufen (auch hier dient der Oberschenkelbeuger als Stoßdämpfer fürs Knie) oder Tennis; Sie benötigen auch Kraft, um die Rumpfmuskulatur entsprechend stabilisieren zu können. Abgesehen davon, dass Sie Rückenbeschwerden vorbeugen und Ihre Freunde und Kollegen einfach mit einer besseren Körperhaltung beeindrucken, werden Sie sich mit einem trainierten Muskelkorsett auch im täglichen Leben leichter tun (beim Autofahren, beim Einkaufstaschen-Schleppen …).

Bei Hermann Maier handelt es sich um die wenigen Krafteinheiten, die ganz genau definiert, exakt geplant und vor allem in den speziellen Vorbereitungsphasen durchgeführt werden. Schwerpunktmäßig werden die Muskelgruppen der unteren Extremitäten mit unterschiedlichen Zielstellungen trainiert – und zwar ausschließlich in der für das Krafttraining wirksamsten Zone zwischen Laktat 4 und 6. Wir orientieren uns dabei am Gewicht, der Wiederholungszahl und der dadurch ermittelten Arbeitszeit. So kontrollieren wir bei jeder Übung per Laktatcheck und justieren bei Bedarf über die Anzahl der Wiederholungen (betrifft die Arbeitszeit) oder mit dem Gewicht nach. Die

Wir kontrollieren jede Übung per Laktatcheck

Wirksamkeit des Krafttrainings wird durch die Laboruntersuchungen im Längsschnitt mittels der Blutparameter Creatinkinase (CK) und Harnstoff (Urea) objektiviert. Bei den Formen des Krafttrainings sprechen wir dabei von „Muskelaufbau“ und „Schnellkrafttraining“. Maximalkrafttraining setzen wir nur sehr differenziert und bei speziellen Zielsetzungen ein.

3. Kraftausdauer-Training

Kraftausdauer-Training ist eine der wesentlichen Säulen des Olympiastützpunkt-Erfolgskonzepts. Wir haben es mit einer speziellen Form des ausdauerorientierten Krafttrainings zu tun, bei dem wir uns an Frequenz und Widerstand halten. Diese wichtige Form des Krafttrainings dient vor allem der Verbesserung des Phosphatstoffwechsels (Erweiterung der Speicherkapazität von Kreatinphosphat und des Kohlehydratstoffangebots im „Kraftwerk“ Muskelzelle). Dies ist insbesondere für die kraftausdauerorientierten Sportarten (z. B. Ski Alpin, Radfahren, Skilanglauf) sowie in der Physiotherapie von enormer Bedeutung.

Kraftausdauer-Training am Ergometer. Olympiastützpunkt-Wissenschafter Blesky mit Nachwuchs-Ski-As Graggaber

Tipps für das Krafttraining

Über das Krafttraining existieren zahlreiche beliebte Empfehlungen und Faustregeln, aber die vergessen Sie bitte gleich wieder! Die Wirksamkeit von erfolgreichen Kraftprogrammen ist im Wesentlichen von den biologischen Anpassungskriterien (im Training müssen richtige Reize gesetzt werden!), Erbanlagen und von der Muskelfaserverteilung abhängig.

- Beachten Sie, dass sich Ausdauer- und Krafttraining gegenseitig negativ beeinflussen. Wenn Sie also Ihre Grundlagenausdauer verbessern wollen, bringt Ihnen zusätzliches Krafttraining überhaupt nichts.

- Stimmen Sie Ihr Krafttraining ab und setzen Sie auf fachliche Beratung.
- Trainieren Sie nicht zu intensiv. Wirksames Krafttraining sollte zu einer Erweiterung der Kreatinphosphatspeicher führen. Wenn Sie zu hohes Laktat produzieren, verschleudern Sie wertvolles Kreatin und erreichen das Gegenteil.
- Lassen Sie sich nie zu den in der einschlägigen Fitnessszene weit verbreiteten anabolen Steroiden überreden! Mit wirksamem gesteuertem Training werden Sie den gleichen Effekt erreichen und dabei gesund bleiben.
- Verzichten Sie auf Nahrungsergänzungsmittel, auf billige Produkte aus dem Ausland. Die sind nicht selten verunreinigt, was bei Spitzensportlern schon zum einen oder anderen überraschenden Dopingfall geführt hat.
- Der Schlüssel liegt in der Dosierung (Anzahl der Übungen) und in der richtigen Pausengestaltung. Lassen Sie sich zwei Sätze, die ich auch Hermann Maier ans Herz gelegt habe, ins Trainingsbuch schreiben:

Weniger ist oft mehr!

In den Pausen liegt die Kraft!

Doch bevor Sie mit dem Krafttraining loslegen, sollten Sie ein Ausdauerfundament gelegt haben und ein paar Grundregeln beachten. Ich beobachte immer wieder, wie Hobbysportler einfach wild drauf lostrainieren, wie sie mit abenteuerlichsten Übungen versuchen, ihrem Schwarzenegger-Body-Ideal näher zu kommen, nicht wissend, dass sie sich dabei meist mehr schaden als nützen. Lassen Sie sich unbedingt von Experten in einer sportmedizinischen Einrichtung oder in einem Qualitäts-Fitnessstudio zeigen, wie's geht. Erst dann schlage ich Ihnen vor, mit den Olympiastützpunkt-Kraftübungen (siehe Anhang) zu beginnen.

Was soll das Krafttraining bei Hermann Maier bezwecken?

In erster Linie geht es darum, die enormen Kräfte, die beim Skifahren entstehen, auszuhalten, zu kompensieren und zu stabilisieren. Physikalisch gesehen handelt es sich um ein ständiges Arbeiten gegen Widerstände. So werden die Abfahrtsprofis in der Hahnenkamm-Kompression auf 6 g (auf das Sechsfache der Erdbeschleunigung) zusammengestaucht. Da leuchtet wohl jedem ein, wie wichtig es ist, die Kniegelenke vor den intensiven Belastungen zu schützen. Dabei muss darauf geachtet werden, dass das Verhältnis zwischen Oberschenkelvorderseite (Kniestrecker) und Oberschenkelrückseite (Kniebeuger; „Stroßdämpfer" fürs

Knie) stimmt. Außerdem muss die koordinative Fähigkeit, das Kniegelenk entsprechend zu stabilisieren, richtig ausgebildet sein. Aber auch die Rumpfmuskulatur muss bei Laune gehalten werden. Bei einem Skirennläufer muss sie bei den vielen Schlägen zum Beispiel während einer Abfahrt entsprechend reagieren, stabilisieren („reaktives Stabilisieren"), halten und arbeiten können.

Bei einem Super-G, der rund eineinhalb Minuten dauert, übersäuern die Muskeln wie bei einem 1500-Meter-Eisschnellläufer oder (zumindest fast so arg) wie bei einem Mittelstreckenläufer (bis zu Laktat 15 mmol/l). Dabei spielt die Kraftausdauer (Kraft in Verbindung mit Ausdauerleistung) die entscheidende Rolle. Wir haben es mit so genannten „anaeroben Stoffwechselzyklen" zu tun. Vereinfacht ausgedrückt: Wie in einem Schichtbetrieb wechseln sich ermüdete Muskelfasern und regenerierte Fasern, die sich wieder in die Muskelarbeit einklinken, ab.

Einer hat immer ans Olympiastützpunkt-Programm geglaubt

Hermann Maier hat sich früher öfter als unser „Versuchskaninchen" bezeichnet, und das nicht ganz zu Unrecht. Aber er hat immer an unsere Philosophie geglaubt. Er war der erste Athlet, der bereit war, das Olympiastützpunkt-Programm eins zu eins umzusetzen. Mit allen Konsequenzen und mit allen Opfern, die meine zeitintensiven Vorgaben abverlangten. Am Morgen saß er als Erster am Ergometer, oft verließ er den Stützpunkt spätabends als Letzter.

Hermann zog mein Programm mit einer Hingabe durch, wie ich sie bei keinem anderen Athleten gesehen habe

Bereits 1997, im Laufe des ersten Sommers, den Hermann unter meiner Aufsicht in Obertauern verbracht hat, war seine enorme Entwicklung nicht zu übersehen. Nicht nur am Ergometer. Hermann hatte an Ausstrahlung gewonnen, innerhalb weniger Monate war er ein anderer Mensch geworden. Und ich habe intern prophezeit: „Wenn er mit diesem Willen das ganze Programm umsetzt, dann wird er in ein paar Monaten alles in Grund und Boden fahren!" Ich sollte recht behalten. Bereits in seinem ersten vollen Weltcup-Winter 1997/98 wurde Hermann Maier als erster Österreicher seit Karl Schranz 1968 Gesamtweltcup-Sieger und gewann zwei Olympia-Goldmedaillen.

Unter all den Siegertypen, die ich während meiner jahrelangen Tätigkeit im Skizirkus an die Spitze begleiten durfte, war Hermann etwas Einzigartiges. Er hatte die ideale Mischung aus Allroundtalent und Skiperfektionist – und er zog mein Programm mit einer Hingabe durch, wie ich sie bei keinem anderen Athleten gesehen habe.

⊕ Trainieren wie Hermann Maier – was kann ich davon mitnehmen?

- Auch ich kann das HERMANN MAIER TRAININGSPROGRAMM umsetzen. Einzige Voraussetzung: eine Ergometrie (Laktat-Stufentest) zur Ermittlung der Ausgangsbasis. Daraus wird ein individueller Trainingsplan erstellt.
- Das Zauberwort heißt Ausdauertraining. Darauf bauen Koordinations- und Krafttraining auf.
- Vergessen Sie hirnrissige Formeln wie „180 minus Lebensalter" zur Ermittlung des „optimalen" Trainingspulses.
- Vergessen Sie Alibitrainings. Mit zwei-, dreimal Radeln pro Woche wird sich nichts tun! Entscheidend ist ein entsprechender Umfang (fünf Einheiten verteilt auf eine Woche). Die gute Nachricht: Sie müssen keineswegs bis zum Umfallen trainieren; zu intensives Training wirkt sich sogar negativ aus.
- Nur wenn ich konsequent im moderaten (aeroben KB-)Bereich trainiere, werde ich richtig abnehmen.
- Vergessen Sie die 08/15-Instantpläne aus den Lifestyle-Magazinen. Lassen Sie sich einen auf Ihre persönlichen Parameter abgestimmten Trainingsplan erstellen.
- Stellen Sie Ihren Ergometer vor den Fernseher. Ausreden gelten nicht mehr – das HERMANN MAIER TRAININGSPROGRAMM ist immer und überall umsetzbar.
- Fangen Sie jetzt an – in spätestens vier bis sechs Wochen werden sich deutlich sichtbare Erfolge einstellen.
- Nützen Sie Trainingshilfen, die Ihnen das tägliche Leben bietet – Balanceübungen oder Barfuß-Spaziergänge im Garten werden Ihnen helfen, in ein neues, bewusstes Leben zu starten.
- Trainieren Sie sich eine leistungsfähige Muskulatur an. Die soll Ihnen im Alltag und in *Ihrer* Sportart weiterhelfen. Aber übertreiben Sie nicht: Mit einem Bodybuilder-Körper werden Sie zum Beispiel keinen Marathon laufen können.
- Achten Sie auf gezielte Kräftigung Ihrer Rumpfmuskulatur. Bei Rückenbe-

schwerden ziehen Sie sofort einen Fachmann, am besten einen Physiotherapeuten, zu Rate. Der wird Ihnen auch wertvolle Übungstipps geben.

- Gehen Sie vorsichtig mit dem Begriff „Maximalkrafttraining" um. Denn das benötigen bis auf wenige Ausnahmen eigentlich nur Gewichtheber und Kugelstoßer wirklich.
- Hände weg von den beliebten „Zirkeltrainings", mit denen Sie zum Beispiel fit für den Winter gemacht werden sollen! Die Belastungen sind zu intensiv, sie machen mehr kaputt, als Sie aufbauen.

Auch wenn Sie nichts mit Skifahren am Hut haben – das HERMANN MAIER-TRAININGSPROGRAMM wird Ihnen in jeder Sportart weiterhelfen.

Kapitel 3

Vergessen Sie die Lauf-Gurus

Gut dass es Lauf-Gurus gibt. Ohne die wäre ich nie auf die Idee gekommen, dass ich mit verschränkten Armen joggen und dabei lächelnd durch die Nase atmen soll. Probieren Sie mal, mit einem Tennisball im Mund durch die Gegend zu rennen ...

Wenn Sie bisher kaum Bewegung gemacht haben, werden Sie in der ersten Euphorie Ihren Fitnesszustand möglicherweise mit jeder noch so idiotischen Laufmethode verbessern. Zumindest subjektiv. Wenn es Ihnen allerdings darum geht, Ihr Potenzial langfristig auszuschöpfen, dann können Sie die meisten der angepriesenen Lauf-Guru-Bücher vergessen.

Betrachten Sie Laufen als die natürlichste Sache der Welt

Für mich war Laufen immer die natürlichste Sache der Welt. Ich bin am Land aufgewachsen und dabei, ohne es zu merken, oft mehrere Stunden am Tag gelaufen. Während meiner Arbeit als Rauchfangkehrer lief ich am Tag manchmal 20 Kilometer und mehr zwischen den Bauernhöfen hin und her. Später spielte ich beim damaligen Fußball-Erstdivisionär Bischofshofen in der Reserve und lief die sechs Kilometer zum Training und wieder zurück. Als ich dann mit 23 „richtig" in die Leichtathletik einstieg, trainierte ich zu Beginn wie ein Wahnsinniger Ausdauer, in der Mittagspause und am Abend. Damals hatte ich einen Ruhepuls von 36 Schlägen die Minute.

Sie werden jetzt vielleicht verstehen, weshalb ich mich frage, wozu es ganze Bücher braucht, um richtiges Laufen zu erklären. Ich glaube, dass auch für Spätstarter ein paar Hinweise reichen (siehe Kasten „So laufen Sie richtig"). Dafür halte ich die sportmedizinische Komponente für umso wichtiger. Aber gerade die wird sowohl von den meisten gesundheitsbewussten Hobbysportlern als auch von vielen Sportperfektionisten sträflich unterschätzt.

Jetzt helfe ich Ihnen, Ihr eigener Lauf-Guru zu werden!

Ich behaupte: Die Hälfte der Über-40-jährigen kann nicht richtig laufen!

Ich behaupte: Die Hälfte der Über-40-jährigen schafft es nicht, im angepeilten Fettstoffwechselbereich zu laufen. Lassen Sie die Finger von weit verbreiteten Theorien eines Fitness-Gurus. Der behauptet nämlich zum Thema Fettver-

brennung: „Laufen Sie mit dem Puls, der den Laktatspiegel gerade noch unter 4 hält." Versuchen Sie einmal eine halbe Stunde bei Laktat 4 zu laufen oder am Rad zu fahren. Das Lächeln wird Ihnen schnell vergehen – es sei denn, Sie heißen Lance Armstrong.

Bei einer Razzia unter Hobby-Joggern wurden erschütternde Tempoüberschreitungen aufgedeckt!

Noch einmal: Viele schaffen es nicht, richtig zu laufen, Späteinsteiger schon gar nicht. Für die wäre moderates Gehen wesentlich sinnvoller. Das ist keine Mutmaßung, sondern wird durch umfangreiche Studien bei Hobbyläufern erhärtet. Dabei hat unser Team sowohl am Laufband als auch „auf freier Wildbahn" in der Praterhauptallee in Wien und entlang der Salzachpromenade stichprobenartig Laktatmessungen durchgeführt. Wir kamen auf abenteuerliche Werte: Es waren keuchende Läufer mit Laktatwerten bis zu 6,5 dabei, die dachten, sie würden ohnehin nur „locker joggen". Das ist so, als würden Sie mit einem Golf Diesel ständig im zweiten Gang bei 6500 Umdrehungen über die Überlandstraße brausen. Das hält kein Motor auf Dauer aus.

Wenn Sie Ihren Motor ständig überdrehen und dabei sinnlos Substrate (Treibstoff der Muskelzelle) verschleudern, wird Ihnen Ihr Körper schnell die Rechnung präsentieren:

- **Trainingscrash:** Sie machen Ihre Muskelspeicher ständig leer und sind weit von einem positiven Trainingseffekt entfernt. Damit können Sie Ihr angepeiltes Ziel, die Leistung zu verbessern, vergessen. Im Gegenteil: Sie werden stagnieren und nach einiger Zeit wird sich sogar der gefürchtete Übertrainingseffekt einstellen.
- **Störungen des Immunsystems:** Sie werden leichter krank, fangen jeden Grippevirus ein oder plagen sich mit Allergien.
- **Verletzungsgefahr:** Sie fügen Ihrem Bindegewebe Schäden zu. Die logische Folge sind Probleme bei Gelenken, Knorpeln, Sehnen, Muskulatur, Knie und Wirbelsäule. Sie werden sehr schnell wieder die Freude am Laufen verlieren.

Und das wollen Sie wirklich riskieren? Sagen Sie bitte nicht, Sie würden ohnehin mit ganz langsamem Laufen beginnen. Ich hatte jede Menge dieser „Patienten", die alle denselben Fehler begingen: Sie begannen ganz brav in moderatem Tempo zu laufen, fühlten sich bald stärker und liefen ihre Lieblingsrunde immer schneller, bis nichts mehr ging.

Hartes Training wirft mich zurück: Wie kann ich dieses Dilemma verhindern?
Im Prinzip wären wir wieder bei Kapitel 2 („Trainieren wie Hermann Maier"): Ohne Einstiegsergometrie (Laktat-Stufentest) geht nichts! Wir stellen Sie also nach einer Eingangsuntersuchung aufs Laufband oder lassen Sie bis zu Ihrer subjektiven Ausbelastung radeln. Nach Auswertung sämtlicher Ergebnisse des Stufentests wissen wir, ob Sie schon von Anfang an laufen dürfen oder ob wir Ihnen das Start-Alternativprogramm am Fahrradergometer nicht ersparen können.
Ohne zu laufen fürs Laufen trainieren? Wie das funktionieren soll? Ganz einfach:

Wir holen Sie mit dem Rad zum Laufen zurück!

Sie starten am Ergometer. Das hat mehr Vorteile, als man denkt:

- **Neutrale Bedingungen.** Kein Wind, keine Kälte, kein unwegsames Gelände; da lassen sich die Trainingsvorgaben jederzeit optimal umsetzen. Egal, ob Läufer, Skifahrer oder Hobbyradfahrer: Mit dem Rad hat jeder die Chance, bei Körpergewichtsentlastung sein Grundlagenniveau deutlich zu verbessern. Entscheidend ist, dass ein Großteil des Trainingspensums bei moderater Belastung (also im KB-Bereich) absolviert wird.
- **Gelenke und Sehnen werden geschont.** Das bringt vor allem „Schwergewichten", für die Laufen auf Grund gesundheitlicher Probleme nicht in Frage kommt, unbezahlbare Vorteile.
- **Keine Leistungsvoraussetzungen.** Das Entscheidende: Ich kann mit minimalem Widerstand und bei moderaten Bewegungen (quasi im Leerlauf) loslegen und Umfang sowie Intensität langsam und gezielt steigern. Beim Laufen ist es manchen Ungeübten schlicht und einfach unmöglich, im moderaten Fettverbrennungsbereich (unter Laktat 2) zu trainieren. Die Folge ist Übersäuerung nach nur wenigen Schritten (Laktat 2 und mehr); Energiespeicher werden schnell entleert und Muskelzellen vielleicht sogar nachhaltig geschädigt. Außerdem wird Ihr Bewegungsapparat mit Knie-, Rücken- oder anderen Beschwerden Alarm schlagen.

Notfalls müssen Sie im Leerlauf starten

Jetzt wissen Sie, warum im Olympiastützpunkt Obertauern 30 Radergometer und nur vier Laufbänder stehen. Mit dem Ergometer lässt sich unsere Ausdauerphilosophie einfach ideal umsetzen.

Der Weltmeister, den ich laufen lehrte

Michael Walchhofer auf seinem neuen Lieblingsgerät in Flachau und in St. Moritz mit der Abfahrts-WM-Goldmedaille 2003

Ich habe inzwischen gut hundert Weltklasseathleten der verschiedensten Sportarten persönlich betreut. Und praktisch jeder, der seinen Fuß über die Schwelle des Olympiastützpunkts setzt, bekommt einen eigenen Ordner. Darin werden jeder Check, jeder Labortest, jede Trainingseinheit penibel protokolliert, Trainingsanalysen und Gedächtnisprotokolle abgeheftet. Hin und wieder blättere ich in einem Ordner und schaue nach, was sich bei verschiedenen Athleten getan hat. Einen nehme ich besonders gerne zur Hand: den von Michael Walchhofer, Abfahrtsweltmeister bei der WM in St. Moritz 2003.

Schon vor seinem WM-Triumph war „Walchi“ für mich ein Vorzeigeathlet gewesen, das Paradebeispiel für jemanden, den man mit dem Ergometer zum Laufen holt. Michael Walchhofer, Paradeabfahrer und einer der weltbesten Kombinierer, konnte nämlich anfangs nicht laufen!

Ja, Sie haben richtig gelesen. Walchhofer war, wie es unser früherer Leistungsdiagnostiker Bernd Pansold gern ausdrückte, ein „konditioneller Fußgänger“. Warum „der Lange“ in einem derart katastrophalen Allgemeinzustand von einem Europacuprennen zum nächsten taumelte, kann auch ich mir nicht erklären. Er selbst behauptet, dass die Baustelle seines Hotels daheim in Zauchensee Schuld

gewesen sei. Der arme Kerl musste Tag für Tag nach dem Training am Bau Hand anlegen. Ein Argument, das bei mir nur bedingt zählt: Immerhin hat sich ein gewisser Hermann Maier seine „Urkraft" gerade am Bau antrainiert …

Dass „Walchi" im Frühjahr 1998 den Weg auf den Tauern fand, hat er seinem damaligen Europacuptrainer Andreas Evers zu verdanken. Der wollte verhindern, dass eines seiner größten Talente aus dem ÖSV-Kader flog, und erklärte mir: „Das ist seine letzte Chance. Schau, dass du ihn körperlich auf Vordermann bringst, dann werde ich mich wieder ums Skifahren kümmern." Also setzte ich „Walchi" auf unser Diagnostikrad. Ich war geschockt. Dieser Klasse-Skirennläufer schaffte es praktisch nicht, unter Laktat 2 zu radeln, und das bei fast 100 Kilo Körpergewicht! Der Stufentest am Laufband fiel noch ernüchternder aus. Ich ließ die Werte zweimal überprüfen, bevor ich es glauben konnte: Um im trainingswirksamen Bereich zu bleiben, konnte der Junge nur schnell gehen. Auch sonst war vieles nicht so, wie es bei einem Sportler sein sollte. Walchhofer wirkte unsicher, war infektanfällig. Bei der geringsten Belastung hatte er Schweißausbrüche und zitterte am ganzen Leib. Pansold schüttelte nur den Kopf: „Mir ist noch kein Spitzensportler untergekommen, der so schlecht drauf war."

Dieser Klasse-Skirennläufer schaffte es praktisch nicht, unter Laktat 2 zu radeln

Damit war mein Ehrgeiz geweckt. Andi Evers hatte mir nämlich versichert, dass „Walchi" ausgezeichnete Voraussetzungen für einen Allrounder im Skizirkus mitbrachte, mit besonderen Fähigkeiten für die Abfahrt. Und Evers lag mit seinen Prognosen selten daneben. Nicht umsonst zählt er für mich zu den besten Skitrainern der Welt.

Also verpasste ich Walchhofer erst einmal Riesenumfänge am Radergometer. Und hier legte er eine Konsequenz an den Tag, wie ich sie nur bei sehr wenigen Athleten kannte. Nach drei, vier Monaten konnte er immerhin mit sieben bis acht Stundenkilometern im Fettverbrennungsbereich laufen. Inzwischen hatte er sein Fundament am Ergometer verdreifacht. Entsprechend steil bergauf ging's beim Skifahren: Im ersten Jahr unserer Zusammenarbeit, in dem Michael Seite an Seite mit Hermann so viel wie nie zuvor trainierte, gewann er bereits die Europacup-Gesamtwertung, sicherte sich einen Fixplatz im Weltcup und wurde in Vail überraschend WM-Sechster in der Kombination. In der Saison 2001/2002 schaffte er den Durchbruch als Abfahrer. Unser Sportwissenschafter Dietmar Blesky entwickelte individuell ausgetüftelte Koordinationsprogramme und Walchhofer hatte ein Abo auf zweite Abfahrtsplätze im Weltcup. Die WM-Goldmedaille war für

mich, auch wenn ich mich darüber riesig gefreut habe, dann keine große Überraschung mehr. Im Gegenteil: Des Öfteren war ich schon enttäuscht gewesen, dass sich Michi im Verlauf des Winters durch so manchen Schnitzer, vielleicht auch Unkonzentriertheit um weitere Spitzenplätze und um einen WM-Startplatz gebracht hatte. Im Super-G hätte ich ihm durchaus eine weitere Medaille zugetraut. Was mich aber beinahe am meisten freut: Im Sommer dreht Walchi inzwischen seine Runden um den 2000 Meter hoch gelegenen Grünwaldsee in einem ordentlichen Lauftempo.

Er ist mein Paradebeispiel für einen „hoffnungslosen Fall", den wir mit dem Ergometer gerettet haben.

Und wie gehen wir unsere Rückholaktion richtig an?

Alles beginnt mit einem Laktat-Stufentest

Wer das Herminator-Programm wirklich ernst nimmt, dem kann ich einen Stufentest am Radergometer nicht ersparen. Ausgehend von diesen Daten lasse ich Sie dann im moderaten (Fettstoffwechsel-) Bereich losradeln. Ein „normaler", aber ambitionierter Hobbysportler sollte zu Beginn des Programms auf etwa 300 Ausdauerminuten wöchentlich (das sind fünfmal jeweils 60 Minuten am Tag; siehe Trainingscharts) kommen. Idealerweise werden Umfang und Intensität in vier wöchentlichen Abschnitten, den so genannten „Mesozyklen", behutsam gesteigert. Und zwar so lange, bis Sie sich auf einem körperlichem Level befinden, das sinnvolles Lauftraining überhaupt erst möglich macht. Das dauert erfahrungsgemäß drei bis fünf Monate – vorausgesetzt Sie halten sich an das Trainingsprogramm, das exakt auf Ihr aktuelles Leistungsvermögen abgestimmt ist (Umfang und Intensität sowie deren Verteilung, Pausengestaltung, Umdrehungen am Ergometer und so weiter).

Laktat-Stufentest am Ergometer

Getestet wird auf einem speziellen Diagnostikergometer, wobei die Testperson je nach körperlichem Zustand mit 40 bzw. 80 Watt bei 75 bzw. 90 Umdrehungen pro Minute in die Pedale tritt. Alle vier Minuten wird der Widerstand um je 40

Watt gesteigert, bis zur Ausbelastung (Testperson bricht den Test ab, wenn sie nicht mehr kann, oder es ergibt sich ein medizinisches Problem, das zum sofortigen Abbruch führen muss). Gegen Ende jeder Stufe werden der Laktatwert und die Herzfrequenz registriert. Wie beim Stufentest am Laufband werden dabei aus den Ergebnissen die aerobe (Laktat 2 mmol/l Blut) und die anaerobe Schwelle (Laktat 4 mmol/l) ermittelt. Aber Vorsicht: Wer sich am Laufband und am Radergometer testen lässt, kann die beim Laufen ermittelten Werte nicht zum Radfahren heranziehen und umgekehrt. Die sind nur in den seltensten Fällen identisch. Da bei diesen Sportarten völlig unterschiedliche Muskelgruppen bzw. Muskelfasern beansprucht werden, kann es zu Herzfrequenzabweichungen von bis zu 40 Schlägen pro Minute kommen! Den Wert einfach als „Radfahren minus 10 Schläge" zu berechnen ist unseriös.

Ich weiß, es gibt nichts Langweiligeres, als in einem Innenraum auf einem Metallgestell herumzustrampeln. Aber mit Willen, etwas Fantasie und dem klaren Ziel, fitter und gesünder zu werden, lassen sich die Stunden auf dem Ergometer doch einigermaßen angenehm gestalten.

Hier ein paar hilfreiche Ergometer-Trainingstipps:

- **Stellen Sie Ihren Hometrainer vor den Fernseher.**

Organisieren Sie sich ein Tour-de-France-Video oder stimmen Sie Ihre Trainingszeiten mit dem TV-Programm ab. Machen Sie es wie der Herminator, der während der Fußball-WM 2002 in Japan und Südkorea so früh am Olympiastützpunkt erschien, dass er die am Morgen gespielten Partien live vom Rad aus verfolgen konnte und vom Geschehen auf dem Bildschirm motiviert in die Pedale trat. (Den gegenteiligen Effekt hatte bei mir die Neujahrsansprache des Bundespräsidenten: Ich stieg vom Rad und beendete meine Trainingssession …)

- **Schaffen Sie sich ein motivierendes Umfeld.**

Lassen Sie sich durch Musik anspornen (DJ Ötzi zum Beispiel radelt zu Elvis-Rhythmen). Ersetzen Sie den Kalender in Ihrem Blickfeld durch ein Lance-Armstrong-Poster. Bereiten Sie eine Flasche mit einem auf Ihre Bedürfnisse abgestimmten Getränk und ein Handtuch vor. Wählen Sie funktionelle Sportkleidung, in der Sie sich auch wohl fühlen.

- **Nützen Sie die Zeit zum Lesen oder zum Lernen.**

Wenn unser Pressesprecher zur Morgenbesprechung im Olympiastützpunkt erscheint, ist er nach dem Morgensport bereits geduscht und hat alle relevanten Tageszeitungen und Magazine längst gelesen. Die lagen auf dem Ergometer-Leseständer. Und Hermann Maier hat vor der Prüfung für seinen Helikopterpilotenschein am Rad gebüffelt und sich so die eine oder andere Nachtlernsitzung erspart. Mit speziellen Denkaufgaben während des Radelns erzielen wir bei unseren Athleten einen zusätzlichen Effekt: Wir trainieren die Ausgeglichenheit der beiden Gehirnhälften.

- **Sorgen Sie für Abwechslung.**

Die Touristen in Obertauern staunen nicht schlecht, wenn Hermann Maier an schönen Tagen im Freien in die Ergometerpedale tritt. Und während der warmen Jahreszeit dürfen Sie selbstverständlich aufs „echte" Rad übersiedeln. Um einen bestmöglichen Trainingseffekt zu erzielen, rate ich Ihnen, so weit wie möglich im Flachen zu trainieren. Bei allem Missmut über das (Zimmer-) Radfahren denken Sie immer daran, dass es sich ja nur um eine Zwischenlösung handelt. Wir haben erst begonnen, ein ordentliches Ausdauerfundament zu legen, um Sie übers Radfahren zum Laufen zurückholen zu können. Spätestens nach drei, vier Monaten kommt es zu ersten Anpassungen im Organismus (Muskelstoffwechsel); Ihr Körper lernt, im ökonomischen Fettstoffwechselbereich zu arbeiten. Und es kommt nicht selten vor, dass sich Hobbysportler mit dem Indoor-Radeln so sehr anfreunden, dass sie das Laufen gar nicht mehr besonders interessiert.

Wenn Sie auf den Geschmack gekommen sind:
Fünf Tipps, wie Sie mit dem Rad punkten

1. Wenn Sie das Radfahren so ernst nehmen, dass Sie zum Beispiel planen, an Radmarathons teilzunehmen, sollten Sie während der Vorbereitung mindestens drei Laktat-Stufentests absolvieren.
2. Auch ältere Hobbysportler können sich verbessern: sie müssen sich allerdings strikt an unsere anhand der Diagnostiken ermittelten Vorgaben halten.
3. Wenn Sie auf wattgesteuertes Ergometertraining verzichten und lieber im Freien radeln, legen Sie einen Großteil Ihres Pensums im Flachen bei konstanter Herzfrequenz zurück.

4. Legen Sie die Basis mit langen Einheiten im Flachen und halten Sie sich am Berg zurück!
5. Achtung beim Mountainbiken: Radeln Sie nicht zu viel und zu intensiv bergauf. Dabei machen Sie sich nur kaputt!

Andererseits gibt es Radfahrer, die zunehmend Gefallen am Laufen finden. Der berühmteste ist wohl Tour-de-France-Dominator Lance Armstrong, der es immer wieder bedauert, dass sein Trainingsprogramm während der Wettkampfsaison Laufen kaum zulässt. Lance trainiert übrigens als einer der wenigen US-Ausdauersportler nach einer unserem System sehr ähnlichen Methode. Auch er steuert einen Großteil seiner Trainingseinheiten per Herzfrequenz- und Laktatcheck. Ein Beweis mehr, dass Trainingssteuerung zum Erfolg führt.

Auch Tour-de-France-Champion Lance Armstrong lässt sein Training steuern

Wenn Sie unsere Grundregeln beachten und Ihre persönlichen Trainingszonen jeden zweiten Monat mit Hilfe eines Laktat-Stufentests nachjustieren, werden Sie nicht nur mehr Spaß am Laufen haben; Sie werden auch verblüfft sein, wie Sie ihr Leistungsniveau Schritt für Schritt steigern.

Jetzt haben Sie also dank unserer Rückholaktion Ihre Grundlagenausdauer-Basis entsprechend gesteigert und sind bereit für die ersten „richtigen“ Laufschritte. Laufen Sie bitte nicht wild los, sondern versuchen Sie auch jetzt, Ihr Training an der Olympiastützpunkt-Methode zu orientieren.

Laufen lernt man am besten durch Laufen

Der deutsche Lauf-Papst und Alternativ-Mediziner Ernst van Aaken veröffentlichte 1960 in seinem „Lauflehrbuch“ Grundregeln, die ich größtenteils heute noch unterschreiben würde. Hier ein paar Basics aus dem Laufprogramm nach van Aaken mit meinen Kommentaren:

Laufen lernt man vornehmlich durch Laufen. Weil Laufen zu den natürlichsten Sachen der Welt gehört, sollte man es nicht unnötig verkomplizieren.

Ausdauer ist biologisch wichtiger als Schnelligkeit. Dabei werden die körperlichen Grundlagen stabilisiert bzw. verbessert und das ist die Garantie für körperliches Wohlbefinden und lange Lebensdauer.

Jede Laufstrecke erfordert als Grundlage das „Laufenkönnen". Dieses wird durch wiederholtes Laufen erworben. Diese prinzipiell sehr sinnvolle Regel würde ich mit „wiederholtes langsames Laufen" und „Training auf dem Radergometer" ergänzen. Sie sollten in der Lage sein, jede Laufstrecke in moderatem Tempo zu durchlaufen. Sonst müssen wir Sie mit dem Ergometer zurückholen.

Durch häufiges Eingehen einer größeren Sauerstoffschuld wird die Ausdauer abgebaut. Außerdem produzieren Sie dabei unnötig freie Radikale, riskieren Bindegewebsprobleme und zerstören Ihr Grundlagenfundament, wodurch Ihr Immunsystem geschwächt wird.

Freie Radikale – Dr. Jekyll und Mr. Hyde

Bei den freien Radikalen handelt es sich um Sauerstoffverbindungen, die Herzchirurg Christiaan Barnard als „Dr. Jekyll und Mr. Hyde" bezeichnete. Als Dr. Jekyll helfen sie uns, Infektionen zu bekämpfen und Bakterien zu töten. Als Mr. Hyde greifen sie auch gesundes Gewebe an und richten dabei schwere Schäden an, die erst im Laufe der Zeit sichtbar werden. Man spricht von oxidativem Stress. Dieser beschleunigt die Alterung der Zelle, was man zum Beispiel an den Veränderungen der Haut erkennt.

Eine übermäßige Produktion der freien Radikale wird vor allem bei Menschen, die unter großem Stress stehen, gemessen. Weitere Auslöser sind zu viel Sonne, unausgewogene Ernährung und hoher Alkohol- und Tabakkonsum (auch als Passivraucher!). Wie Sie die freien Radikale außer mit moderater Bewegung bekämpfen können, lesen Sie im Anti-Aging-Kapitel.

Sie werden verblüfft sein, wie schnell Sie Ihr Leistungsvermögen steigern!

Wenn Sie dazu das Olympiastützpunkt-Prinzip beachten und Ihre persönlichen Trainingszonen jeden zweiten Monat mit Hilfe eines Laktat-Stufentests nachjustieren, wird sich nicht nur Ihr allgemeines Wohlbefinden verbessern. Sie werden auch deutlich mehr Spaß am Laufen haben. Und Sie werden verblüfft sein, wie Sie Ihr Leistungsvermögen Schritt für Schritt steigern!

Laufen: die fünf großen Irrtümer

1. **Wer mit Lauftraining beginnt, sollte erst einmal Kraft trainieren.**
   Finger weg von Gewichten! Sie machen Ihre mäßigen Grundlagen völlig kaputt.
2. **Wer mit seinem Jogging-Partner plaudern kann, bewegt sich richtig.**
   Es gibt Läufer, die sich während des Wettkampfs mit Konkurrenten unterhalten – allerdings im anaeroben Bereich.
3. **Mit zunehmendem Alter nimmt die Ausdauer zu.**
   Leider nimmt sie ab. Der Stoffwechsel stellt sich um, die Energiegewinnung läuft vermehrt über den Kohlehydratstoffwechsel. Dem können Sie entgegenwirken, indem Sie sich unsere Vorschläge zu Herzen nehmen und beginnen, Ihren Fettstoffwechsel wieder anzukurbeln. Und so kommt es vor, dass Ausdauersportler ihre Leistungsfähigkeit durch jahrelanges konsequentes Training sogar im Alter noch verbessern.
4. **Wer regelmäßig Sportarten wie Tennis, Fußball oder Ski betreibt, verbessert die Ausdauer.**
   Das Gegenteil ist der Fall: Damit zerstören Sie Ihr Ausdauerfundament.
5. **Laufen macht schlank.**
   Das trifft nur bedingt zu. Laufen steigert den Appetit: Nach dem Training wird oft zu viel aufgetankt. Mein Tipp: Bewegen Sie sich lange im Fettverbrennungsbereich und achten Sie auf richtige Ernährung.

So laufen Sie richtig

Die USA und Mitteleuropa erleben einen nie dagewesenen Jogging-Boom. Laut Fessl/GFK-Studie laufen bereits 18 % der österreichischen Bevölkerung 12 % sogar mehrmals pro Woche. Bald wird jeder Fünfte regelmäßig laufen! Johannes Langer, 13 Jahre lang Rennleiter des Vienna City Marathon, Olympiastützpunkt-Gesellschafter und Trainer von Österreichs Marathon-Staatsmeistern Max Wenisch und Dagmar Rabensteiner, verrät, wie Sie die Sache richtig angehen.

Laufen ist prinzipiell eine einfache Sache. Dennoch haben wir es mit einer sehr komplexen Bewegung zu tun, bei der alle Muskeln und Gelenke beteiligt sind. Da lässt sich die Frage nach der richtigen Lauftechnik nicht so leicht beantworten. Häufig hören wir etwas von „natürlichem" oder „aktivem" Laufen. Das Wort „natürlich" sollten wir allerdings in diesem Zusammenhang vergessen, vor allem die beliebten Vergleiche mit Naturvölkern, die uns eine effektive Technik vorführen. Denn wir Zivilisationsmenschen weichen vom Laufen im ursprünglichen Sinn schon ein beträchtliches Stück ab.
Den „Naturläufern" ist das Laufen in die Wiege gelegt. Uns eigentlich auch. Aber wir benötigen es nicht mehr im Alltag. Nur bei Kleinkindern ist der natürliche Bewegungsdrang noch erkennbar. Doch bereits hier passieren die ersten Fehler. Wir schaffen es, unsere Kinder in ungeeignete Schuhe zu pressen. Die Spätfolgen machen sich in mangelhafter Lauftechnik bemerkbar. Meist bewegen wir unsere „degenerierten" Füße auf unnatürlichem Grund (Asphalt, Beton...). Auch das ständige Tragen von Schuhen lässt unsere Fußmuskulatur stark ver-

kümmern. So müssen Laufschuhe diverse Haltefunktionen übernehmen. Und unsere Lauftechnik wird an die bestehenden Bedingungen angepasst.
Durch Üben werden Sie Ihre Leistung verbessern. Die Muskulatur gewöhnt sich unnötige Bewegungen ab und lernt, rationell zu arbeiten. Energetisch gesehen wird chemische in mechanische Energie umgewandelt.

Wie kann ich mich mit möglichst geringem Energieverbrauch fortbewegen?

1. Optimieren Sie Ihre Muskelleistung!
2. Optimieren Sie Ihre Lauftechnik!

Ihre Muskelleistung verbessern Sie, indem Sie das HMTP befolgen.

Wie kann ich an meiner Technik arbeiten?
Richten Sie das Koordinationstraining auf eine geradlinige Schwungbein-Bewegung aus, verbunden mit einer ruhigen Oberkörperhaltung. Dabei empfehle ich Koordinationsübungen wie einseitiges Knieheben bzw. Anfersen bei hängenden Armen und entspanntem Oberkörper. Achten Sie auf eine Stabilisierung der Rumpfachse! Wenn Sie einige Zeit gelaufen sind und unrunde Bewegungen abgeschliffen haben, können wir von Ihrem persönlichen Laufstil sprechen. Dabei gibt es viele individuelle Unterschiede, bestimmt durch Körpergröße, Gewicht, Körperproportionen und persönliche Eigenarten. Auch Schrittlänge und -frequenz bestimmen das Bild, das sich andere von Ihrem Lauf machen.
Jetzt noch ein paar Technik-Tipps aus der Laufpraxis:

- Die Schritte sollten flüssig und nicht zu groß sein (kostet nur unnötig Kraft).
- Die Füße sollten möglichst gerade aufgesetzt werden, Fußspitzen in Laufrichtung. Sonst vergeuden Sie Energie. Sie wollen schließlich vorwärts laufen und nicht bei jedem Schritt Kräfte nach links oder rechts wirken lassen.
- Ob Sie auf der Ferse oder im Bereich des Mittelfußes aufsetzen, hängt sehr stark von der Gesamtbewegung und der Geschwindigkeit ab. Bei sehr hohen Geschwindigkeiten ist es fast unmöglich, über den ganzen Fuß abzurollen. Auf alle Fälle sollten Sie ein „Aufklatschen“ vermeiden. Sonst laufen Sie unelastisch, was zu wiederholten kleinen Stauchungen im Fuß-, Knie- und Hüftgelenk und damit zu Beschwerden führt.
- Drücken Sie aktiv ab! Die Abstoßbewegung läuft über den Mittelfuß und über den Großzehenballen.
- Nehmen Sie das Kinn bzw. den Kopf hoch und schauen Sie dabei geradeaus!

- Laufen Sie mit leicht vorgebeugtem Oberkörper. Aber Vorsicht: Durch zu starkes Knicken nach vorn oder durch Zurückbeugen überanstrengen Sie Ihre Rumpfmuskulatur (Bauch und Rücken) und verkrampfen. Außerdem treffen Sie dann beim Abdruck nicht den Körperschwerpunkt und vergeuden Kraft.
- Lassen Sie die Schultern entspannt, so dass sie nicht vor und zurück pendeln.
- Das Becken sollte leicht nach vorne gekippt sein. Wenn Sie sich dabei ein „Ziehen" vorstellen, wird die gesamte Laufbewegung sofort dynamischer.
- Die Arme sollten locker geführt werden. Nicht der Oberkörper, sondern die Arme müssen aus dem Schultergelenk heraus schwingen. Halten Sie die Ellbogen im rechten Winkel und bewegen Sie die Arme parallel zur Laufrichtung. Bei afrikanischen Läufern kann man öfters leicht kreisende Bewegungen der Arme beobachten. Dies gelingt Könnern dann, wenn die Kraftübertragung im gesamten Körper optimal abläuft und sie richtiggehend in „Schwingungen" versetzt werden. „Lokomotivbewegungen" oder Parallelschwünge der Arme vor dem Körper haben jedoch Bremswirkung. Oft sind ein verspannter Nacken oder Rücken Ursache für ungelenke Armführung.
- Lassen Sie die Hände locker, ballen Sie keine Faust. Jede Verkrampfung würde sich auf den gesamten Laufstil übertragen!

Sie werden bald feststellen, dass Ihnen eine gewisse Geschwindigkeit besonders zusagt, dass Sie nicht gern langsamer laufen wollen und dass schnelleres Laufen zu vorzeitiger Ermüdung führt. Das ist jener magische Moment, in dem Sie Ihren persönlichen Rhythmus gefunden haben. Dann „rollt" es, wie wir Läufer sagen. Eines werden Sie zusätzlich bemerken: Wenn der Laufrhythmus stimmt, stimmt auch der Atemrhythmus. Beobachten Sie jetzt die Atmung, dann werden Sie feststellen, dass Sie drei, vier Schritte lang einatmen und die gleiche Schrittzahl zur Ausatmung benötigen. Aber bitte zählen Sie dabei nie die Schritte! So finden Sie Ihren Laufrhythmus nie! In diesem Fall geht Probieren über Studieren. Achten Sie auch auf den Körperschwerpunkt. Der liegt leicht vor der Hüfte und bewegt sich ständig auf und ab. Gefragt ist ein flüssiger Laufstil und kein Springen. Das kostet nämlich weniger Energie und Sie laufen effizienter.
Laufen ist die ursprünglichste Bewegungsform des Menschen. Darauf sollten wir uns besinnen und unseren Laufstil dementsprechend optimieren. Und noch etwas: Achten Sie mal auf den natürlichen Bewegungsablauf beim Barfußlaufen. Immerhin kommen wir barfuß auf die Welt!

QUADRIGA
5
1

Kapitel 4

Die sanfte Ausdauer-Revolution

Ich muss gestehen: Ich bin das Paradebeispiel für jemanden, der meine Trainingsratschläge dringend nötig hätte. Motiviert durch die Arbeit an meinem Buch setzte ich mich nach Monaten wieder einmal aufs Rad. Da waren Sie plötzlich, die guten Ideen. Und eine könnte auch Ihr Leben verändern.

Mit dieser Erkenntnis werden wir eine Revolution im Ausdauertraining auslösen

Das neue Olympiastützpunkt-Zauberwort heißt **Fettstoffwechsel-Basisschwelle.** Es handelt sich dabei um die körperliche Leistungsfähigkeit bei Laktat 1,0 mmol/l. Diesem sehr moderaten (aeroben) Bereich, der bislang von der Sportwissenschaft sträflich vernachlässigt wurde, schenken wir jetzt die größte Aufmerksamkeit. Vereinfacht gesagt erhalten wir bei jeder Leistungsdiagnostik (Laktat-Stufentest) auf einen Blick einen Hinweis auf Ihren körperlichen Zustand (insbesondere was den Fettstoffwechsel betrifft), aber auch darauf, wie wirksam unser Training ist. Mit dieser an sich einfachen Erkenntnis werden wir eine Revolution im Ausdauertraining auslösen.

Wie habe ich unser Geheimnis entdeckt?

Manchmal braucht man eben jemanden, der einem die Wahrheit knallhart an den Kopf wirft. Das ist zwar schmerzlich, aber es hilft. Deswegen bin ich demjenigen, der den Spiegel in meinem Büro angebracht hat, nicht böse. An meiner Wand hängt nämlich eine Foto-Collage – Heini im Olympia-Bob, Heini als Zehnkämpfer … Ja, in meiner aktiven Zeit hatte ich tatsächlich einen gestählten Adonis-Body. Aber der Heini von heute? Der direkte Vergleich mit meinem Spiegelbild war schmerzlich. Ich musste wieder was für mich tun! Die gelben Schneeschuhe unter meinem Schreibtisch würden nicht von alleine aufs Zehnerkar marschieren. Auch meine Mitarbeiter machten sich schon ernsthafte Sorgen um meine Gesundheit. Sie überredeten mich zu einer ausführlichen Untersuchung. Und so kam es, dass ich, der Chef-Diagnostiker am Olympiastützpunkt, selbst auf Herz und Nieren durchgecheckt wurde. So blieb auch mir der übliche Vorgang nicht erspart: Blutanalysen, EKG und ein Laktat-Stufentest auf dem Radergometer.

Mein eigener Stufentest endete im Debakel

Ich hatte ein ungutes Gefühl und ein schlechtes Gewissen. Die Sünden der ver-

Heinrich Bergmüller vor dem Selbstversuch

gangenen Jahre hatten Spuren und Körpermasse hinterlassen. Mir war klar, dass das Ergebnis wenig schmeichelhaft für mich ausfallen würde – aber damit, dass es ein derartiges Debakel setzen würde, hatte ich nicht gerechnet. Und so war ich froh, dass meine Diagnostik in aller Stille abgelaufen war und weder Hermann noch meine anderen Sportlerstars etwas von meiner Niederlage mitbekommen hatten. Ausgerechnet ich, der sich bei der Beurteilung von 800 Diagnostiken pro Jahr den Kopf zerbricht, musste die Laktat-Leistungs- und Laktat-Herzfrequenzkurve eines gewissen Heinrich Bergmüller ganz nüchtern beurteilen. Die Leistung an der aeroben Schwelle bei Laktat 2,0 war niederschmetternd. Und wenn ich noch einen Schritt zurückging und meine Leistung an der neu entdeckten „Fettstoffwechsel-Basisschwelle" betrachten wollte, dann sah es überhaupt traurig aus: Dieser Wert war bei mir schlicht und einfach nicht messbar. So wurde mir bewusst, in welch katastrophalem Zustand ich mich befand. Dabei hatte ich in früheren Jahren um Olympiamedaillen gekämpft, war im Zehnkampf die abschließenden 1500 Meter in 4:30, also mit exakt 20 Stundenkilometer, gelaufen.

Wer sich im anaeroben Bereich bewegt, produziert freie – zellschädigende – Radikale

Mir wurde schwindlig, wenn ich an die vielen Stufen dachte, die ich täglich im Olympiastützpunkt zu bewältigen hatte. Da ich mich offensichtlich ständig im leicht übersäuerten (anaeroben) Stoffwechselbereich bewegte, wurden vermehrt freie, zellschädigende Radikale produziert. Besonders nach der Belastung, wenn sich die Sauerstoffversorgung während der Erholungsphase wieder normalisiert, treten die gefürchteten Radikale vermehrt auf. Das bedeutet, dass Zellen angegriffen werden, der Alterungsprozess schneller voranschreitet, die Regenerationsfähigkeit sinkt und nicht zuletzt die geistige Fitness leidet. Damit musste so schnell wie möglich Schluss sein.

So baute ich die Fettstoffwechsel-Basisschwelle in mein Leben ein

Ich beschloss, mein Leben zu verändern, und stellte mein erstes Wochen-Trainingsprogramm zusammen. Dann legte ich los, ganz locker im unteren Pulsbereich – genauso, wie ich es meinen „Patienten" predige. Natürlich ließ auch ich immer wieder in mein Ohrläppchen stechen. Wer tagein, tagaus die Laktatwerte Dutzender Athleten studiert und analysiert, will auch wissen, was im

eigenen Körper los ist. Dabei fiel mir auf, dass ich mich um Laktat 1,0 am besten fühlte. Es handelte sich dabei natürlich um ein rein subjektives Empfinden. Doch ich ging der Sache nach – und jetzt, ein halbes Jahr später, bin ich überzeugt, dass eine in Richtung Laktat 1,0 gesteuerte Belastung für die breite Masse der Schlüssel zum Erfolg ist. Nicht nur Freizeitsportlern, Bewegungsbewussten und Rehabilitationspatienten verhelfen wir dank dieser Erkenntnis zu einer Verbesserung ihres körperlichen Gesamtzustandes, auch mäßig trainierte Spitzensportler verzeichnen inzwischen bemerkenswerte Leistungssprünge.

Wie können auch Sie von unserer neuesten Erkenntnis profitieren?

Zuerst sollten Sie sich noch einmal unsere „Laktat/Herzfrequenz-Trainingspyramide" (Kompensierungsbereich = Laktat 0 bis 2, Stabilisationsbereich = Laktat 2 bis 4, Entwicklungsbereich = Laktat 4 bis 6) in Erinnerung rufen. Wie Sie bereits wissen, sollten Sie den Großteil Ihres Trainings im Kompensierungsbereich durchführen. Mit zusätzlichen, sehr aufwendigen Bestimmungen erreichen wir eine weitere individuelle Feinabstimmung der Trainingsintensität. Alle von uns betreuten Sportler profitieren davon, vom Wanderer bis zum Olympiasieger. In den vergangenen Jahren haben wir diese „Wohlfühlzone" mit teilweise ebenfalls aufwendigen Forschungen näher durchleuchtet. Je intensiver ich mit meinem Team der Sache nachging, desto mehr sah ich mich in meiner Theorie bestätigt. Neben den in der Sportwissenschaft seit Jahren bewährten Kerngrößen „aerobe Schwelle" (Laktat 2,0) und „anaerobe Schwelle" (Laktat 4 mmol/l) entdeckten wir eine weitere – von der Sportwissenschaft bislang nicht beachtete – wichtige Kenngröße, die Fettstoffwechsel-Basisschwelle. Noch gibt es dazu keine wissenschaftlichen Beweise, doch bei Abertausenden Analysen und individuell gesteuerten Trainingseinheiten wurden wir auch im Zusammenhang mit anderen Blutparametern immer wieder auf diesen Bereich um Laktat 1,0 mmol/l aufmerksam. Auch wenn viele Experten skeptisch sein mögen: Wir stellen diese neue Kenngröße, unsere Fettstoffwechsel-Basisschwelle (FWBS), einmal als Hypothese in den Raum. Und ich behaupte neuerlich:

Diese Entdeckung wird eine Revolution im Ausdauertraining auslösen!

Und sie wird in der Beurteilung von Laktatstufentests eine entscheidende Rolle spielen. Wir glauben, dass wir hier den wichtigsten Hinweis auf effektives Grundlagenausdauer-Training gefunden haben. Vor allem mäßig Trainierte,

Senioren und Reha-Patienten bekommen damit einen wertvollen Hinweis, ob und wie gut das Ausdauertraining tatsächlich wirkt. Sie erfahren ohne großen Aufwand, ob ihr Fettstoffwechsel und ihr damit verbundener Kaloriengrundumsatz intakt sind. Kurz gesagt: Wenn Sie sich – wie von uns empfohlen – großteils in Ihrem moderaten Bereich (diagnostisch ermittelte Herzfrequenz), also in der Laktatzone um 1,0 bis maximal 1,5, bewegen (und zwar konsequent und lange genug!), dann werden Sie an Ihrer Fettstoffwechsel-Basisschwelle erkennen, wie wirksam Ihr Training plötzlich wird. Wenn das nicht der Fall ist, machen Sie etwas falsch! Als Anfänger haben Sie eine zusätzliche Motivationshilfe: Bereits nach wenigen Wochen werden Sie über die Verschiebung Ihrer Kurve begeistert sein. Dass sich darüber hinaus auch Ihr allgemeines Wohlbefinden und Ihre Lebensqualität verbessern, muss ich Ihnen nicht noch einmal erläutern.

Zwei Beispiele sollen Ihnen die Sache näher bringen

Obwohl wir dabei völlig unterschiedliche Personen unter die Lupe nehmen, zeigen die Ergebnisse in Bezug auf die Fettstoffwechsel-Basisschwelle auf verblüffende Weise in eine Richtung, die meine Hypothese untermauert: Die Trainingszone um Laktat 1,0 ist jener Bereich, in dem bei richtigem Training die größte Leistungssteigerung erzielt wird. Dabei wurde uns auch aufgezeigt, dass sogar sehr gut trainierte Leistungssportler mitunter zu intensiv arbeiten und – weil sie den Basisbereich um Laktat 1,0 vernachlässigen – dabei trotzdem wenig oder gar nichts weiterbringen. Das beste Beispiel dafür sind unsere Ski-Asse, an denen ich Anfang der Neunzigerjahre in meiner damaligen Funktion als ÖSV-Konditionstrainer erstmals Fettstoffwechseluntersuchungen vornehmen ließ. Dabei stellte Biochemiker Prof. Dr. Alfred Lohninger erschüttert fest, dass einige Stars katastrophale Stoffwechselwerte vorwiesen – Werte, wie er sie sonst bei Intensivpatienten vorfand. Über den Grund dafür war ich mir erst Jahre später im Klaren: mangelnde Kenntnis von systematischem Grundlagenausdauertraining. Damals habe ich begonnen, mir jenes Wissen anzueignen, das den Olympiastützpunkt inzwischen zu einem der führenden Trainingszentren weltweit macht.

Unsere Ski-Asse trainierten falsch und hatten Fettstoff-Werte wie Intensiv-Patienten

Nun zu meinen „Versuchskaninchen“, zwei Trainingstypen, wie sie unterschiedlicher kaum sein könnten.

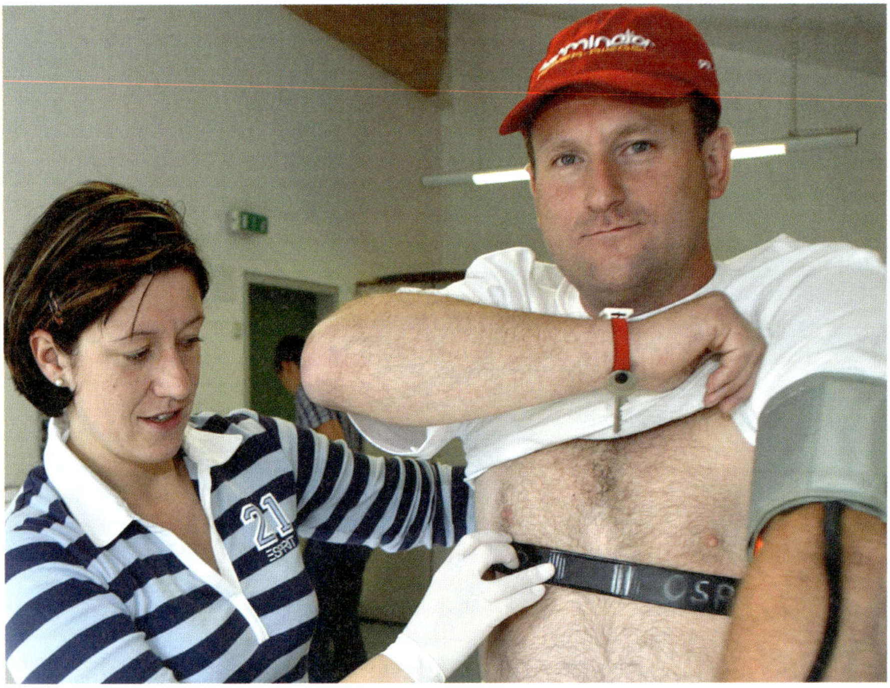

Bewegen sie sich im FWBS-Pulsbereich. Vor allem Normalverbraucher werden von unserer Entdeckung profitieren

Beispiel 1

Dass die Fettstoffwechsel-Basisschwelle auch Leistungssportlern entscheidend weiterhilft, zeigt das Beispiel eines 31-jährigen Triathleten. Er trainiert seit über 15 Jahren regelmäßig und kann beachtliche Erfolge auf nationaler und internationaler Ebene vorweisen. Auch hier beobachteten wir im Rahmen regelmäßiger Laktat-Stufentests am Radergometer die Fortschritte bei Laktat 1,0, also an unserer Fettstoffwechsel-Basisschwelle. Wieder war das Resultat verblüffend. Der Triathlet verzeichnete innerhalb eines halben Jahres einen Leistungszuwachs von 45 Prozent, obwohl er bereits mit einem ausgezeichneten Ausgangsniveau bei uns angetreten war. Eine derartige Steigerung ist normalerweise nur mit unerlaubter Substitution – also mit Doping – möglich! Im Gegensatz zu Klasse-Marathonläufern, die sich während des Wettkampfs über 42,195 Kilometer um Laktat 2 bis 2,5 bewegen (und das für „nur" 2:10 bis 2:30 Stunden), sind Ironman-Triathleten (3,6 Kilometer Schwimmen, 180 Kilometer Rad, 42,2 Kilometer Laufen) gut acht Stunden (bei entsprechend niedrigem Laktat) unterwegs. Gerade deshalb gewinnt die Fett-

Der Triathlet schaffte eine Leistungssteigerung, wie sie ohne Steuerung nur mit Doping möglich wäre

stoffwechsel-Basisschwelle enorm an Bedeutung. Ich bin gespannt, wie sich dieser Fortschritt beim nächsten Triathlon auswirken wird. Eine derartige Verbesserung (plus 45 Prozent!) muss sich einfach auf das Wettkampfergebnis niederschlagen.

Leistungsentwicklung des 31-jährigen Triathleten*):

	24.10.01	10.05.02	Leistungszuwachs
Leistung bei Laktat 1	150 Watt (2,0 Watt/kg Körpergewicht)	210 Watt (2,9 Watt/kg)	40 Prozent (45 Prozent)
Aerobe Schwelle (Laktat 2,0)	220 Watt (3,0 Watt/kg)	280 Watt (3,9 Watt/kg)	27 Prozent (30 Prozent)
Anaerobe Schwelle (Laktat 4,0)	290 Watt (4,0 Watt/kg)	350 Watt (4,9 Watt/kg)	21 Prozent (23 Prozent)

*) Die Ergometrien fanden in Obertauern (1.775 M. ü. d. M.) statt. Auf Normalhöhe wäre die Leistung rund 20 Prozent besser.

Beispiel 2

Wir analysieren den Rehabilitationsverlauf eines 51-jährigen, rund 100 Kilo schweren Patienten. Der Mann, ein Frührentner, hatte nach einem schweren Unfall Wirbelschäden sowie eine Hüftgelenks- und Kniearthrose. Er befand sich nicht nur körperlich in einem derart schlechten Zustand, dass ihm sogar Stiegensteigen ernsthafte Probleme bereitete; auch die psychische Belastung war sehr groß. Er wusste mit sich und seinem Leben nichts anzufangen.

Der Reha-Patient zeigte bereits nach fünf Wochen deutliche Fortschritte

Die Besuche am Olympiastützpunkt bewirkten wahre Wunder. Neben den Trainingsprogrammen musste unser Patient regelmäßig Laktat-Stufentests am Ergometer absolvieren. Die Fortschritte waren derart signifikant, dass der Mann nach wenigen Wochen neue Hoffnung schöpfte. Wie man aus der Tabelle ersehen kann, war Herr X anfangs nicht in der Lage, sich im Bereich unter 2 mmol/l Laktat zu bewegen. Abgesehen von Sitzen und Liegen war es ihm nicht möglich, Tätigkeiten im Fettstoffwechselbereich zu absolvieren. Kein Wunder, dass ihm seine Situation auch psychisch zusetzte.

Zu Beginn ließen wir den Bedauernswerten mit minimalem Widerstand (40 Watt mit 60 bis 65 Umdrehungen; also fast im Leerlauf) radeln, immer unter der Vorgabe, dass 90 bis 95 Prozent des Umfangs im Bereich Laktat 1,0 bis 1,5 blei-

ben sollten. Wie Sie in der Tabelle sehen, konnten wir bereits nach fünfeinhalb Wochen deutliche Verbesserungen feststellen, vor allem an der Fettstoffwechsel-Basisschwelle. Und das bewirkte sowohl im körperlichen als auch im seelischen Bereich kleine Wunder. Gegen Ende der Rehabilitation nach vier Monaten waren 100 bis 120 Watt Widerstand unter Laktat 2 kein Problem mehr. Der Mann absolvierte bis zu 700 Ausdauerminuten in der Woche (größtenteils im Fettstoffwechsel). Nach dem vierten, abschließenden Laktat-Stufentest (Diagnostik) staunten wir nicht nur über die unglaubliche Niveauverbesserung an den Schwellen; der Mann hatte zudem einige Kilogramm abgenommen, sah um Jahre jünger aus und war zu diesem Zeitpunkt praktisch beschwerdefrei. Er wirkte wieder voll motiviert und blickte mit deutlich sichtbarer Lebensfreude in die Zukunft.

Leistungsentwicklung des 51-jährigen Reha-Patienten:

	Laktat 1,0	1,5	2,0	3,0	4,0	5,0	6,0
10.08.	n.b.*	n.b.	45 Watt	90 Watt	125 Watt	150 Watt	170 Watt
20.09.	n.b.	50 Watt	75 Watt	105 Watt	130 Watt	150 Watt	165 Watt
25.10.	50 Watt	90 Watt	120 Watt	155 Watt	185 Watt	205 Watt	225 Watt
06.12.	90 Watt	115 Watt	140 Watt	170 Watt	190 Watt	205 Watt	220 Watt

*) nicht bestimmbar; bedeutet, dass der Proband nicht in der Lage war, sich im Fettstoffwechsel-Basisbereich zu bewegen (er erreichte diesen Wert nur beim Sitzen, Liegen oder Stehen)

Um noch effizienter zu werden, suchen wir laufend nach weiteren Verbesserungen.

Ein legales Zaubermittel hilft bei der Fettverbrennung

Eine Studie mit Leistungssportlern wurde erst vor kurzem abgeschlossen. Dabei konnten wir den positiven Einfluss des Olympiastützpunkt-Trainingskonzepts auf den Fettstoffwechsel wissenschaftlich eindeutig nachweisen.

In einer weiteren Langzeitstudie werden 28 Personen zwischen 40 und 60 Jahren mit mäßigem körperlichem Niveau unter die Lupe genommen. Das Ziel: Sie sollen fitter und gesünder werden. Dabei werden wir den Einfluss von gezieltem Grundlagenausdauer-Training auf den Stoffwechsel nachweisen. Unterstützend setzen wir L-Carnitin ein. Diese – legale – körpereigene Substanz hat für die Fettsäureoxidation eine ähnlich große Bedeutung wie das Insulin für die Zuckerverwertung (siehe Kapitel 5).

Alles über den aktuellen Stand und die Hintergründe dieses aufwendigen Projekts erfahren Sie im Internet auf unserer Homepage unter *www.olympiastuetzpunkt.at*.

Wie wirkt Training an der Fettstoffwechsel-Basisschwelle?

Im Laktatbereich um 1,0 wird mehr Fett verbrannt

Um dieser Frage weiter nachzugehen, wurde die Auswirkung von Ausdauertraining auf Enzyme des Fettstoffwechsels untersucht. Bei Enzymen handelt es sich um Katalysatoren, die den Ablauf einer biochemischen Reaktion im Körper beschleunigen. Dabei bemerkten wir, dass schon bei leichtem Training im Laktatbereich um 1,0 nicht nur mehr Fett verbrannt, sondern auch die Produktion der für die Verbrennung notwendigen Enzyme erhöht wird. Überspitzt formuliert könnte man von einem Turboeffekt sprechen. Überraschend war, dass diese Anpassung nicht nur im Muskel, sondern auch in bestimmten Blutzellen nachweisbar ist. Und das erleichtert eine professionelle Diagnostik ungemein: Bislang benötigten wir für diese Informationen Muskelbiopsien (Feinnadelpunktionen, bei denen Muskelgewebe entnommen und analysiert wird). Ab sofort erfüllt eine weitaus angenehmere Blutprobe diesen Zweck.

Wie kann ich die Fettstoffwechsel-Basisschwelle für mich nutzen?

- **Der Fitness-Effekt:** Vom Stiegensteigen über das Schleppen schwerer Einkaufstaschen, vom Kinderwagenschieben und Zur-Bushaltestelle-Rennen bis zum Sex – alles plötzlich kein Problem mehr. Sie werden sich wundern, wie positiv sich die Verbesserung Ihrer FWBS auf Ihren Alltag auswirken wird.
- **Der Turbo-Effekt:** Ausdauer ist Ihr zweiter Vorname. Ihr Körper wird leistungsfähiger. Wenn Sie es schwarz auf weiß haben wollen, lassen Sie Ihr Blut checken. Achten Sie auf den Hämoglobinwert und auf die Sauerstoffsättigung (je besser, desto effektiver funktioniert der Sauerstofftransport im Blut).
- **Der Erhol-Effekt:** Wenn Sie sich im FWBS-Bereich bewegen, verläuft die Regeneration effektiver und Sie erholen sich deutlich schneller. Das trifft auf körperliche wie auf geistige Erschöpfung zu. Nicht umsonst setzen sich gestresste Manager nach einem anstrengenden Tag noch auf den Ergometer.
- **Der Anti-Aging-Effekt:** Im Alter sinkt die Fähigkeit, Fette zu verwerten. Mit konsequentem Training im Fettverbrennungsbereich ist es möglich, einen 60-jährigen biologisch bis zu 20 Jahre jünger werden zu lassen (mehr darüber im Kapitel 5).

- **Der Immun-Effekt:** Jetzt können Sie sich in der U-Bahn anhusten lassen. Ihr körpereigenes Abwehrsystem wird stabiler. Sie bauen einen Schutzschild auf, die gefürchteten Infekte nach Stressbelastungen haben deutlich weniger Chancen.
- **Der Psycho-Effekt:** Je besser die Grundlagenausdauer an der FWBS, desto stärker sind Sie im Kopf. Logisch: Verbraucht der Organismus weniger Energie bei körperlichen Belastungen im Alltag, so bleibt mehr Energie für geistige Leistungen. Außerdem belegen zahlreiche Studien, dass Ihr Gehirn besser mit Sauerstoff versorgt wird.

Im Olympiastützpunkt laufen ständig Ausdauerstudien. Unsere Probanden dürfen neben den Stars trainieren

Für wen ist das FWBS-Training interessant?

- **Für mäßig trainierte Leistungssportler.** Das beste Beispiel dafür ist Abfahrtsweltmeister Michael Walchhofer: Aus einem „konditionellen Spaziergänger“ wurde einer unserer Vorzeigeathleten.
- **Für Hobbysportler.** Sie finden ein neues Lebensgefühl und legen ein solides Fundament für jede Sportart. Konditionell werden Sie Ihren Konkurrenten, Tennispartnern und so weiter um Längen voraus sein.-
- **Für Aktive,** die ihre biologische Uhr zurückdrehen wollen. Mit gezielt gesteuertem FWBS-Training, auf die Person abgestimmter Ernährung und seriösem Lebenswandel haben Sie noch im Alter die Chance, leistungsfähiger zu werden.

- **Für Figurbewusste.** Bald können Sie Ihre alten Lieblings-Jeans aus dem Schrank holen: Sie haben Ihrem Körper beigebracht, Fettsäuren effektiv zu verbrennen – vorausgesetzt Sie reduzieren die Kohlehydrate auf Ihrem Speiseplan.

Durch die Beobachtung der Fettstoffwechsel-Basisschwelle erhalten wir ein exaktes Bild der körperlichen Leistungsfähigkeit. So kommt es nicht selten vor, dass die FWBS bei schlecht Trainierten im Rahmen einer Fahrraddiagnostik (Laktatstufentest) gar nicht messbar ist. Das gibt uns wertvolle Hinweise auf ein schlechtes Regenerationsverhalten, Probleme mit dem Bewegungsapparat, dem Immunsystem, dem Stoffwechsel und so weiter.

Drei Schritte in eine neue Trainingsdimension

1. Absolvieren Sie einen Laktat-Stufentest am Laufband oder am Ergometer. Lassen Sie dabei neben den üblichen Kenngrößen Ihre Fettstoffwechsel-Basisschwelle (Laktat 1,0) feststellen, achten Sie auf den Puls zwischen Laktat 1,0 und 1,5.
2. Lassen Sie – am besten im Olympiastützpunkt oder an einem unserer Partnerinstitute – eine Trainingseinstellung vornehmen. Dabei müssen Sie 40 bis 60 Minuten laufen oder radeln und wir beobachten, ob auch bei längerer Belastung die beim Stufentest ermittelten Laktat- und Herzfrequenzwerte übereinstimmen. Wenn notwendig, werden zusätzlich biochemische und molekularbiologische Untersuchungen durchgeführt. Bei Abweichungen justieren wir nach und geben Ihnen Ihren „FWBS-Puls" mit den entsprechenden Trainingsanleitungen mit nach Hause. Dieser Pulswert wird sich im Laufe der Zeit hoffentlich zu Ihren Gunsten verändern und entsprechend nachjustiert. Er wird in den nächsten Wochen und Monaten Ihr ständiger Begleiter.
3. Versuchen Sie, nach einem systematischen Programm zu trainieren. Wichtig ist, dass Sie tatsächlich im FWBS-Bereich bleiben und dass Sie sich entsprechend lange bewegen. Anfängern schlage ich vor, mit 180 Minuten (verteilt auf drei bis vier Tage) in der Woche zu beginnen und den Umfang auf fünf bis sechs Stunden (vier bis fünf, später sechs Tage) zu steigern. Schlecht Trainierten empfehle ich, die Radeinheiten zu teilen – zum Beispiel dreimal 15 Minuten mit fünf Minuten Serienpause.

Das Olympiastützpunkt-Ausdauergeheimnis: Was kann ich davon mitnehmen?

1. Trainieren Sie mehr und bewusst im FWBS-Pulsbereich. Sollte es Ihnen dabei unmöglich sein zu laufen, beginnen Sie mit dem Rad.
2. Die Quantität macht's aus! Die in diesem Kapitel angesprochenen Vorteile werden sich nur dann einstellen, wenn Sie sich auch wirklich lange genug im Fettstoffwechselbereich bewegen. Steigern Sie den Umfang am Ergometer alle vier Wochen, bis Sie bei 400 bis 600 wöchentlichen Ausdauerminuten angelangt sind. Wenn Sie erst einmal spüren, wie das Training wirkt, werden Sie ohnehin süchtig nach der Ausdauerbelastung. Aber Vorsicht: Bei ersten Anzeichen von Übertraining (höherer Ruhepuls, Schlafstörungen und so weiter) müssen Sie Ruhetage einlegen. Und zwar so lange, bis sich Ihr Allgemeinbefinden wieder normalisiert hat.
3. Drehen Sie Ihre biologische Uhr zurück. Mit bewusstem FWBS-Training bringen ältere Personen ihrem Körper wieder bei, den Fettstoffwechsel anzukurbeln.
4. Lassen Sie Ihre freien Radikale messen. Freie Radikale produzieren Zellschäden, führen zu Immunschwächen und eventuell auch Gendefekten. FWBS-Training gehört zu den in Verbindung mit anderen Begleitmaßnahmen effektivsten Anti-Aging-Programmen. Mit der Verbesserung Ihrer körperlichen Leistungsfähigkeit durch effektives Training an der Fettstoffwechsel-Basisschwelle stoppen Sie eine Überproduktion an freien Radikalen und kräftigen Ihr Immunsystem.
5. Tanken Sie ein neues Lebensgefühl! FWBS-Training ist die beste Regenerationsmethode. Dabei werden Sie ihren Körper nie auspowern, im Gegenteil: Er produziert Glückshormone und Sie werden sich rundum besser fühlen.

Kapitel 5

Machen Sie sich jünger – Anti-Aging durch Bewegung

Wie wollen Sie mit 44, mit 66 oder 88 Jahren einmal aussehen? Ich verrate Ihnen, was Sie tun müssen, damit Ihr Ideal nicht nur eine Wunschvorstellung bleibt.

Mit 68 hat Udo Jürgens ein biologisches Alter von 48 Jahren

Als Udo Jürgens, eines meiner Jugendidole, seinen Hit „Mit 66 Jahren" herausbrachte, war er um die 40. „Wie der wohl mit 66 aussehen wird?", dachte ich damals. Und ich muss zugeben: Udo hat mich verblüfft. Als ich ihn das letzte Mal im Februar 2003 bei der Ski-WM in St. Moritz im Österreich-Haus sah, war ich einmal mehr beeindruckt, wie gut sich dieser Bald-Siebziger hält. Ein echter Evergreen – wie die meisten seiner Hits. Udo könnte sich locker als Fünfzigjähriger verkaufen und ist so gut drauf wie ein Mittdreißiger. Er ließ auch wirklich sein biologisches Alter errechnen und kam dabei als knapp 68-jähriger auf 48. Dazu verriet er uns sein Geheimnis. Nicht nur die jugendlichen Begleiterinnen halten den Mann fit: „Ich ziehe fast täglich meine Längen im Pool. Die meisten Leute schwimmen zu wenig und laufen zu viel." Da muss ich ihm zu einem großen Teil recht geben. Wenn Udo die Zeit hätte, sein Training steuern zu lassen, dann würde er vermutlich noch ein paar Jahre „gewinnen". Außerdem würde ich ihn ein paar Mal die Woche auf den Ergometer setzen – alles selbstverständlich im moderaten Bereich.

Der beste „Jungbrunnen" ist moderate Bewegung.

Das wusste schon der von mir sehr geschätzte, leider inzwischen verstorbene Herzchirurg Christiaan Barnard, der es in seinem Bestseller „50 Wege zu einem gesunden Herz" auf den Punkt bringt: „Sport ist die einzige mir bekannte Möglichkeit, die es schafft, uns jünger zu machen – körperlich und im Geist. Es gibt keine Arznei, die unser Leben auf so simple Weise um Jahre verlängern kann." Jede Stunde schnelles Gehen, meinte der Herzspezialist einmal überspitzt, verlängere unser Leben um 60 Minuten. Wenn Sie zusätzlich noch nach unseren Vorgaben in die Pedale treten oder laufen, dann werden Sie viel-

Mit dem richtigen Training können Sie 100 Jahre alt werden!

Raten Sie mal, welchen Rennläufer wir hier sehen: Es handelt sich um den 61-jährigen Ski-Präsidenten Peter Schröcksnadel!

leicht wirklich 100 Jahre alt! Und sehen womöglich noch besser aus als Udo Jürgens. Oder Sie halten sich so fit wie unser Skipräsident Peter Schröcksnadel, der mit 61 seinen Lebenstraum verwirklichte und Senioren-Weltmeister im Riesentorlauf wurde. In einem Stil, der sogar den Herminator Beifall klatschen ließ. Mein am jüngsten gebliebener Sportler heißt Franz Wittmann. Nach über zehn Jahren Pause hatte es sich der mehrfache Rallye-Staatsmeister in den Kopf gesetzt, den Jungen noch einmal den Auspuff zu zeigen. Da er keine halben Sachen macht, kam er in den Olympiastützpunkt. Er hielt sich strikt an meine Vorgaben, trat neben Hermann Maier in die Pedale und wurde mit 52 tatsächlich noch einmal Rallye-Staatsmeister. Dieser Sieg machte ihn noch einmal zehn Jahre jünger!

Was ist Anti-Aging?

Ihr Jungbrunnen ist moderate Bewegung

Womit wir beim wichtigsten Fitness-Schlagwort des neuen Jahrtausends wären: „Anti-Aging", was so viel bedeutet wie „Kampf dem Altern". Täglich werden wir mit einer Flut von Anti-Aging-Angeboten überschüttet. Was will man uns nicht alles verkaufen: Frischzellenkuren, Hormonpakete, Wundersalben, Schönheitsoperationen und so weiter. Dabei können Sie den Alterungsprozess selbst am besten steuern bzw. bremsen. Ja, Sie ganz allein! Mein Schlüssel dazu ist moderates Ausdauertraining, oder einfach gesagt: gezielt gesteuerte Bewegung.

Bewegung*

- reduziert das Herzinfarktrisiko,
- reduziert das Krebsrisiko,
- reduziert das Diabetesrisiko,
- senkt Cholesterin und Triglyzeride,
- hilft bei Gewichtsproblemen,
- verbessert den Fettstoffwechsel,
- wirkt positiv auf den arteriellen Blutdruck,
- wirkt positiv auf den Muskelstoffwechsel,
- verzögert die Arteriosklerose,
- verbessert das Sauerstoffangebot,
- verbessert den Hormonstoffwechsel,
- fördert die Regeneration,
- kräftigt das Immunsystem,
- hilft bei Depressionen,
- stabilisiert das seelische Gleichgewicht,
- baut Stress ab und verbessert die Lebensqualität.

*) durch moderates Training

Warum altern wir?

Dieser Frage gehen Wissenschafter und Mediziner seit Jahrhunderten nach, doch keiner kann sie exakt beantworten. Eines weiß man: Altern ist ein komplexes Phänomen, bei dem vordergründig ein Energiemangel im Körper wahrgenommen wird. Muskelschwäche, Gedächtnisverlust und Altersherz sind sehr häufige Symptome. Es wird angenommen, dass viele dieser Veränderungen aus einer verminderten Funktion der Mitochondrien (das sind die „Kraftwerke" der Zellen, die auch die Fettabbauenzyme enthalten) herrühren.

Je älter Sie werden, desto härter wird der Kampf gegen die freien Radikale

Eine der wichtigsten Ursachen für die Schädigung der Mitochondrien sind die uns gut bekannten Sauerstoffradikale (nach einer Anstrengung, etwa Treppensteigen, wenn Sie sich wieder erholen und die Sauerstoffversorgung in Ihrem Körper sich wieder normalisiert, treten diese aggressiven Radikale vermehrt auf). Die Mitochondrien produzieren selbst

Sauerstoffradikale, doch die Mechanismen, die diese Radikale wieder „entsorgen“, sind mit zunehmendem Alter weniger wirkungsvoll. Faktum ist, dass immer mehr freie Radikale unsere Zellen angreifen, dass sich die Mitochondrien zu unserem Nachteil ändern.

Altern – die Folgen

- Die Funktion unserer Mitochondrien („Kraftwerke der Zellen“) verändert sich zu unserem Nachteil.
- Das Leistungsvermögen der Funktionssysteme nimmt ab.
- Es kommt zu Anpassungsproblemen durch Veränderungen im eigenen Organismus, aber auch durch die ständig zunehmende Belastung der Umwelt (Schadstoffe etc.).
- Die Widerstandsfähigkeit sinkt, Infektionskrankheiten nehmen zu.
- Es kommt zu negativen Veränderungen innerhalb der Zellstruktur bzw. zur Abnahme der Zellen.
- Die Muskelkraft schwindet (durch geringere Muskelmasse und sinkende Qualität des Gewebes).
- Veränderungen des Bindegewebes (Abnahme des Gerüsteiweißkörpers Elastin) führen zu einer Verminderung der Elastizität und Beweglichkeit. Und es kommt zu einer zunehmenden Sklerose der Blutgefäße und zur Bildung von Hautfalten.
- Knochen werden spröde (Veränderungen des Mineralgehalts), die Stabilität nimmt ab, es kommt zu Osteoporose.
- Die Gesamtzahl der Sauerstoffträger im Blut (Mitochondrien) nimmt ab, sie verändern sich in ihrer Struktur.
- Es kommt zu Veränderungen bei Blutgefäßen und Blutdruck.
- Bei gleichem Arbeitsaufwand sinkt die Arbeitsleistung gegenüber Jüngeren wegen Ermüdung.
- Die Lust am Sex schwindet, die Potenz wird schwächer.
- Hormonelle Probleme treten auf: Menopause (Wechseljahre bei Frauen) und Andropause (bei Männern).
- Der durch innere und äußere Veränderungen der Umgebung ausgelöste Stresslevel steigt deutlich.
- Die maximale Sauerstoffaufnahme, die Sauerstoffverwertung, die Nervenleit-

geschwindigkeit, der Grundumsatz, die Herzleistung in Ruhe, die Vitalkapazität und die damit verbundene Regenerationsfähigkeit sinken.
- Es kommt zu einer zwangsläufigen Abnahme der funktionellen Maximal-Leistungsfähigkeit.

Ratten wurden „jünger"!

Bei unseren Anti-Aging-Forschungen entdeckte ich eine interessante Studie: 24 Monate alte Laborratten mit einer Lebenserwartung von etwa 30 Monaten wurde die körpereigene Verbindung L-Carnitin verabreicht. In der Folge wurde der Stoffwechsel der Tiere angekurbelt, die alten Ratten wurden geistig und körperlich leistungsfähiger. Im Labyrinth konnte plötzlich kein Unterschied zu alten Tieren festgestellt werden. Da der Alterungsprozess beim Menschen ähnlich verläuft, lassen sich daraus wichtige Schlüsse auf unser Anti-Aging-Programm ziehen. *Die Hintergründe zur Studie finden Sie auf unserer Homepage www.olympiastuetzpunkt.at.*

L-Carnitin: Was für Ratten gut ist, wirkt auch bei Menschen

L-Carnitin

L-Carnitin ist ein vitaminähnlicher Stoff, den man in jeder Zelle vorfindet (mit zunehmendem Alter nimmt die L-Carnitin-Produktion ab) und der dem Körper hilft, dass Fettsäuren zur Oxidation (Verbrennung) in die Mitochondrien gelangen – er hilft ihm also, Fett zu verbrennen. Genauso wichtig sind die Rolle im Immunsystem sowie die Entgiftungsfunktionen (giftige Verbindungen werden mit Carnitin besser ausgeschieden). Jüngster Forschungsschwerpunkt ist die Anti-Aging-Funktion.

Es ist wissenschaftlich erwiesen, dass es bei moderatem Ausdauertraining (Fettstoffwechseltraining) zu einer Anregung des oxidativen Stoffwechsels, damit aber auch zur Produktion mitochondrialer Radikale kommt. Deshalb werden am

Olympiastützpunkt unter ärztlicher Aufsicht, auf der Grundlage von speziellen Laboruntersuchungen, Radikalfänger-Kombinationen zusammen mit L-Carnitin-Tatrat vorbeugend verabreicht. In Kombination mit unserem wissenschaftlich gesteuerten „Anti-Aging-Trainingskonzept" werden Sie Ihre Lebensqualität deutlich verbessern und unter Umständen auch Ihr Leben verlängern.

Freie Radikale machen uns alt

In den vergangenen 15 Jahren hat sich die Altersforschung dramatisch weiterentwickelt. Aktuelle Untersuchungen beweisen, dass Sauerstoffradikale einen wichtigen Anteil am Alterungsprozess haben. Woher aber kommen diese „freien Radikale"? Sie entstehen als Nebenprodukt des oxidativen Stoffwechsels, beim Verbrennen von Fettsäure und Zucker. Und das geschieht vor allem in den Mitochondrien, den „Kraftwerken" der Zelle. Unser Körper kommt mit diesen „Piraten" zunächst ganz gut zurecht, er verfügt über eine „Antioxidantien-Armee". Die muss man allerdings richtig aufrüsten: mit Nährstoffen, Enzymen und anderen chemischen Stoffen.
Neben diesen Entsorgungs- gibt es auch Reparaturmechanismen, die dem Körper helfen, geschädigte Zellen wieder flott zu bekommen. Schon in jungen Jahren funktioniert der oxidative Stoffwechsel nicht perfekt; mit zunehmendem Alter wird das Ungleichgewicht zwischen Radikalbildung und Radikalentsorgung dann immer größer. Je schlechter Entsorgung und Reparatur funktionieren, desto schneller verläuft der Alterungsprozess.

Wie können wir dem Altern gegensteuern?

Es gibt drei Möglichkeiten, den durch Veränderungen des oxidativen Stoffwechsels hervorgerufenen Stress abzubauen:

1. Bewusste Ernährung mit Gemüse, Obst und Leinöl. Meiden Sie Fertigprodukte, gehärtete Fette und Alkohol (Ausnahme: „Radikalfänger" Rotwein).
2. Vitaminsubstitution: Vitamine A, C, E, B-Komplex, K, D.
3. Bewusste Lebensweise: Arbeiten Sie daran, Ihren Stresslevel zu senken. Am besten funktioniert das mit gezielter Bewegung.

Das moderate Training muss dem jeweiligen Leistungsvermögen angepasst werden, ebenso die Ernährung. Legen Sie Wert auf Nahrung mit Radikalfängern (zum Beispiel

Obst, Antioxidantien-Cocktail mit Vitamin C, E, Selen und Beta-Carotin). Aber Achtung! Radikalfänger sind nicht gleich Radikalfänger. Sie sind ins Gesamtkonzept der Zelle eingebunden. Ein Zuviel kann sogar das Gegenteil auslösen!

Machen Sie sich 20 Jahre „jünger"!

Vor der Geburt verwerten Babys überwiegend Zucker, nach der Geburt stellt sich der Muskel auf Fettsäureverbrennung um. Der Muskel des Erwachsenen deckt seinen Energiebedarf im Ruhezustand zu 80 Prozent aus Fettsäuren. Ab 40 bis 50 Jahren werden weniger Fettsäuren und mehr Zucker verwertet. Da Kohlehydrate aber nicht den gesamten Energiebedarf des Muskels decken können, nimmt auch die Energiebereitstellung ab, was die sinkende Leistung erklärt. Mit anderen Worten: Die Fähigkeit, Fette zu verbrennen, schwindet – perfekte Ausrede für die Leider-nicht-mehr-Traumfigur. Mit moderater Bewegung jedoch bringt man dem Körper bei, auch im Alter wieder im Fettstoffwechselbereich zu arbeiten. Zugabe von L-Carnitin unterstützt diesen Vorgang. Dieser Mix von moderatem Training plus Zusatzernährung kann natürlich nicht als Jungbrunnen dienen, doch der Stoffwechsel wird um bis zu 20 Jahre „verjüngt".

Steigt die Ausdauerfähigkeit mit dem Alter tatsächlich?

Sicher ist Ihnen der Spruch „Mit dem Alter nimmt auch die Ausdauerleistungsfähigkeit zu" schon zu Ohren gekommen. Wenn Sie aber jetzt glauben, Sie könnten sich zurücklehnen und warten, bis Ihre Ausdauerleistung zunimmt, dann muss ich Sie enttäuschen. Der Spruch bezieht sich nur auf Sportler, die über Jahre hinweg konsequent trainieren. Und da fallen mir bekannte Namen ein.

Gezieltes Ausdauertraining macht's möglich: Marathon-Weltrekord mit 38 Jahren

Mein Paradebeispiel ist der Langstreckenläufer Carlos Lopez. Bei den Olympischen Spielen in Los Angeles 1984 eroberte er im Alter von 37 Jahren Marathon-Gold. Ein Jahr später verbesserte er in Rotterdam die Weltbestzeit über die 42,195-Kilometer-Distanz auf 2:07:11 Stunden – mit 38 Jahren. Lopez ist das große Vorbild zahlreicher Marathonläufer, die ihre Bestzeit auch jenseits der 30 noch Jahr für Jahr steigern.

Marathon-Rekorde bis ins hohe Alter

Weltbestleistung (WBL)	2:05:38	Khalid Khannouchi (USA)	London	14. April 02
WBL 40 bis 44 Jahre	2:10:33	Muhammad Ezzher (Fra)	Paris	08. April 01
WBL 45 bis 49 Jahre	2:15:51	Kjell-Erik Stahl (Sweden)	Berlin	29. Sept. 91
WBL 50 bis 54 Jahre	2:19:29	Titus Mamabolo (Südafrika)	Durban	20. Juli 91
WBL 55 bis 59 Jahre	2:25:56	Piet van Alphen (NL)	Rotterdam	19. April 86
WBL 60 bis 64 Jahre	2:38:15	Luciano Aquarone (Italien)	Turku	28. Juli 91
WBL 65 via 69 Jahre	2:41:57	Derek Turnbull (Neuseeland)	London	12. April 92
WBL 70 bis 74 Jahre	3:00:24	Ed Whitlock (Kanada)	London	13. Mai 01
WBL 75 bis 79 Jahre	3:18:10	Warren Utes (USA)	Chicago	15. Okt. 95
WBL 80 bis 84 Jahre	3:43:27	Ed Benham (USA)	St. Paul	11. Okt. 87
WBL 85 bis 90 Jahre	5:21:51	Paul Spangler (USA)	San Diego	02. Dez. 84
WBL 90 bis 94 Jahre	6:45:31	Fauja Singh (GB)	London	14. April 02

Ein weiteres Ausdauerphänomen ist der italienische Skilangläufer Maurilio de Zolt, der 1987 im Alter von 37 Jahren sensationell Weltmeister über 50 Kilometer wurde. 1992 eroberte er bei den Olympischen Spielen in Albertville die Silbermedaille – mit 42 Jahren!

Mark Spitz, mit sieben Goldmedaillen die Sensation der Olympischen Spiele von München 1972, wollte es 20 Jahre später noch einmal wissen. Unter heftigem medialem Trommelfeuer versuchte er sich für die Sommerspiele in Barcelona zu qualifizieren. Der Comebackversuch scheiterte nicht zuletzt an der enormen Leistungsdichte im US-Schwimmsport. Seine Fitness hatte der Wunderschwimmer von einst aber allemal unter Beweis gestellt. Und jetzt, als Mittfünfziger, hat er eine Figur, von der ich nur träumen kann.

Unglaublich: 42,195 km in 3:43:27 Stunden mit greisen 82 Jahren

Gerade im Marathonlauf erleben wir eine Altersrevolution. Der Franzose Muhammad Ezzher drückte den Weltrekord der Über-40-jährigen auf 2:10:33 Stunden, 60-jährige bewältigen die 42-Kilometer-Distanz bereits unter 2:40 und Ed Benham schaffte den Marathon mit greisen 82 Jahren (!) in 3:43:27 Stunden.

Auch im Sprint sorgen „Oldies" immer wieder für Schlagzeilen. Pietro Mennea, 200-Meter-Olympiasieger 1980, trommelte mit 37 Jahren noch einen Weltrekord über diese Strecke auf die Tartanbahn (19,73).

Ein für die Leistungsfähigkeit der „Frau im Alter" absolutes Highlight verkörpert Merlene Ottey, die Grande Dame der Leichtathletik. Die vielfache Medaillengewinnerin zählt mit nun bereits 43 Jahren noch immer zur absoluten Weltklasse; ihre erste Olympia-Medaille hatte sie 1980 in Moskau gewonnen.
Im alpinen Skisport sind Top-Leistungen im Alter von 35 Jahren aufwärts keine Überraschung. Hier zählen Routine und ein paar wesentliche Faktoren: Blieb der Läufer von schweren Verletzungen verschont? Welchen Lebenswandel führt er? Und – sehr wichtig, aber oft unterschätzt: Welchen Stellenwert misst er der Grundlagenausdauer bei? Je besser diese trainiert wurde, desto besser ist die Regenerationsfähigkeit des Bindegewebes und der Zellstrukturen.

Phänomen Merlene Ottey: Sprint-Siege mit 42 Jahren!

Hermann könnte auch 2010 noch Gold holen

Bei Hermann Maier muss ich mir keine Sorgen machen: Bei seinem körperlichem Niveau, seiner einmaligen Konsequenz und Zielstrebigkeit wird er auch mit 35 noch alles in Grund und Boden fahren. Sofern er gesund bleibt und Spaß hat – was ich ihm und mir wünsche. Ich gehe noch weiter und denke, dass sogar die Olympischen Spiele 2010 nicht utopisch wären.

Wie Otto Normalverbraucher bis ins hohe Alter von unserem Anti-Aging-Programm profitiert, sehen Sie auf unserer Homepage.

⊕ Bergmüllers Anti-Aging-Programm

1. **Bewegen Sie sich!** Trainieren Sie nach unserem Konzept und – besonders wichtig – orientieren Sie sich dabei an unserer neuen Kenngröße, der Fettstoffwechsel-Basisschwelle.
2. **Gehen Sie los.** Frei nach Christiaan Barnard („Jede Stunde schnelles Gehen verlängert Ihr Leben um 60 Minuten"). Aber zuvor lassen Sie sich bitte durchchecken – und beginnen Sie vielleicht mit dem Rad.
3. **Führen Sie Aufzeichnungen.** Und zwar über Ihre gesunden Aktivitäten und über Ihre Fortschritte. Sie werden sich wundern – und zwar im positiven Sinn!
4. **Verhandeln Sie mit Ihrer Versicherung.** Wie Sie anhand Ihrer Gesundheitsaufzeichnungen beweisen können, hätten Sie sich eine Rückzahlung oder zumindest eine Reduktion Ihrer Prämie verdient! Ihr Motto lautet: „Bewegung ist die beste Versicherung."
5. **Übertreiben Sie nichts.** Egal, ob Sie im Alter noch Langstrecke laufen oder Gipfel erklimmen wollen: Dabei gelten dieselben Richtlinien wie für Junge. Extremleistungen sind nur beschränkt gesundheitsfördernd. „Jünger" werden Sie dadurch sicher nicht!
6. **Seien Sie selbstkritisch.** Beachten Sie, dass Ihr Fettstoffwechsel mit zunehmendem Alter schlechter funktioniert. Überlegen Sie, wie viel Zeit Sie wirklich in moderates (effektiv Fett verbrennendes) Training investieren. Vielleicht haben Sie nun eine Antwort für die unnötigen Pfunde.
7. **Üben Sie Weitblick.** Richtiges Training ist oft die entscheidende Maßnahme, um die Körperfunktionen, die nötige Fitness, die Selbstständigkeit im Alter zu erhalten.
8. **Tanken Sie Kraft.** In Alter verliert der Mensch an Muskelmasse, die Kraft nimmt ab. Zahlreiche Studien belegen, dass Sie dem mit wirksamem Krafttraining entgegenwirken können. Mit der Kraft gewinnen Sie auch wieder Lebensqualität.
9. **Genießen Sie Sex.** Krafttraining wirkt sich positiv auf den Hormonstoffwechsel aus. Mit dem Testosteronspiegel steigt bei Männern die Lust auf Sex. Und sexuell aktive Männer leben länger. Bei Frauen bringt das Krafttraining eine positive Wirkung auf den androgenen Hormonstoffwechsel (Muskelaufbau und Fettabbau). Das Gewebe wird straffer.
10. **Stärken Sie Ihre Knochen.** Bei Frauen verbessert Krafttraining zusätzlich die Kallusbildung; so wird der Osteoporose vorgebeugt.
11. **Bewahren Sie Haltung.** Mit gezieltem Training der Rumpfmuskulatur beugen Sie Haltungsschäden und Verschleißerscheinungen vor.

12. **Schlafen Sie sich jung.** Eine vielfach unterschätzte, sehr wichtige Anti-Aging- und Regenerationsmaßnahme.
13. **Trainieren Sie Ihre Koordination** – ob Einbeinstand mit geschlossenen Augen, Hopserlauf oder einfache Gleichgewichtsübungen.
14. **Dehnen Sie regelmäßig.**
15. **Mixen Sie Ihren natürlichen Anti-Aging-Cocktail.** Verzichten Sie auf Hormone und auf Wundermittel und Pillen aus Reformhäusern, Apotheken und Internet-Versand. Mit vielen Pharmazeutika zieht man Ihnen nur das Geld aus der Tasche. Ihr Hormon-Cocktail ist moderates Training in Kombination mit Regenerationsmaßnahmen.
16. **Trainieren Sie Körper und Seele.** Mit fernöstlichen Meditationsübungen wie Yoga oder Qi-Gong bringen Sie Ihren Körper ins Gleichgewicht.
17. **Bekämpfen Sie die freien Radikale.** Durch bewusste Ernährung, bewusste Lebensweise und Stressreduktion (moderates Ausdauertraining in Kombination mit dem Präparat L-Carnitin-L-Tatrat) werden die „Zellenpiraten" in Schach gehalten.
18. **Kommen Sie zu uns.** Bei unseren HERMINATOR-CHECKs stellen wir auch spezielle, auf Ihre individuellen Bedürfnisse abgestimmte Anti-Aging-Pakete zusammen *(siehe Homepage)*.

Wie groß ist mein Stress-Risiko?

Wollen Sie schnell wissen, wie groß Ihr Stress-Faktor ist? Dann machen Sie doch den vom US-Forscher Steve Burns entwickelten Stress-Check. Nehmen Sie Bleistift, Papier und Ihren Terminkalender zur Hand. Gehen Sie die Ereignisse der vergangenen zwölf Monate durch. Addieren Sie die anhand der Tabelle ermittelten Punkte.

über 250 Punkte: Rote Zone. Ihr Stress-Faktor ist zu einem ernsthaften Gesundheitsrisiko geworden. Setzten Sie sich sofort aufs Rad, fahren Sie ganz ruhig dem Stress davon und überlegen sich dabei, welche Stress-Faktoren Sie in Zukunft meiden können (z. B. mit dem Rauchen aufhören...).

über 150 Punkte: Orange Zone. Lernen Sie, mit Ihrem Stress umzugehen – am besten mit dem Hermann Maier Ausdauerprogramm.

unter 150 Punkte: Grüne Zone. Sie sind auf dem richtigen Weg – genießen Sie das Leben weiter. Vergessen Sie aber dabei nicht, sich fit zu halten.

1. Tod des Partners	100
2. Scheidung	60
3. Wechseljahre (Midlife Crisis)	60
4. Trennung vom Partner	60
5. Gefängnis oder Strafe auf Bewährung	60
6. Tod eines Familienmitglieds	60
7. Schwere Verletzung oder Krankheit	45
8. Heirat	45
9. Entlassung oder Kündigung	45
10. Versöhnung mit dem Partner	40
11. Beginn des Ruhestands	40
12. Ernste Erkrankung eines Familienmitglieds	40
13. Arbeit mit mehr als 40 Wochenstunden	35
14. Schwangerschaft der Partnerin	35
15. Schwierigkeiten im Sexualleben	35
16. Neues Familienmitglied	35
17. Rollenwechsel im Beruf	35
18. Änderung der persönlichen Finanzsituation	35
19. Tod eines nahen Freundes (einer Freundin)	30
20. Differenzen mit dem Partner	30
21. Hypothek, Kredit oder Darlehen	25
22. Verfrühte Fälligstellung eines Kredits oder Darlehens	25
23. Weniger als acht Stunden pro Nacht	25
24. Änderung einer Verantwortung im Beruf	25
25. Ärger mit den Kindern	25
26. Außergewöhnliche persönliche Leistung	25
27. Partner beginnt zu arbeiten (oder hört auf)	20
28. Beginn (Ende) der Schulzeit	20
29. Änderung der privaten Lebensumstände (Hausumbau, Gäste usw.)	20
30. Änderung der Lebensgewohnheiten (z. B. Diät, Fitnesstraining, Rauchen abgewöhnt)	20
31. Chronische Allergien	20
32. Ärger mit den Vorgesetzten	20
33. Änderung von Arbeitszeit bzw. Arbeitsumfeld	15
34. Umzug	15
35. Sie erwarten Ihre Menstruation	15
36. Veränderungen in der Schule	15
37. Änderung der religiösen Aktivitäten	15
38. Änderung der sozialen Aktivitäten	15
39. Reduzierung des Einkommens	10
40. Änderung der Häufigkeit von Familientreffen	10
41. Urlaub	10
42. Derzeit ist es Winter	10
43. Geringer Verstoß gegen das Gesetz (Falschparken)	5

Kapitel 6

Business-Training – So werden Sie zum Sieger

Kommen Sie mir bitte nicht mit der Ausrede, dass Sie für regelmäßigen Sport keine Zeit hätten. Ich verrate Ihnen ein Geheimnis: Schaufeln Sie sich eine Stunde am Tag frei und Sie werden auch im Büro zum Sieger!

„Der Manager, der alles selbst inszeniert, hat wenig Zeit für ein geregeltes Leben. Er raucht leider vielfach ununterbrochen. Sein Körpergewicht wächst proportional zu den Sitzungsverhandlungen. Das Telefon ist sein Zauberstab und das Notizbuch der Rechenschieber seines Lebens. Sein modernes Kennzeichen ist der Frühtod am Höhepunkt seines Schaffens."
Ernst van Aaken, Deutschlands Laufpapst (1910 – 1984)

Einer meiner Lieblingskunden ist ein hohes Tier in der russischen Wirtschaft. Als Geschäftsmann setzt er Milliarden um, außerdem sitzt er in der Regierung. Einmal im halben Jahr schwebt der Mann mit seinem Privatjet in Salzburg ein, blättert einige Hundertdollarscheine auf meinen Tisch und sagt: „Bitte machen Sie mich wieder fit!" Das klingt schon wesentlich besser, als bei unserem ersten Zusammentreffen, als die Bitte ziemlich verzweifelt klang: „Können Sie mir helfen, gesund zu werden?"
Mein russischer Freund hat jetzt, als Mittdreißiger, erkannt, wie wichtig Gesundheit für ihn ist und dass ihm sein Reichtum nicht weiterhilft, wenn sein privater Motor nicht mehr richtig läuft. Dabei war er seit seiner Kindheit sportlich aktiv und hat in seiner Heimat den einen oder anderen Pokal gewonnen. Doch als er in seinem Moskauer Fitnessstudio wieder einmal auf seinem Ergometer locker in die Pedale trat, schrillten plötzlich die Alarmglocken. Er bekam Schweißausbrüche, sein Puls schnellte auf 180 Schläge pro Minute und man musste ihn ins Krankenhaus einliefern. Er schien in Lebensgefahr zu schweben.

Als er sich erholt hatte, riet ihm sein russischer Fitnessberater, ein guter Bekannter von mir, es einmal in Obertauern zu versuchen. Als Bonus stellte er ihm ein mögliches Ergometertraining neben Hermann Maier in Aussicht. Wenige Tage später saß der Manager im Jet Richtung Salzburg.

Typisch Manager: Sie drehen ihren Motor ständig im roten Drehzahlenbereich

Bei unserem ersten Gespräch merkte ich sofort, dass der Mann ernstlich Angst um seine Gesundheit hatte. Er war bereit – so weit es sein Zeitmanagement zuließ –, alles zu tun, um wieder fit zu werden. Für mich war der Fall eine persönliche Herausforderung.
Zunächst ließ ich ihn auf Herz und Nieren durchchecken. Mir war sofort klar, dass es sich um keinen 08/15-Fall handelte; da waren viel Einfühlungsvermögen, größte Wachsamkeit und Fingerspitzengefühl gefragt. Wir untersuchten das Herz (Ruhe-EKG, Echo-Kardiografie), nahmen alle Laborwerte und ließen zusätzlich Mineralstoffanalyse, Immun-, Hormon- und Aminosäurenprofil erstellen. Erst als ich von unserem Chefarzt Harald Aufmesser grünes Licht bekommen hatte, startete ich den Laktat-Stufentest am Radergometer. Dabei ließen wir das EKG mitlaufen und untersuchten nach jeder Belastungsstufe sofort das Laktat. Je länger die Untersuchungen andauerten, desto entspannter wurden wir. Der Mann war nicht krank, er hatte keinen Grund, ernsthaft beunruhigt zu sein. Er war einfach überlastet. Offensichtlich bewegte er seinen Motor ständig im roten Drehzahlenbereich.

Das typische Managersyndrom

Dauerstress und seine angeborene Grundkonsistenz (kräftiger Sprintertyp) hatten ihm arg zugesetzt. Ich stellte also ein Managerprogramm zusammen, mit moderaten Radergometer-Einheiten (zu Beginn nur zwei- bis dreimal 15 Minuten), einem Bewegungsprogramm und einem exakt auf seine Bedürfnisse abgestimmten Ernährungsplan. Nach zwei Monaten begann ich mit Rumpfkräftigungsübungen und steigerte gleichzeitig den Ausdauerumfang. Da der Ausgangspuls im Laufe des Tages bei großem Stress ansteigt, legte ich darauf Wert, dass die Ergometereinheiten am Morgen stattfanden.
Wieder einmal merkte ich, dass es Leute, die sich im Geschäftsleben durch Konsequenz auszeichnen, trotz engstem Zeitrahmen schaffen, ein Fitnessprogramm exakt nach Plan durchzuziehen. Mein russischer Vorzeigemanager befolgte alle Vorgaben penibel und informierte mich per E-Mail über die Fortschritte. Er baut meine Trainingseinheiten wie wichtige Geschäftstermine in

Kluge Manager investieren auch ein paar Tausender in ihre Fitness

seine 80-Stunden-Woche ein. Schon nach wenigen Monaten verzeichnete der kühle Rechner ein nicht unwesentliches „Return of Investment". Er sieht jetzt nicht nur gesund aus, er fühlt sich auch besser, und er ist stolz, dass er wieder genug Atem hat, um auf einem Skihang einen 45-Tore-Kurs durchzufahren. Wie im Business-Leben investierte der Manager weiter. Er ließ neben seinem Büro einen eigenen Ergometerraum mit Dusche einrichten und importierte sogar ein Laktat-Analysegerät aus Japan. Um Zeit zu sparen, hat er eine eigene Sekretärin engagiert, die sich um nichts anderes als um die Umsetzung der Programme und um die Kommunikation zwischen Moskau und Obertauern kümmert. Auch wenn es vielleicht übertrieben klingen mag: Mit diesem Schritt hat der Polit-Manager nicht nur seine Lebensqualität und seine Arbeitskapazität verbessert, er hat auch sein Leben verlängert. Vielleicht sollten einige Workaholics umdenken und ein paar Tausender von ihren Wertpapierkonten in einen Fitnessfond verschieben; das wäre vermutlich eine smartere Entscheidung als der eine oder andere Millionentransfer.

Gefragt ist Langzeit-Investment

Unser Mann aus Moskau ist natürlich der Idealfall. Meistens lassen sich gestresste Topmanager oder Künstler einmal ins Ohr stechen oder sie rennen 30 Minuten auf unserem Laufband, holen mein Statement ein und sind wieder fort. Als die österreichische Bundesregierung anlässlich einer Tourismusklausur im April 2002 in Obertauern tagte, schauten alle Politiker, von Bundeskanzler Schüssel abwärts, zu einem Blitz-Check im Olympiastützpunkt vorbei. Staatsoperndirektor Ioan Holender stellte sich im Rahmen der Salzburger Festwochen auf unser Diagnostik-Laufband. Und als Ö3-Weckermann Hary Raithofer mit seinem Wetterfrosch Andreas Jäger und 12.000 anderen am 30. August 2002 auf den Großglockner radelten, um für die Opfer des Hochwassers zu sammeln, übernahmen wir die medizinische Betreuung. Die meisten wollten nur hören, dass sie „ohnehin gut drauf" seien. Dabei würden ihnen ein paar regelmäßige Checks und damit verbundene Trainingsvorgaben enorm viel bringen. Vielleicht dauert es auch nur eine gewisse Zeit, bis die Vertrauensbasis stimmt.

Auch DJ Ötzi kann sich nicht fit singen

Gerry Friedle, bekannt als DJ Ötzi, begegnete mir in regelmäßigen Abständen bei Charity-Golfturnieren oder ähnlichen Veranstaltungen, die ich mit Hermann

Als Freie-Radikale-Produzent ist DJ-Ötzi rekordverdächtig

Maier besuchte. Jedes Mal, wenn wir uns verabschiedeten, meinte er: „Und wenn ich das nächste Mal zwei, drei Tage frei habe, dann komm ich zu euch in den Olympiastützpunkt und lass mich fit machen." Das ging fast zwei Jahre so. Ich beobachtete ihn aus der Distanz und machte mir zunehmend Sorgen um ihn. Vor allem sein Breakdown im Sommer 2001 war ein nicht zu übersehendes Alarmzeichen seines Körpers.

Autsch, Baby! DJ Ötzi beim Laktatcheck. Rechts: Raika-Manager Leo Pruschak beim Prater-Bummel mit Hermann Maier

Ich nahm Gerry unter die Lupe und ... Am besten breiten wir den Mantel des Schweigens über seinen damaligen körperlichen Zustand. Warum sollte es auch anders sein? Er schlägt ein Tempo an, dass einem schwindlig werden kann. Er jettet von Flughafen zu Flughafen oder fährt täglich Hunderte Kilometer im Auto. Konzerte, Proben, Studioaufnahmen, PR-Termine jagen einander, und wenn er abends einmal frei hätte, pflegt er die in seinem Geschäft so wichtigen Kontakte. Immer gestresst, immer unter Druck und immer eine Marlboro im Mund. Was glauben Sie, wie viele freie Radikale da produziert werden? Mit einem halbwegs guten Fundament und entsprechendem Ausdauertraining hätte er den Risikofaktoren zumindest ein wenig gegengesteuert. Für mich war es ein Wunder, wie er es überhaupt schaffte, die zweistündigen Konzerte durchzuhalten. Gerry fit zu bekommen wäre eine Riesenherausforderung für mich. Aber zuerst müsste ich ihn im Kopf umpolen und sein volles Vertrauen gewinnen. Es muss ihm klar werden, dass es mit einer Trainingseinheit in der Woche nicht getan ist.

Wie bei meinen Athleten werde ich auch bei Gerry behutsam an einem Ausdauerfundament basteln. In seiner Fitnessklasse ist an Laufen nicht zu denken. In den ersten Wochen geht es nur darum, am Radergometer zu trainieren. So wird das Grundlagenniveau angehoben. Dabei ist viel Geduld gefragt und Gerry muss auch bereit sein, unser Fitnessprogramm „on Tour" durchzuziehen. DJ Ötzi ist ein Superstar und gewohnt, dass ihm bis auf das Singen alles abgenommen wird. Nur: Beim Fitwerden kann ich ihm leider nicht helfen. Das muss er selbst erledigen. Wenn er seine professionelle Einstellung auch zum Fitnesstraining mitbringt, dann werden wir auch das Rauchen in den Griff bekommen. Vielleicht kann ich ihn mit persönlichem Engagement auch davon überzeugen.

Der Coke-Sprecher hat's sofort verstanden

Persönliche Beziehung ließ auch die Kooperation mit Coca-Cola, dem ältesten Olympiasponsor, zu einer echten Partnerschaft wachsen. Der ÖSV-Olympiastützpunkt ist mittlerweile ein Talentezentrum für die österreichweite, vom Unterrichtsministerium unterstützte „Coke-Sport-Initiative". Coke-Manager stehen regelmäßig bei uns auf dem Prüfstand. Konzernsprecher Philipp Bodzenta, seit Jahren begeisterter Hobbyläufer, trat bei seinem zweiten Besuch in Obertauern zum Laktat-Stufentest an – und änderte sein Leben. „Mir wurde sofort bewusst, wie einfach das Hermann Maier Programm auch für einen Hobbysportler umzusetzen ist und was es bewirkt. Im Büro bin ich viel ausgeglichener und stehe über den Dingen, und so nebenbei habe ich meine Marathon-Bestzeit verbessert." Bodzenta, inzwischen ein guter Freund von mir, über seinen ersten Eindruck aus Obertauern: „Dort habe ich weder das von einem selbsternannten Fitness-Papst verordnete Lächeln noch verbissene Spitzensportmentalität angetroffen. Bei all dem konsequenten Training und der präzisen Steuerung ist genug Platz für Lebensgefühl und Lebensfreude."

Der Turbo-Effekt: Top-Leistungen beim Marathon und im Büro

Lebensfreude und körperliche Fitness: ein viel zu lange unterschätzter Business-Faktor

- Immer mehr Führungskräfte holen sich den nötigen Ausgleich vor oder nach einem 14-Stunden-Arbeitstag beim Joggen oder am Ergometer. Die Brüder Obauer, die das bekannte Vier-Hauben-Restaurant in Werfen leiten, setzen sich oft noch nach Mitternacht auf ihr Heimfahrrad. Außerdem besteht so nie die Gefahr, dass sich ihre gute Küche am eigenen Leib ansetzt.

- Geschäftstermine werden auf den Joggingpfad verlegt. Oder man handelt den Deal im Fitnessstudio Ergometer an Ergometer aus. Eine Golfrunde ist zwar ebenfalls gesund, aber wesentlich zeitaufwendiger und sicher weniger effektiv. Manager lassen sich oft in ein fixes Terminkorsett pressen. Nur mit schlechtem Gewissen quetschen sie ein paar Minuten Sport in ihren verplanten Tag. Dabei kann gerade diese „Sauerstoffdusche“ ihren Tag retten.
- Kreative Köpfe haben ihre besten Ideen beim Laufen. Dabei werden nicht selten Blockaden gelöst. Ich selbst habe mir beim Verfassen dieses Buchs oft über einzelne Absätze das Hirn zermartert. Kaum hatte ich einen Fuß vor die Tür gesetzt und die frische Frühlingsluft eingeatmet, kam mir eine Idee nach der anderen …
- Die sitzende Tätigkeit lässt die Rumpfmuskulatur verkümmern, was wiederum nicht selten Rückenbeschwerden zur Folge hat.

Wenn Sie nur ein paar Minuten Ihrer wertvollen Zeit in ein paar einfache Übungen investieren, sind Sie ein anderer Mensch. Und mit Sicherheit leistungsfähiger. Leo Pruschak, Raiffeisen-Marketing-Chef und langjähriger Olympiastützpunkt-Kunde, bringt es auf den Punkt: „Ich wundere mich nur, wie andere Top-Manager ohne Fitness-Plan zu Rande kommen.“

Das unterschätzte Gesundheitsrisiko

Wer erfolgreich im Beruf ist, unterschätzt das hohe Risiko, dem er sich Tag für Tag aussetzt. Sportarzt Ernst van Aaken, 1984 verstorbener Pionier der deutschen Laufszene, bringt es in seinem Fitness-Bestseller „Programmiert für 100 Lebensjahre“ auf den Punkt: „Sportlich gesehen ist der Manager ein Sprinter, und das ist sein Tod.“ Was er damit meint? Sprinter und Manager haben zu kleine Herzmotoren, sie bewegen sich ständig im roten Drehzahlenbereich mit an die 180 Pulsschlägen pro Minute. Ihre Herzmuskelzellen werden dauernd überstrapaziert. Nicht selten streikt das Herz dann im besten Manageralter. Mit richtig dosiertem Ausdauertraining „tunen“ Sie ihre Pumpe auch für Extrembelastungen im Job.

„Sportlich gesehen ist der Manager ein Sprinter, und das ist sein Tod.“

Top-Unternehmen denken um

- Ein US-Sportartikelgigant erlaubt seinen Mitarbeitern, während der Arbeitszeit die Laufschuhe zu schnüren und zu joggen. Eine in diesem Zusammenhang in Auftrag gegebene Studie brachte ein verblüffendes Ergebnis: Obwohl die

„Arbeitsjogger" weniger Zeit hinter ihrem Schreibtisch verbrachten, steigerten sie ihre effektive Arbeitsleistung deutlich.

- Große Konzerne in den USA bieten verdienten Angestellten Fitnessstunden mit Trainern. Auch so wurde die Leistung im Büro gesteigert. Die wesentliche Erkenntnis: Personalkraft ist das Kapital eines Unternehmens.
- Auch unter Österreichs Arbeitgebern dürfte sich der positive Einfluss von körperlicher Fitness auf die Arbeitsleistung inzwischen herumgesprochen haben. Warum sonst bieten immer mehr Chefs ihren Mitarbeitern „Incentives" wie Gratisstunden im Fitnessstudio?

Fit im Büro

Und jetzt noch ein paar Tipps, die noch keinem geschadet haben:

- **Verzichten Sie auf den Lift.** Wer ganz nach oben will, muss viele Stufen nehmen. Dieser Satz aus dem Geschäftsleben gilt erst recht für Ihre Fitness!
- **Telefonieren Sie sich fit.** Ein bekannter Zeitungsverleger legt sein Handy immer bewusst weit weg. Bei jedem Läuten springt er auf und macht Meter. Der Mann ist mit gut 60 Jahren fit wie ein Turnschuh!
- **Telefonieren Sie mit der Storchentechnik.** Prinzipiell nur auf einem Bein. Sie ahnen nicht, wie gut Ihre Koordinationsfähigkeit durch diesen Trick geschult wird.
- **Seien Sie kreativ.** Erfinden Sie Ihre eigenen Übungen für den Büroalltag (zum Beispiel Kniebeugen mit einem Sessel in der Hand).
- **Nützen Sie die Pausen.** Ein, zwei Fitnessminuten, während Sie allein im Zimmer sind, wirken oft wahre Wunder, und Sie sprühen wieder vor Ideen.

Was hat das alles mit dem Hermann Maier Trainingsprogramm zu tun?

Sehr viel. Genau genommen waren so manche Sportstars, die sich nach Obertauern verirrten, körperlich in nicht viel besserer Verfassung als einige Büroathleten: Ihre Grundlagenausdauer war im Keller. Wie Otto Normalverbraucher mussten sie mit oft langweiligen Ergometereinheiten beginnen. Anhand der sichtbaren Verbesserungen erkannten sie sehr schnell, wie gut das Training wirkt. Diese „Fitness-Intelligenz" sollte man einem Topmanager auch zubilligen – oder?

⊕ Managertraining à la Hermann Maier – was Sie davon mitnehmen können

1. Beginnen Sie den Tag mit aktivem Erwachen. Mit einem kurzen Spaziergang oder moderatem Dauerlauf, Warm-kalt-warm-Wechselduschen und ein paar Dehnübungen werden Sie bereit für die schwierigsten Anforderungen.

2. Essen Sie sich fit. Power-Frühstück, gesunde Zwischenmahlzeiten und mindestens drei Liter Flüssigkeit am Tag: drei Ernährungs-Basics, die viel zu oft vernachlässigt werden. Mehr darüber im Kapitel 9.

3. Starten Sie mit moderatem Ausdauertraining. Am besten nach einem Laktat-Stufentest, mit dem Sie Ihre moderate Trainingszone errechnen lassen. Prüfen Sie, ob für Sie zu Beginn Laufen überhaupt in Frage kommt. Sonst legen Sie mit dem Radergometer los. Wichtig ist, dass Sie im regenerativen Bereich bleiben.

4. Gehen Sie einmal am Tag auf Urlaub. Machen Sie eine Arbeitspause für Ihr persönliches Training frei – die restlichen Arbeitsstunden werden Ihnen viel leichter fallen, ja Sie werden Ihren Chef mit neuen Ideen überhäufen.

5. Überwinden Sie sich. Eine Stunde Sport pro Tag muss für jeden drinnen sein! Ihr Radergometer funktioniert auch um Mitternacht. Oder um fünf Uhr morgens. Bekommen Sie ruhig ein schlechtes Gewissen, wenn Sie wieder einmal dem inneren Schweinehund nachgegeben haben.

6. Laufen Sie dem Stress davon. Besonders nach anstrengenden Bürotagen kann ein moderates Ausdauertraining wahre Wunder bewirken.

7. Bewahren Sie Haltung. Durch ständiges Sitzen verkümmert die Rumpfmuskulatur. Nehmen Sie unsere Übungen mit ins Büro.

8. Arbeiten Sie laufend. Überzeugen Sie Ihren Chef, dass Ihnen die besten Ideen beim Joggen oder am Rad kommen. Vereinbaren Sie Termine im Trainingsoutfit.

9. Lernen Sie radelnd. Ich habe Ihnen bereits an anderer Stelle erzählt, wo Hermann Maier für seine Helikopterausbildung gelernt hat. Noch einmal: Studien belegen, dass Sie sich Dinge während des Ergometerradelns besser einprägen!

10. Bekämpfen Sie die freien Radikale. Je höher der Stress, desto wichtiger sind die so genannten Antioxidantien (siehe „Anti-Aging"-Kapitel).

11. Bringen Sie Ihren Körper regelmäßig zum Service. Was für Ihren Lieblingsboliden selbstverständlich ist, sollten Sie auch sich selbst gönnen. Vergessen Sie also nie den medizinischen Check. Schließlich wollen Sie ja auch als Oldtimer noch rund laufen.

12. Leben Sie nach dem Hermann Maier Trainingsprogramm. Schaffen Sie sich ein Fundament. Wirksames Ausdauertraining muss in Ihrem Masterplan zum Investment-Schwerpunkt Ihres Körpers werden.

Abfahrts-Star Patrick Ortlieb wurde immerhin Olympiasieger und Weltmeister

Kapitel 7

Meine Crash-Test-Dummies

Als Aktiver gab es für mich ein Motto: „Was dich nicht umbringt, macht dich härter." Diesen Spruch vergessen Sie bitte sofort wieder. Oder Sie lassen ihn als abschreckendes Beispiel stehen.

„Heinrich, mir graut vor dir!" Dieses „Faust"-Zitat schrieb mir ein gewisser Armin Assinger ins Stammbuch. Und ich kann es ihm nicht einmal verübeln. In seinem Erstlingswerk „Wo die Komantschen pfeifen" wettert der spätere Millionenshow-Star gegen jene Methoden, die ich als Konditionstrainer des Österreichischen Skiverbandes für richtig hielt: „Abgesehen davon, dass der Frühsport schon ein halber Marathon war, stand Radfahren auf dem Programm. 150 Kilometer sollten es zum Auftakt sein. Radfahren war aber nicht gleich gemütlich durch die Landschaft zu radeln: Es war immer ein Kampf auf Biegen und Brechen! Es war wie eine Qualifikation: Wir gingen voll aufs Ganze. (...) Nach dieser Trainingswoche hab' ich so einen Muskelkater gehabt, dass ich daheim drei Tage nur verkehrt über die Stiege hinunter gehen konnte. So eine Schinderei is des g'wesen."

Sorry, Armin, so etwas würde mir heute natürlich nicht mehr passieren. Aber damals, vor über 15 Jahren, war ich noch fest davon überzeugt, dass diese Schleifermethoden der Schlüssel zum Erfolg sind. Radmarathons waren damals die große Mode – und ich war noch milde: Bei meinen Vorgängern gehörten Hügelsprints mit über 200 Pulsschlägen pro Minute auch noch kurz vor Saisonbeginn zum Standardrepertoire.

Ich war in einen zerstrittenen Haufen geraten. Meine erste – und vorerst einzige – Errungenschaft war es, die Streithähne wieder zu einem verschworenen Haufen zu vereinen. Das harte Training schweißte sie zusammen. Wir gingen sogar bald wieder gemeinsam essen und machten unsere Späße. Wir hatten es lustig – nur gewonnen haben wir in meiner ersten Saison leider nichts. Aber ich setzte alles daran, das schleunigst zu ändern.

„Ich hatte so einen Muskelkater, dass ich die Stiege nur verkehrt hinuntergehen konnte"

Ich wage zu behaupten, dass ich nicht nur Teamgeist ins Skiteam zurückgebracht habe; ich sorgte auch für Disziplin. Leonhard Stock, der sich als Abfahrts-Olympiasieger alles erlauben durfte, tanzte bei den ersten Schneekursen jeden

© ORF

ORF-Co-Kommentator Armin Assinger beklagte sich über meine Schleifer-Methoden

Mittag mit dem Fußball an. Doch das stellte ich schnell ab. Anfangs wollte das keiner verstehen. Vor meiner Zeit war der Konditionstrainer ein besserer Animateur. Aber ich musste den Burschen klar machen, dass sie in der Athletik große Defizite hatten. Mein Training war zwar beinhart, es hatte aber – zumindest im Nachhinein – einen gewissen Unterhaltungswert. Neben den Dingen, die mir damals schon gut gelangen, ist aus heutiger Sicht einiges fast peinlich. So gesehen kann man Leo Stock, Patrick Ortlieb & Co. als meine Crash-Test-Dummies bezeichnen. Schließlich war es die Erfahrung mit dieser Truppe, die mich langsam in die richtige Richtung führte.

Unter meiner Peitsche spielten sich wahre Dramen ab.

- Jede Radetappe war ein Kopf-an-Kopf-Rennen, bei dem mindestens ein Läufer im Straßengraben landete. Und so manches Rad.
- Olympiasieger Leonhard Stock fing bei einer 70-Kilometer-Radtour im heißen Lanzarote im Tal der Palmen sogar zu weinen an und winselte: „Spinnst du, dass du mich auf meine alten Tag noch so hernimmst!“ Ich wollte den Burschen ihre Grenzen zeigen, und das ist mir ganz gut gelungen. Leo hat mich in den letzten Jahren seiner Karriere sogar angerufen, wenn er kein Konditionsprogramm mehr hatte. Schade, dass wir uns nicht schon früher über den Weg gelaufen sind – wer weiß, was nach der Goldmedaille 1980 noch alles gekommen wäre.
- Patrick Ortlieb, der erste Olympiasieger meiner Ära als ÖSV-Trainer, hielt sich nur durch meine Fürsprache im Abfahrtsteam. Ich hatte bei ihm sensationelle Kraftwerte gesehen, wie ich sie nur vom deutschen Kugelstoß-Olympiasieger Udo Bayer kannte, und wusste: Aus dem wird noch was. Deshalb kümmerte ich mich besonders um das „Riesenbaby“. Dauerläufe sahen zum Beispiel so aus, dass ich vorne rannte und er hinten aus dem letzten Loch pfiff. Mit meinem heutigen Wissen hätte ich Patrick täglich auf den Radergometer gesetzt; er wäre in den Speed-Disziplinen über Jahre unschlagbar gewesen.
- Beim Sommer-Schneecamp in Chile 1991 hatten wir erstmals Radergometer dabei und führten Laborkontrollen durch. Und ich hatte endgültig keine

Freunde mehr: Anstatt Fußball zu spielen, mussten sie in der dünnen Höhenluft 3000 Meter über dem Meer in die Pedale treten.

- Auf der Suche nach neuen Trainingsreizen baute ich schwierige Leichtathletikelemente ins Sommerprogramm ein. So mussten die Rennläufer zum Beispiel mit drei Tennisbällen jonglierend über die Hürden laufen.
- Ich ließ die Burschen in Abfahrtsposition auf zwei Körperwaagen stehen, gleichmäßig belasten und dabei Röntgenaufnahmen anfertigen. So entdeckte ich Beinfehlstellungen. Das war wertvoll fürs Gleitvermögen.
- Um die Koordination zu schulen, organisierte ich sogar African-Dance-Stunden mit einem Profi. Besonders gut gefielen mir die Ballettstunden, die eine Ex-Tänzerin vom Bolschoi-Theater mit meinen Abfahrtsbullen abhielt. Hannes Trinkl nimmt mir das bis heute übel. Aber es hat seinen Zweck erfüllt und das Feingefühl der Raubeine geschult. So schaffte sogar 100-Kilo-Mann Ortlieb einen Rückwärtssalto.
- 1995, in meinem Abschiedsjahr als ÖSV-Konditionstrainer, begann ich das Ausdauertraining der Skirennläufer gezielt zu steuern. Christian Mayer, Thomas Sykora, Michael Tritscher und Heinz Schilchegger waren die ersten Versuchskaninchen, die ich täglich ins Ohr stechen ließ.

Alles beginnt mit Leichtathletik

Seit ich denken kann, dreht sich mein Leben um Sport. Mit sechs Jahren fuhr ich Skirennen, ein paar Jahre später war ich Skispringer. Als ambitionierter Leichtathletik-Zehnkämpfer und Stabhochspringer brachte ich es leider nur zu Salzburger-Meister-Ehren. Als Trainer betreute ich damals den späteren ÖSV-Herrenchef Toni Giger, der als außergewöhnliches Sprungtalent galt.

Im Improvisieren war ich immer schon Weltmeister. So bauten wir am Werfener Sportacker eine Stabhochanlage, karrten Schaumstoffschnitzel herbei und missbrauchten eine Eisenstange als Sprungstab. Wir haben es überlebt. Eine Sandkiste im Hof der Festung Hohenwerfen war unsere Weitsprunggrube und im Burggarten wurde Speer geworfen. Ganz in der Nähe spürten wir Lausbuben auch die große Liz Taylor in der Badewanne auf: Sie war damals als Begleiterin von Richard Burton beim Dreh des Hollywood-Klassikers „Agenten sterben einsam“ in Werfen dabei. Damit, dass wir aufs Dach ihrer Unterkunft klettern und durchs Badezimmerfenster lugen würden, hatte sie nicht gerechnet …

Ganz heimlich beobachtete ich Liz Taylor in der Badewanne

Abgesehen von einem kurzen Seitensprung zum Fußball blieb die Leichtathletik

meine große Leidenschaft. Mit dem festen Vorsatz, der beste Trainer der Welt zu werden, probierte ich zuerst alles am eigenen Leib aus. Mit meinen ersten selbst gebastelten Trainingsplänen orientierte ich mich an alten DDR-Konzepten und machte mich dabei halb kaputt: Ich lief zum Beispiel drei Serien zu je 12 mal 200 Meter und konnte mich danach kaum noch bewegen. Als es dann mit einem 400-Meter-Wettkampf ernst wurde, fühlte ich mich schon nach 200 Metern wie vom Pferd getreten und verstand die Welt nicht mehr. Hatte ich bei einem Wettkampf versagt, verordnete ich mir noch am selben Tag ein Straftraining!

Im Bob um Olympia-Medaillen

Ich deckte mich mit Lehrbüchern ein und arbeitete vorwiegend an meiner Schnellkraft. Dabei wurde ich durch Zufall fürs Bobfahren entdeckt. Ich machte eine derart gute Figur, dass ich 1976 sogar die kleine Chance auf eine Olympia-Teilnahme hatte. Doch mein Vater war dagegen, und so musste ich mich statt auf die Heimspiele in Innsbruck auf die Meisterprüfung vorbereiten, die als Grundlage für die Übernahme unseres Rauchfangkehrerunternehmens notwendig war. Zwei Jahre später, ich war immerhin schon 25, saß ich bei der WM in Lake Placid im rot-weiß-roten Viererbob. Im Training hatten wir acht Sekunden Rückstand. Ich konnte es nicht fassen, zudem ging es um die interne Ausscheidung. Dann hatte ich einen Traum: Wir würden Bahnrekord fahren. Mein Kollege Lukas Rettenbacher meinte nur: „Du spinnst ja!" Tags darauf ratterten wir den alten – lebensgefährlichen – Eiskanal hinunter, als gäb's kein Morgen. Noch heute sehe ich die Anzeigetafel vor mir aufblinken: „New Track Record!" Zwei Jahre später fuhren wir dann auf der neuen Bahn in Lake Placid vor 50.000 Zuschauern um Olympia-Medaillen. Leider hatten wir gegen die beiden DDR-Schlitten und die Schweiz keine Chance und schlitterten als Vierte knapp an Edelmetall vorbei. Dennoch sorgte mein Schlitten mit einem Sturz für Schlagzeilen: Das Foto mit dem umgedrehten Bob ging um die Welt. Ein Poster im Olympiastützpunkt, gleich neben Hermanns Jahrhundertsturz in Nagano, erinnert mich täglich daran. Jede dieser Erfahrungen war ein wichtiger Teil beim Umsetzen meiner Vision: dem Olympiastützpunkt als kompetente Anlaufstelle für Sportler, Trainer, Ärzte, Praktikanten, Reha-Patienten und Gesundheitsbewusste. Ganz nebenbei durfte ich zu einem gefragten Trainer und Diagnostiker heranreifen. Es kann kein Zufall sein, wenn mich Sportler aus der ganzen Welt um Rat bitten.

Mein Jahrhundert-Sturz auf der Olympia-Bobbahn

Idealismus als Gold-Geheimnis

Ich habe eine Schwäche für Idealisten. Ohne Idealisten wäre der Olympiastützpunkt nie entstanden. Als ich 1995 gemeinsam mit Prof. Bernd Pansold, dem Guru der Leistungsdiagnostik aus der ehemaligen DDR, in Obertauern startete, glaubte kaum jemand an unser Erfolgskonzept. Und schließlich waren es auch Idealisten, die dem Olympiastützpunkt ihren Stempel aufdrückten. Idealisten wie Hermann Maier, Mario Reiter – oder wie Christoph Sieber.

Ein Surfer am Berg

Ich kann mich noch gut erinnern, wie der klapprige Campingbus mit dem aufgeschnallten Surfbrett zum ersten Mal vor dem Olympiastützpunkt parkte. Ein paar Minuten später stand Christoph Sieber zum ersten Mal in meinem Büro. Ein bunter Vogel vom Typ „Weltenbummler", braun gebrannt und gut drauf. „Ein typischer Surfer", dachte ich mir. Nach einem kurzen Gespräch wusste ich mehr: Sieber war Vegetarier, seine Weltanschauung orientierte sich am Buddhismus, außerdem war der Bursche hochintelligent und zielstrebig. Dann erklärte er mir seinen Plan: Er wollte Olympiasieger werden. Für dieses Vorhaben sollten wir ihn fitter als alle anderen Surfer machen. Immerhin konnte Sieber schon einen fünften Platz beim Olympia-Debüt in Barcelona 1992 vorweisen. Vier Jahre später, in Atlanta 1996, durfte er nicht an den Start – „wegen lauter Haarspaltereien und aus sportpolitischen Gründen", wie sich Sieber beklagte. Danach hatte er die Krise und die Wahl, entweder alles hinzuwerfen oder noch einmal alles, wirklich alles, zu versuchen.

„Mein Plan war's, Olympiagold zu holen. Ich wusste, dass ich das nirgendwo anders schaffen würde als in Obertauern."

Es gab zumindest drei Menschen, die an Siebers Gold-Plan glaubten: sein langjähriger Wegbegleiter und Trainer Peter Krimbacher, der damalige Sporthilfe-Boss Hubert Neuper, der für das finanzielle Umfeld sorgte, und ich, der die entsprechende Infrastruktur dazu schaffen sollte.

Wie jeden Athleten, der bei uns begann, ließ ich Christoph bei mir durchchecken. Bei einem Windsurfer kommt es neben der Grundlagenausdauer und Koordination hauptsächlich auf die Kraftausdauer-Fähigkeiten der Oberkörpermuskulatur an. Zu Beginn gab es nur auf dem Laufband regelmäßige Untersuchungen zur Bestimmung der allgemeinen Ausdauer. Um der Bewegungsstruktur des Surfens näher zu kommen, überlegten wir, die spezielle Ausdaueruntersuchung auf einem Ruderergometer durchzuführen. Also schafften wir einen testtauglichen

Ruderergometer an und ließen Sieber loslegen. Und dabei wurde es nicht nur ihm schnell schwarz vor den Augen. Mir ging es ähnlich, als ich seine Ausgangswerte sah. Fast ein Wunder, dass er den Ergometer überhaupt in Schwung brachte. 12 Watt an der aeroben Schwelle – der Typ war nicht gerade gut in Form!

Christoph Sieber: Meine Hassliebe Obertauern

Gold-Duo: Hermann Maier und Christoph Sieber

„Der Olympiastützpunkt und ich – es war eine Hassliebe! Ich wusste: Wenn es einen Platz gibt, an dem ich meinen Plan vom Olympia-Gold umsetzen kann, dann hier. Schneeregen statt Südseestrand, das war's! Das hatte etwas von ‚Rocky IV'. Ohne einen Groschen in der Tasche unterschrieb ich meinen ersten Betreuungsvertrag. Bernd Pansold gab mir mit seiner Kompetenz jenes Vertrauen, das ich brauchte, um das durchzuziehen. Martin Pfeifenberger, der Konditionstrainer, war bei jeder Trainingseinheit dabei. Und Heini Bergmüller half mir weiter, wenn ich wieder einmal nicht weiterwusste. Als es mir im Winter in meinem Campingbus zu kalt wurde, ließ er mich in seinem Büro übernachten. Auf dem Ikea-Sofa, auf dem Hermann seine Mittagsschläfchen hielt, durfte ich meinen Schlafsack ausrollen.

Ich habe den Stützpunkt oft wochenlang nicht verlassen. Stundenlang hing ich am Ruderergometer und ruderte Einheit für Einheit runter. Mein größtes Problem hatte ich in der Früh, wenn ich aus dem Bett sollte und mein Körper schrie „Nein! Nein! Nein!" Ich befand mich nicht nur körperlich am Limit, es war auch härtestes Training für den Kopf. Oft feuerte ich mich selbst an, bis ich heiser wurde. Und daneben war dieser Typ, der genauso geplärrt und gespuckt hat wie ich: Hermann Maier. Seine Siege haben auch mich motiviert, sie waren wie eine Bestätigung für mich. „Wenn das Training bei ihm so gut greift, dann wird auch mein Plan aufgehen", hab ich mir gesagt. Meine größte Angst war es, ihm auf der Straße zu begegnen. Ich wusste: Wenn ich in meinem Campingbus in Blumenpflückgeschwindigkeit den Tauern raufkrieche und er braust zur gleichen Zeit mit seiner ZX-BMW rauf, knallt er mir hinten rein – und ich hab kein Quartier mehr!"

Sieber mit seiner Goldmedaille vor der Oper von Sydney

Wie konnte es möglich sein, dass einer, der nicht einmal einen Blumentopf heben konnte, zu den besten Windsurfern der Welt zählte? „Das war zu der Zeit, als das Pumpen noch nicht erlaubt war“, sagte man mir. Bis kurz vor den Spielen in Atlanta war also das Pumpen mit dem Segel verboten, und so konnte man als Windsurfer noch mit Talent und Dolce Vita vorne mitmischen. Doch mit der Regeländerung blies den Beach Boys ein rauer Wind ins sonnengegerbte Gesicht – jetzt war Top-Fitness gefragt. Für uns bedeutete das: Ärmel aufkrempeln! Wir waren damals in Obertauern nur geduldet und im Sportzentrum eingemietet. So mussten wir im Frühjahr wochenlang in unserer kleinen Küche für die Sportler kochen und unsere Stars mussten im Keller trainieren – bei künstlichem Licht und stickiger Luft neben Touristen, die als Möchtegern-Bodybuilder in der Kraftkammer mit den Hanteln hantierten. Dort stellte ich den Ruderergometer auf, gleich neben Hermanns Radergometer. In dieser seltsamen Atmosphäre ruderte Christoph los, bis ihm die ohnehin schon knappe Luft ausging. Unser Fitnesstrainer überwachte jeden Schlag, zapfte Blut aus dem Ohrläppchen und motivierte Christoph in Krisenmomenten zum Weitermachen – zum Beispiel, nachdem Langlaufmeisterin Maria Theurl gleich neben ihm wegen Sauerstoffmangel ohnmächtig vom Rad gekippt war. Kein Honiglecken für einen strandverwöhnten Surfer, aber Christoph will davon, wie er mir noch heute versichert, keine Sekunde missen.

Siebers Fortschritte waren sensationell. Nach einem Jahr war er ein anderer Mensch. Er wirkte frisch und athletisch. Nur sein klappriger Campingbus erinnerte noch an das Vagabundendasein von früher. Und er war auch mental stabil. Der Olympia-Countdown lief und ich wusste, er konnte es schaffen. Allerdings hatte ich meine Zweifel, was seine Konsequenz betraf. Wenn er Obertauern verließ, war er aus meinem Blickfeld. Sonne, Strand und Meer – ich konnte die Verlockungen förmlich riechen. Deshalb griff ich zu einer Maßnahme, die uns zwar viel Geld kosten sollte, die sich aber im Nachhinein bezahlt machte: Ich schickte unseren Trainer Martin Pfeifenberger samt Ruderergometer nach. Von nun an wehte auch am Strand ein anderer Wind: Während Siebers Konkur-

renten nach dem Surftraining in der Sonne lagen, schwitzte unser Mann am mitgebrachten Rudergerät im Schatten. Und wenn er maulte, musste ihm Martin eintrichtern, dass auch Vorbild Hermann Maier stets den Radergometer mit sich schleppte. Wie Hermann hatte Christoph das, was ich Trainingsintelligenz nenne: Er registrierte bewusst, wie wirksam die Einheiten waren. Und die Testergebnisse sprachen für sich: Hatte er bei seinem ersten Test gerade mal 12 Watt an der aeroben Schwelle errudert, so war er in der Olympia-Saison bei 200 Watt angelangt. Eine unglaubliche Steigerung!

Der goldene Durchbruch in Nagano

In meinen 25 Jahren als Trainer habe ich alle Höhen und Tiefen des Spitzensports mehrmals durchlebt. Aber ein Ereignis stellt alles andere in den Schatten: die Olympischen Spiele 1998 in Nagano.

Nebenbei leistete ich als Konditionstrainer der japanischen Ski-Nationalmannschaft Entwicklungshilfe und hatte Heimvorteil. Schon im Vorfeld hatte ich mir die Infrastruktur im Hotel der Athleten angesehen und Ergometer für meine Läufer organisiert. Außerdem hatte ich mit Tomo eine ehemalige Medizin- und Sportstudentin als Dolmetscherin gefunden. Ein echter Glücksgriff! Tomo überwachte das Regenerationstraining meiner beiden österreichischen Läufer Hermann Maier und Mario Reiter per Laktatcheck und informierte mich über die Werte, worauf ich die darauf basierenden Trainingspläne nach Japan faxte.

Wegen einer Terminkollision flog ich erst in der zweiten Olympia-Woche nach Japan – und saß auf Grund der Terminverschiebungen ausgerechnet am Tag der Abfahrt im Flugzeug. Sofort nach der Landung am Narita Airport suchte ich einen Fernseher und sah, wie Mario auf den Schultern getragen wurde. Das konnte nur bedeuten, dass er die Kombination gewonnen hatte. Ein unglaubliches Glücksgefühl – schließlich handelte es sich um die erste Goldmedaille der noch so jungen Olympiastützpunkt-Geschichte. Aber schon mein nächster Gedanke galt Hermann: Was war mit ihm? Er war ja als Top-Favorit in der Abfahrt gehandelt worden, die am selben Tag noch vor der Kombi-Abfahrt gestartet worden war. Wenige Augenblicke später hatte ich die Antwort. Ich sah, wie Hermann fast 100 Meter durch die Luft flog, sich mehrmals überschlug und die Fangzäune durchbrach. „Jetzt ist alles aus", dachte ich. Da rief mich Alpindirektor Hans Pum am Handy an und beruhigte mich: „Er hat nur Prellungen und einen Bluterguss im Knie."

Hermann Maier in Nagano '98 – auf dem Weg zur Olympia-Goldmedaille im Riesentorlauf

Noch an diesem Tag musste Pum eine schwere Entscheidung treffen: die Nennung für den Super-G. Konnte Hermann am nächsten Tag an den Start gehen? Kurz darauf hatte ich Hermann am Handy und fragte: „Ist alles okay?"
„Es geht schon wieder."
Ich riet ihm: „Setz dich unbedingt aufs Rad!" Wenn wir eine Chance hatten, Hermann fit zu bekommen, dann nur über regenerative Ausdauereinheiten. Natürlich wurde auch rund um die Uhr therapiert. Seine damalige Freundin Petra übernachtete bei ihm und wechselte alle zehn Minuten die Umschläge fürs Knie. Hans Pum setzte schließlich alles auf eine Karte und ließ Hermann für den Super-G nennen. Im Rückblick muss ich sagen: Hut ab vor dieser Entscheidung.
Jetzt riskierte ich eine psychologische Maßname: Ich ließ Hermann eine Kraftausdauer-Einheit mit relativ hohem Watt-Widerstand radeln. Vor dem Wettkampf brauchte er unbedingt eine ähnliche Stoffwechselbelastung, also eine Kraftausdauer-Einheit am Ergometer. Er musste seinen Körper wieder spüren, musste fühlen, dass die Kraft wieder da war. Die Frage, die mir in der folgenden Nacht den Schlaf raubte, war nur: Hat das Knie diese Belastung ausgehalten?
Während des Super-G saß ich im Restaurant und zitterte wie nie zuvor. Erst beim Comeback-Riesentorlauf in Adelboden 2003 war ich wieder so angespannt wie damals. Als Hermann im Ziel die Hände in die Höhe riss, hatte ich das Gefühl, abzuheben und zu schweben. Ich spürte eine große Ruhe und innere Freude. Die zweite Goldmedaille im Riesentorlauf war dann eigentlich nur mehr Draufgabe.

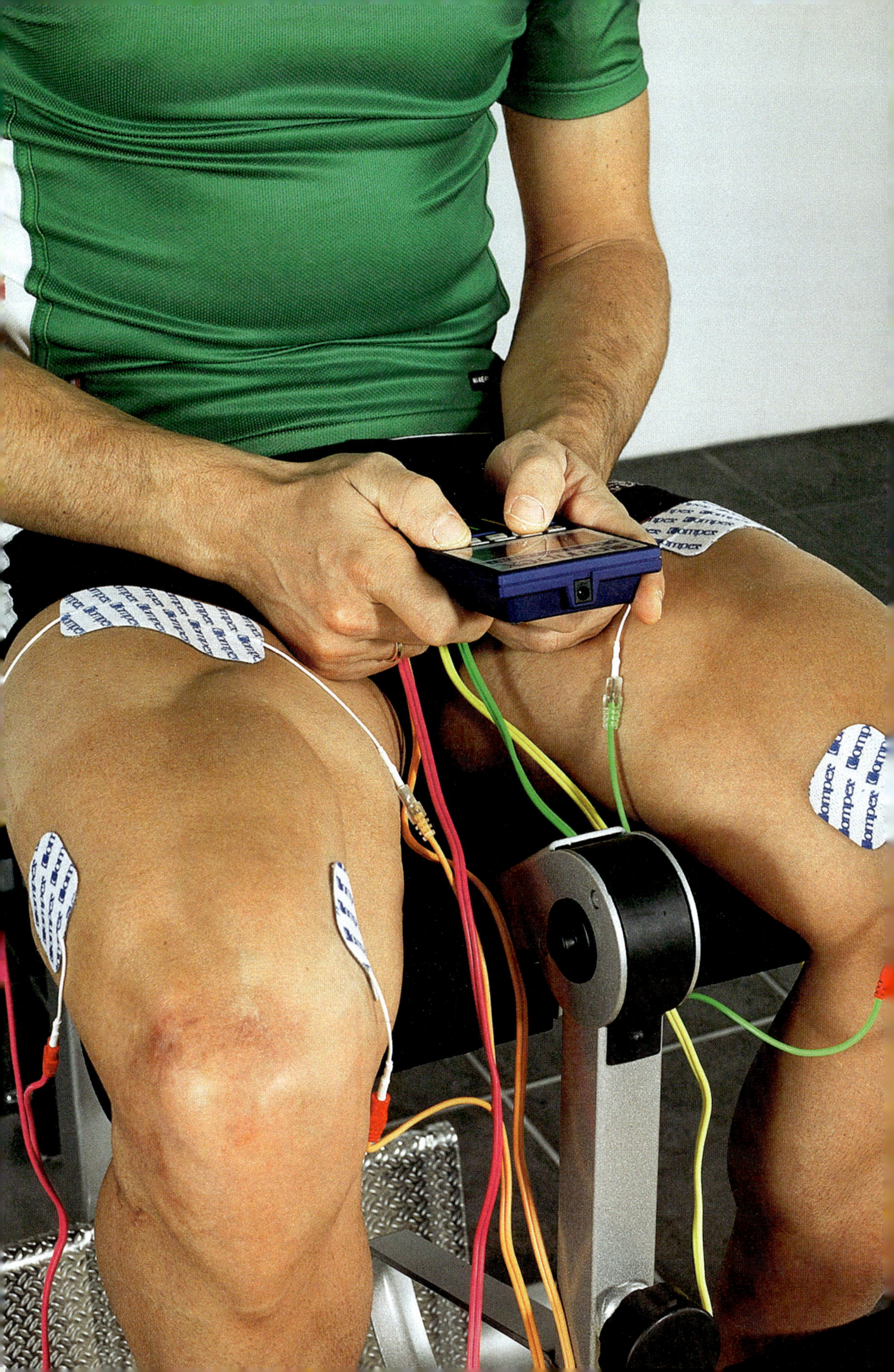
Compex

Kapitel 8

Hightech im Olympiastützpunkt

Nadelstiche ins Ohr. Vibrierende Sohlen. Eine Waschmaschine aus der Atomforschung – uns ist nichts zu heiß!

Was haben der russische Kosmonaut Wladimir Poljakow und Hermann Maier gemeinsam? Mehr als Sie vermuten.

Hermann Maier & Co. profitieren von der Weltraumtechnologie

Poljakow musste als Vorbereitung auf die erste geplante Marsexpedition 432 Tage in der Weltraumstation „Mir" bleiben. Hermann Maier verbrachte einen Großteil der 508 Tage zwischen Unfall und Comeback im Olympiastützpunkt Obertauern. Beide vertrauten auf ein Diagnose-Therapie-System aus der russischen Weltraumforschung. „Prognos" heißt die jüngste technische Errungenschaft im Olympiastützpunkt: ein weiterer Puzzlestein bei Hermanns Blitz-Comeback im Jänner 2003.

Poljakow wurde vor, während und nach seinem Weltraumstart mit Prognos auf seinen Gesundheitszustand getestet und entsprechend therapiert. Dank Prognos war er nach dem Extremflug so fit, dass er schon am Tag nach der Landung wieder an seinem Arbeitsplatz im Moskauer Kosmonautenzentrum saß. Wir setzen die Prognos-Erkenntnisse in einem neu entwickelten „Energy-Shuttle" um. Wie bei allen unseren Innovationen werden jetzt einige meiner Kritiker den Kopf schütteln – bis sie merken, dass wir vielleicht doch nicht so schlecht liegen. Aber bis dahin sind wir schon wieder einen Schritt weiter.

Der Olympiastützpunkt als Hightech-Burg: Begonnen hat alles mit einem Laktat-Messgerät. In der Folge wurden wir von Innovationen überrollt. Spitzensportler aus der ganzen Welt waren von unserem medizinisch-technischen Knowhow begeistert. So schwärmte etwa der britische Formel-1-Star Damon Hill nach einem Trainingscamp im Olympiastützpunkt: „Der Olympiastützpunkt wurde anscheinend vor allem dafür gebaut, meinen Sinn für Humor zu testen. Die haben mir Nadeln ins Ohr gesteckt, mich durch alle möglichen Tretmühlen gezwängt, mich so lange laufen lassen, bis ich einfach nicht mehr konnte – dennoch habe ich immer noch gelacht. Und sie haben mir überall Nadeln hineingestochen. Ich glaube, das alles hat mir sehr viel gebracht!" In diesem Jahr eroberte Hill den WM-Titel. Inzwischen schwören unsere Athleten auf das „Energy-

Raumschiff" und ein waschmaschinenähnliches Wunderding. Werfen wir gemeinsam einen Blick hinter die Kulissen des wahrscheinlich effektivsten Höhentrainingszentrums der Welt.

Stiche ins Ohr gehören zum Alltag wie Duschen

Schon in den späten Achtzigerjahren, als Konditionstrainer des österreichischen Herren-Skiteams, begann ich mit Trainingssteuerung. Das erste Knowhow holte ich mir von einem deutschen Sportwissenschafter bei einem Trainingslager in Freiburg. Dort wurde nach Erkenntnissen aus der ehemaligen DDR Laktat gemessen und das Training gesteuert. Mit Hilfe meines späteren Lehrmeisters Bernd Pansold durchschaute ich schnell, dass effektives Training ohne Laktatsteuerung unmöglich ist. Inzwischen stehen drei Laktat-Messgeräte im Olympiastützpunkt. Und jeder Trainingsschritt, ob beim Weltmeister oder beim Reha-Patienten, wird per Stich ins Ohrläppchen überwacht.

Neben dem Laktat werden in unserem Labor alle relevanten Blutparameter gemessen. Seit einigen Jahren messen wir vor allem bei stressgefährdeten Managern das Aufkommen an freien Radikalen (damit können wir bei langfristiger Beobachtung beweisen, wie effektiv unser Anti-Stress-Programm wirkt). Ohne die dabei gewonnenen Daten wäre seriös gesteuertes Training unmöglich! Zusätzlich setzen wir bei unseren Anti-Aging-Kunden auf biochemische Genuntersuchungen und bei speziellen Leistungssportfällen auf Muskelbiopsien.

Elektroden lassen die Muskeln zucken

Auf der Suche nach neuen Trainingsmethoden habe ich als Konditionstrainer die Konkurrenten unserer Läufer immer mit Argusaugen beobachtet. Und einen ganz besonders: Alberto Tomba. Der italienische Superstar wurde immer wieder mit „verkabelten" Oberschenkeln gesehen. Was hatte der, das wir nicht hatten? „Elektromyostimulation" (EMS) heißt das Zauberwort. Dabei wird die Muskulatur stimuliert, ohne dass dies der Sportler willentlich beeinflussen muss. Mit Hilfe von Elektroden wirkt ein gezielter elektrischer Impuls direkt auf einen muskelversorgenden Nerv ein. Dieser reagiert, als wäre das Signal willentlich, also vom Gehirn gekommen. Der Muskel arbeitet wie bei einer normalen körperlichen Tätigkeit – allerdings ohne Herz, Kreislauf und Gelenke zu belasten. Ich hatte bereits 1993 mit Mario Reiter, Thomas Sykora und Michael Tritscher gute Erfolge mit der damals revolutionären Methode. Mit Hilfe unseres Partners

Compex machte ich EMS in Österreich salonfähig und brachte selbst wichtige Erkenntnisse in die Entwicklungsarbeit ein.
Hermann hat sein Compex-Gerät immer im Gepäck und arbeitet fast täglich damit. Langsam kommt diese bequeme Form des Trainings auch bei Normalverbrauchern in Mode. Mit rund 500 Programmen, von Schmerzbekämpfung über Muskelaufbau und Kraft bis hin zu Body-Shaping, sollte für jeden etwas dabei sein. Seit kurzem ist ein revolutionärer Taschen-Compex (funktioniert als Ultraschallgerät) im Handel. Sollten Sie auf ein Wunderding gehofft haben, muss ich Sie allerdings enttäuschen: Auch der Compex kann aktives Krafttraining nicht ersetzen; bei Elektromystimulation handelt es sich lediglich um eine sehr wertvolle Trainingsergänzung.

Ein Mittelding zwischen Waschmaschine und R2-D2

Als Hermann Maier bei der Ski-WM in St. Moritz im Hotel der Österreicher eincheckte, staunten Kollegen, Trainer und Reporter nicht schlecht über das Gerät, das der Herminator in sein Hotelzimmer schleppte: Es sah aus wie ein Mittelding zwischen Waschmaschine und R2-D2 aus „Star Wars". Seitdem habe ich die erstaunlichsten Geschichten über dieses Wunderding gelesen.
Es handelt sich um ein sogenanntes Ionen-Induktions-Therapiegerät, das vom griechischen Physiker Prof. DDr. Panos Pappas entwickelt wurde. Was kann diese seltsam anmutende Maschine? Sie arbeitet mit rasch aufeinanderfolgenden elektrischen Entladungen (im Frequenzbereich von Gewitterblitzen!) über eine Funkenstrecke, deren Energie durch eine Behandlungsspule gebündelt und an den menschlichen Körper weitergeleitet wird. Dabei können alle Zellen des Körpers gezielt stimuliert werden. Die Idee dahinter: Während gesunde Zellen durch die Impulse lediglich gestärkt werden, können kranke Zellen entweder stabilisiert – das

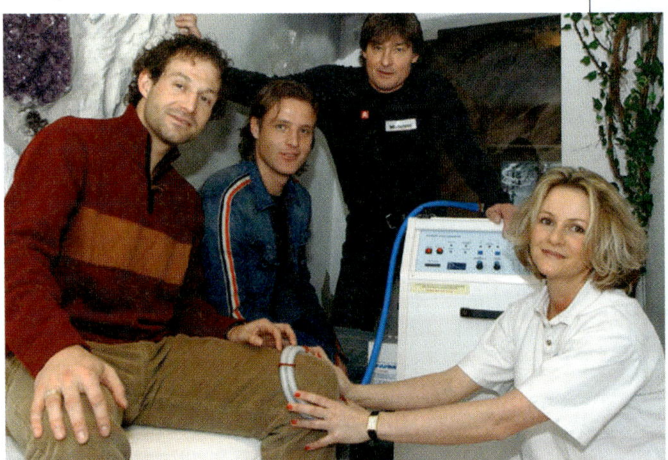

Die Austria-Salzburg-Kicker Pfeifenberger & Co. bei der Pap-Imi-Behandlung

heißt, zu ihrer ursprünglichen Funktion zurückgeführt – oder vom Körper abgebaut werden. Durch die Ionen-Induktion werden der Zellstoffwechsel und das Immunsystem angekurbelt. Hermann Maier setzte PAP IMI (so heißt sein neuer Liebling) zur Behandlung des Transplantats im rechten Unterschenkel ein. Dabei spürte er plötzlich in den kaputten Gewebeteilen ein Kribbeln und fühlte seinen taub gewordenen Unterschenkel wieder. Ein Riesenfortschritt! Ein wahres Wunderding also. Mehr noch: Mit PAP IMI wurden sogar Koma-Patienten zurückgeholt, in den USA schwören Footballer und Schwimmer darauf. Außerdem wurde es bei 80 gesunden Rennpferden eingesetzt – 75 davon haben sofort nach der Behandlung gewonnen!

Ergometer ist nicht gleich Ergometer

Sie alle kennen die Bilder: Hermann Maier, wie er in die Pedale tritt. Doch Ergometer ist nicht gleich Ergometer. Einen Großteil seiner rund 10.000 jährlichen Rad-Kilometer fährt der Herminator auf einem robusten Studioergometer der Marke Technogym. Ein Gerät, das nicht umzubringen ist. Obwohl Hermann bei bis zu 500 Watt Widerstand fährt, verwendet er noch immer denselben Ergometer, den er sich bei seinem ersten Besuch im Olympiastützpunkt 1996 ausgesucht hat. Es war sozusagen Liebe auf den ersten Blick.

Wesentlich heikler ist ein in der Slowakei entwickelter Spezialergometer, den wir uns während seiner Rehabilitation nach dem Motorradunfall zugelegt haben. Dank Spezial-Software kann man beim Ergocycle jeden Tritt auf dem Laptop mitverfolgen. So wird der Leistungsverlauf in verschiedenen Kniewinkelstellungen in einem Abstand von 20 Millisekunden vermessen. Außerdem wird die Kraftübertragung im linken und im rechten Bein getrennt gemessen. So sieht man sofort, ob der Athlet nach einer Verletzung mit dem verletzten Bein beispielsweise nur mit 110 statt wie mit dem rechten mit 130 Watt in die Pedale tritt. Das Verblüffende bei Hermann: Schon wenige Wochen nach dem Unfall konnte er beide Beine gleich belasten. Auch das ist ein Beweis für sein unglaubliches Feingefühl.

Der Einsatz dieses Super-Ergometers reicht also vom Spitzensport bis in die Rehabilitation. Mit der Software ist es auch möglich, Rennprofile zu simulieren. Wenn uns danach ist, können wir am Ergometer Tour de France oder Österreich-Rundfahrt spielen. Eine ausgeklügelte Software macht's möglich. Sogar der

Luftwiderstand und die Übersetzungen werden der Realität angepasst. Wenn dieser Gedanke nicht das Herz eines Fahrradfreaks höher schlagen lässt!
Mittlerweile legendär ist der extra für Hermann Maier umgebaute Handkurbelergometer, mit dem er noch im Krankenhausbett mit dem Training begann. Immer wieder fragen verletzte Top-Sportler (so die Läuferin Steffi Graf oder Eisschnelllauf-Olympiasiegerin Emese Hunyadi) nach diesem Gerät. Das mediale Aufsehen im Zusammenhang mit Hermanns Rehabilitation verstand ich nicht wirklich. Das Ding war ja keine Neuerfindung. Neu war nur, dass ich das Gerät zum Training für einen Schwerverletzten einsetzte. Dabei hagelte es Kritik von allen Seiten. Doch mittlerweile bedienen sich viele Experten aus dem In- und Ausland dieser Reha-Methode.
Surf-Olympiasieger Christoph Sieber ruderte auf einem speziell umgebauten Ruderergometer. Für unsere Nachwuchslangläufer verwenden wir eine von Walter Mayer entwickelte Zugschiene. Auf einer schiefen Ebene ziehen die Athleten im Doppelstockrhythmus ihr Körpergewicht hinauf, um sich sofort wieder hinuntergleiten zu lassen. Dabei werden nicht nur die beim Doppelstockeinsatz benötigten Muskelgruppen trainiert. Mit Einheiten wie dreimal 25 Minuten an der Zugschiene werden die Sportler auch mental gefordert.

Schneller laufen als Carl Lewis

Der deutsche Laufbandspezialist h/p/cosmos hat sein modernstes Gerät im Olympiastützpunkt Flachau aufgestellt. Das Ding schafft 40 Stundenkilometer: man könnte darauf also schneller laufen als im 100-Meter-Weltrekordtempo (knapp 38 Stundenkilometer). Carl Lewis hätte seinen Spaß damit gehabt! Auf diesem „Geschoß“ führen wir sämtliche Laufchecks vom Laktat-Stufentest bis zum Sprint im Maximaltempo durch. Damit nichts passiert, werden unsere Testpiloten mit einem Spezialgurt angeschnallt. Sobald Gefahr besteht, dass jemand zu Sturz kommt oder einfach die Geschwindigkeit zu hoch ist, wird über den Gurt der Stopp-Schalter ausgelöst.
In China und in den USA gehen die Sportwissenschafter so weit, dass sie ihre Sprinter bei Tempo 40 aufs Band springen lassen. Der Athlet muss das Tempo kurz halten, um die Geschwindigkeitsbarriere zu durchbrechen. Der Sprinter soll wissen, wie sich Schneller-als-Weltrekord-Tempo anfühlt. Außerdem laufen Studienprojekte im Rückwärtslaufen.

Herminators Rüttelgerät machte schon den Basketball-Stars aus Chicago Beine

Abheben wie Michael Jordan

Ein Gerät, auf das ich besonders stolz bin, habe ich einem Fitness-Guru abgeluchst. Henk Krajenhof heißt der Mann, der unter anderem Sprint-Queen Merlene Ottey und den Fußballstars von Juventus Turin Beine gemacht hat. Er brachte uns jene Maschine mit, mit der er als Konditionstrainer der Chicago Bulls das Basketball-Ass Michael Jordan abheben ließ: ein elektrisches Rüttelgerät, auf das sich unsere Skifahrer in Rennposition stellen, wobei ihre Beine vibrieren, dass ihnen Hören und Sehen vergeht. Um die Wirkung zu verstärken, setzen wir mitunter zusätzlich „Compex“-Elektromyostimulation ein und erzielen dabei bemerkenswerte Ergebnisse: Eine Minute Durchrütteln entspricht 150 Sprüngen! Ganz nebenbei: Auch in der Behandlung der Osteoporose wird dieses Gerät erfolgreich eingesetzt. Erwiesenermaßen haben die Schwingungen einen positiven Einfluss auf die Verknöcherung von verletzungsanfälligen oder geschwächten Knochen.

Krafttraining einmal anders

Das Zauberwort im Olympiastützpunkt heißt „Muscle Lab“ und funktioniert so: Ein „Tacho“ an der Hantel, ein elektrischer Winkelmesser am Knie, Kontaktmessplatte und Elektroden zur Untersuchung der muskulären Aktivität liefern alle Daten, die wir benötigen. Dabei wird beispielsweise ermittelt, welche Muskelgruppen bei einer

Kniebeuge wann aktiv sind, wie schnell ich diese Übung ausführe und wie viel Leistung ich dabei produziere. Dabei werden Kraftdefizite und muskuläre Dysbalancen sofort aufgedeckt. Leistungsentwicklungen können leichter nachvollzogen werden.
Vor allem im Snowboard-Bereich haben wir dank „Muscle Lab" enorm viel weitergebracht. Wie in der Leichtathletik haben wir das Training in verschiedenste Phasen zerlegt. Mit diesem System haben wir uns zum Beispiel ganz gezielt den Starts unsere Boarder und Boarderinnen gewidmet. Die haben Erfolge geerntet und wir die Bestätigung, dass wir den anderen wieder einen Schritt voraus waren.

Haben Sie Talent?

Haben Sie verborgene Talente oder talentierte Kinder? Nach einem Test im Olympiastützpunkt Obertauern/Flachau werden Sie mehr wissen: Mittels eines von Sportwissenschafter Dr. Roland Werthner entwickelten Talentdiagnosesystems (TDS) können mittlerweile so gut wie alle koordinativen Parameter getestet werden. Die Idee der Talentfindung mit allen technischen Möglichkeiten gefiel unserem Partner Coca-Cola dermaßen gut, dass er gemeinsam mit dem Unterrichtsministerium und der Sporthilfe eine weltweit einzigartige Aktion ins Leben rief. Dabei werden Kids in allen erdenklichen Bereichen durchgecheckt. Neben TDS werden mentale und Ausdauertests, medizinische und physiotherapeutische Untersuchungen, Laborchecks und so weiter durchgeführt. Eine Expertenjury kürt den Sieger – es handelt sich also um eine sportliche Art von „Starmania" oder „Deutschland sucht den Superstar". Mit Stolz möchte ich darauf hinweisen, dass mit Michaela Kirchgasser eine Juniorenweltmeisterin (Slalom) aus dieser Aktion hervorging. Den Talentiertesten winkt ein Olympiastützpunkt-Betreuungsscheck, der Talenten ein professionelles Trainingsumfeld ermöglicht.

Physiotherapie: Auf die richtige Mischung kommt's an

Das Geheimnis unserer Physiotherapie ist eine ideale Mischung aus Hightech und ganz einfachen Trainings- und Therapiemethoden. Einerseits setzen wir modernste MAS-Magnetfeldsysteme und Druckmessplatten ein, andererseits

arbeiten unsere PhysiotherapeutInnen sehr intensiv mit einfachen Gleichgewichtshilfsmitteln, Gymnastik- und Medizinbällen. Letztlich kommt's auf das Knowhow an – und hier sind wir auf Grund unserer umfassenden Erfahrung mit Spitzen- und Hobbysportlern sowie mit schwersten Reha-Fällen fast unschlagbar. Der Holländer Mag. Vincent Vermeulen, Leiter der Physiotherapie im Olympiastützpunkt, gehört zu den Besten seines Fachs. Mit seinem Wissen und dem Einfühlungsvermögen eines ehemaligen Spitzensportlers hat auch er Anteil am sensationellen Comeback von Hermann Maier.

Das Herminator-Rezept: Abwechslung

Diese Hightech-Hilfsmittel sind nur ein Teil der im Olympiastützpunkt verwendeten Geräte. Doch während Sie diese Zeilen lesen, haben wir längst neue „Wunderdinge" entdeckt. Worauf es nicht zuletzt ankommt: die richtige Mischung zwischen notwendigem und oft monotonem Ausdauertraining und neuen Reizen.

So trainierte Hermann Maier beispielsweise während der Aufbauphase mit einem Boxtrainer (und boxte in Obertauern sogar mit dem damaligen WM-Herausforderer Axel Schulz). In der Skivorbereitung schnallt er hin und wieder die Telemark-Latten an. Er setzt sich öfter auf seine Trial-Maschine oder dreht seine Runden im Wasser am Sea-Doo. Wichtige Inhalte, bei denen der Fun-Faktor nicht zu kurz kommt. Der Ergometeralltag im Olympiastützpunkt ist ohnehin hart genug.

⊕ Energy Coaching Concept: 5000 Jahre alte chinesische Weisheit und modernste Raumfahrttechnologie vereint

Mein verlässlichstes Testobjekt heißt noch immer Heini Bergmüller. Egal welche Neuerung im Olympiastützpunkt vom Stapel läuft: Bei jeder Jungfernfahrt bin ich selbst an Bord. So auch beim *Energy Shuttle*, einer unserer jüngsten Errungenschaften. Im Zusammenhang mit einem völlig neu entwickelten Analysesystem aus der russischen Raumfahrttechnik (*Prognos*) wird dabei die Leistung auf revolutionäre Art analysiert bzw. optimiert.

Das Prinzip ist uralt: Vor 5000 Jahren entdeckten die Chinesen, dass der menschliche Körper von Energiebahnen, den Meridianen, durchlaufen wird. Blockaden dieser Meridiane verursachen Krankheiten. Die Traditionelle Chinesische Medizin (TCM) löst diese Blockaden durch ihre Behandlungsmethoden und bringt so die Energie wieder zum Fließen. Und das wiederum ist eine wesentliche Voraussetzung für sportliche Top-Leistungen.

Damit Sie sehen, wie ernst *Prognos* genommen wird: Erstmals erhielt ein alternativmedizinisches Diagnosegerät den schulmedizinischen Segen. An den Energiebahnen, die unseren Körper durchlaufen, kann auch die Schulmedizin nicht mehr vorbei!

Das hat der Entspannungsexperte Thomas Teschl erkannt und *Prognos* und das *Energy Shuttle* zu einem *Energy Coaching Concept* zusammengefügt. Womit wir

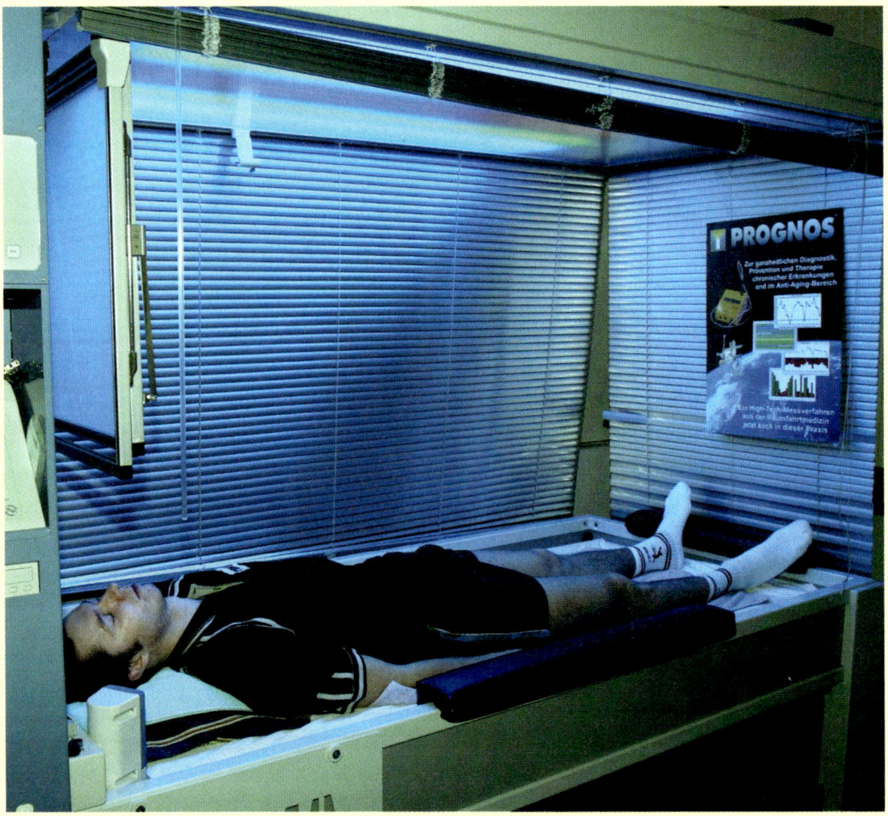

Ideale Kombination von Magnetresonanz-, Aroma-, Farb-, Musik- und Lichttherapie. Nach energetischer Vermessung liegt der Sportler auf warmem Quarzsand, wird von spezieller Musik berieselt und individuell abgestimmtem Licht bestrahlt

KNOWING YOUR HEARTBEAT HELPS YOU TO KEEP ONE.
4 4471 021
PRODUC
BENEFITS / FUNCTIONS
Die einzigartige Kombination von HÖHEN- und HERZFREQUENZMESSER ermöglicht Ihnen die Auswirkung von Höhe und topografischen Faktoren auf Ihre Herzfrequenz zu beobachten.
Das BAROMETER mit einem grafischen Luftdruckprofil hilft Ihnen bei der Wettervorhersage.
Einen KOMPASS dabei zu haben ist immer praktisch.
Mit der PC-SCHNITTSTELLENSOFTWARE können Sie Ihre sportlichen Aktivitäten analysieren und ein Trainingstagebuch führen.
Mit Ihrem Suunto X6HR haben Sie einen freien Zugang zu SUUNTOSPORTS.com, der neue Internet-Treffpunkt rund um den Ausdauersport, um Ihre eigenen Leistungen auszuwerten oder Tipps und sonstige Informationen mit anderen Sportlern auszutauschen.
MODEL
SUUNTO X6HR
MEMBERSHIP FROM
449€
FOR MORE INFORMATION
Suunto c/o Amer Sports Austria GmbH
Lackengasse 301, A - 5541 Altenmarkt / Pg.
Tel 06452 3900 180, Fax 06452 3900 16, www.suunto.com
RECOMMENDED BY
LOSING LUCKY FEET
HIGHLY RECOMMENDED BY RABBITS AGAINST
BY
SUUNTO
REPLACING LUCK.

ATOMIC
[WELTCUP_heroes]
GS:11.21 BETA RACE
POWER CHANNELS TITANIUM
ATOMIC
| SKI GS:11.21 | BOOT RACE:11 | BINDING RACE:614 | www.atomicsnow.com |

bei meinem zu Beginn erwähnten Selbsttest wären: Um herauszufinden, wo meine Blockaden lagen, wurde ich energetisch vermessen, ganz einfach und schmerzfrei: Mit einem Kontaktstift wurden an den Meridianpunkten von Finger- und Zehenspitzen über den Hautwiderstand die Anfangs- und Endpunkte der Meridiane vermessen. Der angeschlossene Computer war mit Informationen aus der Traditionellen Chinesischen Medizin gefüttert. Die dabei erstellte Grafik zeigte meine Schwachpunkte gnadenlos auf (Stresssymptome, Verdauung, Zähne etc.). Danach musste ich mich in das auf meine Blockaden programmierte Shuttle legen. Anfangs war ich noch völlig unentspannt, doch nach knapp einer halben Stunde stieg ich total ausgeglichen aus und war überzeugt: Dieses Raumschiff, von unseren Sportlern liebevoll Kuschelshuttle genannt, wird im Olympiastützpunkt bleiben! Als ideale Trainingsergänzung, denn gerade im Spitzensport beeinträchtigen Energieblockaden die körperliche Leistungsfähigkeit und die psychische Belastbarkeit.
Wie funktioniert diese Entspannungsmaschine? Im Shuttle werden folgende fundamentale Komponenten vereint:

- Magnetresonanztherapie,
- Aromatherapie,
- Farb- und Lichttherapie,
- Musiktherapie und
- Quarzsand-Wärmestrahlung.

In der Praxis sieht das so aus: Man legt sich auf warmen Sand, lässt sich von speziell ausgewählter Musik berieseln, nimmt die Frequenzen des ebenfalls individuell abgestimmten Lichts auf und tut dabei rund eine halbe Stunde gar nichts. Viele schlafen gleich nach ein paar Minuten ein. Die angenehme Temperatur, die natürlichen Frequenzen des Lichts und der Musik sowie die speziell ausgewählten Aromen entspannen Körper und Geist. Nach einer halben Stunde steigt man entspannt und positiv stimuliert aus dem Shuttle. Ich bin überzeugt davon, dass diese Diagnose- und Entspannungstechnik nicht nur im ambitionierten Hobbysport und im Hochleistungssport zur Optimierung der Leistung beitragen kann: Immer mehr gestresste Manager werden mit *Energy Coaching Concept* fit für den beinharten Business-Alltag.

Karl und Rudolf Obauer bekochen Gold-Sieber, Herminator & Co.

Kapitel 9

Essen Sie mehr

Essen statt Fasten. Rotwein statt Vitaminsaft. Genießen statt Verzichten. Sie haben gelernt, Ihr Training zu steuern – mit unseren Tipps bekommen Sie jetzt auch das passende Fitness-Menü serviert.

Mein Freund Gerry Friedle, besser bekannt als DJ Ötzi, ist ein kritischer Mensch. Wenn er eine Sache angeht, dann hinterfragt er sie ausgiebig und wiegt Für und Wider lange ab. Deshalb dauerte es fast ein Jahr, ehe er sich für den Olympiastützpunkt Obertauern als seine Fitness-Burg entschied. Als Gerry nun zu seinem ersten All-Inclusive-Check im Olympiastützpunkt erschien, musterte er mich lange, schüttelte den Kopf und meinte: „Wie gibt's das, dass du all diese großen Namen so fit gemacht hast und selbst einen Schwimmreifen durch die Gegend schleppst?" Normalerweise bringt man mich nicht schnell in Verlegenheit. Aber auf eine derartige Direktheit war ich nicht gefasst. „Wenn du dich fast 24 Stunden am Tag mit so hochwertiger Materie befasst, hast du keine Zeit mehr, auf dich selbst zu schauen", lautete meine müde Ausrede. „Aber wenn mein Buch fertig ist, werde ich mir täglich mindestens eine Stunde Zeit für mich nehmen." Inzwischen hab ich auch so schon gut acht Kilo abgenommen.

Außer Rotwein nahm ich nichts Gesundes zu mir

So unfit war ich nun auch wieder nicht. Während der schwierigsten Reha-Phase nach Hermanns Motorradunfall trat ich sogar öfter am Ergometer neben dem Herminator in die Pedale oder testete in der Beinpresse an mir selbst, wie effektiv man geschrumpfte Oberschenkelmuskulatur wieder in Schwung bringen kann. Aber mit meiner Ernährung ist es, das muss ich leider zugeben, schon lange im Argen gelegen. Ich esse meist das, was mir schmeckt. Ich esse viel und ungesund. Ich schlage mir auch spät abends den Magen voll. Wenn ich im Olympiastützpunkt-Restaurant die Wahl zwischen zwei Menüs habe, entscheide ich mich instinktiv

für das fettere. Nicht einmal Wiener Schnitzel mit Pommes sind vor mir sicher! Das einzig Gesunde sind ein oder zwei Achterl Rotwein am Abend, von denen ich überzeugt bin, dass sie sich positiv auf mein Wohlbefinden auswirken. Unser Ernährungsberater Wolfgang Peer behauptet, das sei ohnehin meine Rettung. Wieso, werde ich Ihnen in diesem Kapitel noch verraten.

Dabei habe ich mich früher wirklich gezielt ernährt. Ich machte mir vor jeder Zwischenmahlzeit Gedanken und achtete darauf, dass die jeweilige Kohlehydrat-Eiweiß-Fett-Zusammensetzung stimmte. Als aktiver Leichtathlet machte ich einen weiten Bogen um alkoholische Getränke, ich genehmigte mir nicht einmal ein Eis. Später, als Konditionstrainer des Herren-Skiteams, stritt ich dann mit jedem Hotelkoch so lange, bis wir ein halbwegs sportgerechtes Menü hatten. Und glauben Sie mir, das war nicht immer einfach! Dabei fallen mir gleich einige der Ernährungs-Anekdoten ein, die ich im Laufe der Jahre erleben durfte. Heli Höflehner zum Beispiel, Abfahrts-Weltcupsieger der späten Achtziger- und frühen Neunzigerjahre, fiel mir regelmäßig in den Rücken. Wenn ich Spagetti mit Tomatensoße auf die Speisekarte setzen ließ, bestellte er sich Gordon Bleu. Und als ich meine deutschen Leichtathletik-Freunde bei der WM 1987 in Rom besuchte, gab's bei denen gerade eine mühsame Ernährungsdiskussion. Die hatten ein paar Diätassistenten eingeflogen, die ihnen jedes Menü auf Punkt und Kalorie zusammenstellten. Was glauben Sie, wie Zehnkampf-Star Jürgen Hingsen & Co. verunsichert waren, als sie ihre DDR-Kollegen bei Hamburger und Pommes ertappten! Und ein anderer Weltklasse-Zehnkämpfer goss sich unmittelbar nach einem 100-Meter-Lauf eine Halbe Bier hinter die Kiemen und eine Stunde danach trommelte er eine Jahres-Weltbestzeit über 200 Meter auf die Bahn. Allein beim Zusehen hätte ich mich schon fast übergeben.

Über Ernährungsgewohnheiten streiten Trainer, Sportwissenschaftler und Aktive seit Jahrzehnten. Es wird immer wieder Ausnahmeathleten geben, die alle Regeln und Theorien scheinbar über den Haufen werfen. Da muss ich gar nicht weit ausholen. Ein guter Freund von mir, Vegetarier und militanter Verfechter gesunder Ernährung, verdrückt immer dann, wenn er sich besonders ärgert, Knabbernossi. Und Hermann Maier kommt auf der Fahrt von einem Weltcuprennen auch ab und zu mit einer Leberkässemmel aus der Raststation. Aber sonst ist er so diszipliniert, dass ich mit dieser „Sucht" gut leben kann. Man kann's auch übertreiben. Jene Athleten, die jeden Bissen auf Gramm und Deka abwiegen, sind nicht immer die Siegertypen!

Mein Grundsatz: Essen Sie mehr!

Mein Grundsatz: Essen Sie mehr (auf mehrere Mahlzeiten aufgeteilt und richtig zusammengesetzt)! Ihr Körper funktioniert wie ein Verbrennungsmotor. Ein Formel-1-Bolide wird mit Diesel nicht auf Touren kommen.
Ich war noch nie ein Verfechter von strikten Diätplänen. Gerade Sportler entwickeln im Laufe der Jahre einen Instinkt für richtige Ernährung. Deswegen werden wir Ihnen hier nur ein paar Basis-Tipps geben. Die hat unser Ernährungsberater Wolfgang Peer, der 130 Spitzensportler berät und mit seinen Produkten versorgt, zusammengestellt. Gemeinsam mit meinen Freunden den Vier-Hauben-Köchen Rudolf und Karl Obauer, hat er auch die Rezepte für Sie kreiert.

Der Mensch ist, was er isst*

Unsere zehn Ernährungsregeln

1. Du bist, was du isst. **Nur mit richtiger Ernährung werden Sie Ihr Leistungspotenzial ausschöpfen.**

2. Achten Sie auf die Dosierung und die Zusammensetzung.

Ausdauersportler: 6 bis 8 kleinere Mahlzeiten pro Tag
Kohlehydrate 45 Prozent (schnelle Energie)
Eiweiß 25 Prozent (Baustoffe unseres Körpers; Muskelwachstum)
Fett 30 Prozent

Kraftsportler: 6 bis 8 kleinere Mahlzeiten
45 Prozent Kohlehydrate
25 Prozent Eiweiß (evtl. zusätzlich in Form von Eiweißpulver)
30 Prozent Fett

Manager: 5 bis 7 kleinere Mahlzeiten
Kohlehydrate 45 Prozent
Eiweiß 35 Prozent (unterstützt Konzentration!)
Fett 20 Prozent

***) und trinkt**

3. Essen Sie Kohlehydrate. Und Sie halten länger durch. Wie? Ihr „Tank“ sind die Glykogenspeicher in den Muskeln. Die können durch richtiges Training und gezielte Ernährung deutlich erweitert und sogar verdoppelt werden. Das Prinzip: Durch einen Trainingsreiz werden die Muskel-Glykogenspeicher geleert. Mit bewusst kohlehydratbetonter Kost (80 Prozent) werden die Speicher innerhalb von 24 Stunden (statt in 48 Stunden bei Normalkost) aufgefüllt und vergrößert. Je größer die Glykogenspeicher, desto besser die Ausdauer-Leistungsfähigkeit.

4. Achten Sie auf hochwertige Eiweißprodukte wie mageres Fleisch, Fisch und Magermilchprodukte, Eier, Sojaprodukte. Faustregel: 1 Gramm Eiweiß pro Kilogramm Körpergewicht täglich sollte nicht unterschritten werden, da sonst die Regeneration leidet.

5. Essen Sie richtig fett! Fett liefert etwa doppelt so viel Energie wie Kohlehydrate oder Eiweiß (9,3 kcal/g). Gehen sie sparsam damit um, verteufeln Sie es aber nicht. Der Körper braucht es zur Verwertung der fettlöslichen Vitamine. Greifen Sie zu hochwertigen Ölen.

6. Halten Sie sich an mediterrane Küche. Nirgendwo werden die Leute so alt wie auf der Mittelmeerinsel Kreta. Ein Schlüssel ist die ausgewogene Ernährung: frisches Gemüse, hochwertiges Olivenöl, Rotwein und Fisch beinhalten alles, was der Körper braucht. Gegessen wird in entspannter Atmosphäre – oft und lange. Eine Studie zeigte: Schon nach sechs Wochen Umstellung auf „Kreta-Diät“ stellen sich messbare Erfolge ein. Bei Patienten mit Herzleiden verminderte sich das Infarktrisiko sogar um 70 Prozent!

7. Trinken Sie sich fit. Eine Tatsache, die oft sträflich unterschätzt wird: 2 Prozent Flüssigkeitsverlust bedeuten bereits 20 Prozent Leistungsverlust!

- Normalverbraucher sollten mindestens drei Liter Flüssigkeit am Tag trinken (allerdings verlieren Leistungssportler bis zu drei Liter in der Stunde!).
- Trinken Sie stündlich ein Glas Wasser.
- Vorsicht bei koffeinhältigen Getränken: Die entziehen dem Körper Flüssigkeit (sie dehydrieren), daher sollten Sie zu Kaffee immer dieselbe Menge Wasser trinken.
- Bevorzugen Sie mineralstoffreiche, kohlensäurefreie Getränke.

8. Setzen Sie auf Rot. Rotwein ist das beste natürliche Anti-Aging-Produkt. Es ist wissenschaftlich erwiesen, dass zwei Gläser Rotwein am Tag das Herzinfarktrisiko um 40 Prozent senken. Außerdem schützt er vor Arteriosklerose, Cholesterinproblemen und stärkt das Immunsystem.

9. Frühstücken Sie sich fit. 30 Prozent des Tages-Kalorienbedarfs sollten Sie mit einem gesunden Morgenmahl einnehmen. Das gibt Ihnen Kraft für den ganzen Tag.

10. Schützen Sie Ihren Schlaf. Achten Sie darauf, dass alles verdaut ist, wenn Sie zu Bett gehen (siehe Kasten unten). Zu spätes Essen stört Ihre Tiefschlafphase – das kostet Energie für den nächsten Tag.

So lange bleiben Speisen im Magen liegen:

1 bis 2 Stunden:	Fettarme Suppe, Wasser, Kaffee, Tee, weiche Eier, gekochter Reis, gekochte Süßwasserfische.
2 bis 3 Stunden:	Kaffee mit Milch oder Sahne, Kakao, Kartoffeln, Obst, junges Gemüse, Weißbrot, Kalbfleisch, Meeresfische.
3 bis 4 Stunden:	Vollkornbrot, Bratkartoffeln, Kohlrabi, Radieschen, Spinat, Äpfel, Steak, Schinken, Omeletten, Rührei, Brathuhn.
4 bis 5 Stunden:	Hülsenfrüchte, Wild, Selchfleisch, alles in Fett Herausgebackene, Gurkensalat.
6 bis 7 Stunden:	Speck, Pilze, Thunfisch in Öl, Heringssalat.
7 bis 8 Stunden:	Gänsebraten, Schweinshaxen, fettes Fleisch, Grünkohl, Ölsardinen.

So isst Hermann Maier*

	FRÜH	MITTAG	ABEND
Mo	Buchweizenomeletten	Spinatrisotto mit Hüttenkäse	Gewürzreis
Di	Belegtes Vollkornbrot mit Melonen-Karottensaft	Auberginenblätter mit Gemüsepaste	Scharfe Ingwer-Gemüsesuppe
Mi	Tomaten mit Topfen und Dinkelbrot	Herminator-Steak mit Dijonsenf und Rucolasalat	Orangen-Avocadosalat mit Forelle
Do	Schwarzbeernocken	Zucchininudeln	Lachsforelle im Meersalz mit Sauerkraut
Fr	Peers Power-Vitaminsalat	Sellerie-Eierspeise mit Gurkensalat	Tomatenspagetti mit Zander und Fenchel
Sa	Kokosmilchpolenta mit Ovomaltine	Gebratener Lachs mit Apfelradicchio	Reis mit Hühnerbrustfilets
So	Hermann's Power Müsli	Spinat-Neuburgerbrot mit Sojasprossen und Tofu	Putenbrust mit Karottengerste

Süßspeisen:
Topfenmango mit Joghurtsauce
Dinkelgugelhupf

*) Musterspeiseplan für eine Woche. Dazu kommen speziell abgestimmte Elektrolytgetränk-Mischungen und mehrere auf den Tag verteilte „Energy-Snacks".

Buchweizenomeletten

Für 4 Portionen

150 g grobes Buchweizen-Vollkornmehl	Lein- oder Distelöl
1/8 l Magermilch	Obst der Saison (z. B. 1 Apfel, 1 Birne oder 100 g Beeren)
1/8 l Magerjoghurt	20 g Nüsse nach Geschmack
2 Eiklar	Backpulver

Das Turbo-Frühstück vor dem Ausdauertraining, aber auch für den harten Arbeitstag (570 Kalorien pro Person)

1. Buchweizenmehl mit einer Prise Backpulver, Milch und Eiklar am besten mit einem Schneebesen verrühren.
2. In einer Pfanne ein wenig Öl erhitzen. 1 Schuss Teig in die Pfanne gießen, Omelett backen. Mit dem Rest des Teiges ebenso verfahren.
3. Omeletts mit geschnittenem Obst oder Beeren belegen, mit Nüssen bestreuen.

Belegtes Vollkornbrot mit Melonen-Karottensaft

Für 4 Portionen

75 g Vollkornbrot	Für den Saft:
100 g Hüttenkäse (mager)	2 Karotten
100 g Tomaten	1/8 Honigmelone
100 g Gurken	1 EL Leinsamenöl
100 g Apfel	1/2 Apfel

Die kleine Aufbaukost zwei bis drei Stunden vor jedem Training (484 Kalorien pro Person)

1. Tomaten, Gurke und Apfel waschen und in Stücke oder Spalten schneiden.
2. Brot mit Käse bestreichen, mit Gemüse und Apfel belegen.
3. Karotten und Melone schälen und in Stücke schneiden. Gemeinsam mit dem Apfel entsaften. Öl erst im Glas zugeben.

Tomaten mit Topfen und Dinkelbrot

Für 4 Portionen

8 bis 12 Tomaten	1 EL Sauerrahm / saure Sahne
1 Apfel	50 g Parmesan
Rosmarin	5 EL Dinkelbrösel
Evtl. Fenchelkraut	Apfelessig
Kräuter (Basilikum, Rosmarin, Majoran)	Olivenöl
250 g Topfen / Quark (20 Prozent F. i. T.)	Pfeffer
1 Ei	Salz

Turbo-Frühstück, nach dem Sie sich den Tag über super fühlen (528 Kalorien pro Person)

1. Von den Tomaten die Kappen abschneiden, Tomaten aushöhlen. Das Innere der Tomaten durch ein Sieb streichen, Kerne entfernen.
2. Topfen, Salz, Pfeffer, Brösel und Ei verrühren. Tomaten mit dieser Masse füllen.
3. In ein ofenfestes Geschirr Olivenöl träufeln, Tomaten in das Geschirr setzen, einen Zweig Rosmarin und den passierten Saft zugeben und die Tomaten bei 220 °C ca. 15 Minuten garen.
4. Apfel schälen und in feine Streifen schneiden. Tomaten auf Teller setzen, mit Apfelessig besprenkeln, mit Apfelstreifen, grob geriebenem Parmesan und Kräutern bestreuen und belegen.

Dazu passt getoastetes Dinkelbrot.

Schwarzbeernocken

Für 4 Personen

© Verlag Zabert-Sandmann / Christian Schulz

500 g Schwarzbeeren	2 EL Rapsöl
100 g Weizenmehl	1 Prise Salz
100 g Roggenmehl	Staubzucker oder Rohrzucker zum Bestreuen
ca. 20 cl Milch	

Empfehlenswert zwei Stunden vor dem Ausdauertraining (484 Kalorien pro Person)

1. Schwarzbeeren mit Mehl und einer Prise Salz vermischen. Unter ständigem Rühren so viel kochende Milch zugießen, dass eine zähe Masse entsteht.
2. In einer weiten Pfanne Öl erhitzen. Löffelweise die Nockenmasse in die Pfanne setzen und anbraten. Nocken wenden. Deckel auf die Pfanne geben und die Nocken noch ein paar Minuten braten.
3. Mit Rohrzucker und Staubzucker bestreut servieren. Milch dazu servieren.

Peers Power-Vitaminsalat

Für 4 Portionen

250 g Karotten	1 Becher Joghurt (1 Prozent Fettgehalt)
3 Äpfel	1/2 TL brauner Zucker
1 Sellerie (ca. 400 g)	1 Messerspitze Kräutersalz
1 Zitrone	Weißer Pfeffer
50 g Walnusskerne	

Den empfehle ich nach jedem Früh- oder Vormittagstraining zur Regeneration (180 Kalorien pro Person)

1. Karotten und Sellerie schälen und klein schneiden. Äpfel schälen und vierteln, Kerngehäuse herausschneiden,. Äpfel klein schneiden und mit Zitronensaft beträufeln. Alles vermischen.
2. Joghurt mit Nüssen, Salz und Pfeffer verrühren. Salat portionsweise in Schüsseln oder tiefe Teller geben, Joghurt darauf geben.

Kokosmilchpolenta mit Ovomaltine

Für 6 Portionen

1/2 l Magermilch	250 g weißer Polenta (Rheintaler Riebel)
1/4 l Kokosmilch	Ovomaltine zum Bestreuen
1 EL Rohrzucker oder Wiesenhonig	Evtl. Kürbiskerne oder Kokosraspeln
1 Messerspitze Salz	

Leicht verdaulich – bereits 90 Minuten nach dem Frühstück können Sie ins Ausdauertraining starten (380 Kalorien pro Person)

1. Milch, Kokosmilch, Salz und Rohrzucker aufkochen. Polenta einrühren, bei geringer Hitze ca. 10 Minuten ziehen und quellen lassen.
2. Mit Ovomaltine und eventuell gerösteten Kürbiskernen oder Kokosraspeln bestreuen.

Hermann's Power-Müsli

Für 2 Portionen

200 g Vollkorn-Müesli mit Haferflocken, Nüssen und Trockenfrüchten	1 Banane
	1 geraspelter Apfel
	1/2 Kiwi
200 g Joghurt	Wasser

Die Energiebombe: Enthält alles, was der Körper für einen Power-Start braucht, in einer idealen Kombination (590 Kalorien pro Person)

1. Müslimischung am Abend in einem Suppenteller mit Wasser (ca. 1 bis 2 mm) ansetzen und mit Deckel oder Geschirrtuch abdecken.
2. Am Morgen Apfel raspeln und Banane zerdrücken.
3. Mit 1 Teelöffel Honig und einprozentigem Joghurt anrichten.
4. Mit Kiwi-Stücken dekorieren und servieren.

Spinatrisotto mit Hüttenkäse

Für 4 Portionen

250 g Cremespinat	1/2 l Hühnersuppe
3 Schalotten	1/8 l Weißwein (z. B. Chardonnay oder Muskateller)
250 g Risottoreis	3 EL Olivenöl
100 g Butterkäse (z. B. Montasio)	Pfeffer
100 g Hüttenkäse	Salz

Wenn Sie eine harte Mittags-Einheit vorhaben, dann bringt's das als 9-Uhr-Jause (420 Kalorien pro Person)

1. Schalotten schälen, klein schneiden und in Olivenöl anschwitzen. Reis einrühren. Mit Suppe und Wein aufgießen und unter Rühren etwa 20 Minuten ohne Deckel auf kleiner Hitze köcheln lassen. Falls die Masse zu trocken wird, heißen Wein und heiße Suppe zugießen.
2. Sobald der Reis breiige Konsistenz hat, Spinat einrühren.
3. Butterkäse klein schneiden und einrühren. Hüttenkäse einrühren. Risotto mit Salz und Pfeffer abschmecken.
4. Eventuell mit geschnittenem Basilikum und/oder Minze bestreuen. Sehr gut schmeckt Spinatrisotto in Kombination mit Kalbfleisch.

Risotto immer nur heiß aufgießen. Bei Zugabe von kalter Flüssigkeit können die Reiskörner platzen. Gesalzen wird erst zum Schluss, damit sich der Reis nicht schält.

Auberginenblätter mit Gemüsepaste

Für 4 Portionen

2 große Auberginen	Tabasco, Zimt
3 Fleischtomaten	Rohrzucker, Salz
3 Knoblauchzehen	Grobes Meersalz (ungebleicht)
1 Zwiebel	
5 Sardellen	
100 g schwarze Oliven	Für die Honigbutter:
Kräuter der Provence	1 EL Wiesenhonig
Olivenöl, Balsamicoessig	2 EL Butter

Eine ideale Nachmittagsjause, gibt Ihnen optimale Energie für das Training (255 Kalorien pro Person)

1. Von den Auberginen den Stielansatz wegschneiden. 1 Aubergine in Würfel schneiden. Tomaten entkernen, enthäuten und in Stücke schneiden. Oliven entkernen und in Stücke schneiden. Zwiebel und Knoblauch schälen und klein schneiden.
2. In einem Topf einen Schuss Olivenöl erhitzen, die vorbereiteten Zutaten anschwitzen, Kräuter der Provence zugeben, mit 1 Messerspitze Zimt, ein wenig Rohrzucker und Tabasco würzen und bei bedecktem Geschirr auf kleiner Flamme weich köcheln.
3. Sardellen zugeben und alles zu einem Püree mixen.
4. Während das Gemüse gegart wird, zweite Aubergine der Länge nach in 16 sehr dünne Scheiben schneiden. In einer heißen Pfanne Scheibe für Scheibe beidseitig grillen (ohne Zugabe von Öl).
5. 8 Auberginenscheiben auf ein Backblech legen, mit dem Püree bestreichen, mit Auberginenscheiben belegen. Mit ein wenig Meersalz bestreuen, mit Olivenöl besprenkeln.
6. Bei 200 °C 8 bis 10 Minuten braten.
7. Butter mit Honig kurz köcheln.
8. Auberginen auf Teller geben, Honigbutter rundum träufeln, Auberginen mit Balsamico besprenkeln.

Herminator-Steak mit Dijonsenf und Rucolasalat

Für 4 Portionen

4 Rinderfiletsteaks (à 200 g)	12 Kirschtomaten
Rosmarin, Erdnussöl	Basilikum
1/8 l QimiQ	2 Zitronen
Schwarze Pfefferkörner, Tabasco, Salz	2 EL Haselnüsse
	2 Eier
	Balsamicoessig
	Honig
Für den Salat:	Schwarzer Pfeffer
2 Hand voll Rucola	Salz

Vor allem nach harten Vormittags-Einheiten schwört der Herminator darauf (690 Kalorien pro Person)

1. Eier hart kochen, abschrecken und schälen.
2. Fleisch mit Öl einstreichen, mit grob gemahlenen oder zerdrückten schwarzen Pfefferkörnern bestreuen und auf einer Seite mit Senf dünn bestreichen.
3. Mit dieser Seite nach oben in eine heiße Pfanne legen. QimiQ, 1/16 l Wasser und einen Rosmarinzweig dazugeben. Fleisch bei bedecktem Geschirr und geringer Hitze etwa 8 Minuten dünsten. Das Fleisch sollte im Kern rosa bleiben. Salzen, pfeffern und mit Tabasco würzen.
4. Aus Balsamicoessig, Salz, der geriebenen Schale der Zitronen, Pfeffer, etwas Wasser und Honig eine nicht zu saure Marinade rühren.
5. Rucola gut waschen und abtropfen lassen. Mit geschnittenen Tomaten, Nüssen, Basilikum und der Marinade vermischen. Mit grob gehackten Eiern bestreuen.
6. Steak mit Saft auf Teller geben. Salat dazu anrichten.

Zucchininudeln

Für 4 Portionen

500 g kleine Zucchini	1/8 l Sauerrahm / saure Sahne
1 Zwiebel oder 5 Schalotten	Gruyère oder Parmesan
2 Zehen Knoblauch	5 EL Olivenöl
1 Zweig Bohnenkraut	Evtl. Kürbiskernöl
400 g Nudeln	Pfeffer, Salz

Sollen Sie noch eine Nacht-Einheit vor sich haben, gibt's kein besseres Abendessen (625 Kalorien pro Person)

1. Zucchini mit Salz und kaltem Wasser abreiben und in große Würfel schneiden.
2. Zwiebel oder Schalotten und Knoblauch schälen, klein schneiden und in 3 EL Olivenöl anschwitzen. Zucchini zugeben, salzen und pfeffern.
3. Blätter vom Bohnenkraut abzupfen und fein schneiden. Bohnenkraut und Sauerrahm zu den Zucchini geben. Zucchini bissfest dünsten.
4. Nudeln in Salzwasser kochen. Abseihen, in den Topf zurückgeben und mit dem restlichen Olivenöl verrühren.
5. Nudeln portionsweise auf Teller geben, die Zucchini darauf geben. Nach Belieben mit Kernöl beträufeln und mit geriebenem Käse bestreuen.

Sellerie-Eierspeise mit Gurkensalat

Für 4 Portionen

160 g Knollensellerie	Für den Salat:
1/4 l Schlagobers / Schlagsahne	2 Gurken
8 Eier	Bohnenkraut (getrocknet)
Pfeffer	2 EL Sauerrahm / saure Sahne
Salz	Weißweinessig
	Tabasco
	Pfeffer

Eignet sich als Jause nach dem Mittagstraining (385 Kalorien pro Person)

1. Sellerie schälen und in kleine Würfel schneiden. In einen kleinen Topf geben und mit so viel Schlagobers aufgießen, dass die Selleriewürfel gerade bedeckt sind. Köcheln, bis der Sellerie gar ist. Abkühlen lassen.
2. Eier mit dem Sellerie samt Saft sowie einem guten Schuss Schlagobers verrühren, in eine Pfanne gießen und langsam erhitzen. Unter ständigem Rühren mit dem Schneebesen bei kleiner Hitze garen (die Eier sollen mäßig stocken, aber keinesfalls hart werden).
3. Eierspeise portionsweise auf Teller geben, salzen und pfeffern. Mit Vollkorntoast servieren.
4. Für den Salat Gurken schälen, der Länge nach halbieren und mit einem kleinen Löffel entkernen. Grob blättrig schneiden, mit ein paar Spritzern Essig, Sauerrahm, Tabasco, Pfeffer und Bohnenkraut vermengen.

Gebratener Lachs mit Apfelradicchio

Für 4 Portionen

4 Stücke vom Lachsfilet (à 150 g, mit Haut)	2 EL Butter
1 großer Radicchio (Trevigiano*)	Olivenöl
1 Apfel	Apfelbalsamessig
2 Zehen Knoblauch	Rohrzucker
	Schwarzer Pfeffer
	Salz

Genau das, was Sie nach einem Kraft- oder Ausdauertraining brauchen (420 Kalorien pro Person)

1. Salat klein schneiden. Knoblauch schälen und feinblättrig schneiden. Apfel vom Kerngehäuse befreien und in feine Scheiben schneiden.
2. Knoblauch in 2 EL erhitzter Butter anschwitzen. 1 TL Rohrzucker einrühren und bis zur leichten Färbung erhitzen. Radicchio zugeben und schwenken. Apfelspalten kurz mitbraten, mit einem kräftigen Schuss Apfelbalsamessig ablöschen.
3. Lachsfilet salzen und mit Pfeffer würzen. Auf der Hautseite in Olivenöl bei starker Hitze anbraten, wenden und im Backofen bei 250 °C fertig braten. Das dauert knapp 2 Minuten.
4. Lachs auf Apfelradicchio anrichten.

* Die Sorte ist wichtig, weil nur die längliche Art des Radicchio die für dieses Gericht wünschenswerten kräftigen Blattrippen hat; bei Verwendung von rundem Radicchiosalat würden die Blätter beim Braten zu weich werden.

Spinat-Neuburgerbrot mit Sojasprossen und Tofu

Für 4 Portionen

2 Hand voll Blattspinat	100 g Roggenmehl
1 Hand voll Sojasprossen	150 g Weizenmehl
40 g Haselnüsse	1/2 Würfel Hefe
200 g Neuburger, dünn geschnitten	1 EL Olivenöl
	1 TL Rohrzucker
200 g Tofu	Pfeffer, Meersalz, Salz

Das Mittagessen für den Ausdauersportler (516 Kalorien pro Person)

1. In einer Küchenmaschine aus Roggen- und Weizenmehl, einem Schuss Olivenöl, einer Prise Salz, Zucker, Hefe und ca. 1/16 l lauwarmem Wasser einen Pizzateig schlagen (mit dem Knethaken 8 bis 10 Minuten schlagen; der Teig soll eine Konsistenz haben wie weiche Knetmasse und am Boden der Rührschüssel noch ein wenig haften bleiben).
2. Teig zudecken und an einem warmen Ort gehen lassen. Zusammenschlagen und nochmals gehen lassen.
3. Haselnüsse hacken. Neuburger in breite Streifen schneiden. Tofu in Stücke brechen. Spinat und Sprossen putzen, waschen und gut abtropfen lassen.
4. Auf einer mit Mehl bestreuten Fläche die Hälfte des Teigs in der Größe eines Backblechs ausrollen oder -klopfen. Auf ein mit Mehl bestreutes Blech heben.
5. Alle vorbereiteten Zutaten auf dem Teig verteilen. Restlichen Teig in der passenden Größe ausrollen. Den Belag damit bedecken, an den Rändern mit der Unterseite des Teiges gut zusammendrücken.
6. In das auf 250 °C vorgeheizte Rohr schieben und bei Umluft ca. 30 Minuten backen.
7. Mit Olivenöl beträufeln und mit Meersalz bestreuen.

Topfenmango mit Joghurtsauce

Für 3 Portionen

3 Mangos	2 TL Vanillezucker	1 Mango
250 g Topfen (20 % F. i. T.)	Lavendel, Kokosraspeln	250 g Magerjoghurt
2 Eiklar	Zucker, 2 EL Rosinen	4 cl Zitronensaft
1 TL Vanillepuddingpulver	Für die Sauce:	Orangensaft

Der Trainings-Regenerator (342 Kalorien pro Person)

1. Mangos halbieren, Kerne herausschneiden.
2. Eiklar mit 1 EL Zucker zu Schnee schlagen.
3. Topfen mit Puddingpulver, Rosinen und Vanillezucker verrühren. Eischnee unterheben.
4. Mangohälften mit Kokos bestreuen. Topfenmasse darauf geben, jede Mango mit einem Zweig Lavendel belegen.
5. Mangos im Backofen bei 250 °C etwa 5 Minuten backen.
6. Für die Sauce Mango schälen. Fruchtfleisch vom Kern schneiden und mit Orangensaft zu saucenartiger Konsistenz mixen. Mit Joghurt und Zitronensaft verrühren.

Dinkelgugelhupf

Für 1 Gugelhupf mit ca. 12 Stück

200 g Dinkel-Vollkornmehl	3/4 Päckchen Backpulver	250 g Rohrzucker
50 g Urdinkel-Vollgrieß	3 EL Milch	Butter und Mehl für die
3 Eier, 1/4 l Schlagobers	1 Päckchen Vanillezucker	Form

Eine kulinarische und ernährungstechnische Sensation. Die Zwischenmahlzeit, egal ob Vor- oder Nachmittag (360 Kalorien = 3 Stück pro Person)

1. Eier in Dotter und Klar trennen. Das Schlagobers halb flüssig schlagen. Unter weiterem Schlagen Rohrzucker und Vanillezucker einarbeiten. Die Dotter einrühren. Mehl, Grieß und Backpulver unterheben, Milch zugießen.
2. Eiklar zu Schnee schlagen und unter die Masse ziehen.
3. Gugelhupfform mit Butter ausstreichen und mit Mehl ausstreuen. Teig einfüllen.
4. Gugelhupf bei 180 °C ca. 45 Minuten backen.

Gewürzreis

Für 4 Portionen

2 Tassen Langkornreis	5 EL Erdnussöl
1 EL Butter	1/2 TL Paprikapulver (edelsüß)
200 g Kohlrabi	1/2 TL Curry, Kurkuma
200 g Zucchini	3 EL Sojasauce
2 junge Zwiebeln	Hot-Chili-Öl, abgeriebene Schale einer unbehandelten Zitrone
2 Schalotten	Salz
2 Knoblauchzehen	Pfeffer
1/2 Karotte	
1 kleinfingergroßes Stück Ingwerwurzel	

Eine optimale Hauptspeise für Outdoor-Fans (360 Kalorien pro Person)

1. Reis in der Butter anschwitzen. 4 Tassen Wasser zugießen und den Reis weich dünsten.
2. Zucchini mit Salz unter Wasser abreiben, in Würfel schneiden. Jungzwiebeln putzen, in etwa 3 cm lange Stücke schneiden. Schalotten und Knoblauch schälen und in feine Würfel schneiden. Karotte schälen und in Stäbchen schneiden. Ingwer schälen und in feine Würfel schneiden. Kohlrabi schälen und dünn blättrig schneiden.
3. 1 EL Erdnussöl erhitzen (am besten in einer Eisenpfanne). Zucchiniwürfel und Kohlrabi darin ein paar Minuten braten.
4. Restliches Gemüse, Ingwer sowie Paprikapulver, Curry, eine Prise Kurkuma, 4 EL Erdnussöl, Sojasauce und Hot-Chili-Öl zugeben. Alles ein paar Minuten braten.
5. Reis zugeben und alles noch weiterbraten, bis der Reis ein wenig geröstet ist. Evtl. mit Salz abschmecken.
6. Reis in Suppenteller anrichten, mit geriebener Zitronenschale bestreuen.

Dieses Gericht hat eine Ähnlichkeit mit dem „Mongolischen Feuertopf". Es schmeckt auch vorzüglich mit Tintenfisch, Scampi oder Hühnerfleisch.

Scharfe Ingwer-Gemüsesuppe

Für 4 Portionen

2 Karotten	Ingwer
1 Stange Staudensellerie	4 EL Sojasauce
2 große Kartoffeln (fest kochend)	Hot-Chili-Öl
1 Hand voll Sojasprossen	Suppenpulver (oder besser 2 l Hühnerfond)
2 rote Zwiebeln	Maizena oder Pfeilwurzelmehl
3 Zehen Knoblauch	Salz
Zitronengras oder Zitronenmelisse	Pfeffer

Ideales Aufwärm-Menü nach dem Outdoor-Training (210 Kalorien pro Person)

1. Karotten schälen und in Streifen schneiden. Sellerie putzen und quer zur Faser feinblättrig schneiden. Zwiebeln und Knoblauch schälen und blättrig schneiden. Ingwer schälen und fein hacken (1 EL). Kartoffeln schälen und fein blättrig schneiden. Zitronengras oder Zitronenmelisse fein schneiden (1 EL).
2. 2 l Wasser mit Suppenpulver oder besser Hühnerfond aufkochen. Die vorbereiteten Zutaten sowie Sojasauce zugeben und ca. 10 Minuten bei geringer Hitze kochen.
3. 2 EL Maizena oder Pfeilwurzelmehl in Wasser dick breiig anrühren. Nach und nach in die Suppe einkochen, bis eine leichte Bindung entstanden ist. Mit Chiliöl, Salz und Pfeffer abschmecken.

Orangen-Avocadosalat mit Forelle

Für 4 Portionen

4 reife Avocados	Getrocknete Kräuter der Provence
2 Orangen	Honig
4 Forellenfilets	Olivenöl, Chiliöl
Saft von 2 Zitronen	Schwarzer Pfeffer aus der Mühle, Salz
Evtl. frische Minze oder Melisse	

Ein Abendessen, das Kraft gibt und nicht belastet (385 Kalorien pro Person)

1. Orangen so schälen, dass auch die Haut vom Fruchtfleisch entfernt wird. Abtropfenden Saft auffangen. Fruchtfleisch zwischen den Trennhäuten herausschneiden. Den Rest der Früchte ausdrücken.
2. Avocados halbieren, Fruchtfleisch mit einem kleinen Löffel stückchenweise aus den Schalen schaben. Mit den Orangenfilets und dem Saft vermischen.
3. Forellenfilets jeweils in drei gleich breite Stücke schneiden. Mit Zitronensaft beträufeln.
4. Dämpfeinsatz mit Öl bestreichen, Forellenstücke darauf legen und bei bedecktem Geschirr ca. 3 Minuten dämpfen.
5. Orangen-Avocadosalat auf Teller geben, Forellenstücke darauf legen, mit Kräutern bestreuen, mit Honig, Chiliöl, schwarzem Pfeffer und Salz bestreuen bzw. beträufeln.

Mit getoastetem Vollkornbrot servieren.

Lachsforelle im Meersalz mit Sauerkraut

Für 4 Personen

1 Lachsforelle (ca. 1,2 kg)	Olivenöl
150 g Sauerkraut	Ca. 3 kg grobes Meersalz
Dill	Für die Sardellenbutter:
Weinblätter, Walnussblätter oder Blätter vom Weißkraut / -kohl	125 g Butter
	1 EL Sardellenpaste

Damit geben Sie Ihrem Körper die nötigen Ballaststoffe (228 Kalorien pro Person)

1. Forelle mit kaltem Wasser abwaschen. Sauerkraut locker zupfen, mit 1 EL Dillspitzen vermischen und in die Bauchhöhle des Fisches füllen.
2. In einen Bräter (oder Blech mit Rand) fingerhoch Meersalz streuen. Salz mit Blättern belegen. Forelle auf die Blätter legen, mit Blättern bedecken und mit Meersalz bestreuen, sodass der Fisch fingerdick bedeckt ist.
3. Bei 220 °C etwa 30 Minuten garen. Bräter aus dem Backofen nehmen, Fisch im Salz noch etwa 10 Minuten ruhen lassen.
4. Zimmerwarme Butter mit der Sardellenpaste verrühren.
5. Das Salz vom Fisch schaben oder abheben, Blätter öffnen. Kraut aus dem Fisch nehmen und auf Teller geben. Haut des Fisches öffnen und zurückschlagen. Filets von den Gräten heben und auf das Kraut legen. Gräten vom Schwanz beginnend abheben, restliche Filets von der Haut abheben.
6. Sardellenbutter auf jeden Teller geben, Fisch mit bestem Olivenöl beträufeln.

Dazu passen junge Kartoffeln.

Tomatenspagetti mit Zander und Fenchel

Für 4 bis 6 Portionen

400 g Zanderfilet (ohne Haut)	Parmesan
5 große Fleischtomaten	1/4 l Olivenöl
1 Knolle Fenchel	500 g Hartweizennudeln
3 Zehen Knoblauch	Rohrzucker
1 Bund Basilikum	Schwarzer Pfeffer
	Salz

Eine ideale Kohlehydrat-Eiweiß-Kombination nach einem harten Trainingstag (480 Kalorien pro Person)

1. Von den Tomaten den Strunk ausschneiden. Tomaten in Würfel schneiden. Vom Fenchel den harten Boden wegschneiden. Fenchel quer zur Faser blättrig schneiden. Knoblauch abziehen und blättrig schneiden. Basilikumblätter von den Stielen zupfen und in Streifen schneiden.
2. Fischfilet in breite Streifen oder Würfel schneiden.
3. In einer großen Pfanne Öl erhitzen. Gemüse zugeben und bei mäßiger Hitze ca. 7 Minuten schmoren. Fisch beigeben, etwas mitdünsten. Mit Zucker, Pfeffer und Salz würzen.
4. Nudeln in einem großen Topf mit sehr viel leicht gesalzenem Wasser bissfest kochen. Abseihen. Nudeln unter die Gemüse-Zander-Mischung heben. In Teller geben, mit Basilikum und geriebenem Parmesan bestreuen.

Reis mit Hühnerbrustfilets

Für 6 Portionen

300 g Basmati- oder Duftreis	1 Knoblauchzehe
Distelöl	Minze, Zitronengras
3 Hühnerbrustfilets	50 g gesalzene Erdnüsse
250 g fingerdicker Spargel	Distelöl, Sojasauce (dünnflüssig)
50 g Sojasprossen	Zucker, Salz

Mein Lieblingsmahl zum Tagesausklang (495 Kalorien pro Person)

1. Reis in Distelöl anschwitzen, mit 600 ml Wasser aufgießen. Aufkochen, Hitze reduzieren, Reis zugedeckt weich dünsten.
2. Spargel schälen und harte Enden wegschneiden. Spargel in Wasser mit Salz und Zucker kochen. Aus dem Fond heben und in Stücke schneiden.
3. Knoblauch abziehen und blättrig schneiden. Ein 3 cm langes Stück Zitronengras fein schneiden.
4. Hühnerfleisch in dünne Streifen schneiden. Gemeinsam mit Knoblauch und Zitronengras in Distelöl scharf anbraten. Nüsse und Sojasprossen zugeben und alles kurz braten. Mit einem Schuss Sojasauce würzen.
5. Reis in die Pfanne geben und mit dem Hühnerfleisch mischen. Fein geschnittene Minze unterheben.

Zusätzlich passen in diesen Reis auch gebratene Garnelen.

Putenbrust mit Karottengerste

Für 4 Portionen

4 Scheiben von der Putenbrust (à 150 g)	Für die Karottengerste:
3 Zehen Knoblauch	1 Karotte
1 Zitrone	1 Zwiebel
Basilikum	100 g Rollgerste
Sojasauce, Curry, Honig, Olivenöl	Butter, Suppenwürze
Schwarzer Pfeffer (gemahlen)	Salz, Pfeffer

Gibt Ihnen nach einem nicht zu harten Arbeits- oder Trainingstag die Kraft zurück (180 Kalorien pro Person)

1. Knoblauch schälen und blättrig schneiden. Zitronenschale abreiben. Putenfleisch mit Knoblauch, Zitronenschale und sämtlichen anderen Zutaten marinieren.
2. Für die Gerste Karotte schälen und klein würfelig schneiden. Zwiebel schälen und etwas größer schneiden. Zwiebel-, Karottenwürfel gemeinsam mit der Gerste in 1 EL Butter anschwitzen. 1/16 l Wasser zugießen, falls vorhanden eine Stück Parmesanrinde zugeben, mit Suppenwürze, Salz und Pfeffer würzen. Gerste zugedeckt bei geringer Hitze etwa 20 Minuten weich köcheln.
3. Fleisch aus der Marinade heben und in einer mäßig heißen Pfanne beidseitig braten. Mit Karottengerste anrichten.

reusch
22

Kapitel 10

Herminator II

Die 521 Tage vom Horror-Crash bis zum Sensationssieg in Kitzbühel. Bergmüllers Tagebuchaufzeichnungen.

Wenn Hermann im Skizirkus unterwegs ist, telefonieren wir täglich. An seiner Stimmlage erkenne ich, was am nächsten Tag passiert. Als er mich am 26. Jänner 2003, am Abend vor dem legendären Comeback-Super-G aus Kitzbühel, anrief, ahnte ich: Er gewinnt!

Als ich Hermanns Stimme am Telefon hörte, ahnte ich: „Er gewinnt!"

Im Nachhinein sagt sich das einfach. Aber in Wahrheit raubte mir Hermann den letzten Schlaf und ich durchlebte die unruhigsten Stunden meines Lebens. Zwar war ich felsenfest davon überzeugt, dass Hermann körperlich und mental wieder fit genug war, mit den Besten mitzuhalten, dennoch hatte ich Angst: Wird das rechte Bein auf der langen, extrem schwierigen hängenden Traverse nach der Hausbergkante die Belastungen aushalten? Ein einziger Fehler und Hermann konnte seinen Start bei der WM in St. Moritz vergessen. Der Super-G in Kitzbühel war der Einzige, der zwischen dem Comeback und der WM auf dem Weltcupprogramm stand. Und ausgerechnet dieses für Hermann so wichtige Rennen hing wegen der Wetterkapriolen in Kitzbühel an einem Faden. Als sich alle bereits mit der Absage abgefunden hatten, kämpfte ÖSV-Präsident Peter

Kitzbühel, 27. Jänner 2003. Hermanns größter Sieg

Schröcksnadel wie ein Löwe um den Super-G – und setzte die Verschiebung auf den letztmöglichen Termin durch.

Der Montag nach dem eigentlichen Kitzbühel-Wochenende war der „Tag X" für Hermann. Schneegestöber, schlechte Sicht – eine Zitterpartie, Bedingungen für Draufgänger. Ich schloss mich in meiner Wohnung im Olympiastützpunkt ein und bangte, ob die Nummer 22 bei diesem Wetter überhaupt fahren dürfe. Als der gelbe Helm an der Hausbergkante auftauchte, schaltete ich den Fernseher ab. Ich hielt es nicht mehr aus. Eine Minute später drehte ich wieder auf, sah Hermann jubeln und stieß selbst einen Jubelschrei aus, den sie auch unten in der Lürzeralm noch gehört haben müssen. Mit einem Schlag war alles vergessen: die Mühen, die schlaflosen Nächte, die gescheiterten Comebackversuche, aber auch die unqualifizierten Meldungen der Besserwisser. Mir kamen die Tränen. Für mich war das der größte Sieg, an dem ich je teilhaben durfte. Er bedeutete mir mehr als alles andere, was ich in 25 Jahren als Trainer erleben durfte, mehr als Hermanns zwei Olympia-Goldmedaillen bei den Olympischen Spielen in Nagano 1998. Das größte Comeback der Skigeschichte war perfekt – und ich hatte Teil daran!

Als der gelbe Helm an der Hausbergkante auftauchte, schaltete ich den Fernseher ab

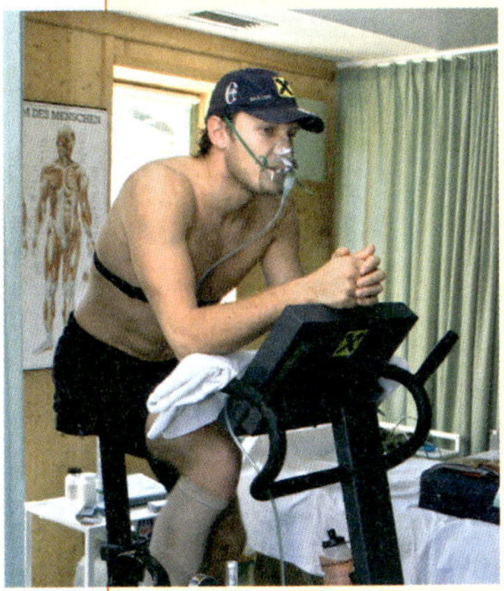

Hermann beim Reha-Training. Wegen der Höhenlage in Obertauern wird Sauerstoff eingesetzt

Trainieren Sie sich gesund

Der Holländer VINCENT VERMEULEN, Leiter der Physiotherapie im ÖSV-Olympiastützpunkt Obertauern/Flachau, über die Hintergründe des Maier-Comebacks – und über andere sensationelle Reha-Erfolge

Wir Therapeuten sind keine Zauberer. Wir können nicht dafür sorgen, dass Ihre Heilung schneller verläuft als vom Körper bestimmt. Wir können allerdings sehr wohl verhindern, dass es zu lange dauert, bis Sie wieder fit werden. Hermann Maier ist unser Paradebeispiel. Nie werde ich die Zeit nach seinem Unfall vergessen, als wir ihn Schritt für Schritt zuerst ins normale Leben und dann in den Trainingsalltag zurückholten.

„Werde ich irgendwann wieder normal gehen können?“, fragte Hermann bei meinem ersten Besuch in der Intensivstation mit gebrochener Stimme. In Zusammenarbeit mit dem Behandlungsteam im Unfallkrankenhaus begann ich, den vollkommen unbeweglichen rechten Fuß im Bett zu mobilisieren. Dann musste der beste Skirennläufer der Welt wie ein kleines Kind gehen lernen. Ich bin heute noch verblüfft, wie schnell alles ging: Bereits nach fünf Wochen machte er auf dem Rasen neben der Reha-Klinik in Radstadt die ersten Laufschritte und wir haben sogar Fußball gespielt.

Unsere Therapie ist Training. Großteils Ausdauertraining, das wie alles im Olympiastützpunkt medizinisch per Laktatmessung gesteuert wird.

Therapeut und Trainer – ein Team. In Hermanns Fall hatte ich anfangs mehrmals am Tag Besprechungen mit Heini Bergmüller. Ich teilte ihm mit, welche Belastungen möglich waren. Erst dann bestimmte Bergmüller die richtige Dosierung des Trainings.

Wir streicheln unsere Patienten nicht. Nirgendwo auf der Welt werden Spitzensportler so wenig massiert wie bei uns. Wir lassen unsere Athleten arbeiten und sorgen so für einen aktiven Heilungsprozess.

Neben Hermann Maier gibt es zahlreiche nicht minder beeindruckende Rehabilitationserfolge im Olympiastützpunkt.

- Ein Lkw-Fahrer mit einem Bandscheibenvorfall und Lähmungserscheinungen im Fuß hatte bereits einen Operationstermin, als er sich entschied, zu uns zu kommen. Während der ersten zwei, drei Wochen standen nur Ruhe, Infusionen und chinesische Heilmethoden auf dem Programm. Langsam begannen wir mit mobilisierenden Kreuzübungen und nach rund zwei Wochen mit moderatem, gesteuertem Ausdauertraining am Ergometer. Dazu kamen gesteuertes Spazierengehen und Stabilitätstraining für den Rumpf. Sein aerober Stoffwechsel wurde wieder in Schwung gebracht. Nach zehn Wochen saß er bereits schmerzfrei in seinem Lastwagen und konnte sogar zu seinem Lieblingssport, dem Mountainbiken, wechseln. Nach drei Monaten war der OP-Termin hinfällig.
- Ein Junge, der als Frühgeburt mit offenem Rückgrat auf die Welt gekommen war, war mit 15 Jahren motorisch schwer gehandicapt. Die rechte Seite war stark unterentwickelt. Er wirkte verstört, sprach kaum und hatte in der Schule Probleme. Seine Eltern hatten nichts unversucht gelassen, von herkömmlichen Therapien bis zum Schwimmen mit Delphinen – alles vergeblich. Bis sie den Weg nach Obertauern fanden. Wir arbeiteten Vierwochenzyklen aus: eine Woche Olympiastützpunkt mit viel Ausdauertraining, Koordinationsübungen

und Physiotherapie, drei Wochen Heimtraining. Zuerst kam viel Kritik von Ärzteseite, dann viel Lob von den glücklichen Eltern. Nach einem Jahr konnte der junge Mann fast normal gehen. Innerhalb von wenigen Monaten wurde das Kraftdefizit am Spezialergometer (30 Prozent Unterschied zwischen rechtem und linkem Bein) ausgeglichen. In der Schule war er nicht wiederzuerkennen. Er blühte auf, fand in sein soziales Umfeld und begann sogar mit Lauftraining. Und er erfüllte sich einen Traum: den Kleinmotorrad-Führerschein.

- Eine Weltklasse-Skirennläuferin kam mit einem kaputten Knie (unter anderem ein Kreuzbandriss) und einem katastrophalen Ausdauerniveau zu uns. Sie stand ständig unter Stress. Mit Ausdauertraining und viel Geduld erzielten wir enorme Fortschritte. Bereits nach einem halben Jahr stand sie wieder schmerzfrei auf dem Ski.
- Unsere beste Snowboarderin hielt eine Saison lang mit gerissenem Kreuzband durch und eroberte die WM-Silbermedaille. Ohne Physio und gesteuertes Training wäre das undenkbar gewesen.

Diese Fälle sollen Ihnen zeigen, was alles möglich wäre. Hätte ich all die komplizierten Problem-Patienten unseres Landes bei mir am Rad, würden wir den Krankenkassen Millionen ersparen. Wir hätten

- weniger Verletzungen,
- weniger Gewichtsprobleme,
- weniger Stoffwechselerkrankungen,
- weniger Herz-Kreislauf-Probleme,
- weniger Depressionen.

Wenn Sie meine einfachen Grundregeln befolgen, können Sie von einer Verletzung vielleicht sogar profitieren, indem Sie Ihre Grundlagenausdauer und damit Ihr allgemeines Wohlbefinden verbessern.

1. Trainieren Sie ruhig.

Der Schlüssel zum Erfolg ist moderates Ausdauertraining. Studien konnten eindeutig nachweisen, dass bessere Grundlagenausdauer zu rascherer Heilung führt. Orientieren Sie sich dabei an der Fettstoffwechsel-Basisschwelle (siehe Kapitel 4). Zu intensives Training ist dagegen Gift: Das beschädigte Bindegewebe wird schlechter durchblutet, Entzündungen sind meist die Folge, die Schmerzen kehren zurück …

2. Haben Sie Geduld.

Es wird mehrere Wochen dauern, bis das Grundlagenausdauer-Training wirksam wird. Denken Sie an Hermann Maier, der nach seinem Unfall monatelang mehrere Stunden am Tag am Ergometer in die Pedale trat.

3. Bleiben Sie cool.

Unter Stress sieht man, ob langfristig gut trainiert wurde. Wieder ist Maier das beste Beispiel. Er kann auch mit Extremsituationen perfekt umgehen. Wer seine „Stressoren“ nicht im Griff hat (Kapitel 5), wird nichts weiterbringen. Negativbeispiel: Der gestresste Manager mit Genickschmerzen, der ins Fitnessstudio geht, um seine Nackenmuskeln zu stärken. Er wird das Gegenteil erreichen.

4. Machen Sie sich nichts vor.

Ausdauertraining ist langwierig. Doch „keine Zeit“ als Ausrede lasse ich nicht gelten. Nützen Sie zum Beispiel die Zeit vorm Fernseher zum Training. Und bedenken Sie: Verzögerungen im Heilungsprozess werden Sie noch viel mehr Zeit und Geld kosten!

5. Keep it simple.

Wenn man Sie zu einer Operation überreden will, holen Sie eine zweite Meinung von einem Spezialisten ein. So kann beispielsweise ein einfacher Fersenkeil unter der Laufschuheinlage eine Achillessehnenoperation verhindern.

70 bis 80 Prozent meiner Patienten könnten sich den Weg in meine Praxis überhaupt ersparen. Sie hätten sich nur – richtig! – konsequent an unsere Ausdauerphilosophie halten müssen.

Rückblick. 16. Jänner 2001. Pressekonferenz in Kitzbühel. In einem nie da gewesenen Blitzlichtgewitter gab Hermann seine Absage für die Olympischen Spiele bekannt. Natürlich kamen mir da Zweifel. Über 100 Trainingseinheiten seit dem Motorradunfall, 2600 Kilometer auf dem Rad und 917 Laktatkontrollen sollten plötzlich umsonst gewesen sein? Ich wollte es nicht wahrhaben. Ich holte Hermann noch zweimal in den Olympiastützpunkt, um das Krafttraining weiter zu forcieren. Die Absage war zwar offiziell, aber insgeheim hoffte ich noch auf ein Wunder. Zumindest für ein paar Tage. Bis auch ich endgültig aufgeben musste und Hermann in den Urlaub entließ.

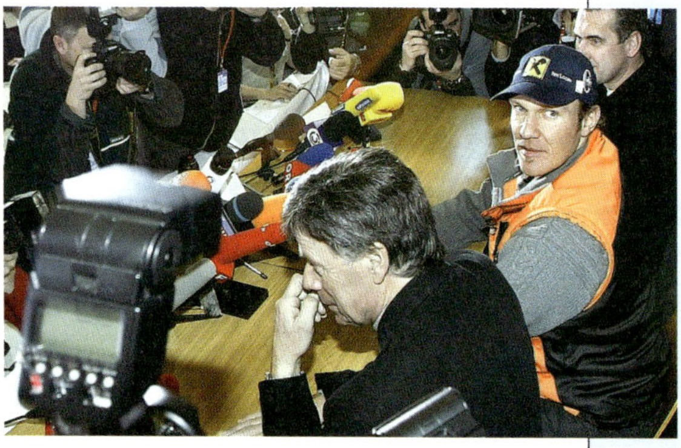

Bergmüllers Comeback-Tagebuch

29. Jänner 2002. Hermann sitzt im Flugzeug Richtung Florida. Er hat keinen Trainingsplan, keine Vorgaben dabei. Er soll sich nur erholen, körperlich und geistig. Je wärmer, desto besser, desto weniger wird er ans Skifahren denken. Hermann muss endlich richtig regenerieren und auf andere Gedanken kommen. Er muss loslassen, das Leben genießen. Er soll sich im Wasser austoben; Wasser und Wärme werden seinem Bein gut tun. Mit seinem Freund und Skitrainer Andreas Evers macht er den Tauchschein.

9. bis 22. Februar 2002. Hermann ist zum Haifischtauchen auf die Bahamas übersiedelt. Nach und nach tröpfeln E-Mails und Urlaubsfotos im Olympiastützpunkt ein. Während ich mich in Salt Lake City über Walchhofers Auftritt in der Kombination und über die Pleiten der von uns betreuten Snowboarder ärgere, hat es Hermann tatsächlich geschafft, Abstand zu gewinnen.

24. Februar 2002. Kaum ist Hermann zurück, sehe ich ihn schon wieder im Fernsehen. Während ich über seine Meldungen wie „Olympia? Wer hat eigentlich den Super-G gewonnen?“ schmunzeln muss, diskutiert ganz Österreich über das Interview.

An Hermanns Körperhaltung ist nicht zu übersehen: Der Urlaub war leider kein voller Erfolg. Hermann hat noch immer Schmerzen. Die Untersuchungen bestätigen

Haifisch-Tauchen vor Paradise Island

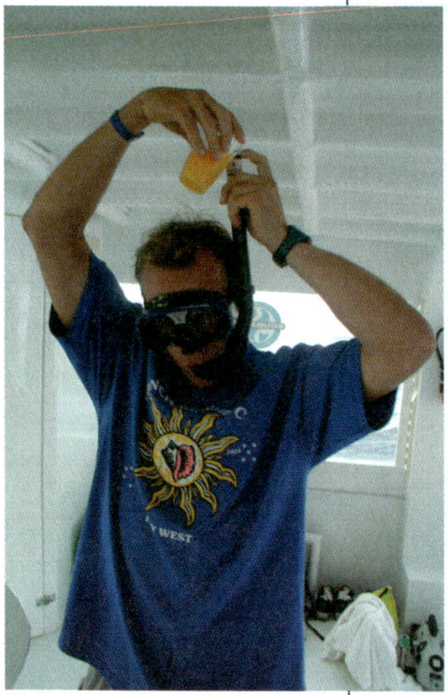

meine Vermutung: Die fehlenden Belastungen haben sich offensichtlich negativ auf die Kallusbildung und damit auf die Knochenheilung ausgewirkt.

3. März 2002. Wir schauen bei der Leichtathletik-Hallen-Europameisterschaft im Wiener Dusika-Stadion vorbei und fiebern mit Steffi Graf mit. Hermann darf der enttäuschten Mittelstrecken-Queen die Silbermedaille umhängen. (Wer hätte damals gedacht, dass er sich elf Monate später über die gleiche Medaille ärgern würde!)

8. bis 10. März 2002. Weltcupfinale in Flachau. Jeder, der Hermann kennt, weiß, wie sehr es ihn schmerzen muss, zum Zuschauen verurteilt zu sein. Nicht einmal an freies Skifahren ist zu denken.

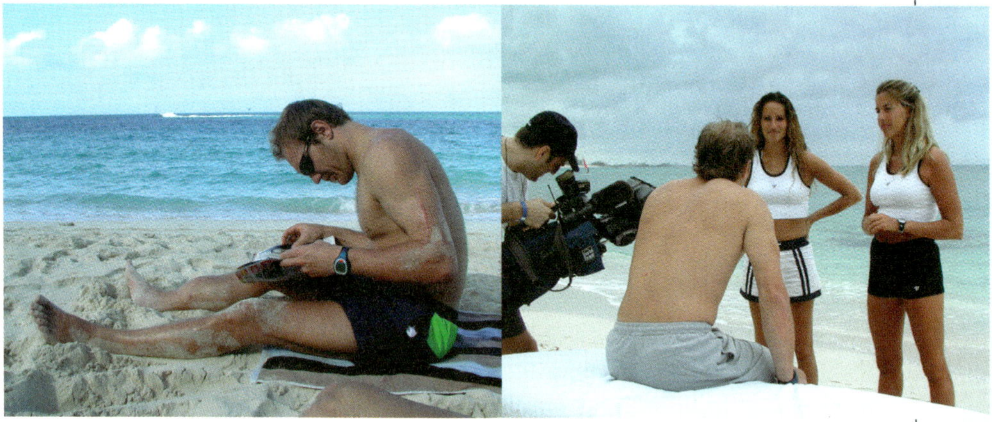

Olympia-Ersatzprogramm: „Hermann Maier – Der Weg zurück". Auch auf den Bahamas war das Doku-Team vor Ort

14. März 2002. Der letzte Verstrebungsbolzen, der den 37-Zentimeter-Marknagel mit dem Knochen fixiert, wird entfernt. Vor allem von der anschließenden Stoßwellentherapie erwartet sich Artur Trost enorme Fortschritte.

Ende April / Anfang Mai. Hermann nützt die guten Schneeverhältnisse in Obertauern aus: freies Skifahren mit Andreas Evers. Seine Begeisterung hält sich in Grenzen (Schmerzen!).

6. Mai. Beginn des Aufbautrainings für die Weltcupsaison 2002/2003. Erste Trainingseinheit im Olympiastützpunkt Obertauern.
Vormittag: 3 mal 30 Minuten am Ergometer
Rumpftraining
Dehnen
Nachmittag: Koordination, Laufschule mit Spezialschuh
25 Minuten Einfahren am Ergometer (230 Watt, Puls 130, Laktat 1,0)
Drei Serien Kraftausdauer am Ergometer: Belastung 7 Minuten (340 Watt, Puls 162, Laktat 3,1); 8 Minuten (350 Watt, Puls 162, Laktat 3,3); 10 Minuten (340 Watt, Puls 168, Laktat 3,5); 25 Minuten Ausradeln (Puls 110, Laktat 1,8).

Februar 2002. Ergometertraining am weißen Strand

Dehnen, Physiotherapie mit Lymphdränage, Mobilisieren des rechten Sprunggelenks, Magnetfeldtherapie.
Hermann ist von seinem normalen Niveau weit entfernt und das macht ihm zu schaffen. Er ist voll motiviert zum Training erschienen und war sichtlich enttäuscht über seine Leistung. Ich sehe das naturgemäß ganz anders: Er erfüllt exakt meine Erwartungen. Nach der langen Pause darf er sich über den Rückgang seines Ausdauerniveaus nicht wundern. Ich bin jedenfalls felsenfest davon überzeugt: Spätestens im Sommer ist Hermann wieder der Alte!

Mitte Mai 2002. Beginn des speziellen Schnelligkeitsprogramms (zweimal wöchentlich). Zum Beispiel Bein-Tapping (schnelles, abwechselndes Links-rechts-„Trippeln“) stehend 5 mal 3 Sekunden oder Treten im Ergometerleerlauf (zum Beispiel 6 mal 6 Sekunden), was das Zeug hält. Alles wird elektronisch gemessen und über Laktat und Ammoniak gesteuert. Elektromyostimulation (Muskeln werden durch Stromreize stimuliert), Schnellkrafttraining am Beinstreckgerät. Mühsam. Hier müssen wir praktisch wieder von vorne beginnen.

Radrunden um den Neusiedlersee. Im Windschatten: Ski-Trainer Andreas Evers

26. Mai bis 1. Juni 2002. Abschluss der Grundlagenausdauer-Phase. 544 Kilometer (1217 Minuten) Rad fahren in der Toskana (atemberaubende Landschaft um Talmone, leere Straßen, fantastische Bedingungen). Immer dasselbe Bild: Hermann tritt vorne in die Pedale, Andreas Evers hängt im Windschatten dran. Ausgiebige Radtouren ins Landesinnere (längste Runde: 121 Kilometer). Kraftausdauer am Meer (zum Beispiel dreimal zehn Minuten bei Laktat 3 mit großem Gang und niedrigen Umdrehungen). Hermann ist in seinem Element und schafft sogar bei Gegenwind an die 60 Stundenkilometer! Weder die enorme Hitze und die extremen Hügel noch schlecht markierte Strecken und ungenaue Straßenkarten können seine Euphorie bremsen. Ich sitze im Begleitfahrzeug und gebe die Richtung vor, im Heck das mobile Labor; alle 30 Minuten wird Laktat gemessen. Immer wieder bekomme ich die Panik, dass ich mich verfahre und wir irgendwo im Niemandsland ausrollen. Und Hermann hasst mich langsam. Zum Beispiel, als ich bei einer Stopptafel halte: Andi rollt links von mir vorbei, rechts höre ich nur ein Scheppern und ein Fluchen. Hermann ist nicht rechtzeitig aus den Pedalen gekommen.

Nichtsdestotrotz macht Hermann deutliche Fortschritte. Am Strand sind endlich wieder Dauerläufe möglich. Sogar Schnurspringen und Tennis funktionieren (auch wenn sich Hermann jedes Mal überwinden muss, um den Ball zu erlaufen).

3. bis 9. Juni 2002. Regenerationswoche im Olympiastützpunkt Obertauern. Der im Monatsabstand durchgeführte Laktat-Stufentest am Ergometer liefert uns die letzte Bestätigung: Hermann hat sein altes Niveau praktisch wieder erreicht. Unglaublich! Ich bin überzeugt davon, dass er jetzt sogar mit dem einen oder anderen Radprofi mithalten könnte. Ich schicke ein Fax an den Direktor der Tour de France, Jean-Marie LeBlanc. „Wäre es möglich, dass Hermann außer Konkurrenz beim Prolog mitradelt?" Zwei Tage später bekomme ich eine Absage. Schade!

15. Juni 2002. Hermann geht voll motiviert in die nächste Trainingsphase: Entwicklung von Kraft, Kraftausdauer und Verbesserung der Koordination. Dazu verstärktes Lauftraining mit leichtathletischen Koordinations-, Sprint- und Sprungübungen.

Juli 2002. „Leichtathletik"-Camp in Faak am See (Kärnten)

8. bis 14. Juli 2002. Um neue Elemente ins Training einzubauen, organisiere ich gemeinsam mit Andreas Evers ein Leichtathletik- und Turncamp am Faaker See in Kärnten. Sprints, Hürdenlaufen, Weitspringen, Kugelstoßen, Diskus und so weiter. Alles funktioniert hervorragend. Auch die schwierigsten Turnübungen am Boden sowie Kasten- und komplizierte Trampolinsprünge führt Hermann begeistert und perfekt aus. Nicht nur ich komme ins Schwärmen. Franz Pammer, Chef unserer Partner-Fotoagentur gepa, ist ebenfalls begeistert und schießt Fotos, die um die Welt gehen: Hermann mit nacktem Oberkörper, wie er mit drei 5, 6 bzw. 7,25 Kilogramm schweren Kugelstoßkugeln jongliert. Noch nie hat er einen derart austrainierten Eindruck gemacht. Hermann ist fertig für den ersten ernsthaften Einsatz im Schnee seit dem Unfall.

20. bis 24. Juli 2002. Gletschertraining in Zermatt. Am Fuße des Matterhorns schnallt Hermann die Latten an und ist wieder in seinem Element. Jeden Tag telefoniere ich mit Skitechniktrainer Andreas Evers. Der ist begeistert: Das Skifahren funktioniert noch besser, als wir alle zu hoffen gewagt hatten.

22. Juli 2002. Ski-Show in Zermatt

3. August 2002. Hermann fliegt zum Schneetraining nach Chile. Unser Team ist perfekt eingespielt: Andreas Evers gibt die Skieinheiten vor, ich koordiniere von Obertauern aus die Umstellung auf die Zeitzone, die Anpassung an die extreme Höhe (das Hotel in Portillo liegt fast 3000 Meter hoch) und die regenerativen Ergometereinheiten. Um den Regenerationseffekt zu verbessern, lasse ich Hermann mit Sauerstoffmaske radeln. ÖSV-Alpinärztin Gitti Auer, die im Frühjahr im Olympiastützpunkt eingeschult wurde, ist eine enorm wichtige Stütze vor Ort. Und Hermann? Der legt von Beginn an ordentlich los. Gleich bei den ersten Zeitläufen schockt er seine Konkurrenz mit einer Bestzeit. Ja, Hermann ist wieder da! Er fährt am besten, wenn er „heiß" auf Schnee ist. Um die Spannung zu halten und um Hermann eine Regenerationspause zu geben, schicke ich ihn zwei Tage zum Abschalten runter ans Meer. Zwei regenerative Ausdauereinheiten und ein Rumpfkräftigungsprogramm kann ich ihm aber nicht ersparen.

14. August 2002. Schock! Vor dem Schlafengehen höre ich noch einmal meine Mobilbox ab. Nachricht von Alpinchef Hans Pum: „Hermann hat sich verletzt." Ich falle aus allen Wolken. Eine Minute später habe ich Hermann am Telefon. „Nach einem Sprung kam eine Kompression, da hat's mich beim Ansatz zum Linksschwung hinten reingedrückt, und ich hab plötzlich einen wahnsinnigen Stich im rechten Unterschenkel gespürt." Mit dem nächsten Satz versucht er mich zu beruhigen: „Ich hab das Bein schon anschauen lassen, es ist nur was im Gewebe verletzt. Zum Glück hat der Knochen nix." Ich mache mir trotzdem Vorwürfe: Warum habe ich ihm nicht eingetrichtert, es nach dem Kurzurlaub am Meer moderat anzugehen? Mit diesem Rhythmus sind wir in den vergangenen Jahren immer gut gefahren. Aber vielleicht haben wir die Situation nach der langen Verletzungspause unterschätzt. Hermann gibt selbst zu, dass er zu „übermütig" war. Im Nachhinein ist man immer klüger …

15. August 2002. Hermann reist vorzeitig aus Chile ab.

16. August 2002. Ich hole Hermann vom Flughafen München ab, wir fahren direkt zu Artur Trost ins Unfallkrankenhaus Salzburg. Der ist sichtlich erleichtert und versucht dem Zwischenfall sogar etwas Positives abzugewinnen: „Man hat gesehen, dass der operierte Knochen Extrembelastungen aushält. In vier bis sechs Wochen kann Hermann wieder Ski fahren."

Obertauern:
Ski-Countdown für Internationalen Winterspaß

In Obertauern, eines der schneesichersten und innovativsten Skigebiete Österreichs, ist der Winter nicht zu bremsen.
Von November bis Mai gibt es hier Schnee, Events und Gastfreundschaft der Superlative. 30 moderne Bahnen und Lifte, insgesamt 130 km Top-Pisten „aller Farben", urig-gemütliche Skihütten und die ideale Unterkunft für jeden Anspruch sind die Basis für Schnee-Urlaub, auf den jeder abfährt.
Dass die Pisten in Top-Zustand sind, bestätigen übrigens seit 20 Jahren die „Schneeforscher Obertauerns". Wenn der prominente Freundeskreis aus Sportlern, Stammgästen und Journalisten um Franz Beckenbauer und Uwe Seeler die „News" der Tauernrunde erforscht, heißt es für alle: „Pisten frei für Schnee, Sonne und Megaspaß".

Olympia-Stützpunkt &
Trainingslager für Spitzensportler

Das schneesichere Wintersportparadies Obertauern lie zwischen 1.740 und 2.350 m Höhe. Hier befindet sich au das Sport- und Höhentrainingszentrum mit dem Olympi Stützpunkt Salzburg. Doppel-Olympiasieger Hermann „Herminator" Maier, Box-Champion Axel Schulz, Nation mannschaften aus aller Welt aber auch viele Hobby-Sport und Gäste holen sich in Obertauern das ganze Jahr über ihre Trainingseinheiten. Mit Kraft- und Fitnesskammern, Sauna- und Dampfbade-Landschaften, Tennis, Squash, Badminton, Kegelbahnen und Billard wird außerdem ei vielseitiges Aktiv- und Alternativ-Programm geboten.
Abseits der Pisten kommen Frischluft-Fans bei weitere Attraktionen auf die Beine: Romantische Winterwande wege führen direkt zu urgemütlichen Skihütten. Eine g sellige Pferdeschlittenfahrt oder ein Einkaufsbummel zu d vielen Sport- und Modeshops bringen zusätzlich Atmosphä in einen Winterurlaub voll Genuss und Abwechslung.

Congresscenter Obertauern für Tagungen, Incentives und Congresse.

Tourismusverband Obertauern: A-5562 Obertauern, Tel (+43/6456) 7252, Fax (+43/6456) 7252-9, info@obertauern.cc

www OBERTAUERN

24. August 2002. Am Jahrestag des Unfalls fahre ich mit Hermann und Andreas zu meinen Freunden nach Mörbisch, wo wir im Hotel Drescher bestens abgeschirmt werden. Auf dem Plan stehen regenerative Radeinheiten, Laufen, Gleichgewichtsübungen, Wandern in den Weinbergen und tägliche Therapie, für die wir ÖSV-Masseur Jan Greisinger einfliegen lassen. Gleich beim ersten Laufversuch werde ich auf den Boden der Realität zurückgeholt: Hermann bricht das Training wegen starker Schmerzen ab. Am Rad beißt er sich durch, hat kaum einen Blick für die traumhafte Landschaft und umrundet – wieder mit Evers im Windschatten – dreimal den Neusiedlersee. Die Schmerzen sind ständiger Begleiter. Bei jeder Unebenheit, bei jedem Kanaldeckel würde er am liebsten vom Rad steigen.

September 2002. Während sich die anderen ÖSV-Läufer am Gletscher auf die Saison einstimmen, lässt sich Hermann therapieren und sitzt Tag für Tag in Obertauern am Ergometer oder schuftet in der Kraftkammer. Aber was helfen die besten Kraft- und Konditionswerte, wenn uns kein Arzt sagen kann, woher die Schmerzen tatsächlich kommen?

1. Oktober 2002. In 26 Tagen beginnt der Ski-Weltcup! Wenn Hermann noch eine Chance haben will, dann muss er spätestens jetzt die Ski anschnallen. Er entscheidet sich, es am Gletscher in Sölden zu versuchen. Ich warte daheim im Büro und bin zuversichtlich. Da läutet mein Handy. Hermann klingt frustriert und verzweifelt: „Es funktioniert einfach nicht … Ehrlich, ich weiß nicht mehr weiter.“ Ich bin mit meiner Weisheit am Ende. Wozu sollen wir noch Kondition trainieren? Auf einen besseren Level kann ich ihn nicht mehr bringen. Ich bin mit Andreas Evers einig: Hermann braucht eine Auszeit. Noch auf der Heimfahrt entscheidet er sich, den Helikopterschein anzugehen. Die beste Entscheidung seit langem! Hermann wird nicht nur geistig gefordert, er kommt wieder auf andere Gedanken, lernt loszulassen. Ich habe mich innerlich bereits damit abgefunden, dass die Saison möglicherweise bereits gelaufen ist.

Oktober 2002. Hermann verbringt fast jeden Tag mit seiner neuen Liebe, dem Helikopterfliegen. Wenn er Lust und Zeit hat, setzt er sich aufs Rad und fährt entweder draußen oder in unserer neuen Olympiastützpunkt-Filiale in Flachau am Ergometer. Wir treffen uns nur sporadisch, ein-, zweimal die Woche, wenn er abends zur Behandlung nach Obertauern oder nach Radstadt kommt. Aber auch

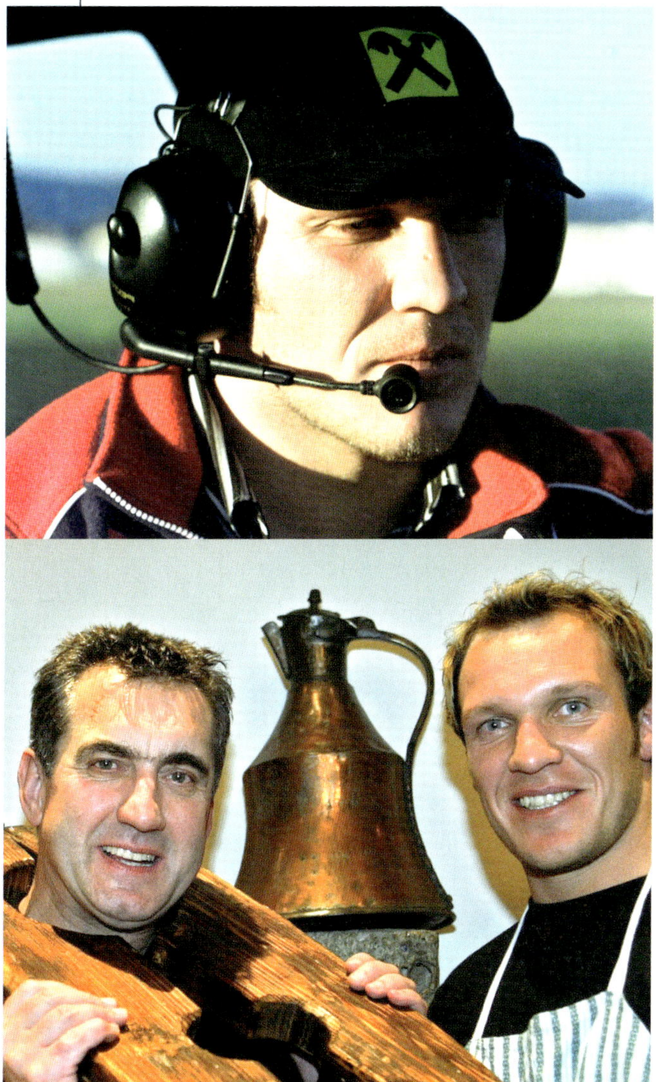

Oktober 2002. Time out. Hermann schaltet mit Hubschraubertraining ab und kommt zu Bergmüllers „50er"-Ritteressen

unserer Beziehung tut dieser Abstand gut. Hermann weiß ganz genau: Wenn er mich wieder braucht, bin ich für ihn da.

26. Oktober 2002. Hermann drückt zwar täglich von 9 bis 18 Uhr die „Helikopter-Schulbank", aber ich merke, es juckt ihn wieder. Er spürt selbst, dass er wieder regelmäßig etwas für seinen Körper tun sollte. Vielleicht das schönste Geburtstagsgeschenk zu meinem 50er, bei dem mir bis jetzt nicht so richtig zum Freiern zumute war.

28. Oktober 2002. Nun fahre ich öfter am Abend mit dem Laktatmessgerät im Kofferraum nach Niederöblarn, wo Hermann oft bis spät am Abend im Union-Sportzentrum trainiert (zum Beispiel dreimal 30 Minuten am Radergometer).

10. November 2002. Hermann erscheint wieder regelmäßig in Obertauern. Ich beginne behutsam mit dem Aufbau und lasse ihn fast nur im Fettstoffwechsel-Bereich radeln. Hermann ist überrascht, dass er seine gewohnten Watt-Widerstände treten kann. Lediglich die Herzfrequenz ist etwas höher. Seit weni-

gen Wochen schwören wir auf ein neues Wundergerät. Es heißt „PAP-IMI“ und erzeugt für den Bruchteil einer Nanosekunde Hochspannung (siehe Kapitel 8). Durch die Spannung werden Nerven und Muskelgewebe angeregt und Hermann reagiert äußerst positiv auf die Behandlung. Nach der Behandlung spürt er ein Kribbeln, zudem lassen die Schmerzen nach.

6. Dezember 2002. Einen Tag vor seinem 30. Geburtstag kommt Hermann von einem viertägigen Werbedreh aus Südafrika zurück. Ich bringe ihm eine Torte zum Flughafen Salzburg und bin über seine Interviews positiv überrascht. Immer wieder beteuert er, dass er wieder „richtig“ mit dem Training beginnen will.

10. Dezember 2002. Hermann erscheint im Olympiastützpunkt, diesmal mit einem fixen Ziel. Er will es wieder wissen!

16. Dezember 2002. Wir sitzen in meinem Büro und unterhalten uns lange über die Zukunft. Hermann schaut beim Fenster hinaus; draußen ist ein strahlend schöner Wintertag. Er: „Jucken tät's mich schon, wieder einmal zu fahren.“ Ich: „Jetzt ist's so schön – warum probierst es nicht?“

18. Dezember 2002. Hermann kommt im Ski-Outfit nach Obertauern. Er hat sich alles selber organisiert: Ski, freie Piste, Liftkarte und so weiter. Ganz heimlich, ganz allein will er sich wieder herantasten. Nach dem Skifahren kommt er freudestrahlend in den Olympiastützpunkt und setzt sich auf den Ergometer. Und siehe da, auch hier macht er plötzlich einen Riesensprung. Ich bin begeistert!

20. Dezember 2002. Hermann kommt vom dritten Skitag zurück und berichtet: „Heut hab' ich's ganz schön krachen lassen.“ Er ist in seinem Element, ich kann das Feuer in seinen Augen wieder sehen. Jetzt glaube ich an die Sensation. Ich halte Alpindirektor Hans Pum, Cheftrainer Toni Giger und Andi Evers, die im Weltcupzirkus unterwegs sind, auf dem Laufenden. Insgeheim halte ich sogar ein Weltcup-Comeback am 8. Jänner beim Riesentorlauf in Kranjska Gora für möglich. Aber das getraue ich mir noch nicht laut zu sagen.

23. Dezember 2002. Hermann trifft sich mit Herren-Cheftrainer Toni Giger zu einer Besprechung in Salzburg. Die Weichen für das Comeback sind gestellt.

28. Dezember 2002. Am Ergometer im Olympiastützpunkt schmiedet Hermann seinen Geheimplan und ruft danach Andreas Evers in Bormio an. Er wird morgen in Obertauern mit dem Stangentraining beginnen. Der Trainer reist noch vor der Abfahrt aus Bormio ab, um Hermann zu unterstützen.

30./31. Dezember 2002. Riesentorlauftraining auf der eine Autostunde von Obertauern entfernten Turracher Höhe. Zu Mittag habe ich Andi Evers am Telefon: „Hermann ist fast wieder der Alte.“ Nach dem Training kommt Hermann, der das Konditionstraining wie gewohnt weiterlaufen lässt, in mein Büro und sieht mich fragend an: „Was soll ich tun? Soll ich's heuer noch riskieren? Wenn ich kein Rennen mehr fahre, bereu ich's vielleicht später.“ Damit ist für mich alles klar: Hermann kehrt noch vor der WM in den Weltcup zurück. Ich habe meinen Job bestmöglich erledigt. Jetzt liegt es an den Skitrainern.

3. bis 5. Jänner. Riesentorlauf- und Super-G-Training in Sterzing (Südtirol). Ein paar Hundert Zaungäste bewundern den Herminator. In Österreich hat sich das mediale Interesse auf ein Minimum reduziert. Offensichtlich rechnet niemand mehr mit einem Comeback.

8. Jänner 2003. ÖSV-Gipfel auf der Reiteralm bei Schladming. ÖSV-Alpinchef Hans Pum und Herren-Chef Toni Giger sind vor Ort. Riesentorlauf-Zeitläufe mit Hans Knauß, Christian Mayer, Christoph Gruber und Thomas Graggaber. Zum ersten Mal stellt sich Hermann dem direkten Vergleich mit seinen Teamkollegen. Im Minutentakt klingelt mein Handy. Einer euphorischer als der andere: Hermann ist auf Anhieb dabei! Beim Nachmittagstraining im Olympiastützpunkt ist er wie ausgewechselt. Er ist ausgeglichen, lustig und reißt einen Witz nach dem anderen.

12. Jänner 2003. Letzter Trainingstag auf der Reiteralm. In den Medien wird bereits über ein Sensations-Comeback im Riesentorlauf von Adelboden am 14. Jänner spekuliert. Präsident Peter Schröcksnadel schaut persönlich vorbei, um die ÖSV-Presseaussendung abzusegnen. Jetzt wird offiziell, was mir spätestens seit dem Training auf der Turracher Höhe klar war: Hermann wird in Adelboden an den Start gehen.

14. Jänner 2003. Hermanns Comeback beim Riesentorlauf in Adelboden. Das Schweizer Massenblatt „Blick“ schwärmt: „Der Herminator ist wieder da. Er hat seinen Körper in Obertauern gestählt!“ 939.000 Österreicher fiebern live vorm Fernseher mit. Ich nicht: Ich sperre mich in meinem Schlafzimmer ein und will nichts hören und sehen. Hermanns Fahrt habe ich mir erst später auf Video angeschaut. Natürlich war ich über den 31. Platz enttäuscht. Wie Hermann habe ich auf eine Top-Sensation gehofft, ja ihm sogar einen Spitzenplatz zugetraut. Aber das war nicht der Hermann, der da gefahren ist. Ich krame die Videokassette von Hermanns Adelboden-Sieg 2001 heraus und vergleiche die beiden Fahrten. Diesmal ist Hermann wie in Zeitlupe mit maximal 80 Prozent seines Potenzials gefahren. Aber das wird sich bald geben. Was er jetzt braucht, ist Rennpraxis. Deswegen ist es gut, dass er sich entschieden hat, gleich weiter nach Wengen zu fahren und die Lauberhornabfahrt anzugehen.

14. Jänner 2003. Der Herminator ist zurück. Comeback in Adelboden

17. Jänner 2003. Die erste von zwei Lauberhornabfahrten. Hermann wird nur 22. Er ist fertig, diesmal wollte er es erzwingen. Ich beruhige ihn am Telefon. Weil er sich müde fühlt, lasse ich ihm eine Glukoseinfusion verabreichen. Die ist in Wengen nur unter schwierigsten Umständen aufzutreiben.

18. Jänner 2003. Platz 7 am Lauberhorn

18. Jänner 2003. Zweite Wengen-Abfahrt, Hermann ist wie ausgewechselt und wird Siebenter. Jetzt weiß ich: Der erste Sieg ist nur noch eine Frage der Zeit. Hermann spricht von „mangelnder Skikondition“ – und genau

das ist es, was ihm noch fehlt. Seine Konkurrenten haben bereits rund 120 Schneetage in den Beinen. Aber mit jedem Tag auf Schnee passt sich Hermann besser an.

22. bis 27. Jänner 2003. Kitzbühel versinkt im Schneechaos. Hermann und Andreas Evers machen das einzig Richtige und flüchten zum Super-G-Training nach Flachau. Artur Trost untersucht noch einmal das Bein und gibt ein optimistisches TV-Interview. Doch nachdem die Kamera abgeschaltet ist, meint er nachdenklich: „Das Risiko einer Rennbelastung auf dieser Strecke sollte man nicht unterschätzen. Ich würde mir den Start zweimal überlegen.“ Hermann fährt natürlich trotzdem und wird auf der stark verkürzten Abfahrt Achter. Zwei Tage später schafft er mit dem Super-G-Sieg die Top-Sensation.

2. Februar 2003. WM-Silber in St. Moritz

Hermann hat also mit nur sieben Tagen Stangentraining ein Weltcuprennen gewonnen. Sechs Tage später, bei der WM in St. Moritz, hätte er sogar die Chance auf Gold gehabt – ich kann verstehen, dass er sich über die Silbermedaille geärgert hat. Nach einem Unfall, der ihn fast das Bein gekostet hätte, nach eineinhalb Jahren Verletzungspause ist er wieder ganz vorne dabei. Dabei wird immer wieder behauptet, der Skirennsport habe sich in seiner Abwesenheit enorm weiterentwickelt. Ich behaupte: Das Gegenteil ist der Fall! Hermann ist noch lange nicht hundertprozentig fit. Er wird wieder alle in Grund und Boden fahren!

Hermanns Weg zurück

Das Aufbautraining vom Unfall bis zum Weltcup-Comeback

Phase 1: Wiederaufnahme des Trainings im Olympiastützpunkt Obertauern am 11. September 2001 bis zur Olympia-Absage am 16. Jänner 2002.

73 Trainingstage (104 Trainingseinheiten, 372,5 Trainingsstunden).
Ausdauer: 104,5 Stunden (50.815 Watt, entspricht 2600 Kilometer).
Kraft: 37 Einheiten Rumpfkräftigung.
500 Tonnen zur Kräftigung der Beine umgesetzt.
Koordination: 26 Einheiten.
10 Einheiten nervale Schnelligkeit.
Physiotherapie: 105 Einheiten (Mobilisieren, Lymphdränage, Massage ...).
917 Laktatkontrollen.
Ammoniakkontrollen.
Täglich: Laborkontrollen (CK, Harnstoff, Blutgas).

Phase 2: Wiederaufnahme des Trainings am 6. Mai 2002 bis zum Comeback in Adelboden am 14. Jänner 2003.

148 Trainingstage (190 Trainingseinheiten, 657 Trainingsstunden).
Ausdauer: 222 Trainingsstunden.
Radergometer: 178 Stunden bzw. 5340 Kilometer (111.000 Watt).
Straßenrad: 34 Stunden bzw. 1020 Kilometer.
10 Stunden Lauftraining.
Kraft: 306 Tonnen für die Beine.
64 Rumpfkräftigungseinheiten.
Koordination: 51 Einheiten.
12 Einheiten nervale Schnelligkeit.
121 Einheiten Physiotherapie.
1106 Laktatkontrollen.
38 Ammoniakmessungen.
Täglich: Laborkontrollen (CK, Harnstoff, Blutgas).

Das Hermann Maier Trainingsprogramm®*

Hier habe ich unser Programm noch einmal im Überblick aufbereitet. Ein Erfolgsrezept für Jung und Alt, vom Fußgänger bis zum Olympiasieger. In diesem Zusammenhang will ich Ihnen noch einmal den Vergleich aus Kapitel 2 in Erinnerung rufen: Der Zustand Ihrer „Muskel-Fabriken" bestimmt das Verkehrsaufkommen Ihres Herz-Kreislauf-Systems.

Ihre sieben Schritte zum Erfolg

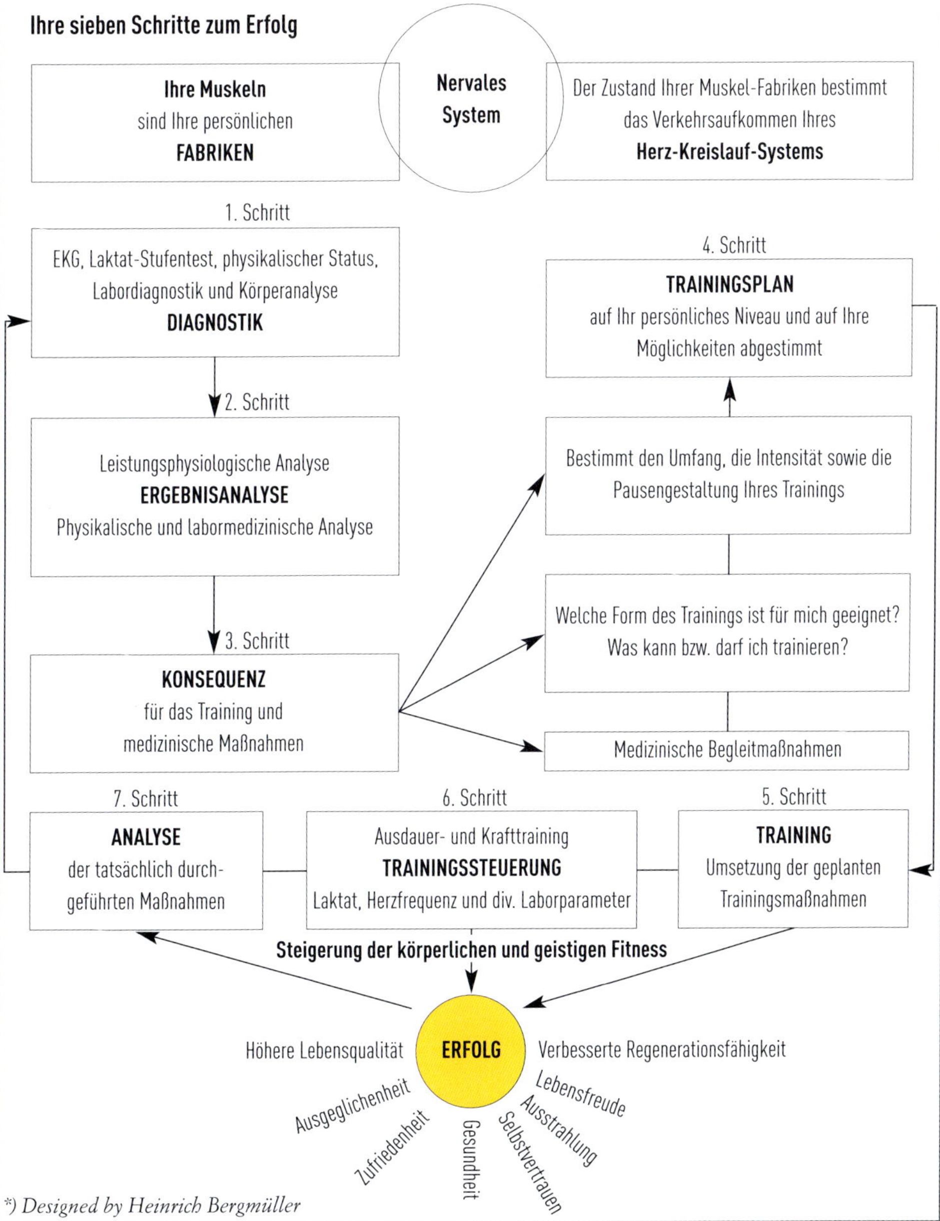

*) *Designed by Heinrich Bergmüller*

So trainiert Hermann Maier

Sportliche Vorgeschichte: Hermann fiel schon als Kind durch sein Talent auf. Er musste allerdings wachstumsbedingte Rückschläge einstecken. In seinem Beruf (Maurer) lernte er, körperlich hart zu arbeiten, und legte so auf natürliche Weise muskulär zu. In dieser Phase entwickelte er Eigenschaften wie Zuverlässigkeit, Fleiß und Konsequenz. Sein Ehrgeiz fiel schon damals auf. Erst mit 24 Jahren begann er mit konsequentem systematischem Ausdauertraining. Inzwischen hat er sein Grundlagenniveau am Ergometer verdreifacht. In der Folge legte Trainer Heinrich Bergmüller das Hauptaugenmerk auf die Entwicklung der koordinativen Fähigkeiten sowie Kraft und Kraftausdauer.

Mustertrainingsplan: Hier sehen wir eine typische Trainingswoche zu Beginn der Saisonvorbereitung mit dem Schwerpunkt Grundlagenausdauer (15 Stunden reines Ausdauertraining unter Laktat 2). Dazu kommen Rumpfkräftigung und koordinative Inhalte (Gleichgewicht, Laufschule...). Im Juli kommen Kraft- und Kraftausdauer-Einheiten plus spezielle Regenerationsmaßnahmen dazu.

Trainingsprogramm **Saison 2000/2001** **Olympiastützpunkt Obertauern**
Bergmüller

	Mesozyklus I		**Wo./Datum:**		**Name: Hermann Maier**		
	Montag	**Dienstag**	**Mittwoch**	**Donnerstag**	**Freitag**	**Samstag**	**Sonntag**
Vormittag	**ERGOMETER** ∅80/90/90 30 min. W 235 KB	**ERGOMETER** ∅75/85/75 35 min. W 250 KB	**ERGOMETER** ∅ 75 40 min. W 270 KB	**ERGOMETER** ∅75/90/90 35 min. W 280 KB	**Diagnostik**	**STRASSENRAD** 120 min. KB	
	30 min. W 230 KB	35 min. W 285 KB	40 min. W 290 KB	35 min. W 300 KB	**LD- ERGO**		
	30 min. W 230 KB	35 min. W 290 KB	40 min. W 290 KB	35 min. W 310 KB			
	AKA Rumpf 4 Ü. à 2 Serien	**AKA Rumpf** 4 Ü. à 2 Serien	**AKA Rumpf** 4 Ü. à 2 Serien	**Koordination GL** 4 Ü. à 2 Serien	**ERGOMETER** 30 min. W 160 KB		
	DLÜ 30 min. MF 1/16'	**DLÜ 30 min.** MF 1/16'	**DLÜ 30 min.** **MASSAGE**	**AKA Rumpf** 4 Ü. à 2 Serien **DLÜ 30 min.**	**DLÜ 25 min.** MF 1/16'	**DLÜ 25 min.**	
Nachmittag	**ERGOMETER** ∅ 75 30 min. W 250 KB	**ERGOMETER** ∅ 75 30 min. W 270 KB			**ERGOMETER** ∅ 75 30 min. W 230 KB	**DAUERLAUF** 20 min. KB	**Gesamtumfang** **900 min.** **(15,0 Std.)**
	30 min. W 250 KB	30 min. W 290 KB	**Pause**	**Pause**	30 min. W 250 KB	20 min. KB	**KB 900 min.** **SB 000 min.** **EB 000 min.**
	30 min. W 270 KB	30 min. W 300 KB			30 min. W 250 KB	20 min. KB	
	AKA Rumpf 4 Ü. à 2 Serien	**Koordination GL** 4 Ü. à 2 Serien			**AKA Rumpf** 4 Ü. à 2 Serien	**Koordination LS** 4 Ü. à 25/2 **AKA Rumpf** 4 Ü. à 2 Serien	**KB/E 720'** **KB/R 120'** **KB/L 60'**
	DLÜ 30 min. **MASSAGE**	**DLÜ 30 min.** **MASSAGE**			**DLÜ 30 min** MF 1/16'	**DLÜ 30 min**	**DLÜ 290 min.**

Erklärungen: KB = Kompensierungs-Bereich (Laktat bis 2); **Ø** = Umdrehungen/min; **W** = Watt; **DLÜ** = Dehn- und Lockerungsübungen; Koordination GL = Gleichgewicht, LS= Laufschule; **AKA Rumpf** = Allgemeine Körper-Ausbildung (Rumpfkräftigung), **Ü.** = Übungen; **MF** = Magnetfeld-Therapie; **LD-ERGO**: Leistungs-Diagnostik (Laktat-Stufentest) auf dem Ergometer.

... und so kann Ihr Programm aussehen:

Beispiel einer 37-jährigen Wiener Krankenschwester (Hobbyläuferin)

Sportliche Vorgeschichte: „Ich begann mit 34 Jahren, regelmäßig Ausdauersport zu betreiben. Nach drei Monaten war ich imstande, zweieinhalb Stunden durchzulaufen, nach fünf Monaten nahm ich am Berlin-Marathon teil und schaffte eine Endzeit von 4:12 Stunden. Mein nächstes Ziel war es, die Bestzeit unter vier Stunden zu drücken. Ich schloss mich einem Laufverein an und absolvierte dort vorwiegend intensive Läufe. Das war der Anfang vom Ende. Die Lauflust ging verloren. Neun Monate nach dem Berlin-Marathon tat mir jeder schnelle Schritt weh, zudem kämpfte ich sechs Wochen mit einem grippalen Infekt. Auch meine Arbeit machte mir keinen Spaß mehr. Ich fühlte mich körperlich überfordert und kaputt. Bis ich mich für einen Check im Olympiastützpunkt Obertauern anmeldete, um den Ursachen auf den Grund zu gehen."

Olympiastützpunkt-Diagnose: Anhand des Laktat-Stufentests und der labormedizinischen Parameter stellten wir fest, dass die Dame körperlich völlig am Ende war. Die letzte Bestätigung dafür bekam ich anhand des Laktats, das nach dem Ausradeln (30 Minuten bei Herzfrequenz 110) genommen wurde. In der Folge stellten wir ein moderates Grundlagen-Ausdauertrainingsprogramm mit sechs Einheiten pro Woche zusammen.

Trainingsrichtlinien:

- Sechs Ausdauer-Trainingstage pro Woche.
- Der Großteil muss im KB-Bereich stattfinden (aerob; unter Laktat 2).
- Um auf die notwendige Gesamttrainingszeit pro Woche zu kommen, müssen fallweise auch zwei Einheiten pro Tag möglich sein.
- Zwischen den einzelnen Serien ca. fünf Minuten Pause.
- Im SB-Bereich (Laktat 2 bis 4) darf nur in erholtem Zustand trainiert werden.
- Vor und nach SB-Einheiten 20 bis 30 Minuten KB (Ein- und Auslaufen).
- Dehn- und Lockerungsübungen nach jedem Training. Nach intensivem Training sollte ganz leicht gedehnt werden.
- Rumpfkräftigung sollte mindestens zwei- bis dreimal pro Woche nach KB-Einheiten in das Trainingsprogramm eingebaut werden.
- Nach sechs Tagen Training ein Tag Pause.
- Nach acht Wochen kann der Trainingsumfang bei entsprechender Leistungsentwicklung um 10 bis 20 Prozent erhöht werden. Bei ersten Anzeichen von Übertraining müssen Regenerationstage eingelegt werden!

Trainingsprogramm (Wochenplan):
Anhand des Laktat-Stufentests (siehe Kapitel 2) werden die Trainingsbereiche ermittelt:
z. B.

- Kompensierungs-Bereich (KB; bis Laktat 2) bei Puls 130 bis 150,
- Stabilisierungs-Bereich (SB; Laktat 2 bis 4) bei Puls 150 bis 170,
- Entwicklungs-Bereich (EB; Laktat 4 bis 6) bei Puls 170 bis 185.

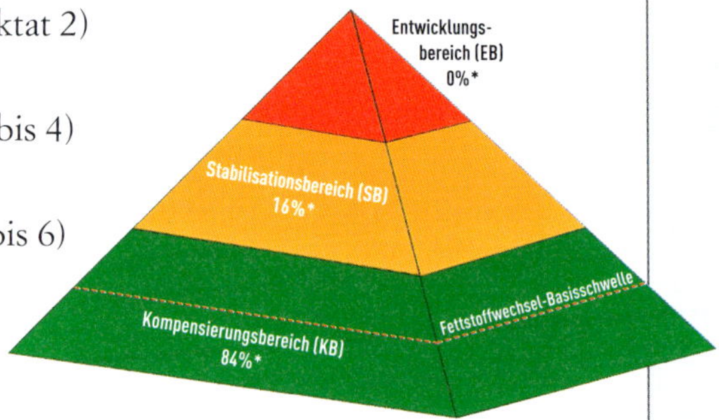

Ähnlich wie bei Normalverbrauchern spielt sich auch bei Hermann Maier ein Großteil des Ausdauertrainings im KB-Bereich ab. Der Entwicklungsbereich ist gut Trainierten vorbehalten und nimmt selbst beim Herminator nur etwa 3 bis 5 Prozent des Wochenpensums ein.

So sieht ein idealer Ausdauertrainings-Aufbau der Hobbyläuferin aus. Nach je drei Wochen sich steigernder Belastung wird eine Entlastungswoche eingelegt. Nach dieser achtwöchigen Trainingsphase wäre eine weitere Leistungsdiagnostik (Laktat-Stufentest) zur Überprüfung der Leistungsentwicklung zu empfehlen. Anhand dieses Tests werden die Trainingszonen mit den zugehörigen Herzfrequenzen nachjustiert.

1. Woche:	Gesamtumfang 360 Minuten	360 Min. KB
2. Woche:	Gesamtumfang 360 Minuten	340 Min. KB, 20 Min. SB (5,5 Prozent)
3. Woche:	Gesamtumfang 360 Minuten	320 Min. KB, 40 Min. SB (11 Prozent)
4. Woche*:	Gesamtumfang 300 Minuten	300 Min. KB
5. Woche:	Gesamtumfang 420 Minuten	395 Min. KB, 25 Min. SB (6 Prozent)
6. Woche:	Gesamtumfang 420 Minuten	370 Min. KB, 50 Min. SB (6 Prozent)
7. Woche:	Gesamtumfang 420 Minuten	350 Min. KB, 70 Min. SB (16 Prozent)
8. Woche*:	Gesamtumfang 330 Minuten	330 Min. KB

*) Entlastungswoche

Beim folgenden Wochenplan handelt es sich um die 7. Woche, in der sechs Trainingseinheiten à mindestens eine Stunde auf dem Programm stehen. 84 Prozent des Wochenpensums werden bei niedriger Herzfrequenz im moderaten (aeroben) Kompensierungs-Bereich (KB, unter Laktat 2) abgespult, lediglich 16 Prozent im Stabilisierungs-Bereich (SB, Laktat 2 bis 4). Der Entwicklungs-Bereich (EB, Laktat 4 bis 6) bei höherem Puls ist für mäßig Trainierte tabu!

Trainingsprogramm — **Saison 2002** — **ÖSV-Olympiastützpunkt Obertauern**
Heinrich Bergmüller

	Mesozyklus II		**Wo./Datum:**		**Name:**		
	Montag	**Dienstag**	**Mittwoch**	**Donnerstag**	**Freitag**	**Samstag**	**Sonntag**
Vormittag	**Gesamtumfang 420 min. (7,0 Std.)** **KB 350' SB 70'** **KB 350 min. SB 70 min.** Dehn- und Lockerungs-übungen **120 min.**						
Nachmittag	**Pause**	**DAUERLAUF** 25 min. Hf 130 SB 06 min. Hf 150 SB 07 min. Hf 155 SB 07 min. Hf 160 20 min. Hf 125 P. à 5 min. **Dehnen 20 min.**	**DAUERLAUF** 30 min. Hf 125 30 min. Hf 130 P. 5 min. **Rumpfübungen** 4 Ü. à 2 Serien **Dehnen 20 min.**	**DAUERLAUF** 25 min. Hf 130 SB 07 min. Hf 155 SB 08 min. Hf 160 SB 10 min. Hf 165 20 min. Hf 125 P. à 5 min. **Dehnen 20 min**	**DAUERLAUF** 25 min. Hf 125 25 min. Hf 130 25 min. Hf 130 P. à 5 min. **Rumpfübungen** 4 Ü. à 2 Serien **Dehnen 20 min.**	**DAUERLAUF** 25 min. Hf 130 SB 07 min. Hf 155 SB 08 min. Hf 160 SB 10 min. Hf 165 20 min. Hf 125 P. à 5 min. **Dehnen 20 min.**	**DAUERLAUF** 40 min. Hf 125 40 min. Hf 130 P. à 5 min. **Rumpfübungen** 4 Ü. à 2 Serien **Dehnen 20 min.**

Erklärungen: Hf = Herzfrequenz; **KB** = Kompensierungs-Bereich; **SB** = Stabilisierungs-Bereich. Die Puls-Bereiche für Kompensierungs- und Stabilisierungs-Bereich wurden anhand eines Laktat-Stufentests ermittelt. Bei dieser Läuferin liegt die Puls-Empfehlung für KB zwischen 130 und 150 Schlägen/Min, die SB-Einheiten soll sie zwischen 150 und 165 Schlägen/min bewältigen.

Da sich die Hobbyläuferin konsequent an unsere Vorgaben hielt, stellten sich die Erfolge rasch ein: Die Ausdauerwerte verbesserten sich von Woche zu Woche. Nach zwölf Monaten hatten sich Grundlagenausdauer-Niveau und Herz-Kreislauf stabilisiert. Inzwischen wirkt die Frau auch äußerlich positiv verändert. Sportlich halte ich bereits eine Marathon-Endzeit um 3:30 Stunden für möglich.

Trainingstipps Koordination

- *Lauf-ABC* Suchen Sie sich eine ca. 40 Meter lange ebene Strecke (im Idealfall eine Laufbahn oder einen Sportplatz) und wiederholen Sie jede Übung dreimal:

- *Skipping* (Während des Laufens mit hoher Frequenz werden die Knie bis in Beckenhöhe angehoben)
  - Laufen aus dem Sprunggelenk
  - Anfersen
  - Hopserlauf
  - Sprungläufe
  - Laufübungen mit Stöcken oder mit leichten Gewichten

- *Gleichgewichtsübungen* Dabei sollen die Fußsohlen „aufgeweckt" werden. Dort befinden sich nämlich wichtige „Sensoren" für die Erhaltung des Gleichgewichts (und zwar in der Haut und in den Muskeln an der Fußsohle). Da das Gleichgewicht vor allem in aufrechter Position gefragt ist, sollten die Übungen im Stand durchgeführt werden. Je nach vorhandenen Möglichkeiten:

Ein- und beidbeinige Standübungen auf verschiedenen Oberflächen. Um das „Vestibulärsystem" (Gleichgewichtssinn im Innenohr) zu schulen, können die Augen geschlossen und der Gehörsinn zum Beispiel durch laute Musik ausgeschaltet werden.

Übungen auf labiler Unterlage (zum Beispiel auf Kippbrettern, Kreisel oder mit dem Medizinball auf einem mit Luft gefüllten Sitzkissen).

Eine weitere Steigerungsstufe sind Übungen auf speziellen Brettern oder Kreiseln mit verschiedenen Oberflächen (etwa Noppen), um die Fußsohle zusätzlich zu stimulieren, mit offenen und geschlossenen Augen. Dabei wird nicht nur das Sprunggelenk aktiviert, auch Hüfte und Kniegelenk werden mobilisiert und stabilisiert.

Tipps Krafttraining

- Dynamische Übungen: Bewegungsübungen, zum Beispiel Sit-ups (mit oder ohne Medizinball).
- Reaktive Übungen: Ungleichgewichtsübungen, zum Beispiel Sit-ups auf wackeligem Untergrund wie Gymnastikball.

Statisch-isometrische Übungen

Positionshalteübungen. Aufgabenstellung: Spannungsveränderung ohne Längenveränderung der Muskulatur. Isometrische Anspannungsformen erfordern ein relativ geringes koordinatives Verhalten. Statisch-isometrische Übungen dienen häufig als Stabilisationsübungen und sind besonders für Anfänger geeignet.

- **für den Bauch**

Stütz auf den Unterarmen und den Füßen (oder Knien). Worauf ist zu achten? Gestreckter Nacken; Kopf als Verlängerung der Wirbelsäule; spannen Sie Bauch-, Rücken- und Gesäßmuskulatur an.

- **für den Bauch**

für Fortgeschrittene:
Aufgabenstellung wie oben, aber erschwert mit wechselweisem Anheben des linken bzw. rechten Beins.

- **für den Rücken**

Stütz auf Unterarmen und Füßen (oder Knien). Worauf ist zu achten? Gestreckter Nacken; Kopf als Verlängerung der Wirbelsäule; Bauch-, Rücken- und Gesäßmuskulatur sind angespannt.

- **für den Rücken**

für Anfänger:
Wie oben, aber erleichtert durch angebeugte Beine.

Dynamische Übungen

Aufgabenstellung: Spannungsveränderung mit Längenveränderung der Muskulatur. Das heißt, dass zusätzlich Bewegungen ausgeführt werden, die sowohl koordinative Fähigkeiten als auch Stabilisierung einer Struktur erfordern.

- **für den Rücken**

A) Knien Sie sich hin und stützen Sie sich vorne mit etwas gebeugten Armen ab. Strecken Sie das rechte Bein und den linken Arm bis in die Waagrechte. Halten Sie diese Stellung zehn Sekunden (a).

B) Führen Sie dann langsam Stirn und Knie zusammen, so dass Sie ganz eingerollt sind. Halten Sie diese Stellung zehn Sekunden (b). Wiederholen Sie das drei- bis fünfmal. Danach erfolgt ein Seitenwechsel. Achten Sie auf langsame Ausführung der Bewegung.

- **für den Rücken**

Stellen Sie die Beine mit angewinkelten Knien auf. Heben Sie das Becken so weit an, dass Knie, Bauch und Schultern eine gerade Linie bilden.
Strecken Sie ein Bein bis in die Verlängerung des Rumpfes, wobei beim Absenken des Beins auch der Rumpf Richtung Boden abgesenkt wird. Dann wechseln Sie die Seite.

- **für den Bauch**

Abstützen auf Unterarmen, gebeugten Knien und Füßen. Heben Sie beide Knie vom Boden an und halten Sie die Stellung zehn Sekunden. Rücken gerade lassen!
Für Fortgeschrittene: Heben Sie zusätzlich einen Fuß leicht vom Boden ab.

- **für den Bauch**

Winkeln Sie die Beine in Rückenlage in der Luft an. Die Bauchmuskeln werden dabei so angespannt, dass das Becken kippt (gerade nach oben ziehen!).

Reaktive Übungen

Dabei handelt es sich um eine spezielle Form von dynamischer Muskelkontraktion. Zusätzliche Anforderung: äußere Belastung (zugeworfener Ball), die eine erhöhte muskuläre Spannung bewirkt. Aus dieser Spannung heraus muss dynamisch agiert werden.

- **für den Bauch**

Setzen Sie sich auf den Boden und stützen Sie beide Beine an die Wand (Kniewinkel zwischen 90 Grad und 110 Grad). Nehmen Sie einen Medizinball in die Hand. Die Ausgangsstellung ist in Rückenlage. Heben Sie Ihren Oberkörper an und werfen Sie gleichzeitig den Ball über den Kopf an die Wand. Fangen Sie ihn über dem Kopf wieder und senken Sie den Oberkörper wieder zu Boden.

- **für den Bauch**

Setzen Sie sich auf den Boden (Beine in der Luft). Bewegen Sie zuerst den Ball auf die linke und dann auf die rechte Seite Ihrer Hüfte. Dann werfen Sie den Ball über Ihren Kopf an die Wand. Fangen Sie den Ball wieder über dem Kopf und bewegen Sie ihn links und rechts neben Ihre Hüfte usw.

- **für den Rücken**

Ein Bein wird auf einen Hocker oder an die Wand gestützt (leichte Beugung in der Lendenwirbelsäule). Der Ball wird gerade nach vorne an die Wand oder zu einem Partner geworfen, gefangen und zurückgeworfen usw. Wichtig: Der Oberkörper soll so gut wie möglich stabilisiert werden, d.h. während der Übung darf sich der Rumpf nicht bewegen.

- **für den Rücken**

Bewegen Sie aus einer runden Position Kopf und Arme gerade nach vorne oben, bis die Wirbelsäule gerade ist. In der Endposition wird der Ball von der einen Hand in die andere geworfen. Die Position wird stabilisiert, ehe der Ball in der anderen Hand wieder in die Ausgangsstellung zurückgebracht wird.

Wochenübersicht vom __.__ bis __.__. 2003 Kalenderwoche __

Tag		Umfang KB min.	Umfang KB km	Umfang SB min.	Umfang SB km	Umfang EB min.	Umfang EB km	Trainingsinhalte	Stimmung/ Wohlbef.	Flüssig-keit	Ruhe-puls
Mo									☺ 😐 ☹		
									☺ 😐 ☹		
Di									☺ 😐 ☹		
									☺ 😐 ☹		
Mi									☺ 😐 ☹		
									☺ 😐 ☹		
Do									☺ 😐 ☹		
									☺ 😐 ☹		
Fr									☺ 😐 ☹		
									☺ 😐 ☹		
Sa									☺ 😐 ☹		
									☺ 😐 ☹		
So									☺ 😐 ☹		
									☺ 😐 ☹		

					Bemerkungen (Befinden, Gesundheit)	Gewicht: kg
Kompensierung KB Laktat 0-2 mmol	min.	Std.	km	%		
Stabilisierung SB Laktat 2-4 mmol	min.	Std.	km	%		
Entwicklung EB Laktat 4-6 mmol	min.	Std.	km	%		
Gesamtumfang:						

TE = Trainingseinheiten; in die Spalte „Flüssigkeit" tragen Sie die Getränkeaufnahme pro Tag ein (l); Ruhepuls: Puls nach dem Aufwachen

Welcher Fitness-Typ bin ich?

Zum Schluss noch ein kurzer Test, der Ihnen zeigen soll, ob Sie sich trainingsmäßig auf dem richtigen Dampfer bewegen. Er soll Ihnen aber auch helfen, sich auf Ihren (ersten?) Fitness-Check – am besten im ÖSV-Olympiastützpunkt Flachau/Obertauern oder einem unserer Partnerinstitute – richtig einzustellen. Im Idealfall bekommen Sie dadurch noch die eine oder andere Anregung – und wer weiß, vielleicht sind Sie ohnehin bereits ein herminatorischer Trainierer.

1. Wie halten Sie sich fit?

Ich setze auf ausdauer- und gesundheitsorientierte Sportarten wie Laufen, Radfahren oder Nordic-Walking a1
Meinen Body trainiere ich mir mit Hantelschupfen und ähnlichen Aktivitäten im Fitnessstudio an a2
Ich liebe das Risiko und nütze jedes freie Wochenende mit Paragliding, Motorradfahren oder Klettern a3

2. Trainieren Sie regelmäßig?

Ja, etwa fünfmal die Woche b1
Nein, eher nach Lust und Laune (z.B. Tennis mit meinem Nachbarn) b2
Ich warte auf die nächste Skisaison. b3

3. Haben Sie konkrete Trainingsziele?

Ja, ich habe sie auch deutlich ausformuliert (z.B.: Ich will 10 kg abnehmen, Marathon unter 4 Stunden laufen, ...) c1
Na ja. Eigentlich habe ich nur vage Vorstellungen (z.B.: Ich will länger leben, gesund bleiben, weil's cool ist, ...). c2
Seit wann braucht man als Hobbysportler Ziele? c3

4. Wie viel Zeit investieren Sie in Ihr Training?

Weniger als 3 Stunden wöchentlich d1
Über 3 Stunden pro Woche d2
Gilt Stiegensteigen auch schon als Training? d3

5. Trainieren Sie mit Pulsuhr?

Ja e1
Nein e2
Was ist das??? e3

6. Wie schätzen Sie Ihren sportlichen Zustand ein?

Eher gut f1
Eher schlecht f2
Nächste Frage bitte! f3

7. Nach dem Training fühlen Sie sich

gut, motiviert, vielleicht angenehm müde	g1
ausgelaugt, leer, erschlagen – vor allem am Morgen danach	g2
Nach dieser Quälerei habe ich für längere Zeit die Lust verloren.	g3

8. Haben Sie häufig Schmerzen?

Nein, so gut wie nie	h1
Ja, oft auch während des Trainings	h2
Schmerzen gehören doch zu gutem Training, oder?	h3

9. Sind Sie infektanfällig?

Im Gegenteil: Durch konsequentes Ausdauertraining fühle ich mich rundum gesund.	i1
Wenn ich arg unter Stress stehe und/oder viel trainiere, fange ich den einen oder anderen Virus ein.	i2
Mich erwischt's in regelmäßigen Abständen mehr oder weniger schwer (oft sogar zwei-, dreimal in einem Winter)	i3

10. Rauchen Sie?

Nein, ich bin Nichtraucher	j1
Gegen ein, zwei Genuss-Zigaretten ist nichts einzuwenden, oder?	j2
Ja	j3

11. Trinken Sie gern ein Schlückchen Alkohol?

Nein, maximal ab und zu ein Achterl Rotwein	k1
Ja, öfters oder auch manchmal ein bisschen mehr	k2
Ich vertrage einiges – und Sport hilft mir beim Abbauen.	k3

12. Ernähren Sie sich bewusst?

Ich achte fast immer darauf, wann ich was esse, und addiere meist sogar die Kalorien.	l1
Das Einzige, worauf ich aufpasse, ist, dass ich genügend Flüssigkeit zu mir nehme.	l2
Wirklich nicht! Ich esse, was mir schmeckt und wann's mir passt.	l3

13. Trainieren Sie nach sportmedizinisch/sportwissenschaftlich kontrollierten Vorgaben?

Ja, ich absolviere in regelmäßigen Abständen Gesundheitschecks und hole mir die Trainingsvorgaben vom Fachmann.	m1
Wozu? Ich weiß selber, was gut für mich ist.	m2
Wenn ich trainiere, dann so lange, bis ich nicht mehr kann – sonst habe ich nicht das Gefühl, etwas getan zu haben.	m3

14. Sind Sie mit Ihrer sportlichen (gesundheitlichen) Entwicklung zufrieden?

Ja, ich merke, dass etwas weitergeht.	n1
Nein, eigentlich hab ich mir bessere Fortschritte erhofft.	n2
Ich werde immer wieder durch Krankheiten und Infekte zurückgeworfen.	n3

Punktetabelle

a1 = 1	b1 = 1	c1 = 1	d1 = 1	e1 = 1	f1 = 1	g1 = 1
h1 = 1	i1 = 1	j1 = 1	k1 = 1	l1 = 1	m1 = 1	n1 = 1
a2 = 2	b2 = 3	c2 = 2	d2 = 3	e2 = 4	f2 = 2	g2 = 3
h2 = 4	i2 = 4	j2 = 2	k2 = 2	l2 = 2	m2 = 3	n2 = 3
a3 = 5	b3 = 5	c3 = 5	d3 = 5	e3 = 5	f3 = 5	g3 = 5
h3 = 5	i3 = 5	j3 = 5	k3 = 5	l3 = 5	m3 = 5	n3 = 5

Ergebnis:

40 bis 70 Punkte: Oje! Sie haben scheinbar mit Gesundheit und regelmäßigem Training nicht viel am Hut. Aber vielleicht bringt Sie das Studium des „Hermann Maier Trainingsprogramms" auf den richtigen Weg. Ich rate Ihnen jedenfalls dringend zu einem Gesundheitscheck bei Ihrem Hausarzt – der kann Ihnen sagen, ob Sie bereit sind, mit moderatem Ausdauertraining zu beginnen.

23 bis 39 Punkte: Na ja. Sehen Sie diese Erkenntnis als Chance. Tun Sie sich und Ihrer Gesundheit einen Gefallen und lassen Sie Ihren Fitnesszustand fachmännisch testen. Meine Empfehlung für Ihren nächsten Schritt: Absolvieren Sie einen vom ÖSV-Olympiastützpunkt-Team ausgearbeiteten und von Hermann Maier persönlich getesteten Herminator-Check mit EKG, Blutuntersuchungen, Körperanalysen (Muskel, Fett, Wasser), Laktat-Stufentest und wichtigen Trainingsempfehlungen.

Bis 23 Punkte: Sie gehören offenbar zu den gewissenhaften Trainierern und machen sich Gedanken darüber, was Ihrem Körper gut tun könnte. Aber vergessen Sie bitte nicht, dass sich auch Weltmeister und Olympiasieger regelmäßig beraten lassen. Meine Empfehlung für Ihren nächsten Schritt: Sie sind ein Fall für den Herminator-II-Check für Fortgeschrittene. Dabei bekommen Sie neben EKG, Blutuntersuchungen, Körperanalysen (Muskel, Fett, Wasser), Laktat-Stufentest und wichtigen Trainingsempfehlungen eine von uns überwachten, auf Ihre Bedürfnisse abgestimmte Trainingseinheit.

Achtung: Dieser Test ist natürlich in Bezug auf die Seriosität nicht mit unserer in diesem Buch erklärten Arbeitsweise vergleichbar. Soll er auch gar nicht. Es war mir nur wichtig, dass Sie sich mit sich und Ihrer Trainingssituation auseinander setzen. Ich hoffe, dass ich Ihnen damit auch den einen oder anderen Anstoß geben konnte!

Die Autoren bedanken sich bei Hermann Maier, Prof. Peter Schröcksnadel, Dr. med. Artur Trost, Dr. med. Harald Aufmesser, Dr. med. Cornelia Schwiglhofer, Univ.-Prof. Dr. Alfred Lohninger, Mag. Dietmar Blesky, Mag. Vincent Vermeulen, Univ.-Prof. Dr. Norbert Bachl, Univ.-Prof. Dr. Ramon Baron, PT Barbara Danner, Dr. Elisabeth Mucha, Barbara Zechner, Mag. Anton Giger, Hans Pum, Andreas Evers, Karl und Rudolf Obauer, Wolfgang Peer, Heinz Schilchegger, Ursula Statzinger, Katharina Trojan, Franz Pammer, Prof. Christiaan Barnard Foundation sowie bei Heiner, Leo, Julian, Pauli, Bianca, Stevie und dem Rest der Familien für die Geduld.

Kontakte / offizielle Ausrüster und Olympiastützpunkt-Partner
www.olympiastuetzpunkt.at

www.hm1.com	herminators homepage
www.herminator.at	herminatorische stärkung
www.peeroton.com	der mensch ist, was er isst (und trinkt)
www.compex.info	lässt die muskeln unserer stars zucken
www.technogym.at	ergometer & co. im olympiastützpunkt
www.papimi.com	die wundermaschine, die nicht nur pferde galoppieren lässt
www.suunto.com	uhren, die ihr herz höher schlagen lassen
www.oesv.at	österreichischer ski-verband
www.obauer.com	sportliche brüder setzen die olympiastützpunkt-rezepte um
www.timerun.at	ihr virtueller coach
www.fitness.at	das fitness-portal
www.hpcosmos.com	unser diagnostik-laufband
www.gepa-pictures.com	damit wir im bild sind
www.raiffeisen.at	www.coke.at. www.sporthilfe.at www.hp.com

BILDNACHWEIS
adidas (2), Thomas Appolt (7), Compex (1), GEPA pictures (76), Hannes Langer (2), Knut Okresek (7), Raiffeisen (2), ORF (1), Österreichischer Skiverband (2), PAP IMI (1), Erich Spieß (1), Calle Törnström (1), Der Abdruck von 3 Rezeptfotos erfolgte mit freundlicher Genehmigung des ZS Zabert-Sandmann Verlags / Christian Schulz (3)

Bibliografische Information Der Deutschen Bibliothek
Die Deutsche Bibliothek verzeichnet diese Publikation in der Deutschen Nationalbibliografie; detaillierte bibliografische Daten sind im Internet über http://dnb.ddb.de abrufbar.

NP BUCHVERLAG
St. Pölten – Wien – Linz

www.np-buch.at
verlag@np-buch.at

Redaktionelle Betreuung: Daniel Winkler
Verlags-Marketing: MediaPros GesmbH, Millennium Tower, 24. Stock, A-1200 Wien
Umschlagfotos: GEPA pictures
Grafische Gestaltung: Kurt Hamtil, verlagsbüro wien

Gesamtherstellung:
Niederösterreichisches Pressehaus
Druck- und Verlagsgesellschaft mbH
A-3100 St. Pölten, Gutenbergstraße 12
ISBN 3-85326-214 7